职业教育机电类专业融媒体系列教材

电气CAD

DIANQI CAD

张建启　王　钲 / 主　编
王海伦 / 副主编
王秀红 / 主　审

图书在版编目(CIP)数据

电气CAD/张建启，王钰主编. —北京：北京师范大学出版社，2018.11(2022.8重印)
(职业教育机电类专业融媒体系列教材)
ISBN 978-7-303-23822-4

Ⅰ. ①电… Ⅱ. ①张… ②王… Ⅲ. ①电气设备－计算机辅助设计－AutoCAD软件－中等专业学校－教材 Ⅳ. ①TM02－39

中国版本图书馆CIP数据核字(2018)第123478号

营销中心电话　010-58802181　58805532
北师大出版社职业教育分社网　http://zjfs.bnup.com
电子信箱　zhijiao@bnupg.com

出版发行：北京师范大学出版社　www.bnup.com
北京市西城区新街口外大街12-3号
邮政编码：100088
印　刷：三河市兴国印务有限公司
经　销：全国新华书店
开　本：787 mm×1092 mm　1/16
印　张：17.5
字　数：398千字
版　次：2018年11月第1版
印　次：2022年8月第2次印刷
定　价：36.00元

策划编辑：庞海龙　责任编辑：李会静
美术编辑：焦　丽　装帧设计：高　霞
责任校对：李云虎　责任印制：陈　涛

资源获取说明

为方便广大师生进行融媒体课程学习，我社开发了“京师 E 课”数字资源学习平台，提供在线课程、教学资源、学习资源等服务。本书包含教学课件、教案、试题以及部分微课等数字资源，以下为资源获取方式。

1. 访问京师 E 课 http：//zj. bnuic. com/mooc/→注册用户。

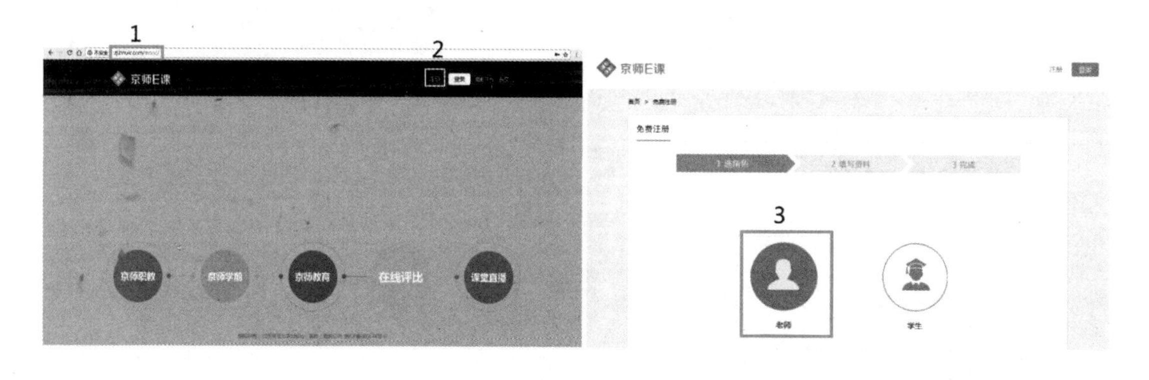

2. 进入“京师职教”→在右上方下拉菜单中进入“我的工作台”→点击“融媒体课程”。

3. 点击“添加课程”→输入课程秘钥“j8RxA2mf”，关联课程成功后，进入“电气 CAD”，点击“查看资源”即可观看并下载相关资源。

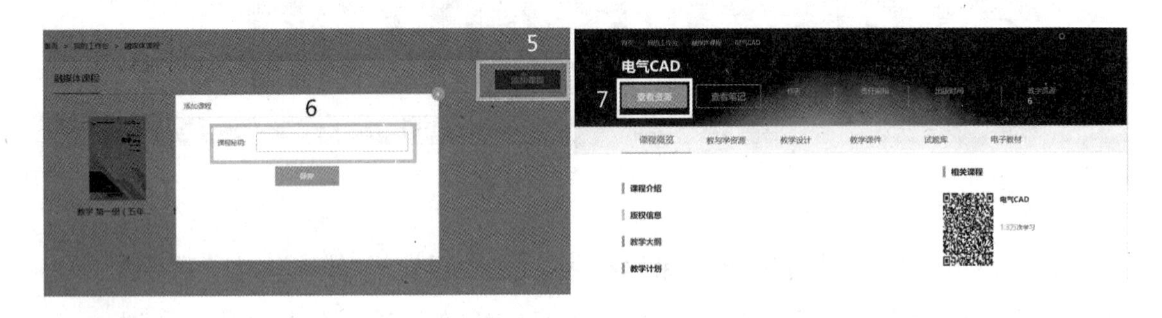

4. 如在使用教材过程中发现相关问题，请发送邮件至 hailong _ pang@163. com，以便再版时完善。

更多配套资源陆续会在平台更新与上传，敬请期待！

前言

AutoCAD(Autodesk Computer Aided Design)是由美国 Autodesk(欧特克)公司开发的专门用于计算机辅助设计的软件，其绘图功能十分强大，编辑功能和良好的用户界面受到广大工程技术人员的欢迎，在我国得到了广泛的应用。而 AutoCAD Electrical 是专为电气工程师而设计的 AutoCAD 软件，可以创建和优化电气控制系统。自动化作业和完备的元器件符号库能够帮助电气工程设计人员提升工作效率、减少错误并向制造部门提供准确的制造信息。

在编写过程中，本书全面贯彻教育部关于中等职业教育教学改革的精神，力求体现“以就业为导向，以能力为本位”的精神，突出“做中学，学中做”的教育理念，突出了职业技能教育的特色。本书的主要特点如下。

第一，以“任务驱动，项目教学”为出发点，将教学内容划分为若干个工作项目(工作任务)，每个工作项目(工作任务)都有明确的知识和技能目标。

第二，每个工作项目(工作任务)都有较详细的操作步骤，突出技能培养，让学生在完成工作任务的过程中增长知识和掌握技能。

第三，教材版面图文并茂，通俗易懂，遵循学生对知识、技能的认识规律，便于学生学习和教师组织教学。

第四，在教学评价上，坚持过程评价和成果评价相结合，即对学生在学习每个项目过程中的表现和最后的实训成果进行评价。评价要求明确、直观、实用，可操作性强，可以很好地调动学生的学习积极性。

本书由张建启、王钰任主编，王海伦任副主编。

由于编者水平有限，书中难免存在不足之处，敬请读者批评指正。

模块1　绘图基础

模块 2　电气控制图设计

模块 3　P&ID 和液压回路控制系统设计

模块1

绘图基础

项目1 操作环境设置

项目目标

(1)了解 AutoCAD Electrical 用户界面的组成，会对用户界面进行基本操作。
(2)掌握调用 AutoCAD Electrical 命令的方法，会重复命令和取消已执行的操作。
(3)会对图形文件进行新建、打开、保存等基本的操作。
(4)会对图形界限、栅格和捕捉进行设置。
(5)会对图形单位的类型和精度进行设置。

项目要求

(1)学会设置 AutoCAD Electrical 软件的绘图环境。
(2)掌握 AutoCAD Electrical 的基本操作。

项目描述

AutoCAD Electrical 软件绘图使用鼠标、显示器、命令来代替传统的手工绘图使用的工具(铅笔、图纸、三角板、圆规等)，这使绘图过程大大简化，绘图时间大大缩短。设置合适的绘图环境和掌握基本的操作命令等将有助于绘图者更加方便地完成图形的绘制。

任务1 熟悉并布置工作界面

任务描述

了解 AutoCAD Electrical 工作界面主要组成部分的功能，打开或关闭功能区及工具栏，切换工作空间。

实践操作

一、AutoCAD Electrical 的工作空间与界面组成

AutoCAD Electrical 2012 提供了电气版工作空间，包括“ACADE 二维草图与注释”“ACADE 三维建模”“AutoCAD Electrical 经典”“二维草图与注释”“三维建模”“AutoCAD 经典”共 6 个工作空间模式。

1. “ACADE 二维草图与注释”工作空间

首次启动 AutoCAD Electrical 2012 系统默认打开的是“ACADE 二维草图与注释”，如图 1-1-1 所示。在该空间中，我们可以使用“常用”“原理图”“项目”“文字”等面板方便地绘制电气工程二维图形。本教材后面各个项目中有关于命令的使用操作的讲解都在“ACADE 二维草图与注释”工作空间中进行。

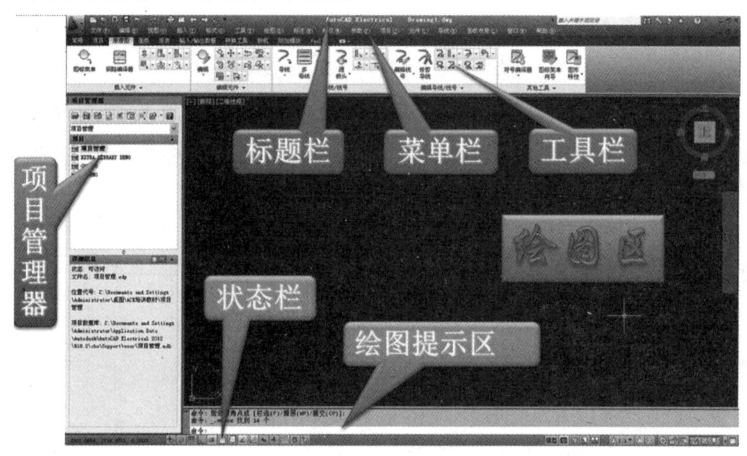

图 1-1-1

可以根据绘图需要，自由切换工作空间。操作步骤如下。

(1)在右下角的状态栏中单击“切换工作空间”按钮，在弹出的菜单(图 1-1-2)中选择相应的工作空间即可。

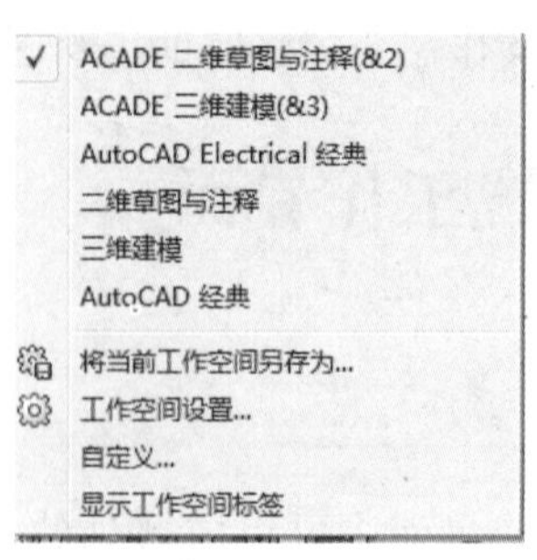

图 1-1-2

(2)若在图 1-1-2 所示的菜单中选择“工作空间设置”选项，将打开“工作空间设置”对话框，可以设置菜单显示及顺序，如图 1-1-3 所示。

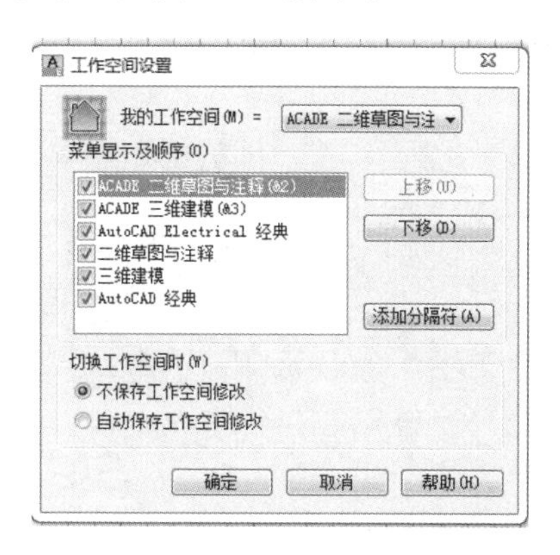

图 1-1-3

2. “ACADE 三维建模”和“三维建模”工作空间

使用“ACADE 三维建模”如图 1-1-4 所示和“三维建模”如图 1-1-5 所示空间，可以更加方便地在三维空间中绘制图形。

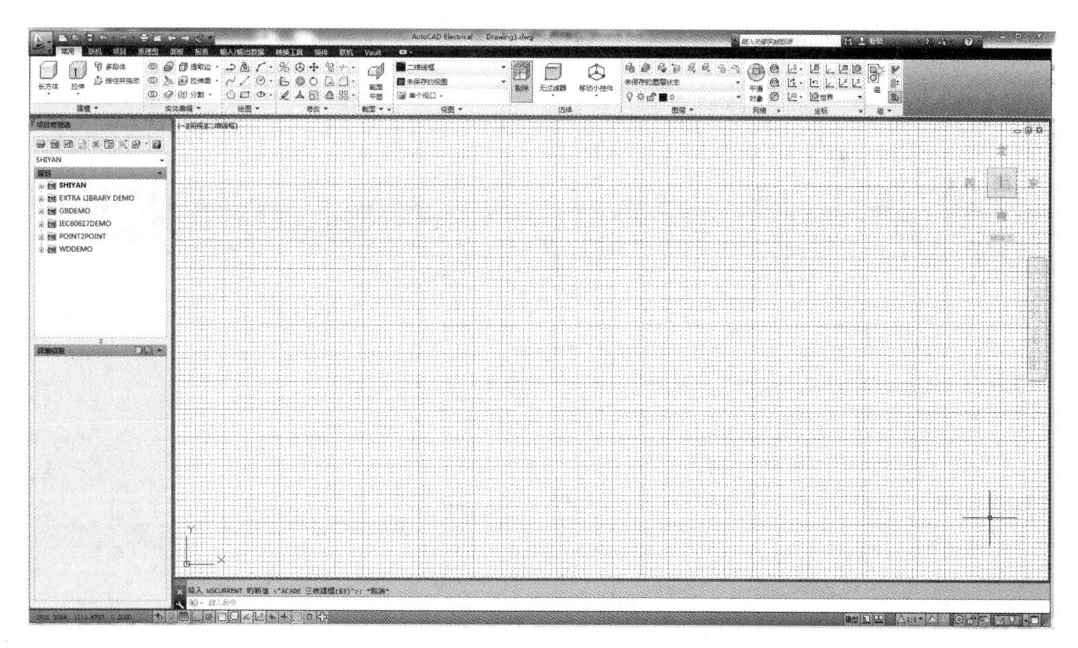

图 1-1-4

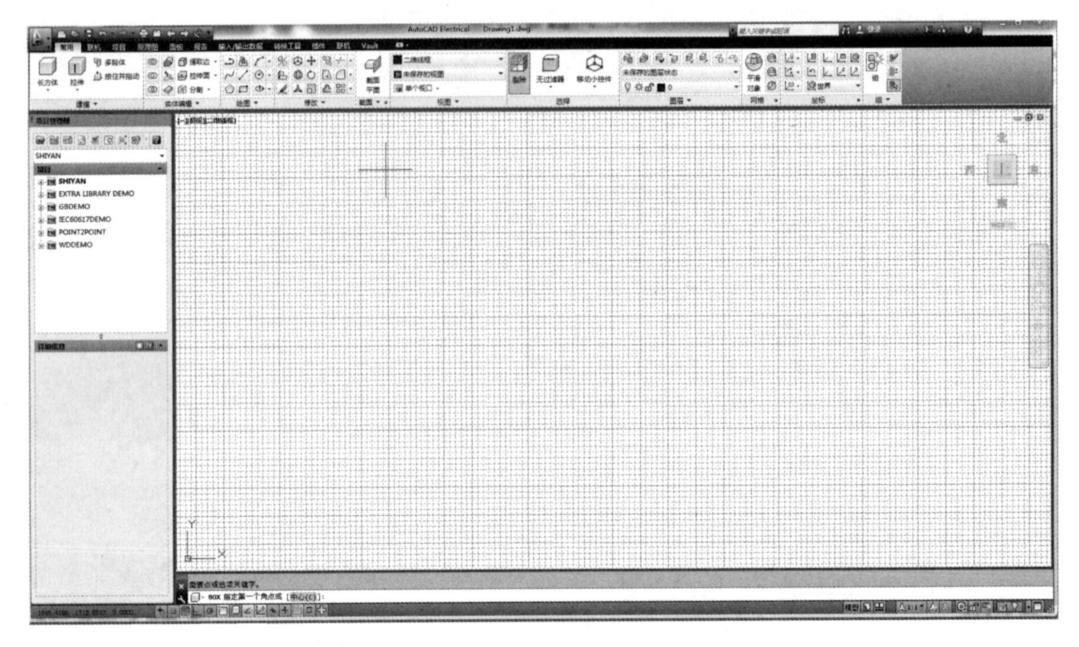

图 1-1-5

3. “AutoCAD Electrical 经典”和“AutoCAD 经典”工作空间

对于已习惯 AutoCAD 传统界面的用户来说，可以使用如图 1-1-6 所示“AutoCAD Electrical 经典”和如图 1-1-7 所示“AutoCAD 经典”工作空间。

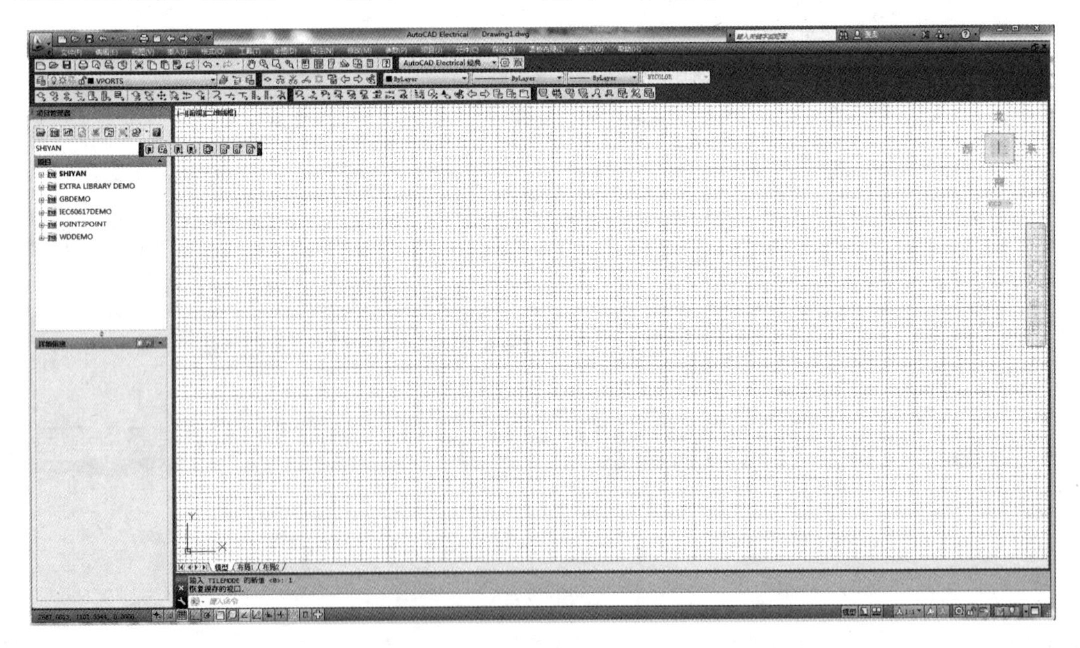

图 1-1-6

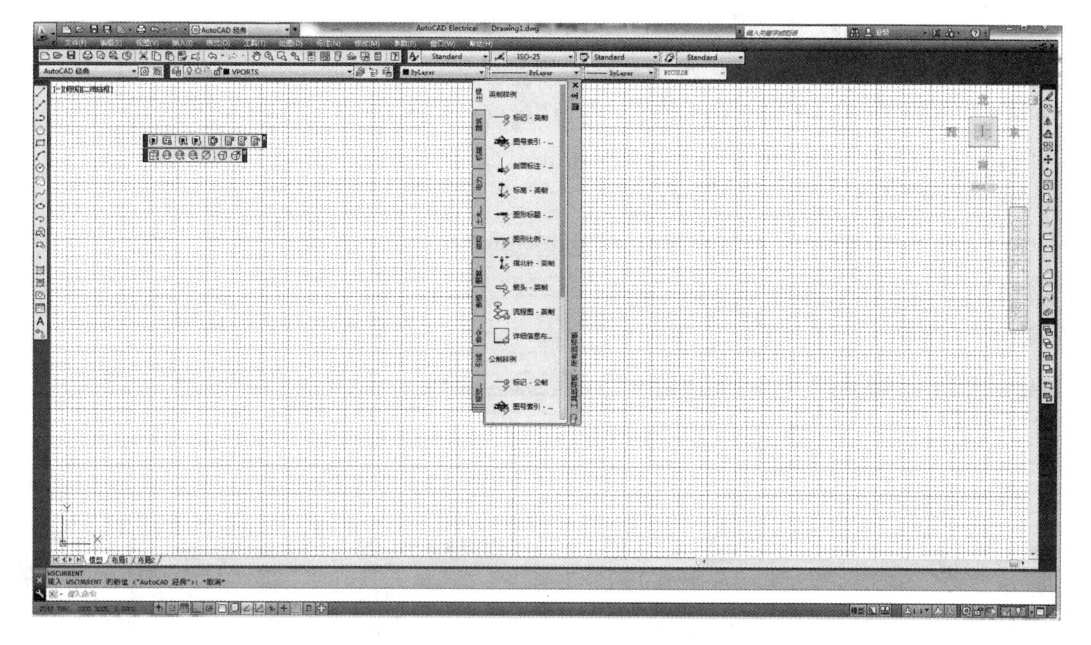

图 1-1-7

AutoCAD Electrical 2012 的工作空间由标题栏、菜单栏、工具栏、绘图区、命令行、AutoCAD 文本窗口、状态栏等部分组成。

(1)标题栏位于应用窗口的最上面，用于显示当前正在运行的程序名及文件名等信息，如果是 AutoCAD Electrical 默认的图形文件，其名称为 Drawing*N*. dwg(*N* 是数字)，如图 1-1-8 所示。

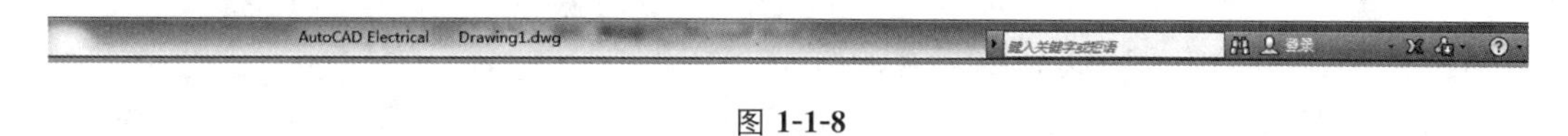

图 1-1-8

标题栏中的信息中心提供了多种信息来源。在文本框中输入需要帮助的问题，然后单击“搜索”按钮，就可以获取相关帮助；单击“保持链接”按钮，可以获取软件更新及其他服务链接；单击“Autodesk Exchange 应用程序”按钮，可以启动 Autodesk Exchange 应用程序网站；而按钮则是为我们提供帮助。

单击标题栏右端的按钮，可以最小化、最大化或关闭应用程序窗口。

(2)单击界面左上角的图标，启动菜单浏览器，将弹出 AutoCAD Electrical 菜单，其中几乎包含了 AutoCAD Electrical 的全部功能和命令。

(3)AutoCAD Electrical 的快速访问工具栏中包含最常用的快捷按钮。在默认设置中，快速访问工具栏包含以下快捷按钮：新建、打开、保存、放弃、重做、打印、项目管理、上一个项目图形和下一个项目图形等，如图 1-1-9 所示。

如果想在快速访问工具栏中添加或删除其他按钮，可以右击快速访问工具栏，在弹出的快捷菜单中选择“自定义快速访问工具栏”命令，在弹出的“自定义用户界面”对话框中进行设置即可；也可选择图 1-1-9 最右侧的，在“自定义快速访问工具栏”下拉菜单中完成其他按钮的添加和删除。

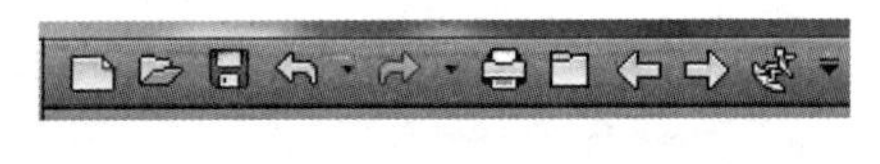

图 **1-1-9**

(4)AutoCAD Electrical 2012 电气版工作空间共有 16 个菜单：“文件”“编辑”“视图”“插入”“格式”“工具”“绘图”“标注”“修改”“参数”“项目”“元件”“导线”“面板布局”“窗口”和“帮助”，如图 1-1-10 所示。单击菜单栏中任一菜单，即弹出相应的下拉菜单。

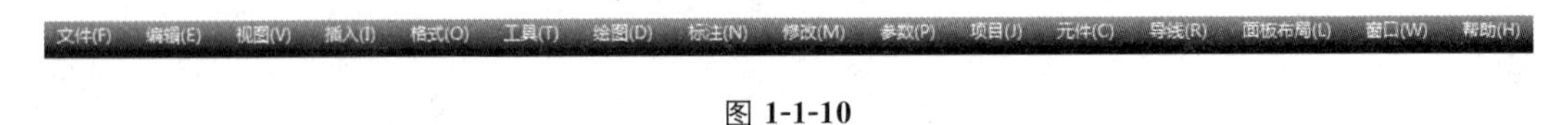

图 **1-1-10**

菜单项说明：

①普通菜单项。如图 1-1-11 中所示的“复制元件”“编辑元件”等，菜单项无任何标记，单击该菜单项即可执行相应命令。

②级联菜单项。如图 1-1-11 中所示的“插入连接器”“多次插入”及“插入 PLC 模块”等，菜单项右端有一个黑色小三角，表示该菜单项中还包含多个菜单选项。单击该菜单项，将弹出下一级菜单，成为级联菜单，用户可进一步在级联菜单中选取菜单项。

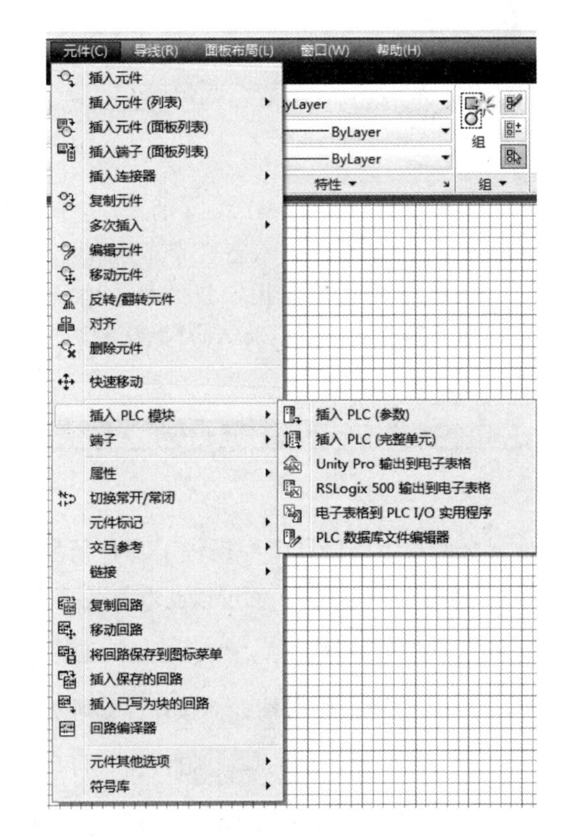

图 **1-1-11**

(5)绘图区是 AutoCAD 显示、编辑图形的区域，该区域无限大，在其左下方有一个表示坐标系的图标。图标中的箭头分别表示 X 轴和 Y 轴的正方向。单击绘图区左下方的“模型/布局”选项卡，即可在模型空间和图纸空间之间进行切换。

(6)“命令行”窗口位于绘图区的底部，用于接收输入的命令，并显示 AutoCAD 提示信息。“命令行”窗口可以拖放为浮动窗口，如图 1-1-12 所示。将鼠标放在窗口的上边缘，鼠标指针变成双向箭头，按住鼠标左键上下拖动就可以增加或减少窗口显示的行数。“AutoCAD 文本窗口”是记录 AutoCAD 命令的窗口，是放大的“命令行”窗口，它记录了已执行的命令，也可以用来输入新命令，如图 1-1-13 所示。按 F2 键可打开文本窗口，再次按 F2 键可关闭此窗口。

自动保存到 C:\Users\Administrator\appdata\local\temp\Drawing1_1_1_5552.sv$ ...
命令:
命令:

图 1-1-12

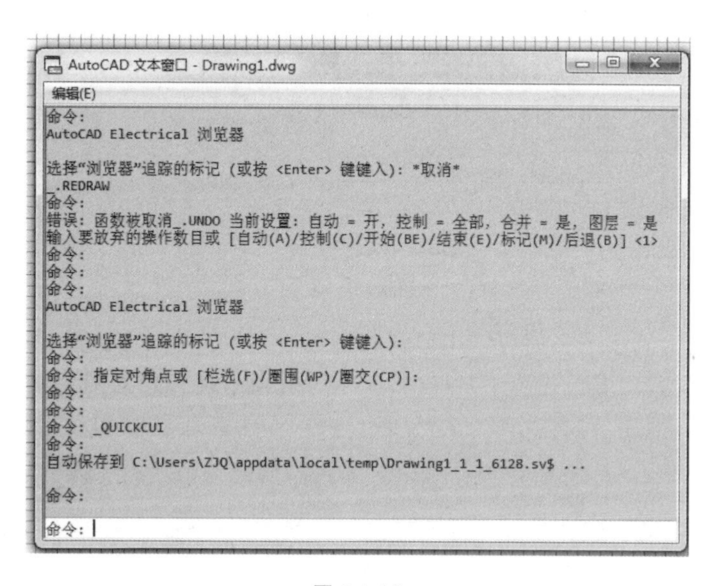

图 1-1-13

(7)状态栏位于整个工作界面的最下方。在默认情况下，左端显示绘图区中光标定位点的 x、y、z 坐标值；中间和右端依次有"推断约束""捕捉模式""注释比例"等辅助绘图工具按钮，单击任一按钮，即可打开相应的辅助绘图工具，如图 1-1-14。

图 1-1-14

4. "功能区"选项板的操作

AutoCAD Electrical 2012 的电气版工作空间和基本工作空间都有"功能区"选项板，位于绘图区的上方。"功能区"包括多个选项卡，每个选项卡包含若干个面板，每个面板又包含许多由图标表示的命令按钮，如图 1-1-15 所示。下面通过实践操作来熟悉电气版工作空间"功能区"选项板的操作方法。

图 1-1-15

(1)展开功能区面板。单击"功能区"中的【原理图】标签，展开【原理图】选项卡，再单击该选项卡【编辑元件】面板上的 按钮，展开面板，在面板左下角有  按钮，单击此

按钮，固定面板，如图 1-1-16 所示，(a)图为【编辑元件】面板展开时的状态；(b)图为展开固定面板后的状态。

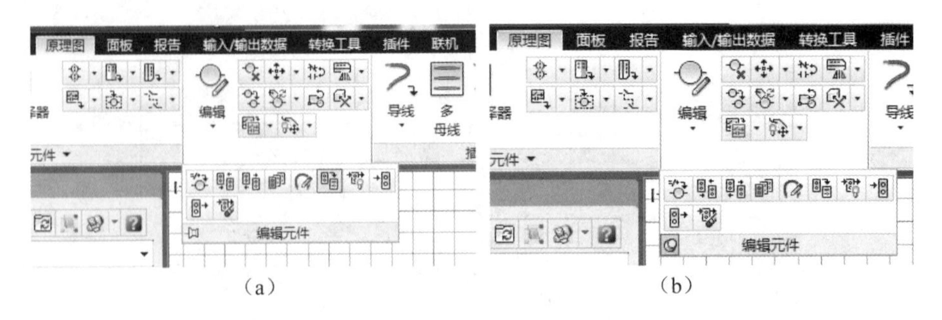

图 1-1-16

(2)添加、删除选项卡和面板。用鼠标右键单击任一选项卡标签，弹出快捷菜单，可以选择显示需要的选项卡，如图 1-1-17(a)所示。选项卡名称前有对钩的表示已在功能区中显示，没有对钩的表示未在功能区中显示。选项卡中面板的添加和删除如图 1-1-17(b)所示。

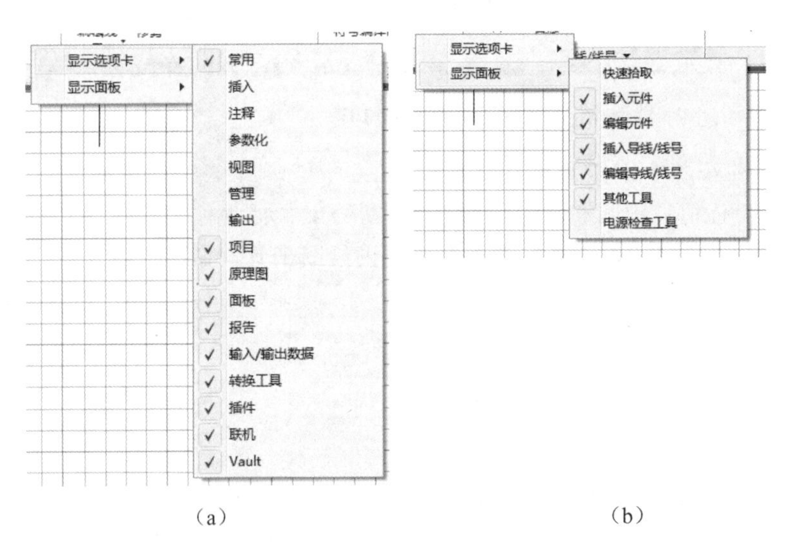

图 1-1-17

(3)功能区的显示。单击功能区顶部的按钮，收拢功能区，仅显示选项卡及面板的文字标签，再次单击该按钮，面板的文字标签消失，继续单击该按钮，展开功能区。

(4)改变功能区位置。用鼠标右键单击任一选项卡标签，选择“浮动”选项，如图 1-1-18(a)所示，则功能区位置变为可动，如图 1-1-18(b)所示，将光标放置在功能区的标题栏上，按住鼠标左键移动光标，改变功能区的位置。

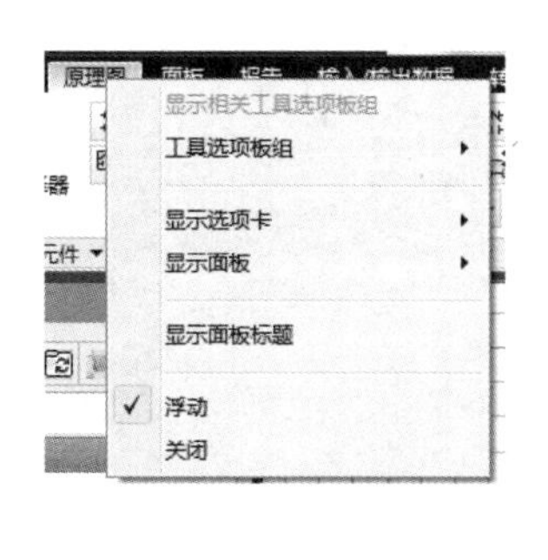

(a)

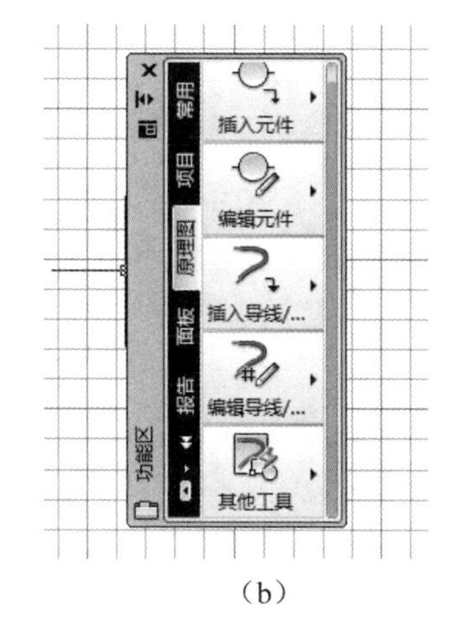

(b)

图 **1-1-18**

操作训练

(1)启动 AutoCAD Electrical 2012，在“ACADE 二维草图与注释”工作空间中，为快速访问工具栏添加“发布”按钮，并删除“重做”按钮，关闭“输出”功能区选项卡。

(2)将工作空间由“ACADE 二维草图与注释”转换为“AutoCAD Electrical 经典”。

相关知识

用户界面的修改。

单击菜单浏览器按钮，在弹出的菜单中单击选项按钮，启动“选项”对话框。在该对话框里包含“文件”“显示”“打开和保存”“打印和发布”“系统”“用户系统配置”“草图”“三维建模”“选择集”和“配置”10 个选项卡，如图 1-1-19 所示。

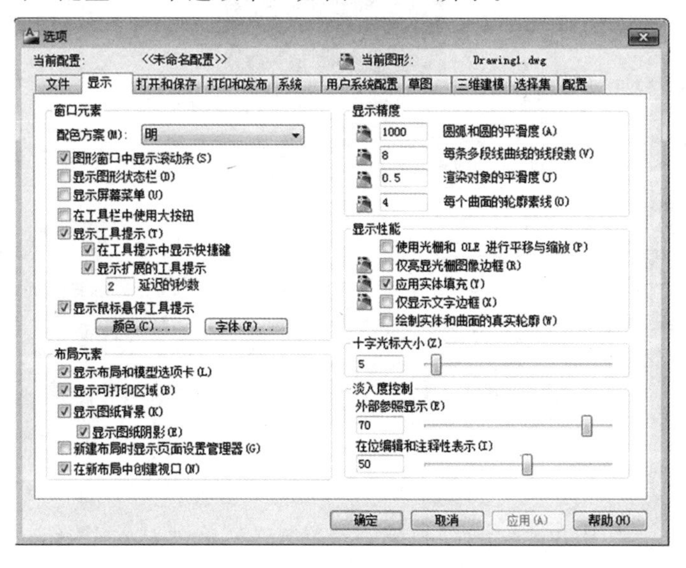

图 **1-1-19**

我们最经常使用的就是“显示”选项卡。我们可以在“显示”选项卡中对绘图窗口显示的颜色及内容进行修改，还可修改图形的显示精度和十字光标大小。

任务 2 图形文件管理

任务描述

对于 AutoCAD 图形，AutoCAD 提供了一系列图形文件管理命令。下面我们来学习怎样对图形文件进行操作。在这个任务中，我们将新建一个图形文件，将其保存，文件命名为“工程图”，而后关闭文件，打开 AutoCAD 系统自带的名为“acad”的样板文件。

实践操作

新建图形文件的操作如下。

1. 新建图形

在快速访问工具栏中单击“新建”按钮，或单击“菜单浏览器”按钮，在弹出的菜单中选择“新建”/“图形”命令，启动新建图形文件命令，此时弹出“选择样板”对话框，如图 1-1-20 所示。点击右下角的 打开(O) 按钮旁边的小黑三角，弹出快捷菜单，如图 1-1-21 所示。在其中选择“无样板打开—公制(M)”，即完成一个图形文件的新建。

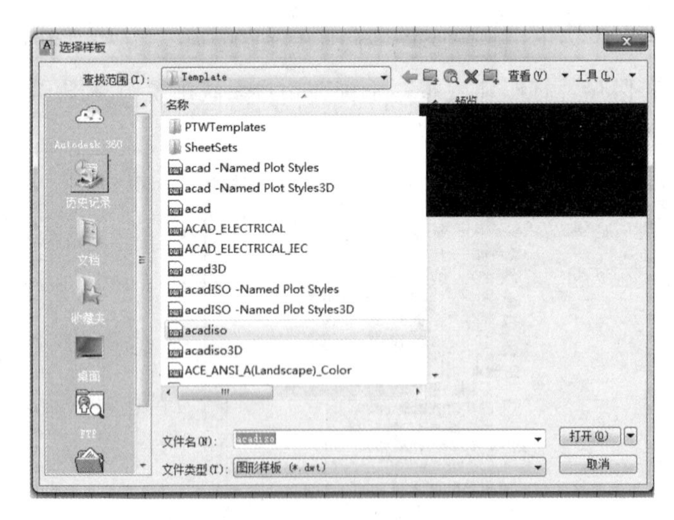

图 1-1-20

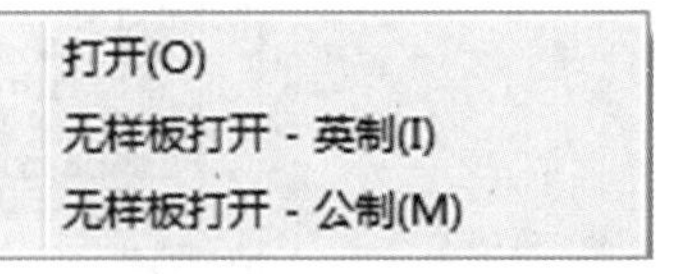

图 1-1-21

2. 保存图形文件

在快速访问工具栏中单击“保存”按钮，或单击“菜单浏览器”按钮，在弹出的菜单中选择“保存”命令，启动保存命令，弹出“图形另存为”对话框，如图 1-1-22 所示。在“文件名”一栏输入“工程图”，点击“保存”按钮，即完成文件的保存。

图 1-1-22

3. 关闭图形文件

单击“菜单浏览器”按钮，在弹出的菜单中选择“关闭”/“当前图形”命令，或在绘图窗口中单击“关闭”按钮，即关闭图形文件“工程图”。

4. 打开已有图形文件

在快速访问工具栏中单击“打开”按钮，或单击“菜单浏览器”按钮，在弹出的菜单中选择“打开”/“图形”命令，启动打开命令，弹出“选择文件”对话框，在“文件类型”中选择“图形样板”，在“文件名称”栏中选中要打开的图形名称，点击 打开(O) 按钮，即可打开此文件，如图 1-1-23 所示。

图 1-1-23

操作训练

新建一个图形文件，将其保存，文件名为“任务三”，而后关闭文件。打开 AutoCAD 自带的名为“acadiso”的样板文件。

相关知识

1. 利用样板文件新建图形

在具体的设计工作中，许多项目都需要设定为相同标准，如字体、标注样式、图层、标题栏等。保证所有文件具有相同标准的有效方法是使用样板文件。样板文件包含了各种标准设置，当建立新图时，就以样板文件为原型进行创建，这样新图就具有与样板图相同的设置。

操作步骤如下：

单击菜单浏览器，选择菜单命令【文件】/【新建】(或单击快速访问工具栏上的按钮，创建新图形)，打开“选择样板”对话框，该对话框列出了许多用于创建新图形的样板文件，默认的样板文件名是“acadiso. dwt”，单击按钮，即完成图形新建。

2. 创建样板文件

AutoCAD 中有许多标准的样板文件，扩展名为“dwt”。用户可根据需要建立自己的标准样板。

创建样板文件的方法与建立一个新文件类似，当用户将样板文件包含的所有标准项目设置完成后，将此文件另存为“dwt”类型文件即可。

3. 同时打开多个图形文件

在一个 AutoCAD 任务下可以同时打开多个图形文件。方法是，在“选择文件”对话框中按下 Ctrl 键的同时选中几个要打开的文件。

若欲将某一打开的文件设置为当前文件，只需单击该文件的图形区域即可。也可以通过组合键 Ctrl＋F6 或 Ctrl＋Tab 在已打开的不同图形文件之间切换。

4. 图形文件的打开方式

图形文件可以以“打开”“以只读方式打开”“局部打开”和“以只读方式局部打开”4 种方式打开。如果以“打开”和“局部打开”方式打开图形时，可以对图形文件进行编辑；如果以“以只读方式打开”和“以只读方式局部打开”方式打开图形，则无法对图形文件进行编辑。

任务 3　命令的使用

任务描述

AutoCAD 的操作过程是由 AutoCAD 命令控制的。下面我们来学习怎样调用 AutoCAD 命令。本次任务，我们将使用四种方法启动“直线”命令，而后对命令进行终止、放弃、重做及重复使用等操作，熟悉 AutoCAD 命令控制的使用。

实践操作

1. 启动“直线”命令

(1)方法一：在命令行输入命令名。

在命令行：“命令:”提示后键入“line”(字符不分大小写)，按回车键，如图 1-1-24 所示。

命令：line
指定第一点：

图 1-1-24

(2)方法二：在命令行输入命令缩写字。

在命令行：“命令:”提示后键入“l”，按回车键，如图 1-1-25 所示。

命令：l
LINE 指定第一点：

图 1-1-25

(3)方法三：单击下拉菜单中的菜单选项。

点击【绘图】下拉菜单/【直线】，如图 1-1-26 所示。

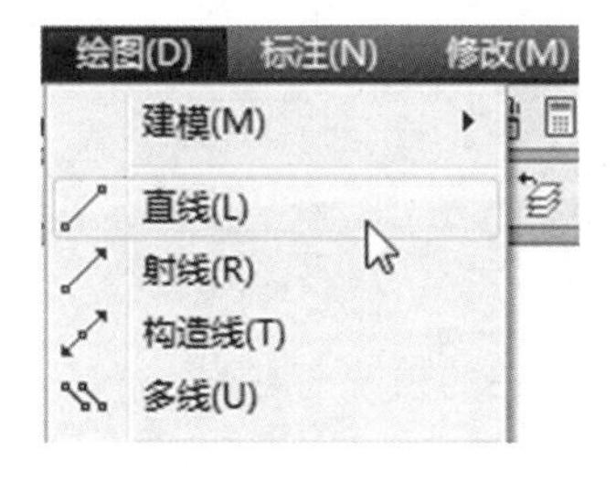

图 1-1-26

(4)方法四：单击工具栏中对应图标。

点击【绘图】工具栏中直线命令图标，如图 1-2-27 所示。

图 1-1-27

2. 命令的终止

在执行命令的任何时刻都可以用 Esc 键取消或终止命令的执行。

3. 命令的放弃和重做

(1)单击【编辑】下拉菜单/【放弃】或点击“标准”工具栏中图标，放弃上一次命令操作(U 命令)；点击“标准”工具栏中图标，放弃上几次命令操作(UNDO 命令)。

(2)单击【编辑】下拉菜单/【重做】或点击“标准”工具栏中图标，恢复用 U 或 UNDO 命令所放弃的命令操作。

4. 命令的重复使用

若在一个命令执行完毕后欲再次重复执行该命令，则可在命令行中的“命令:”提示后按回车键。

操作训练

使用四种方法练习启动圆命令，而后对命令进行终止、放弃、重做及重复使用等操作。

相关知识

因为 AutoCAD Electrical 是基于 AutoCAD 操作平台的，在学习 AutoCAD Electrical 前，我们必须先掌握 AutoCAD 的基本功能。AutoCAD 的命令执行过程是交互式的，当用户输入命令时，需按回车键确认，系统才会执行该命令。而在执行过程中，系统有时要等待用户输入必要的参数，如输入命令选项、点的坐标或其他几何数据等，输入完成后，也要按回车键，系统才能继续执行下一步操作。

(1)直角坐标输入。

绝对坐标输入：输入格式为 x，y，z。

相对坐标输入：输入格式为@x，y，z。

(2)极坐标输入。

绝对极坐标：输入格式为“$r<\alpha$”的极坐标形式，r 表示半径，α 表示角度。默认顺时针方向角度减小，逆时针方向角度增大。

相对极坐标：输入格式为@ $r<\alpha$。

(3)命令提示中的方括号“【】”里以“/”隔开的内容表示各个命令选项。若要选择某个选项，则需输入圆括号中的字母，可以是大写形式，也可以是小写形式。

(4)命令提示行中尖括号“<>”中的内容是当前默认值。

(5)当使用某一命令时按 F1 键，AutoCAD 将显示该命令的帮助信息。也可将光标在命令按钮上放置片刻，则 AutoCAD 在按钮附近显示该命令的简要提示信息。

(6)用 AutoCAD 绘图时，用户多数情况下是通过鼠标发出命令的。鼠标各按键定义如下。

· 左键：拾取键。用于单击工具栏按钮及选取菜单选项，以发出命令，也可以在绘图过程中指定点和选择图形对象等。

· 右键：命令执行完成后，常单击鼠标右键来结束命令。在有些情况下，单击鼠标右键将弹出快捷菜单，该菜单上有“确认”选项。

· 滚轮：转动滚轮，将放大或缩小图形，默认情况下，缩放增量为 10%。按住滚轮并拖动鼠标，则平移图形。

任务 4　绘图环境设置

任务描述

为了方便绘图，我们在绘制图形之前，首先应该根据需要设置 CAD 的基本绘图环境，绘制出更加规范的图形。本次任务我们将给大家演示如何设置 CAD 绘图环境。

实践操作

1. 设置图形界限、栅格和捕捉

(1)设置图形界限。

①单击菜单栏中的【格式】/【图形界限】，如图 1-1-28 所示。

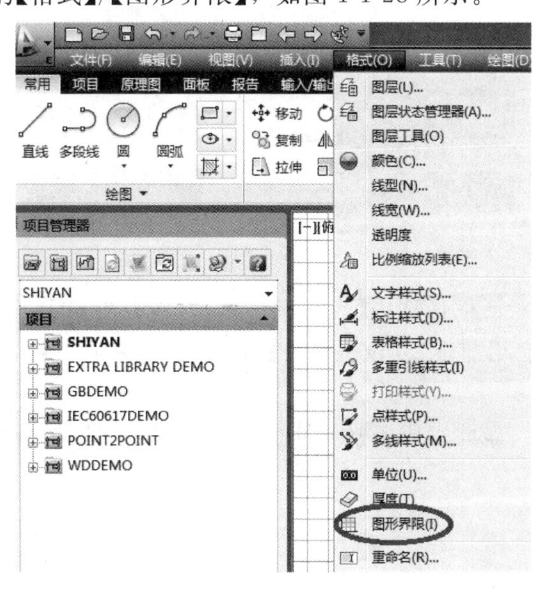

图 1-1-28

②命令行提示指定左下角点，在命令行中输入“0，0”，按回车键，如图 1-1-29 所示。

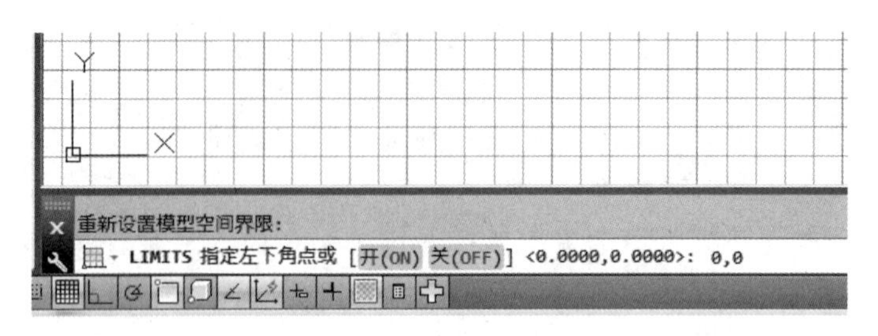

图 1-1-29

③命令行提示指定右上角点，在命令行中默认值“420，297”，我们也可以在命令行中输入我们想要的点的坐标。按回车键，如图 1-1-30 所示，完成图形界限的设置。

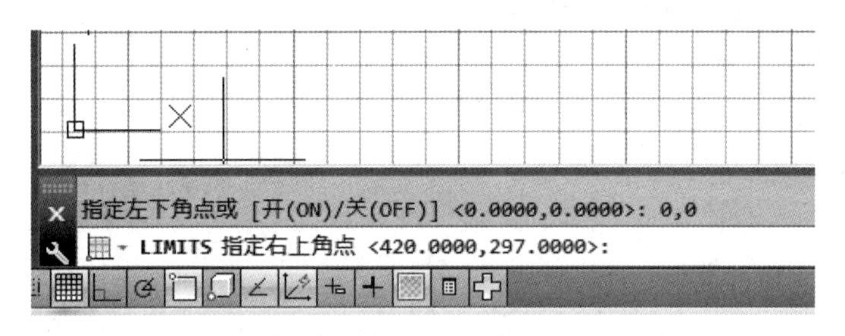

图 1-1-30

(2)设置栅格和捕捉。

①在状态栏中右键单击【栅格】按钮，在弹出的快捷菜单中选择【设置】选项，如图 1-1-31。

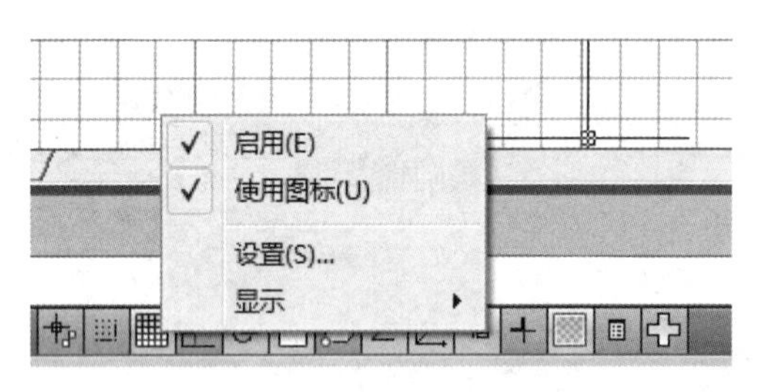

图 1-1-31

②弹出“草图设置”对话框，选中【启用栅格】复选框，在【栅格间距】区域中设置 X 轴和 Y 轴的间距。选中【启用捕捉】复选框，在【捕捉间距】区域中设置 X 轴和 Y 轴的间距，如图 1-1-32 所示。

③单击【确定】按钮，至此完成栅格与捕捉设置，如图 1-1-33 所示。

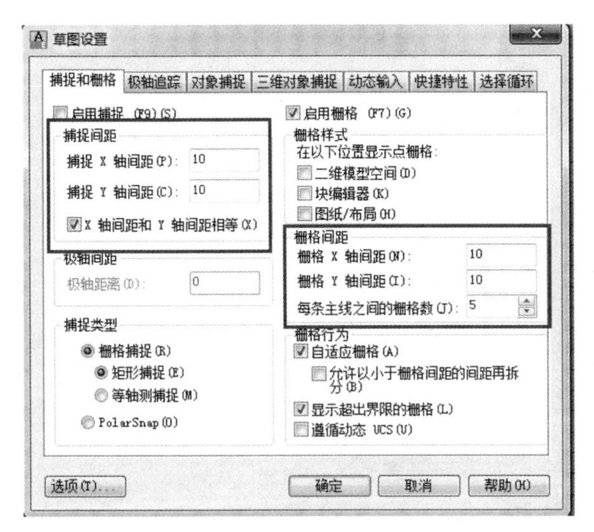

图 1-1-32

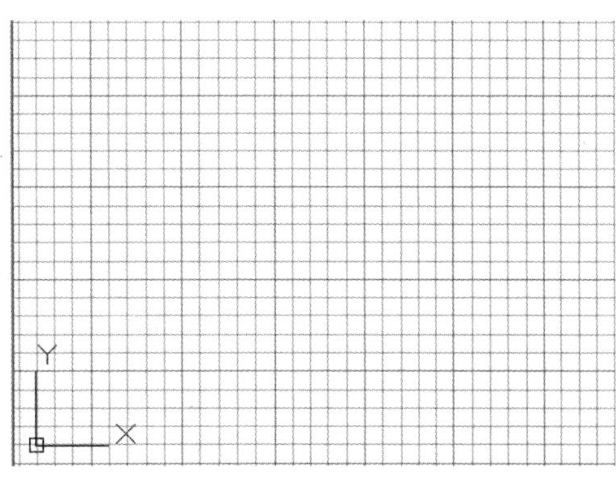

图 1-1-33

2. 设置图形单位

(1)点击【格式】下拉菜单，选择【单位】菜单项，弹出“图形单位”对话框。

(2)在【长度】区域中的【类型】下拉列表框中选择【小数】，如图 1-1-34 所示。

(3)在【精度】下拉列表中设置精度为“0.0000”，如图 1-1-35 所示。

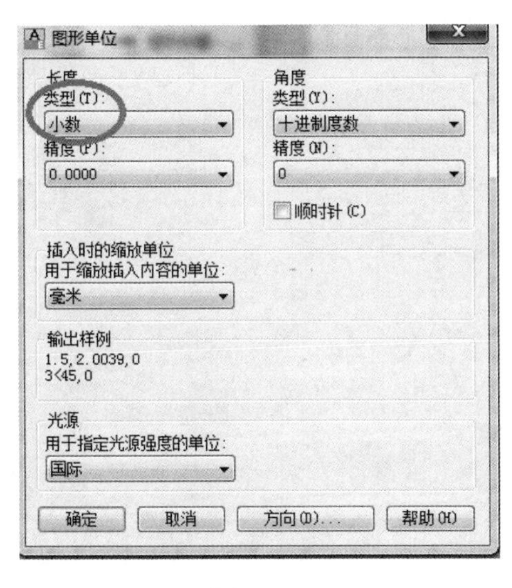

图 1-1-34

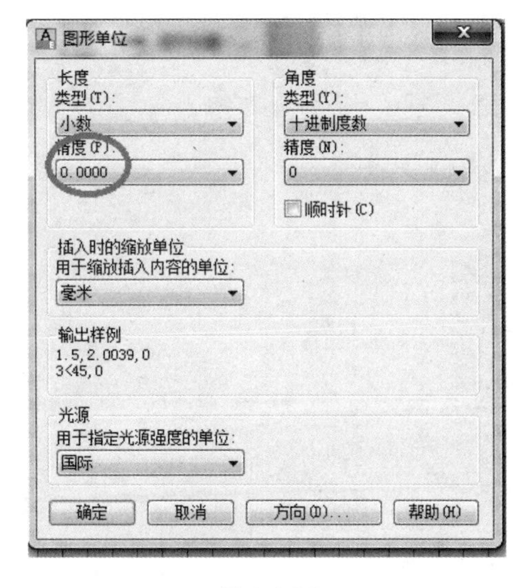

图 1-1-35

(4)按照相同的操作方法将【角度】的单位类型设置为“十进制度数”，将精度设置为“0”，如图 1-1-36 所示。

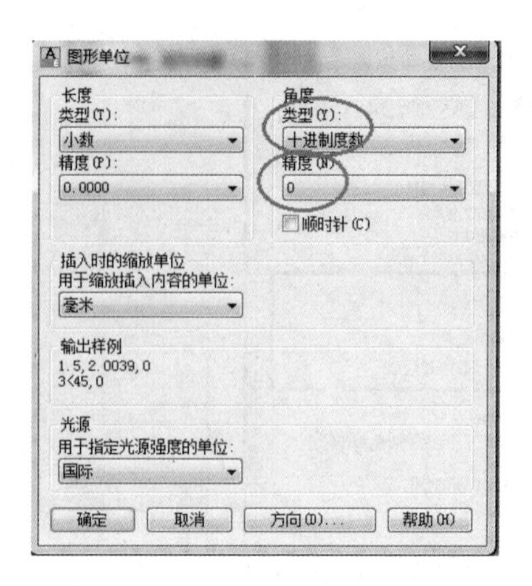

图 1-1-36

(5)单击【确定】按钮即可完成对绘图单位的设置。

操作训练

(1)依据 A3 图纸的幅面设置图形界限，设置栅格距离与捕捉距离均为 5。

(2)设置长度单位格式为小数，精度为小数点后一位，角度单位格式为度/分/秒，精度为 0。

项目2 绘图辅助工具

项目目标

(1)理解对象捕捉与对象追踪、选择对象、图层设置及缩放、平移、鸟瞰视图和视口的相关概念。

(2)会运用对象捕捉与对象追踪、对象的选择、图层设置及缩放、平移、鸟瞰视图和视口的设置等工具。

项目要求

(1)会运用对象捕捉与对象追踪功能。

(2)会根据绘图需要，建立适当的图层并进行设置。

(3)会运用对象的选择及缩放、平移、鸟瞰视图和视口等绘图辅助工具。

项目描述

当绘制精度要求非常高的图形时，细小的差错也会造成重大失误。为了尽可能提高绘图的精度和绘图的效率，AutoCAD 提供了一系列的绘图辅助工具。它们可以迅速指定对象上的精确位置、简化绘图过程、方便读图，这样可快速、准确地绘制图形。下面就来看它们的具体应用。

任务 1 对象捕捉与对象追踪

任务描述

在绘制精度要求非常高的图形时，为了避免细小的差错造成的失误，尽可能保证绘图精度，AutoCAD 提供了对象捕捉等功能。它可以快速指定对象上一些特殊点的精确位置，而不必输入坐标值或绘图构造线，如中点、交点等，这样可快速、准确地绘制图形。下面就来看动态输入、正交、极轴、对象捕捉及追踪等命令的具体应用。

实践操作

1. 动态输入

(1)在状态栏中右键单击【动态输入】按钮，选择【设置】选项，如图 1-2-1 所示。

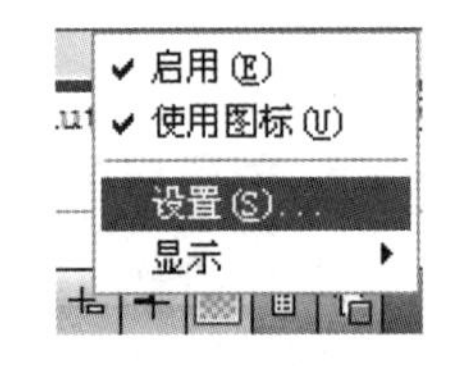

图 1-2-1

(2)弹出“草图设置”对话框，选择【启用指针输入】，单击【设置】选项，如图 1-2-2 所示。

(3)在弹出的“指针输入设置”对话框中选择【极轴格式】【相对坐标】【命令需要一个点时】选项，单击【确定】按钮，如图 1-2-3 所示。

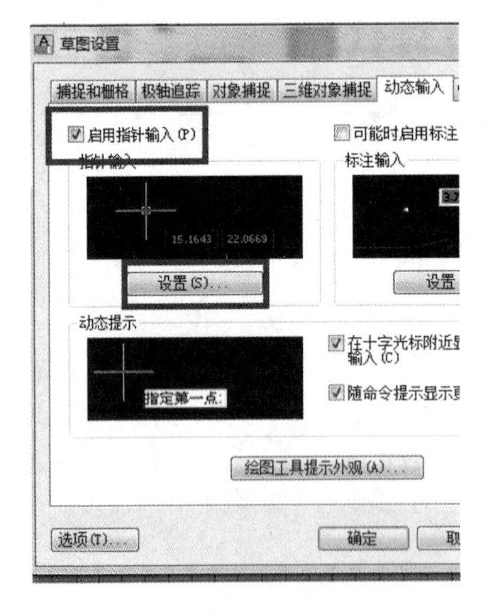

图 1-2-2

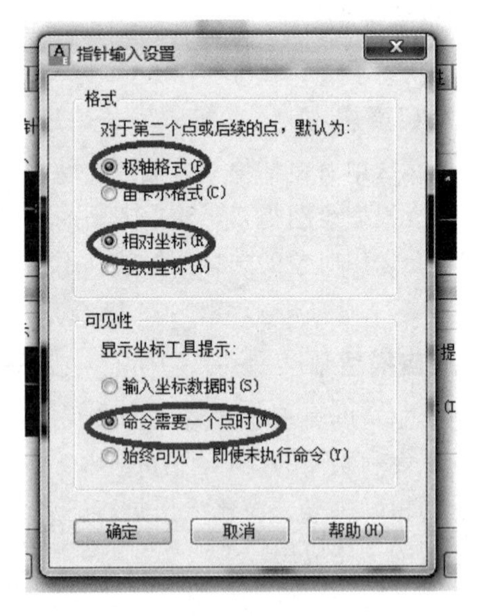

图 1-2-3

(4)在该设置下绘图，确定第二个点时，动态输入方式显示的数值分别是相对第一个点的长度和绝对值角度，如图 1-2-4 所示。

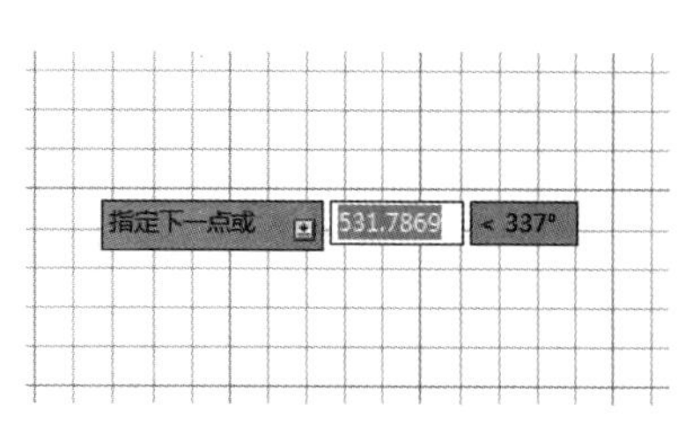

图 **1-2-4**

(5)在“草图设置”对话框中选择【可能时启用标注输入】，单击【设置】选项，如图 1-2-5 所示。

(6)弹出“标注输入的设置”对话框，选择【每次显示 2 个标注输入字段】选项，单击【确定】按钮，如图 1-2-6 所示。

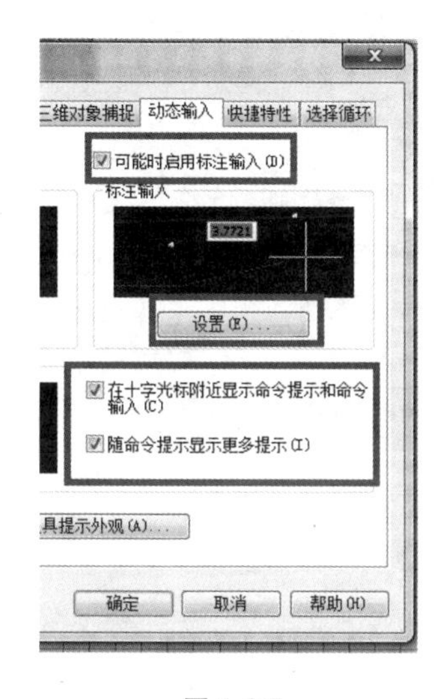

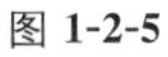
图 **1-2-5**

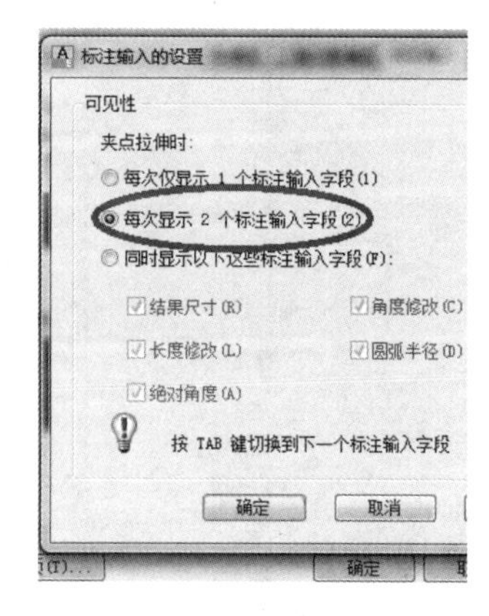

图 **1-2-6**

(7)该设置使确定第二个点时动态输入方式显示两个数值，如图 1-2-4 所示。

2. 正交

单击状态栏中【正交】按钮 即可开启正交模式。在开启和关闭正交模式的情形下，绘制水平或垂直直线时，拖动光标的效果是不一样的，如图 1-2-7 所示。

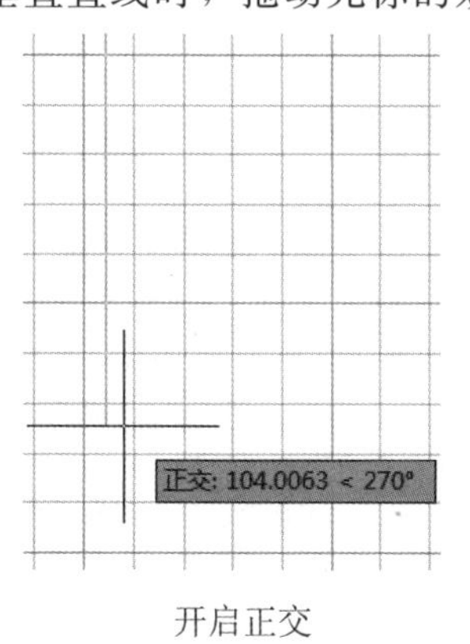

开启正交

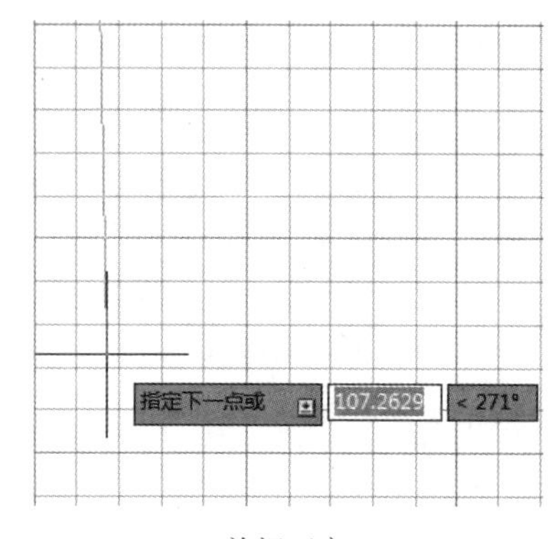

关闭正交

图 **1-2-7**

3. 极轴

(1)单击【正交】按钮正交关闭，在状态栏中右键单击【极轴】按钮，选择【设置】选项，如图 1-2-8 所示。

(2)弹出“草图设置”对话框，选中【启用极轴追踪】复选框，在【增量角】区域中根据题意设置“60”，【极轴角测量】设为“绝对”，单击【确认】按钮，如图 1-2-9 所示。

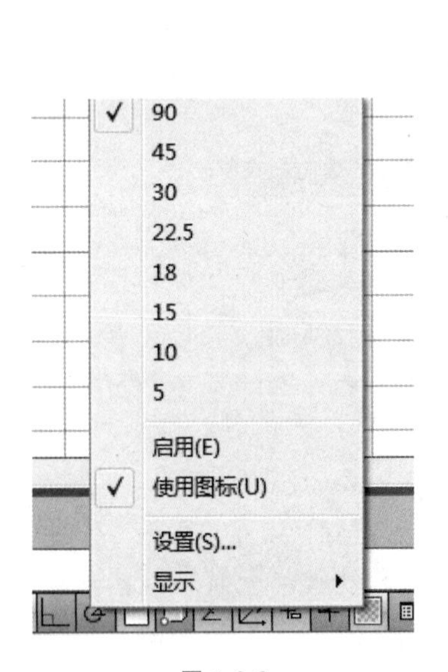

图 1-2-8

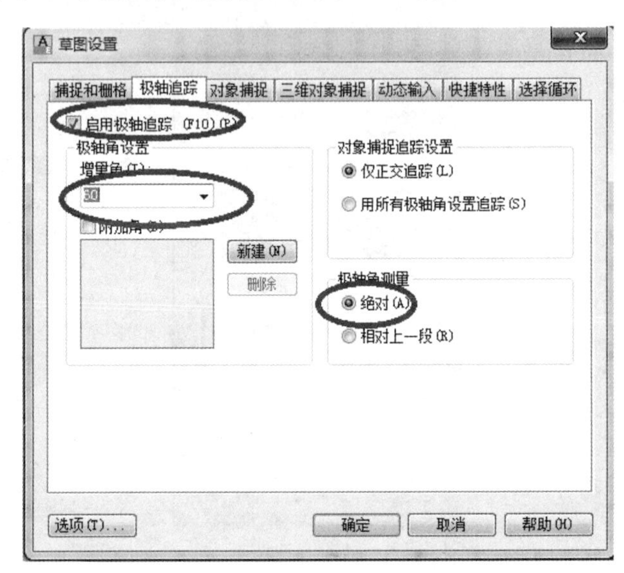

图 1-2-9

(3)移动光标，当位于 60°位置时出现一条射线，光标被自动吸附住，在动态输入框中输入线段长度，即可绘制一定长度，逆时针角度为 60°的线段，如图 1-2-10 所示。

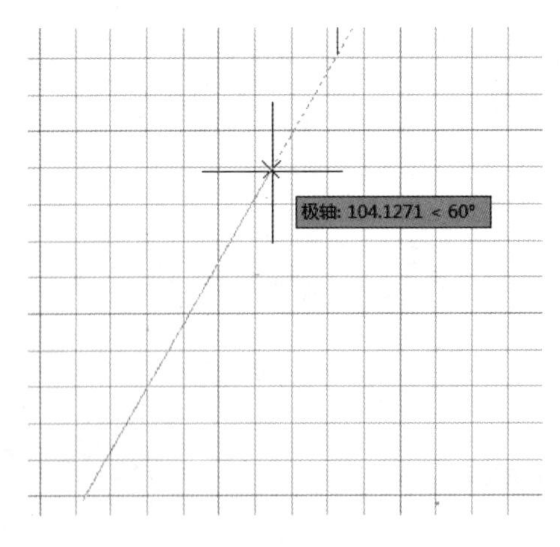

图 1-2-10

4. 对象捕捉及追踪

在绘制图形时，为了快速、准确地找到图形上的特殊点，如中点、垂足、端点等，可启用对象捕捉及追踪功能辅助绘图。

(1)在状态栏中右键单击【对象捕捉】，选择【设置】选项，如图 1-2-11 所示。

(2)单击【设置】选项会出现“草图设置”对话框，选中【启用对象捕捉】【启用对象捕捉追踪】【全部选择】复选框，单击【确定】按钮，如图 1-2-12 所示。

图 1-2-11

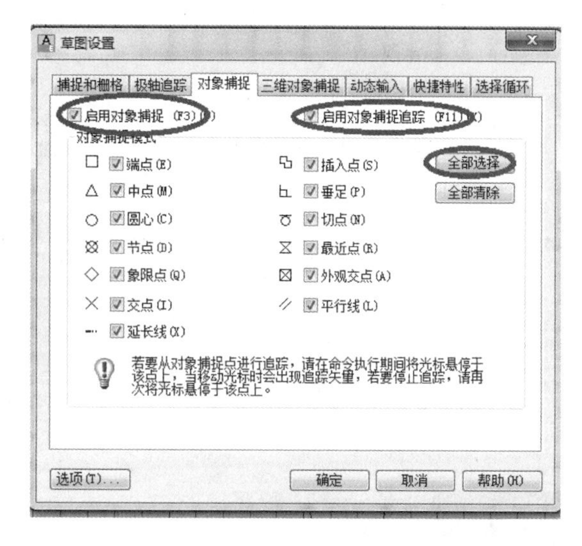

图 1-2-12

操作训练

用直线、对象捕捉、对象追踪、正交、极轴和动态输入等命令绘制图 1-2-13 所示的图形，不需标注。

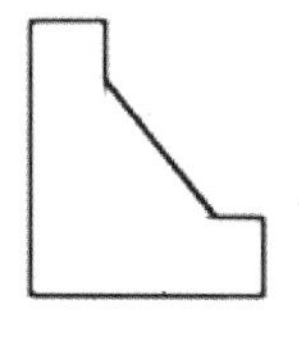

图 1-2-13

相关知识

在键盘上按下 F3 键可以快速打开或关闭【对象捕捉】功能。

在键盘上按下 F11 键可以快速打开或关闭【对象捕捉追踪】功能。

在键盘上按下 F10 键可以快速打开或关闭【极轴】功能。

自动捕捉的有关功能可从【工具】/【选项】/【绘图】中进行设置，如图 1-2-14 所示。

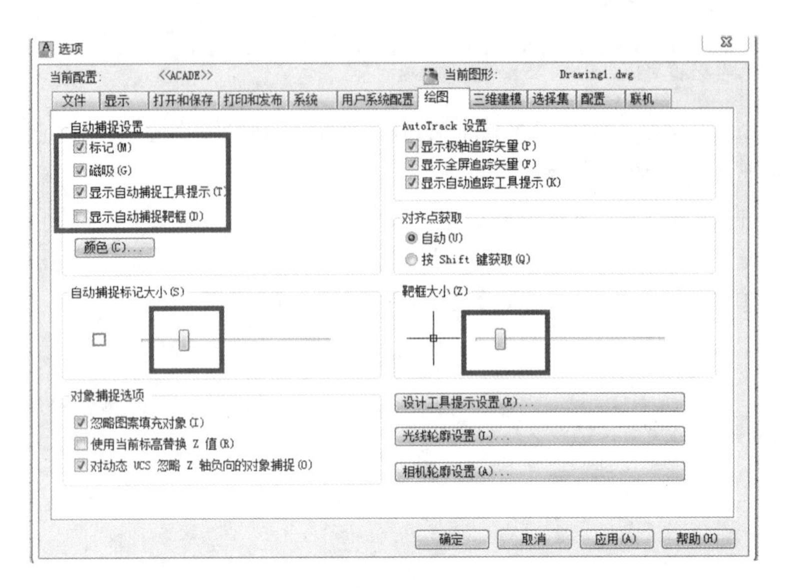

图 1-2-14

标记：选中该项，则当靶框经过图形时，图形上符合条件的特征点会显示捕捉点类型。

磁吸：选中该项，则靶框会锁定在捕捉点上，拾取靶框只能在捕捉点间跳动。

显示自动捕捉工具提示：选中该项，则捕捉点旁会显示文字说明。

任务 2 选择对象

任务描述

绘制图形往往不能一次成功，需要进行多次的修改或编辑。而在修改和编辑的时候，要先选择拾取操作的对象。下面就通过删除图 1-2-15 中所示的矩形来介绍选择对象的操作。

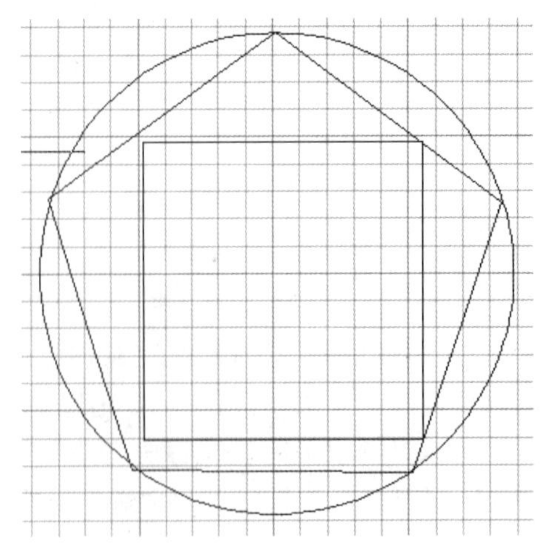

图 1-2-15

实践操作

(1)光标直接单击矩形，矩形会变成虚线，如图 1-2-16 所示。

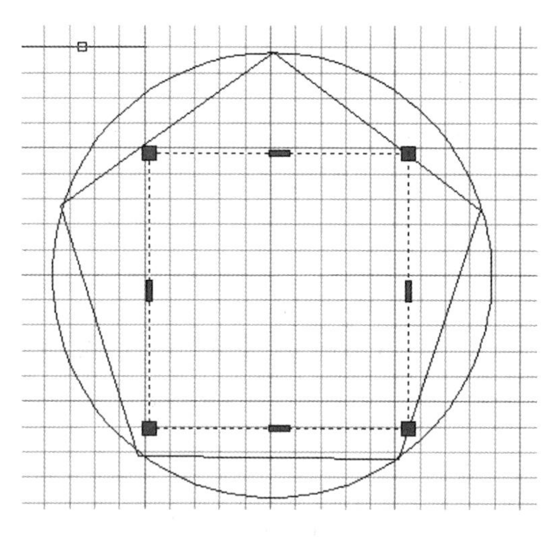

图 1-2-16

(2)单击【删除】按钮，或执行【修改】/【删除】命令，或在命令行中输入 E 按回车键，或按 Delete 键则矩形将被删除，如图 1-2-17 所示。

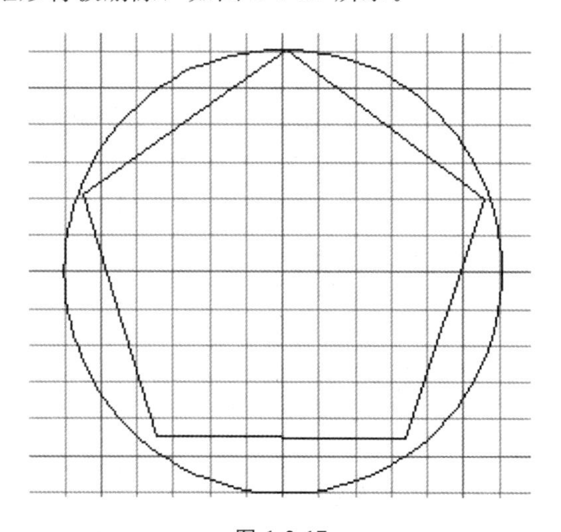

图 1-2-17

(3)单击【放弃】按钮，图形恢复到删除矩形前的样式，如图 1-2-15 所示。

(4)按下鼠标左键从右下方向左上方拖动鼠标，使其覆盖所有图形，如图 1-2-18(a)所示。单击，图形即被全部选中，如图 1-2-18(b)所示。此时可对所选图形进行删除等操作。

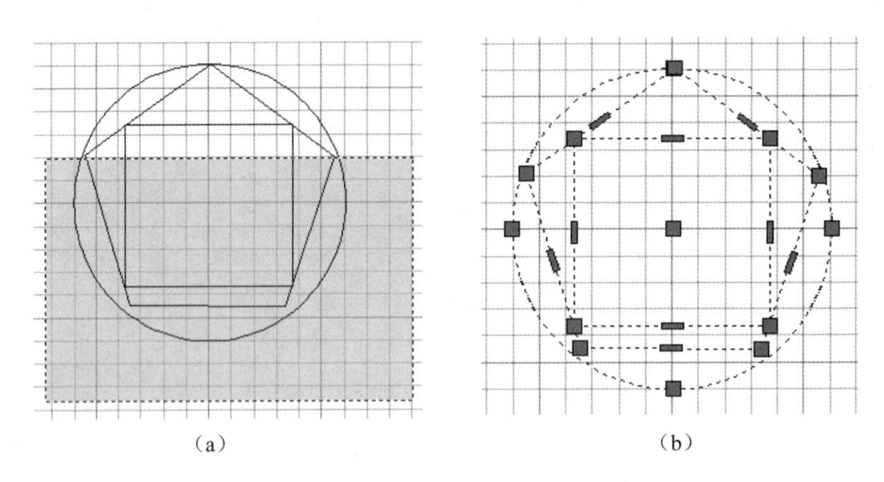

图 1-2-18

操作训练

删除图 1-2-19 中所示的 KM1 常开触头、KA 线圈。

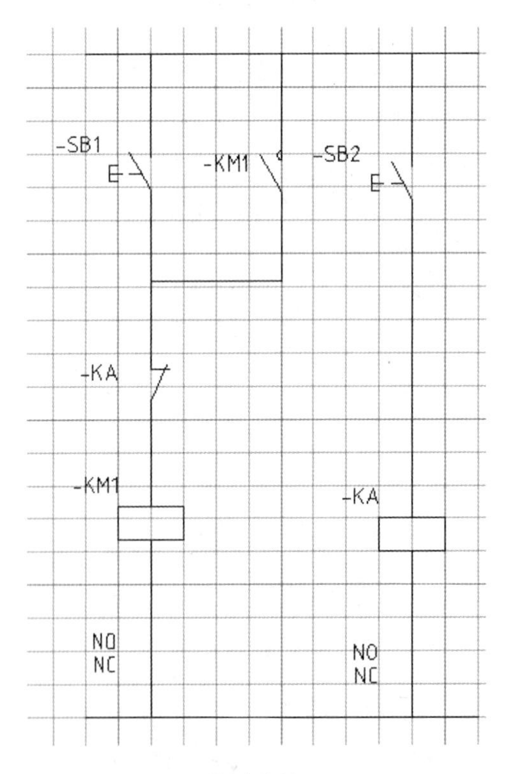

图 1-2-19

相关知识

在选择对象时，我们可以通过矩形窗口框选，即通过定义矩形区域确定选择对象，使用该方式可同时选择多个对象，包括选择完全包含于矩形窗口内的对象和所有与矩形框相交的对象。

(1)仅选择完全包含于矩形窗口内的对象，从左向右定义窗口，如图 1-2-20 所示。

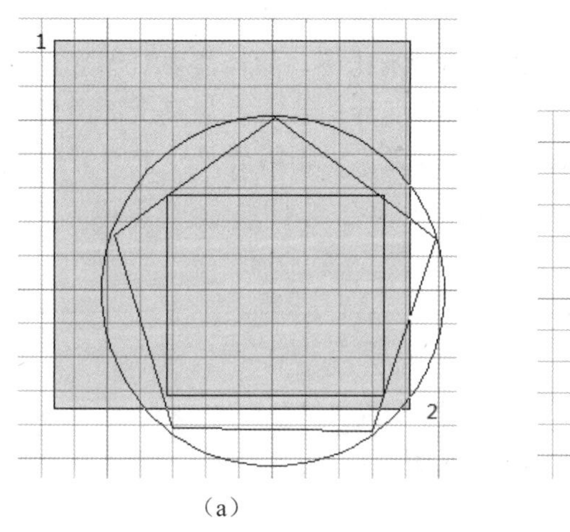

(a)

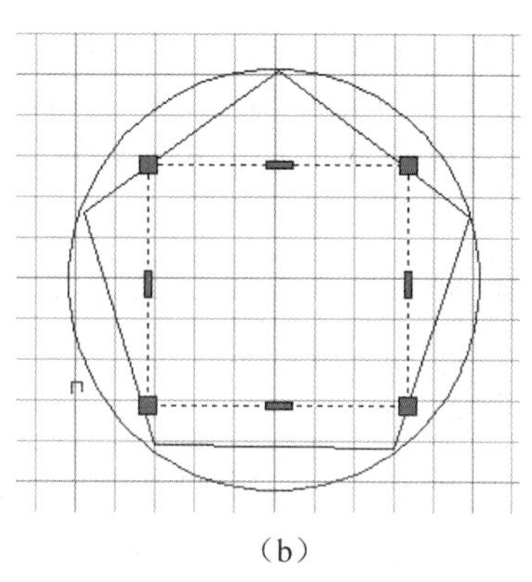

(b)

图 1-2-20

按下鼠标左键将“1”点作为选择窗口的第一个角点，向右拖动鼠标将“2”点作为指定对角点，如图 1-2-20(a)所示。拾取完的结果如图 1-2-20(b)所示。

(2)从右向左定义窗口，它不仅选择包含在矩形窗口内的对象，还选择与窗口边界相交的所有对象，如图 1-2-21 所示。

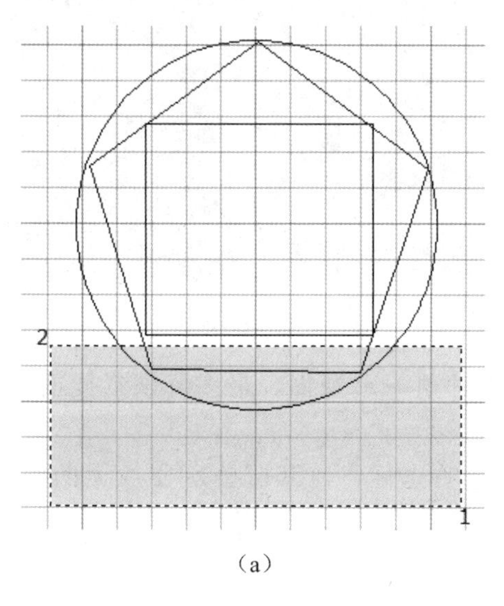

(a)

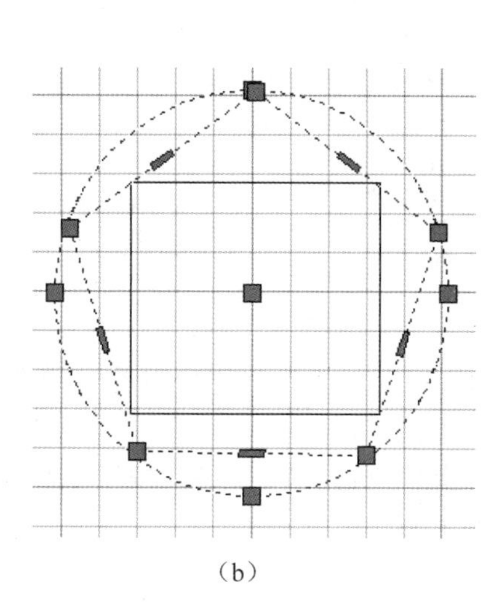

(b)

图 1-2-21

按下拾取键将"1"点作为选择窗口的第一个角点，向左拖动鼠标将"2"点作为指定对角点，如图 1-2-21(a)所示。拾取完的结果如图 1-2-21(b)所示。

任务 3 控制图形显示

任务描述

AutoCAD 绘图过程中，可自由控制视图的显示比例，如当需要对图形进行细微观察时，可适当放大视图比例，以显示图形中的细节部分；若需要观察全部图形，则可缩小视图；在绘制较大图形时，可随意移动视图的位置，根据需要显示要查看的部位。本任务将介绍如何对视图进行控制，以及鸟瞰视图。

实践操作

1. 缩放

如图 1-2-22 所示，在【视图】菜单栏中选择【缩放】，会给出 11 种缩放方式。

(1)实时。光标变成放大镜样式，如图 1-2-23 所示，按住鼠标左键并向上拖动光标，图形被放大；按住鼠标左键并向下拖动光标，图形被缩小。

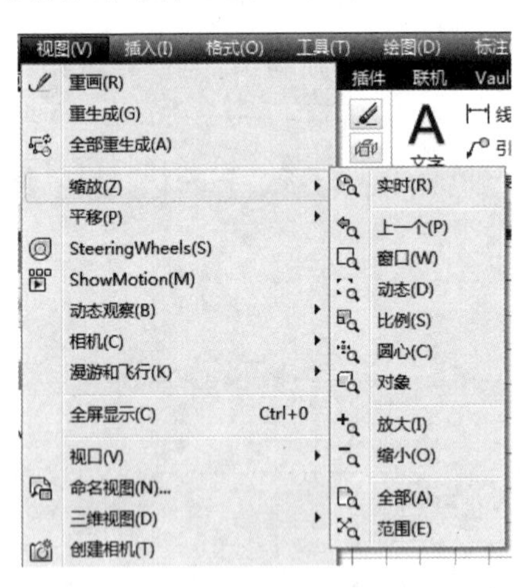

图 1-2-22

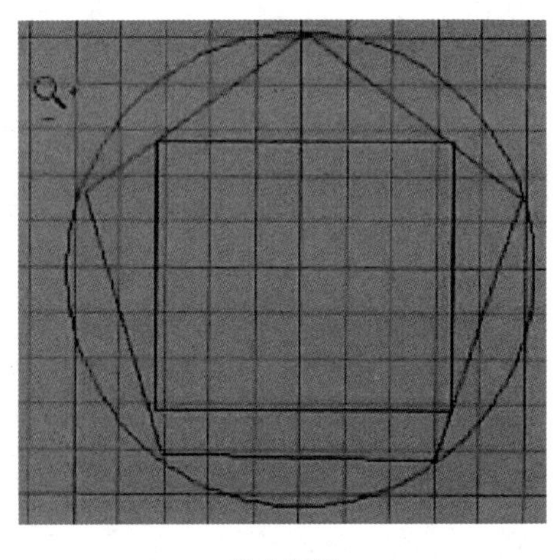

图 1-2-23

(2)上一个。图形将恢复到进行缩放操作的前一个视图，最多可恢复此前的 10 个视图。

(3)窗口。选择【窗口】，按下鼠标左键拖动光标，使其覆盖所要放大的图形，如图 1-2-24所示。

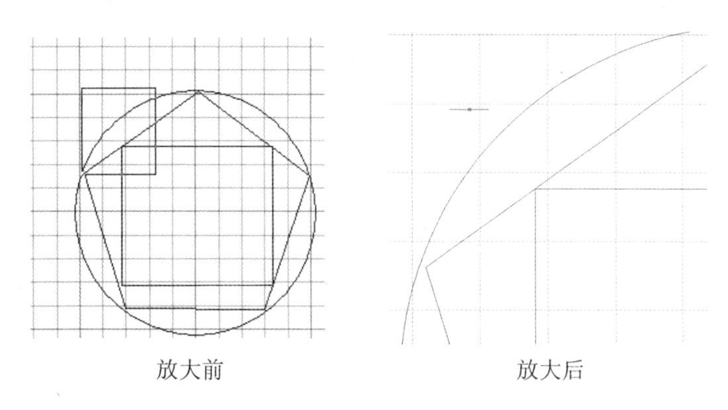

放大前　　　　放大后

图 1-2-24

（4）动态。动态缩放模式下，在绘图区域将出现颜色不同的线框，其中蓝色虚线框表示图纸边界。在屏幕上还会出现一个中心有“×”的选择框，如图 1-2-25(a)所示。单击鼠标左键，选择框中心的“×”将消失，在选择框右侧显示一个箭头，如图 1-2-25(b)所示。拖动光标可以改变选择框的大小，确定选择框的大小后，单击鼠标左键，再按回车键，则绘图区只显示选择框内的内容。

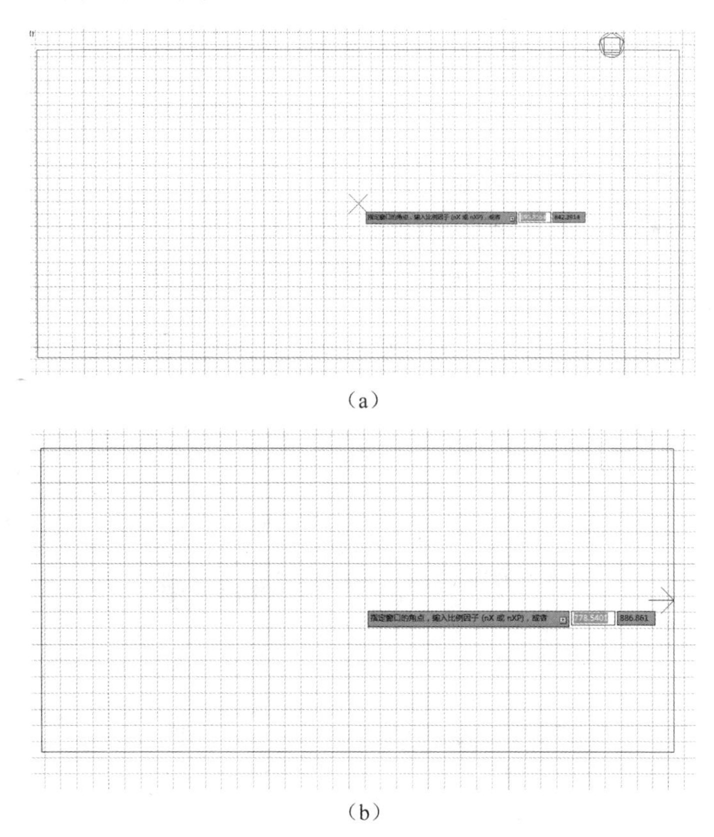

（a）

（b）

图 1-2-25

(5)比例。要求用户输入一个数字作为缩放的比例因子，该比例因子适用于整个图形。输入数字大于 1 则放大视图；等于 1 显示整个视图；小于 1 则缩小视图。

(6)圆心。在图形中指定一个点，再指定一个缩放比例因子或高度值来显示一个新视图。指定的点即为新视图的中心点。

(7)对象。选择【对象】缩放模式，将出现一个如图 1-2-26 所示小的矩形光标，使用矩形光标单击要放大的图形，然后按回车键，完成选择对象的放大。

(8)放大。使用该模式一次，系统将整个视图放大 1 倍，默认比例因子为 2。

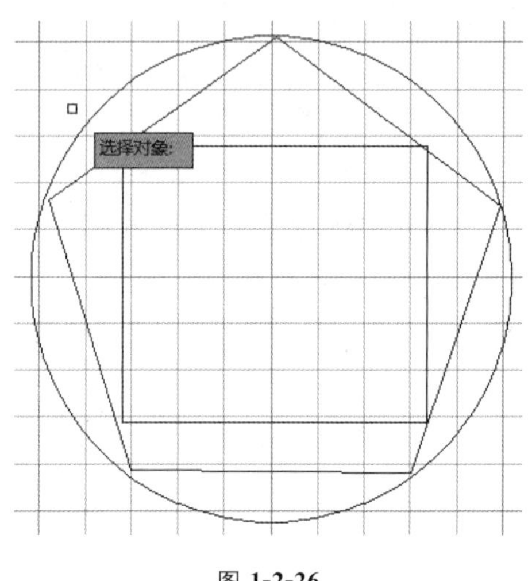

图 1-2-26

(9)缩小。使用该模式一次，系统将整个视图缩小 1 倍，默认比例因子为 0.5。

(10)全部。在全部缩放模式下，系统将显示整个图形中所有对象。在平面视图中，系统将图形缩放到当前图形范围。

(11)范围。在范围缩放模式下，系统将在图形范围内尽可能大的显示当前绘图区域中的所有对象。

2. 平移

如图 1-2-27 所示，在【视图】菜单栏中选择【平移】，会给出 6 种缩放方式。

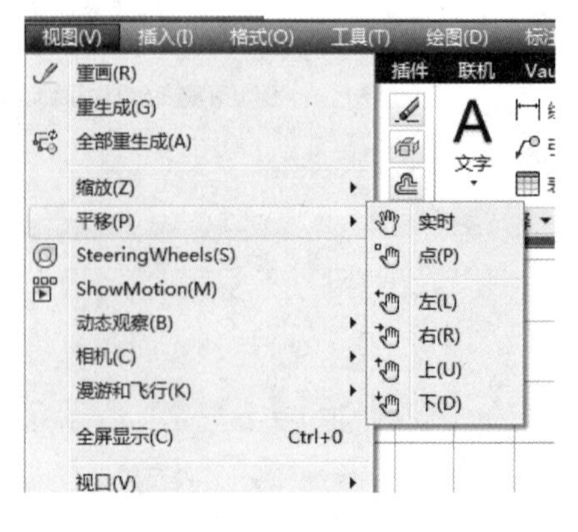

图 1-2-27

（1）实时平移。在该模式下，光标变成小手后，按住鼠标左键进行拖动，窗口内的图形就可以按光标移动的方向移动。按Esc键或回车键，即可退出实时平移模式；也可在绘图区域的任意位置单击鼠标右键，然后在弹出的快捷菜单（图 1-2-28）中执行“退出”命令退出平移模式。

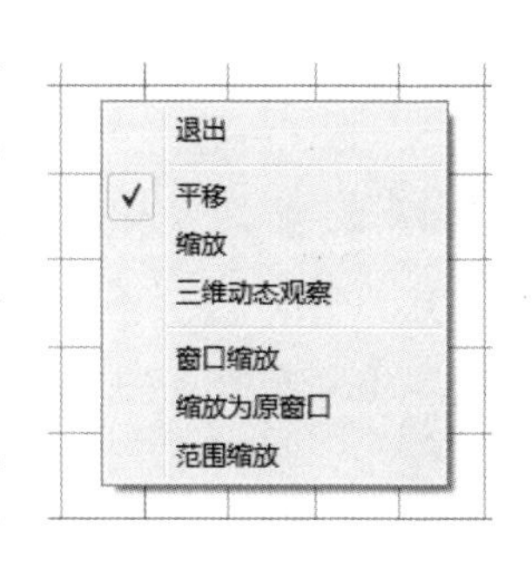

图 **1-2-28**

（2）点平移。该模式通过指定基点和位移值来移动视图。执行该命令时将出现十字光标，然后在绘图区域中单击鼠标左键指定平移基点，再次单击鼠标指定第二个点的位置，这时系统将会计算出从第一个点到第二个点的位移，来移动图形，如图 1-2-29（a）（b）所示。

（3）左、右、上、下平移。执行【视图】菜单中【平移】子菜单中的“左”“右”“上”“下”命令，可使视图向相应的方向移动规定的距离，如图 1-2-29（c）所示。

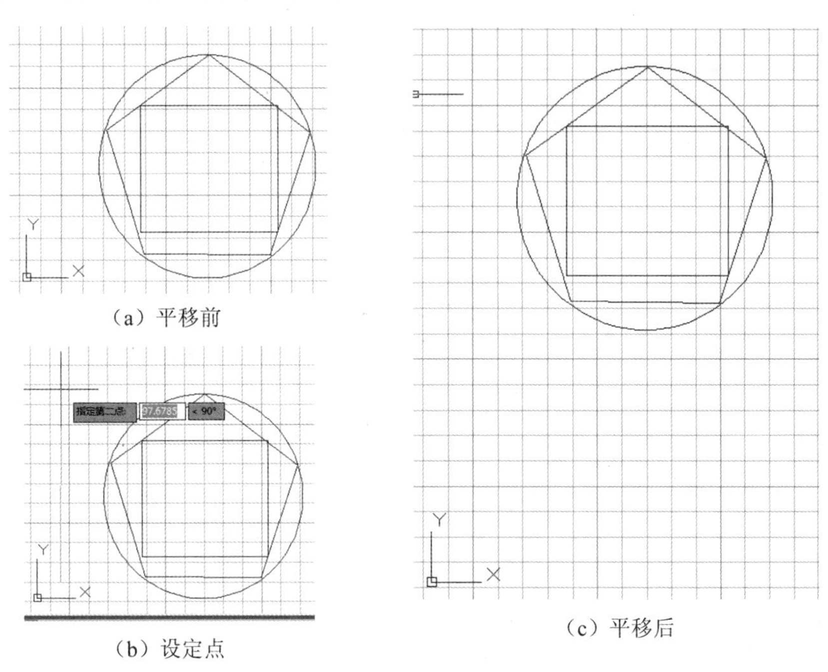

（a）平移前

（b）设定点

（c）平移后

图 **1-2-29**

3. 鸟瞰视图

在 AutoCAD 中除了使用缩放或半移命令控制视图外，系统还提供了鸟瞰视图窗口。利用该窗口可快速更改当前视图，只要鸟瞰视图命令处于打开状态，在绘图过程中便可以直接进行平移或缩放等操作，无须选择菜单选项或输入命令，就可以指定新的视图。

在命令行输入“redefine”按回车键，输入“dsviewer”按回车键，输入“dsviewer”按回车键（注意，是要输入两次 dsviewer），鸟瞰视图就出现在右下角了，如图 1-2-30 所示。

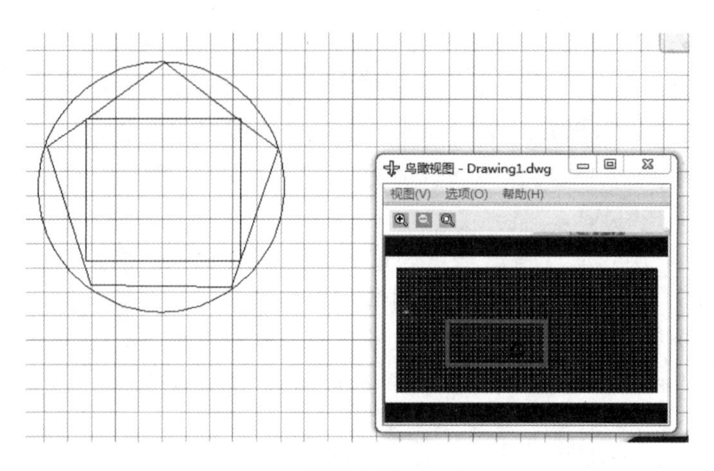

图 1-2-30

操作训练

分别运用缩放、平移、鸟瞰视图等命令绘制、观察图 1-2-31。

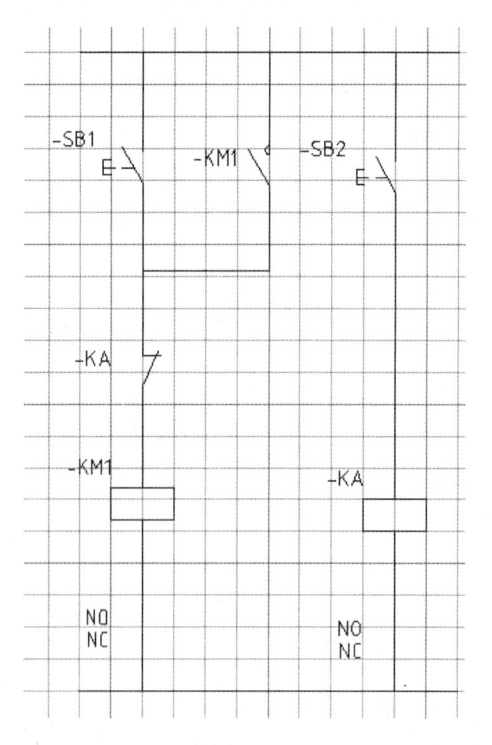

图 1-2-31

相关知识

AutoCAD 默认将绘图区域作为一个单独的视口存在。所谓视口，是指图形屏幕中用于绘制、显示图形的区域。它包括一个视口、两个视口、三个视口和四个视口 4 种形式。该命令可使用户在绘制较复杂的图形特别是绘制三维图形时，缩短在单一视图中平移或缩放的时间。AutoCAD 提供了 VPORTS 命令用于创建和设置视口。在 AutoCAD 2012 经典空间中选择【视图】/【视口】会出现视口的操作命令，如图 1-2-32 所示。

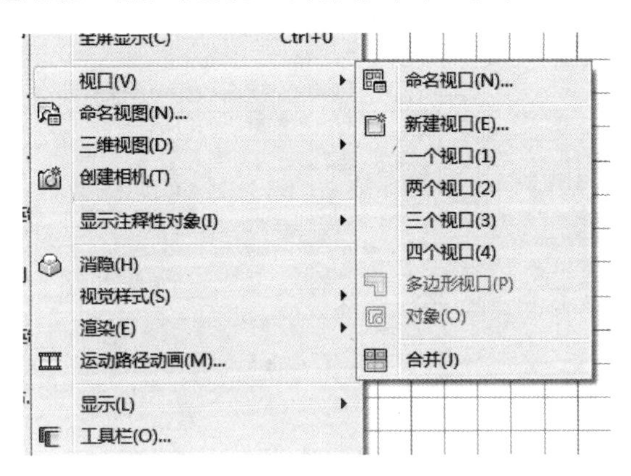

图 1-2-32

1. 新建视口

在 AutoCAD 中选择【视图】/【视口】/【新建视口】，会弹出“视口”对话框，如图 1-2-33 所示。

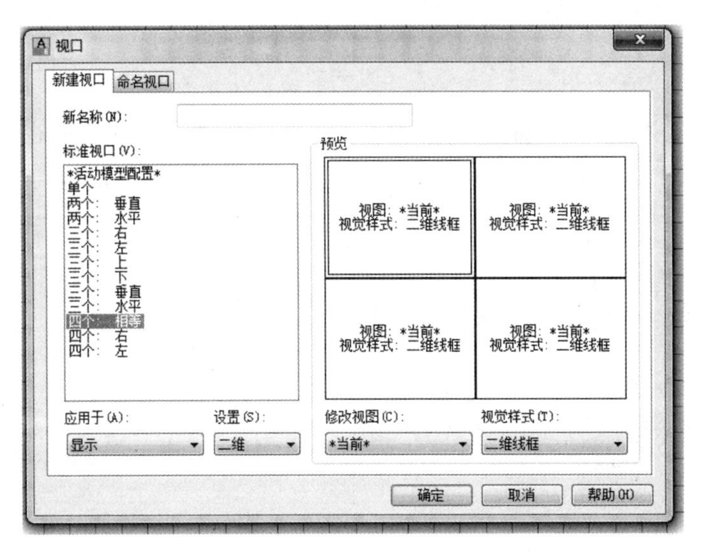

图 1-2-33

在视口对话框中选择【新建视口】选项卡，在【新名称】文本框中输入要定义的视口名称，在【标准视口】列表框中选择【四个：相等】选项，【设置】下拉列表框中选择【二维】，出现预览图，与将要生成的模式相符，单击【确定】按钮，视口操作完成，如图 1-2-34 所示。

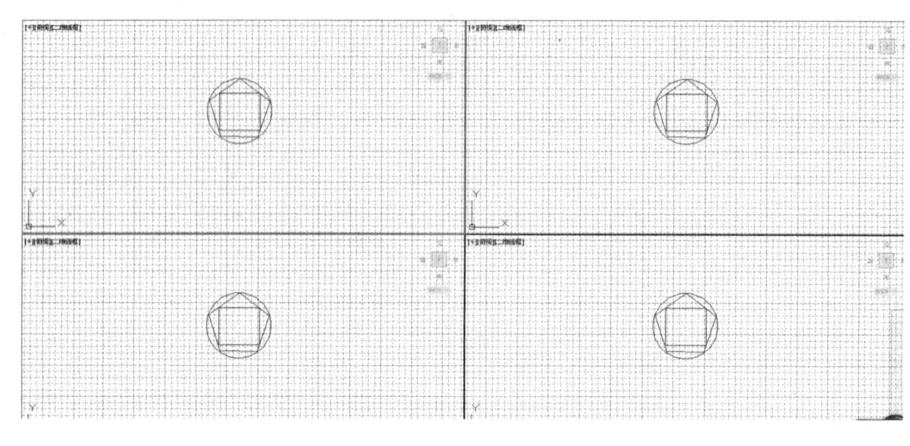

图 1-2-34

2. 合并

合并是指将两个邻接的视口合并为一个较大的视口，这时命令行将出现如图 1-2-35 所示提示。

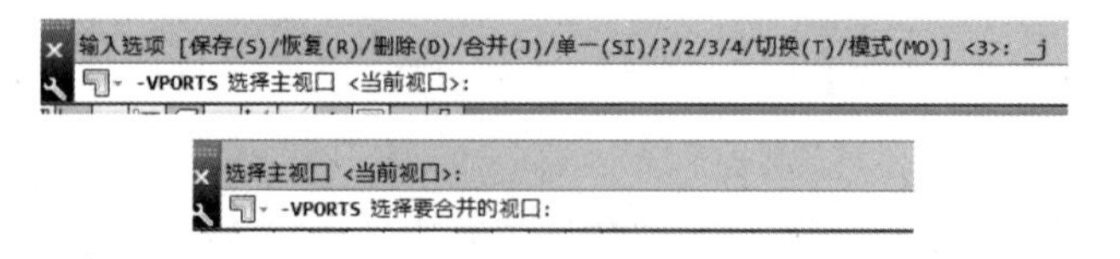

图 1-2-35

这时用户可选择所要合并的视口，所得到的视口将继承主视口的视图，图 1-2-36 为将图 1-2-34 中右侧上下两视图合并后的效果。

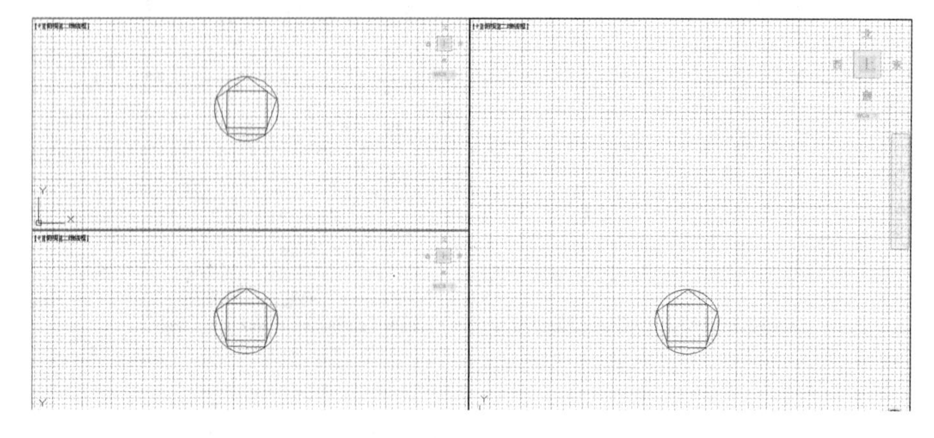

图 1-2-36

任务 4　图层设置

任务描述

设置图层是指，把不同颜色、线型、线宽等各种类型的线以及电器元件的标注、型号、线号、端子号等按需要设置到相应的图层上，以方便用户选用。本任务将按表 1-2-1 中的要求介绍图层的相关设置。

表 1-2-1

图层名称	颜色	线型	线宽/mm
导线	黄色	Center	0.6
端子号	红色	Center	0.2
标注	蓝色	Continues	0.2

实践操作

1. 新建“导线”图层

(1)打开图层特性管理器。在命令行输入“LAYER”，或单击菜单栏中的【格式】/【图层】，或单击工具栏中的【对象特性】，会出现“图层特性管理器”对话框。图 1-2-37 所示为根据电气图的需要已经默认设置了相应的图层。

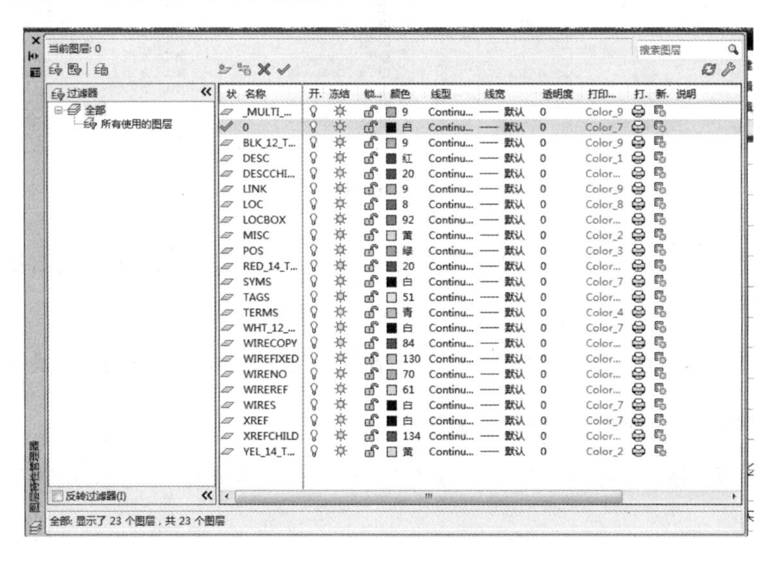

图 1-2-37

(2)新建图层。单击【新建图层】按钮，将会出现【图层 1】，如图 1-2-38 所示。

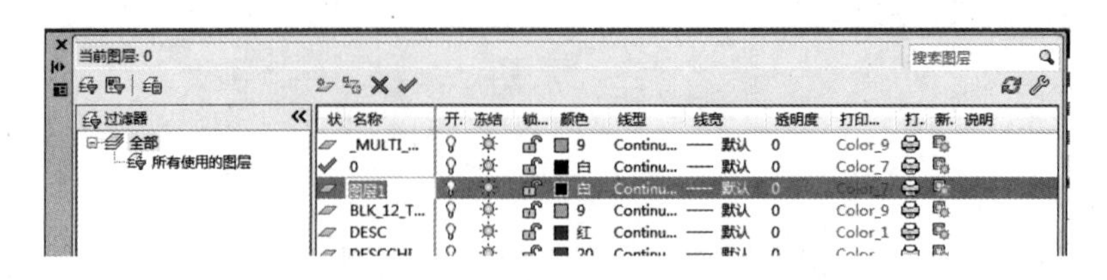

图 1-2-38

(3)修改名称。选中新建的图层后，再次单击【名称】栏对应的文字“图层 1”使其处于编辑状态，输入图层名称“导线”，按回车键，完成图层名称的修改，如图 1-2-39 所示。

状	名称	开.	冻结	锁...	颜色	线型	线宽	透明度	打印...	打.	新.	说明
	MULTI...				9	Continu...	—— 默认	0	Color_9			
✓	0				白	Continu...	—— 默认	0	Color_7			
	导线				白	Continu...	—— 默认	0	Color_7			
	BLK_12_T...				9	Continu...	—— 默认	0	Color_9			
	DESC				红	Continu...	—— 默认	0	Color_1			
	DESCCHI...				20	Continu...	—— 默认	0	Color...			

图 1-2-39

(4)设置图层控制。我们除了可对图层进行名称、颜色、线型、线宽的设置外，还可控制图层的开/关、冻结/解冻、锁定/解锁，如图 1-2-40 所示。

当前图层: 0　搜索图层

过滤器：全部；所有使用的图层

状	名称	开.	冻结	锁.	颜色	线型	线宽	透明度	打印...	打.	新.
	MULTI...				9	Continuous	—— 默认	0	Color_9		
✓	0				白	Continuous	—— 默认	0	Color_7		
	导线				红	Continuous	—— 默认	0	Color_1		
	BLK_12_T...				9	Continuous	—— 默认	0	Color_9		
	DESC				红	Continuous	—— 默认	0	Color_1		
	DESCCHI...				20	Continuous	—— 默认	0	Color...		
	LINK				9	Continuous	—— 默认	0	Color_9		
	LOC				8	Continuous	—— 默认	0	Color_8		
	LOCBOX				92	Continuous	—— 默认	0	Color...		
	MISC				黄	Continuous	—— 默认	0	Color_2		

图 1-2-40

开项：图标为 开，控制图层的开关状态。通过单击图标可实现图层的开关，打开的图层灯泡为黄色，关闭的图层灯泡为灰色。

冻结项：图标为 冻结 ，控制图层的冻结与解冻。系统默认是解冻状态，小图标为，点击它将转变为冻结的雪花。

锁项：图标为 锁...，控制图层的锁定与解锁。小图标中表示图层解锁，表示图层锁定。

另外，还可使用图 1-2-40 中黑框中的删除按钮，来删除多余的图层。

(5)设置图层颜色。单击【颜色】栏对应的文字“白”，会弹出如图 1-2-41 所示“选择颜色”

对话框，选择红色方块然后单击【确定】按钮，【导线层】的颜色会变为红色，如图 1-2-42 所示。

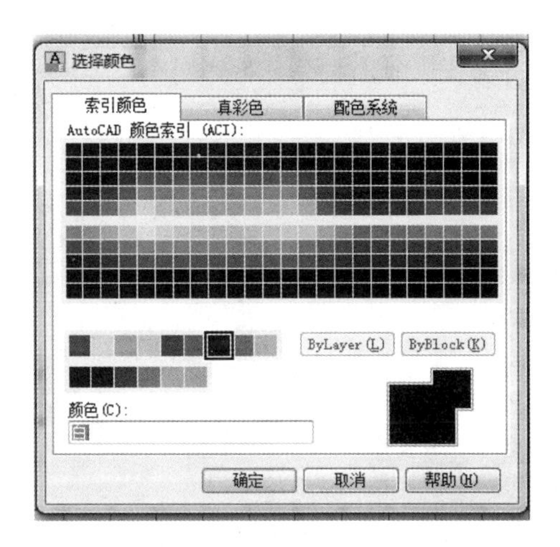

图 1-2-41

状	名称	开.	冻结	锁...	颜色	线型	线宽	透明度	打印...	打.	新.	说明
	MULTI...				9	Continu...	—— 默认	0	Color_9			
✓	0				白	Continu...	—— 默认	0	Color_7			
	导线				红	Continu...	—— 默认	0	Color_1			
	BLK_12_T...				9	Continu...	—— 默认	0	Color_9			

图 1-2-42

(6)设置图层线型。单击“导线”层【线型】栏对应的文字，会弹出如图 1-2-43 所示“选择线型”对话框，单击【加载】，弹出“加载或重载线型”对话框，选择【CENTER】线型，单击【确定】按钮，如图 1-2-44 所示。

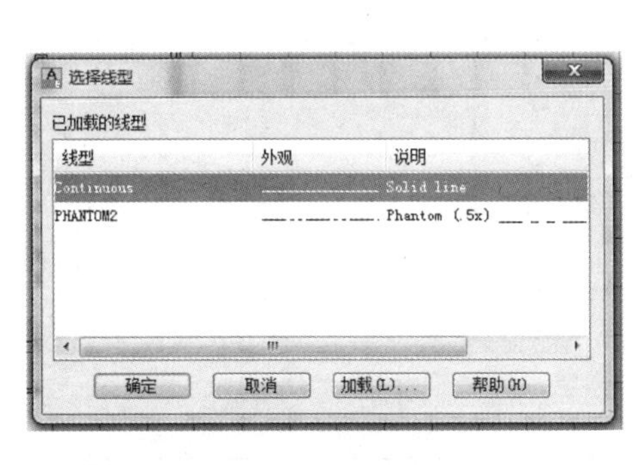

图 1-2-43

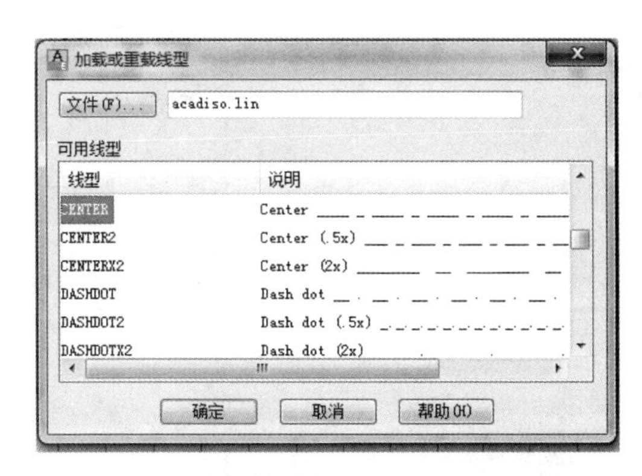

图 1-2-44

最后，在如图 1-2-45 所示“选择线型”对话框中单击“CENTER”后，单击【确定】按钮，导线层的线型变为“CENTER”，如图 1-2-46 所示。

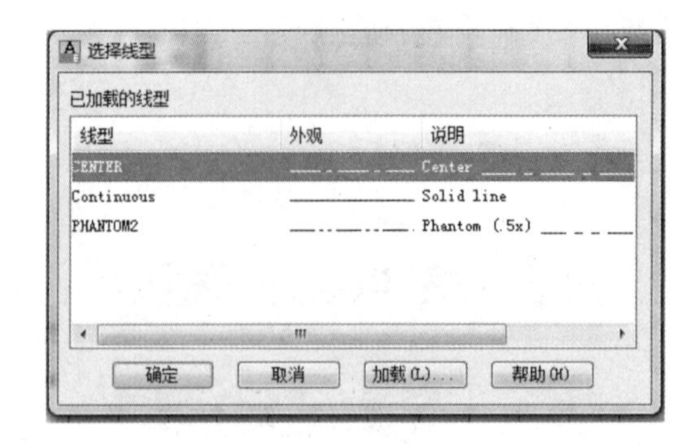

图 1-2-45

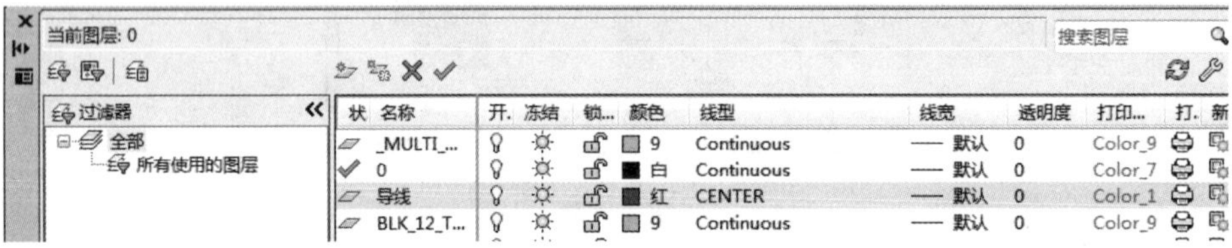

图 1-2-46

(7)设置图层线宽。单击“导线”层【线宽】栏对应的文字，会弹出如图 1-2-47 所示“线宽”对话框，选择【0.60 mm】，单击【确定】按钮，线宽即变为 0.60 mm，如图 1-2-48 所示。

图 1-2-47

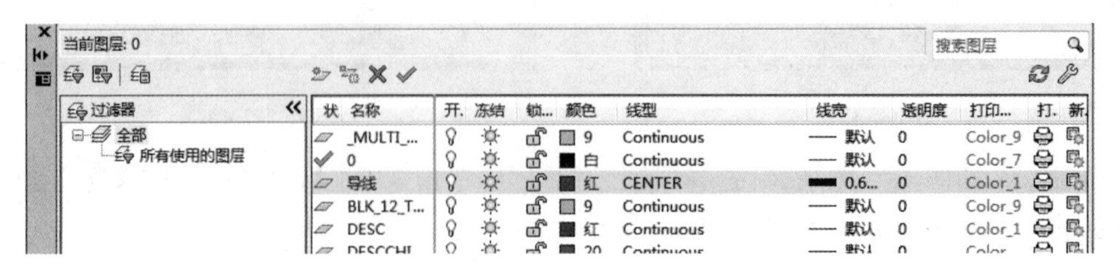

图 1-2-48

(8)按相同的步骤完成“标注”图层和“端子号”图层的新建与设置。

操作训练

新建名称为“交互参考”的图层，线型 ACAD _ ISO02W100，颜色为紫色，线宽 0.8 mm。

相关知识

在 AutoCAD 的一个图形文件中，系统会自动创建一个名为“0”的图层，并且该图层不可删除，不可改名。虽然我们可以根据实际绘图需要新建图层，且图层的数量没有限制，但不允许创建两个相同名称的图层。并且每个图层都可设置各自的特性，如名称、是否显示、颜色、线型、线宽等，在该层上创建的图形对象则默认采用这些特性。通过建立图层，可以很方便地对某一层上的图形进行修改和编辑，而不会影响到其他图层上的图形。

在 AutoCAD 中，当有些线型在图形中显示不出来或不合适时，可调整线型比例。

(1)修改导线层的线型比例。设定后在该层下绘制的线型比例都是修改后的比例。

单击【修改】/【特性】按钮，弹出“特性”对话框，如图 1-2-49 所示。在特性对话框中单击【线型比例】文本框，修改线型比例值，按回车键，则线型比例修改完毕。

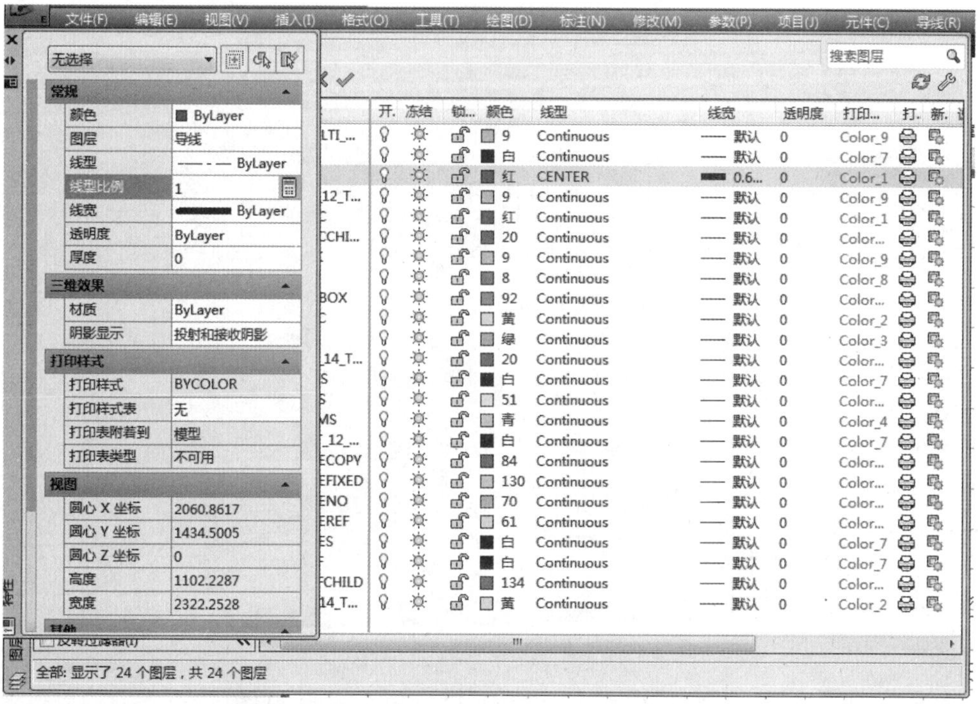

图 1-2-49

(2)修改已绘线段的线型比例。对于已绘制完成的线段如需修改线型，可直接修改：

选择线段，右键单击，选择【特性】按钮，如图 1-2-50(a)所示，弹出“特性”对话框，如图 1-2-50(b)所示；单击【线型比例】文本框，修改比例值，按回车键，线型比例修改完毕。

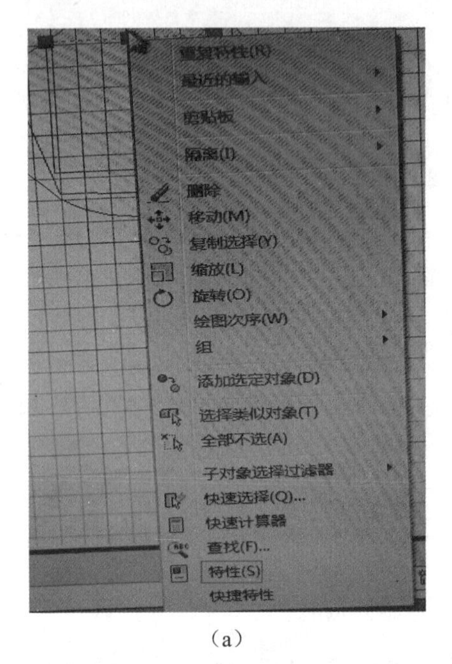

(a)

(b)

图 1-2-50

项目3 CAD绘图基础

项目目标

(1)能完成电气工程图样的绘制。
(2)会创建新的元件符号块。
(3)会修改相关数据库列表。

项目要求

(1)会插入元件符号，完成各元件之间的导线连接。
(2)能在图形中插入线号、元件端号、父子元件交互参考等。
(3)能对插入的元件进行编辑。

项目描述

本项目将根据一个恒压供水项目来介绍 AutoCAD Electrical 的基本绘图规则和绘图的方法。这个恒压供水项目共 7 张图样，涉及低压电气控制、PLC、变频器等控制环节。本次内容将绘制给定的 7 张图样，是一个抄图的过程，并没有体现 AutoCAD Electrical 电气功能的设计过程。

任务1 直线

任务描述

机械制图的图形中有很多直线段。CAD 可以解决绘制各种角度、长度、位置的直线段的问题，使手工绘图中复杂的一笔笔描绘在 CAD 中变得简单而轻松。本任务将介绍直线命令的操作。

实践操作

(1)单击【常用】工具栏中的【直线】命令，或在命令行输入“L”，按回车键，命令行会提示“指定第一个点”，如图 1-3-1 所示。在命令行输入“10，30”，按回车键，命令行中将提示指定下一点，如图 1-3-2 所示。

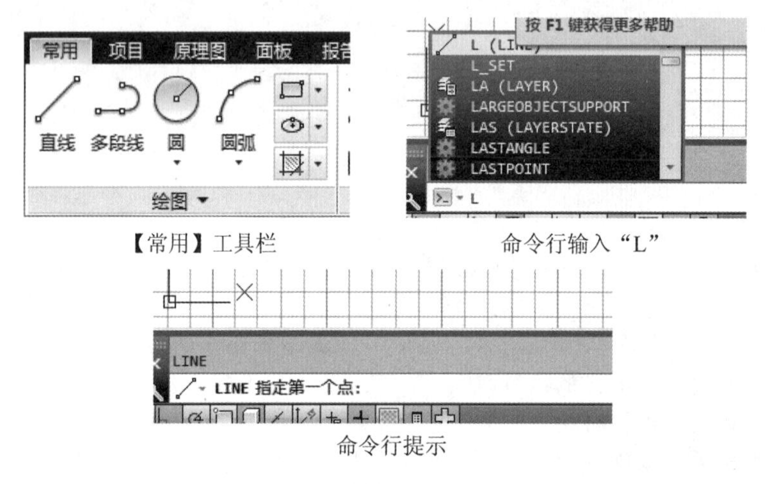

【常用】工具栏　　命令行输入“L”

命令行提示

图 1-3-1

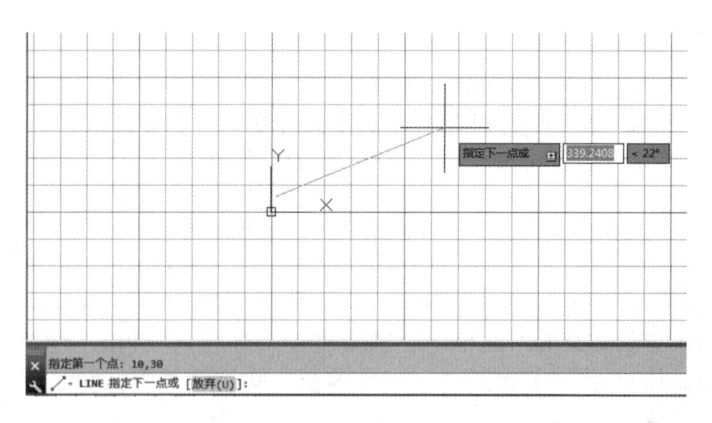

图 1-3-2

(2)在命令行中输入“100，30”，如图 1-3-3(a)所示，按回车键，如图 1-3-3(b)所示。再次按回车键或单击右键，如图 1-3-3(c)所示。选择对话框，单击【确定】按钮，完成长 90 mm 的水平直线的绘制，如图 1-3-3(d)所示。

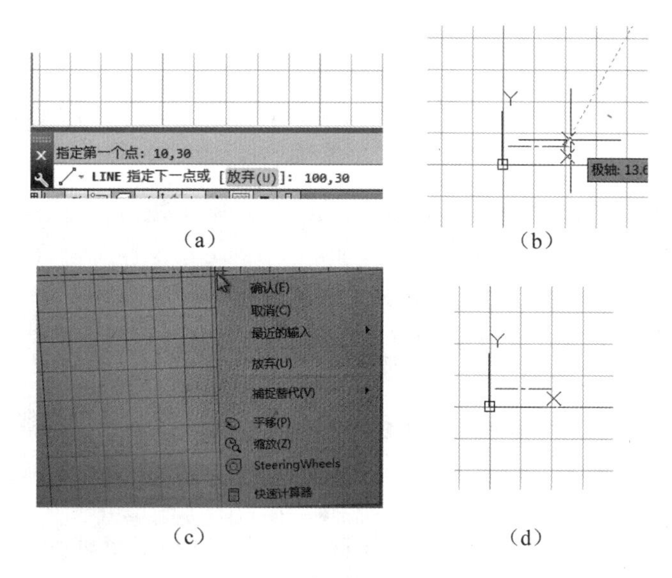

(a)　(b)

(c)　(d)

图 **1-3-3**

(3)以同样的步骤再绘制一条与如图 1-3-3(d)所示直线平行的直线。

(4)用光标捕捉的方式绘制直线。

单击【直线】命令，光标捕捉平行线一个端点，单击，如图 1-3-4(a)所示。再捕捉平行线另一个端点，单击，如图 1-3-4(b)所示。按回车键或右键选择“确认”，完成两平行线垂线的绘制。

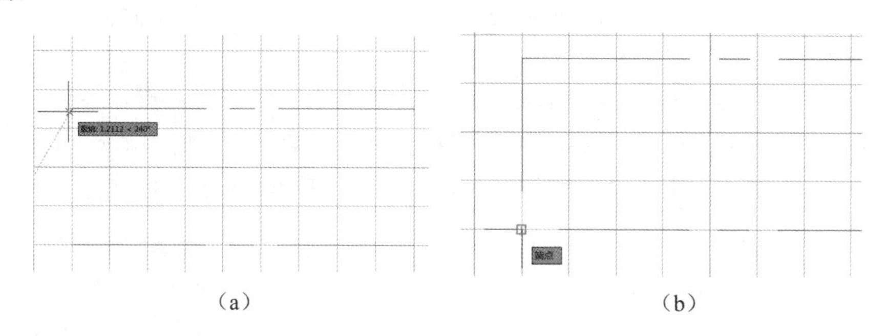

(a)　(b)

图 **1-3-4**

操作训练

使用直线方式绘制一个 400 mm×600 mm 的矩形。

相关知识

1. 点的输入

在绘图过程中，常需要输入点的位置，AutoCAD 除了使用直角坐标或极坐标输入点外，还提供了以下确定点位置的方法：

(1)用鼠标移动光标，单击左键在屏幕上直接取点。

(2)开启捕捉模式，设定要捕捉的点，在屏幕上捕捉已有图形的特殊点(如端点、中点、垂足等)。

(3)直接距离输入。先用光标拖拉出橡筋线确定方向，然后用键盘输入距离。

2. 距离值的输入

在 AutoCAD 命令中，有时需要提供长度、半径、直径等距离值。AutoCAD 提供了两种距离值的输入方式：

(1)用键盘在命令行中直接输入数值。

(2)在绘图区上点取两点，以两点间的距离作为所需数值。

3. 直线

(1)绘制已知长度和角度的直线。单击直线命令，指定第一点，在命令行中输入“@150<45”(即线段长度为 150 mm，角度为 45°)，按回车键。一条长度为 150 mm，角度为 45°的线段就绘制完成了。

(2)绘制已知两端点相对坐标的直线。单击直线命令，指定第一点，以相对坐标模式在命令行输入“@200，100”(即第二个端点相对于第一个端点 x 方向大 200 mm，y 方向大 100 mm)，按回车键。一条终点相对于起点 x 方向大 200 mm，y 方向大 100 mm 的线段就绘制完成了。

4. 多线

(1)单击【绘图】/【多线】，或在命令行中输入“MLINE”，按回车键，根据提示在命令行输入“s”，按回车键，设置比例，即两平行线间的间距。在命令行输入“10”，按回车键，如图 1-3-5 所示。

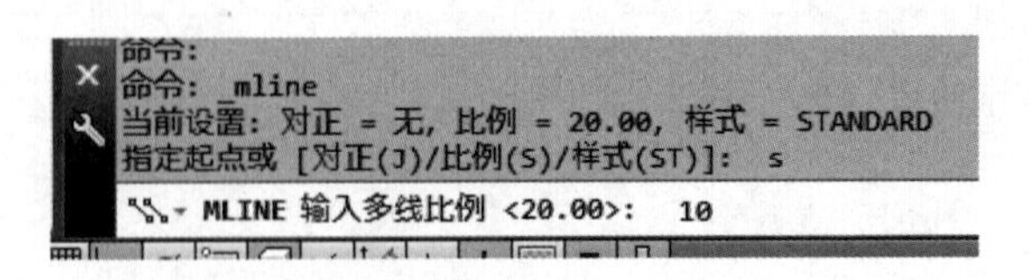

图 1-3-5

(2)根据命令行的提示输入“j”，按回车键，设置对正方式，即光标在两平行线间的位置。输入“b”，按回车键，即光标位于两平行线中下方或右方线的端点。

(3)根据命令行的提示“指定起点”，在命令行输入“10，10”，按回车键，如图 1-3-6 所示。

(4)根据命令行的提示“指定下一点”，在命令行中输入线的长度(50)或下一点坐标(60，10)。出现两条长 50 mm 的平行线，按两次回车键，两平行线绘制完成，如图 1-3-7 所示。

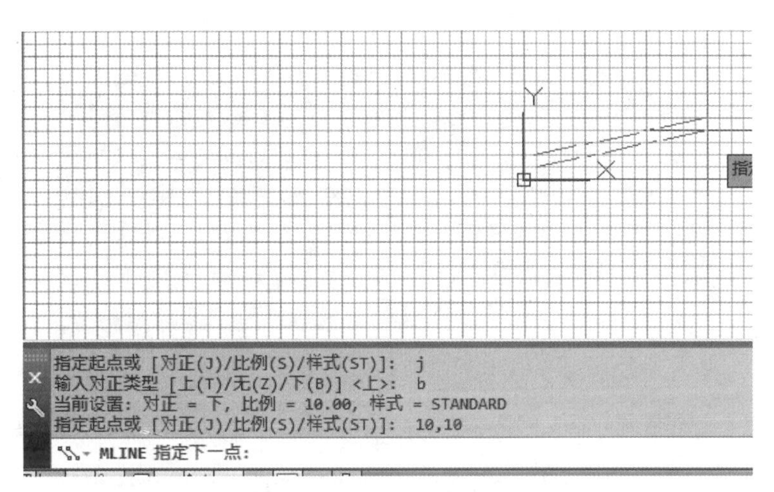

图 1-3-6

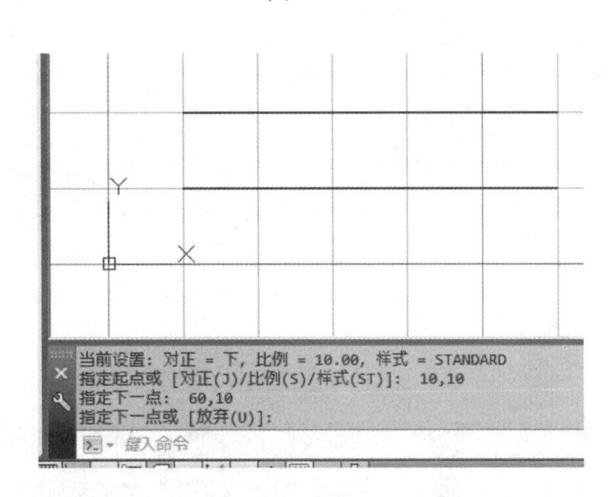

图 1-3-7

任务 2　多段线与样条曲线

任务描述

本任务将介绍多段线和样条线命令的操作。

实践操作

1. 多段线

(1)单击【绘图】工具栏，根据命令行提示输入起点坐标“100，100”，按回车键，如图 1-3-8 所示。

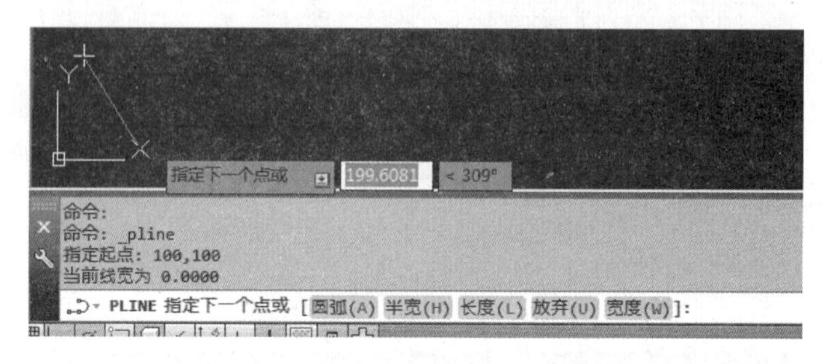

图 1-3-8

(2)根据命令行提示输入第二个点的坐标“200，100”，按回车键，如图 1-3-9 所示。

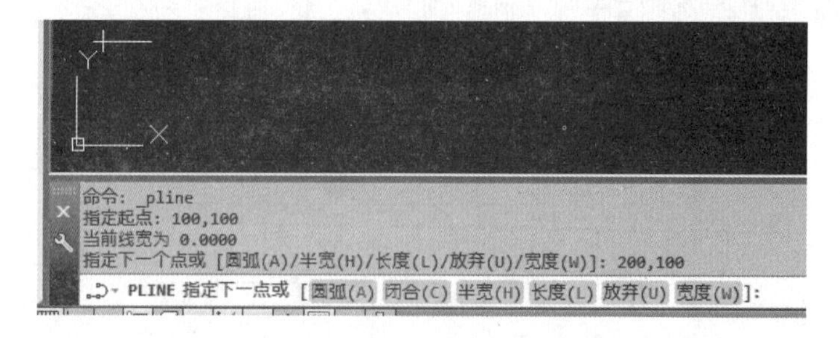

图 1-3-9

(3)根据命令行提示输入“w”，按回车键；起点宽度输入“50”，按回车键；端点宽度输入“50”，按回车键；输入“L”，按回车键；长度输入“50”，按回车键，如图 1-3-10 所示。

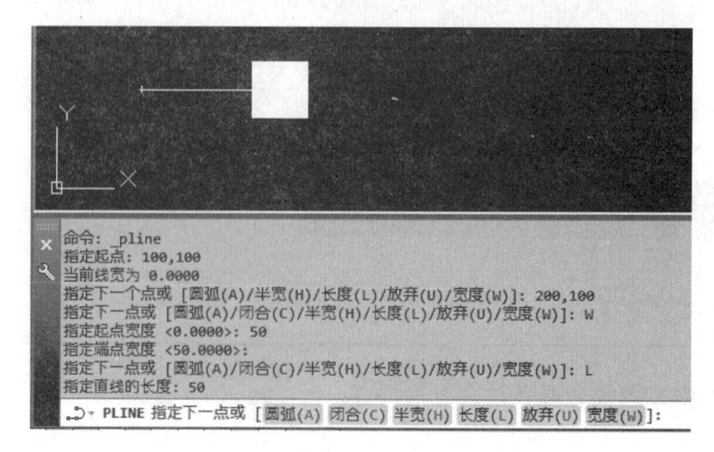

图 1-3-10

(4)根据命令行提示输入“w”，按回车键；起点宽度输入“0”，按回车键；端点宽度输入“0”，按回车键；输入“L”，按回车键；长度输入“50”，按回车键；再按空格键完成图形(接触器线圈)的绘制，如图 1-3-11 所示。

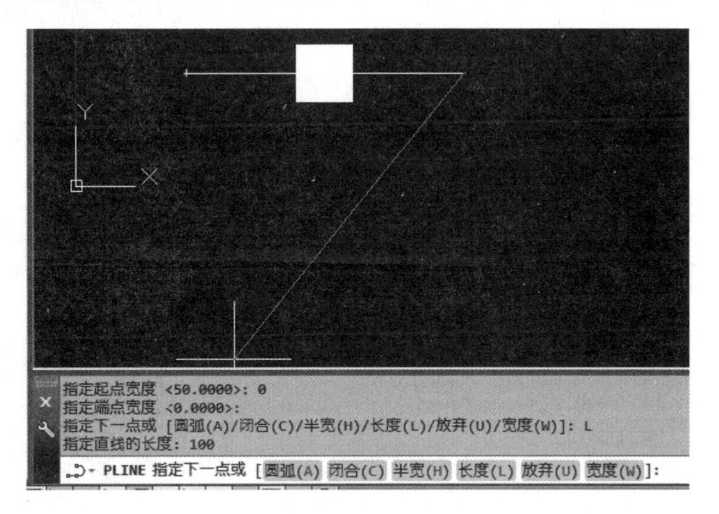

图 1-3-11

2. 样条曲线

(1)单击【绘图】/【样条曲线】/【拟合点】或【控制点】，如图 1-3-12(a)所示，命令行提示指定第一个点(单击鼠标左键拾取样条曲线的第一个点或在命令行中输入点的坐标)，如图 1-3-12(b)所示。

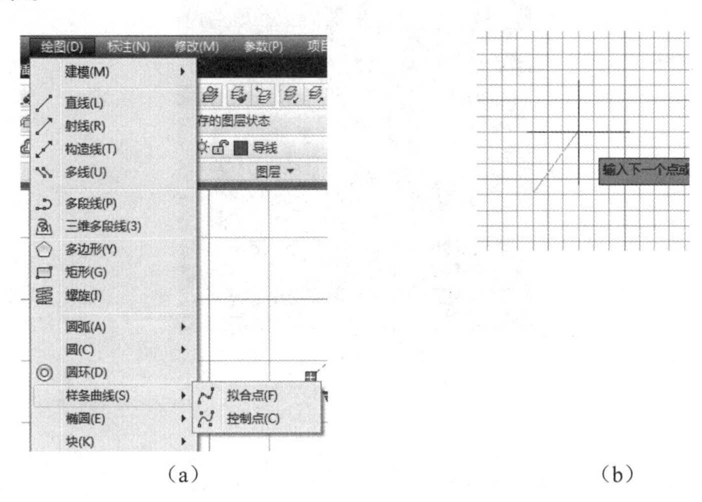

(a)　　　　(b)

图 1-3-12

(2)输入下一个点(指定样条曲线控制点，用来调节曲线弧度)。

重复单击确定控制点，来绘制样条曲线，如图 1-3-13 所示。

(3)按空格键结束绘制样条曲线，如图 1-3-14 所示。

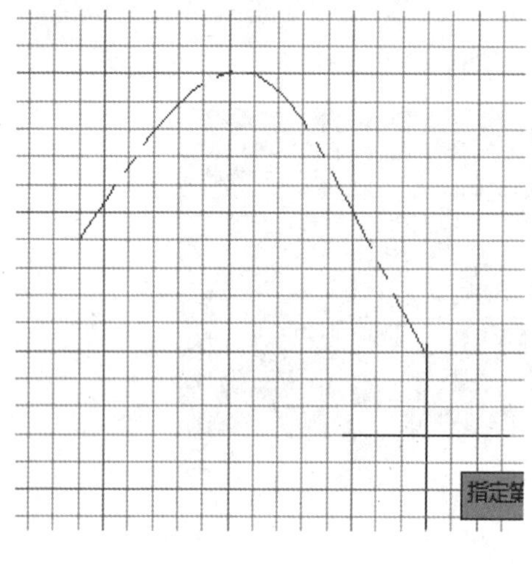

图 1-3-13

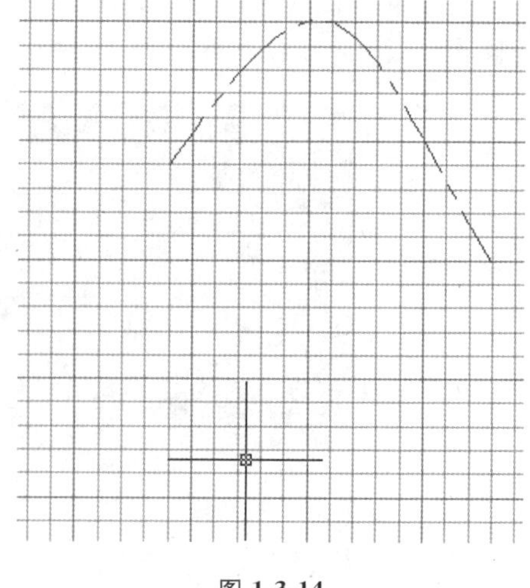

图 1-3-14

操作训练

用圆、圆弧和多段线等命令绘制图 1-3-15。花茎的线宽起始、终止均为 5 mm；花叶的线宽起始为 5 mm，终止为 0.7 mm。

图 1-3-15

相关知识

样条曲线可选择拟合点(F)或控制点(C)进行定义。拟合点与样条曲线重合；而控制点则定义了一个控制框。控制框提供了一种便捷的方法，用来设置样条曲线的形状，如图 1-3-16 所示。

拟合点：通过指定样条曲线必须经过的拟合点来创建 3 阶(三次)样条曲线。

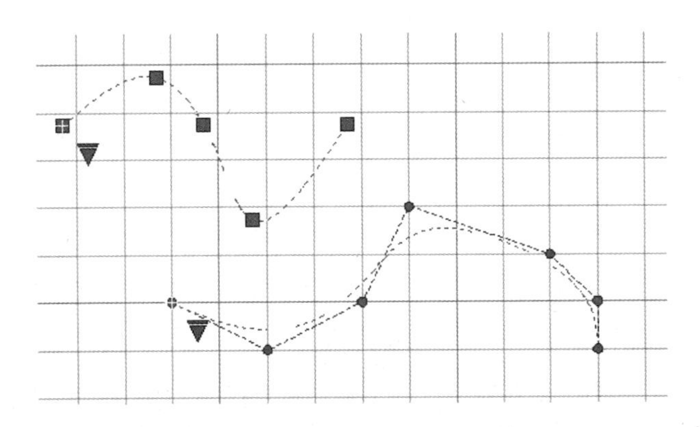

图 1-3-16

控制点：通过指定控制点来创建样条曲线。此法可创建 1 阶(线性)、2 阶(二次)、3 阶(三次)直到最高为 10 阶的样条曲线，通过移动控制点来调整样条曲线的形状。

如图 1-3-17 所示，样条曲线拟合多段线转换成等效的样条曲线。节点：指定节点参数化，用来确定样条曲线中连续拟合点之间的零部件曲线如何过渡。

图 1-3-17

如图 1-3-18 所示，起点相切：指定样条曲线起点的相切条件。公差：指定样条曲线可以偏离指定拟合点的距离。

图 1-3-18

如图 1-3-19 所示，端点相切：指定样条曲线终点的相切条件。

图 1-3-19

任务 3　圆类图形

任务描述

在机械制图中，许多图形都会出现圆或圆弧，有的还会涉及圆弧相切的问题，如果用手工绘制这类图形精确度会大打折扣，而有了 CAD 绘图软件则可以大大提高绘图的精确度。本任务将介绍绘制圆类图形的命令。

实践操作

1. 绘制圆

(1)单击【绘图】工具栏中【圆】命令，或在命令行中输入“C”，按回车键，或选择菜单栏中的【绘图】/【圆】，选择【圆心、半径】，如图 1-3-20 所示。

图 1-3-20

(2)在命令行输入圆心坐标或在已有图形上拾取圆心，接着根据提示输入半径“10”，如图 1-3-21 所示，绘图区域将会出现一个半径为 10 mm 的圆，如图 1-3-22 所示。

图 1-3-21

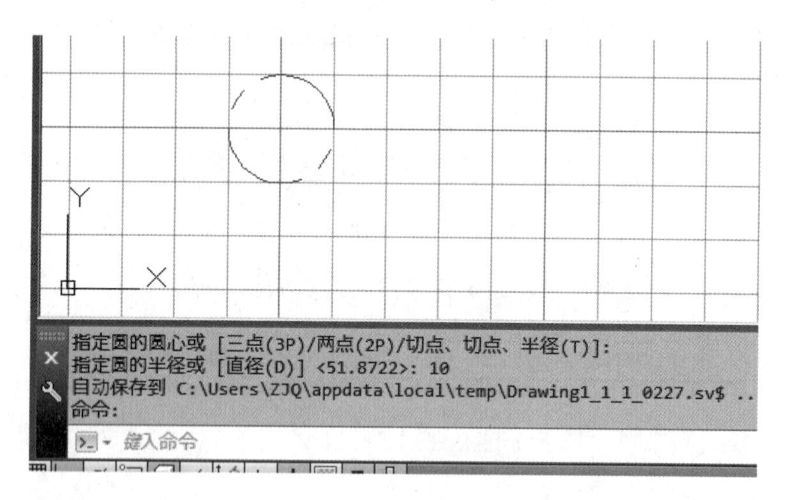

图 1-3-22

2. 绘制圆弧

(1)单击【圆弧】按钮，如图 1-3-23 所示菜单，选择绘制圆弧的模式。

(2)选择【三点】模式，命令行提示依次指定圆弧起点、指定圆弧的第二个点、指定圆弧的端点完成圆弧绘制，如图 1-3-24 所示。

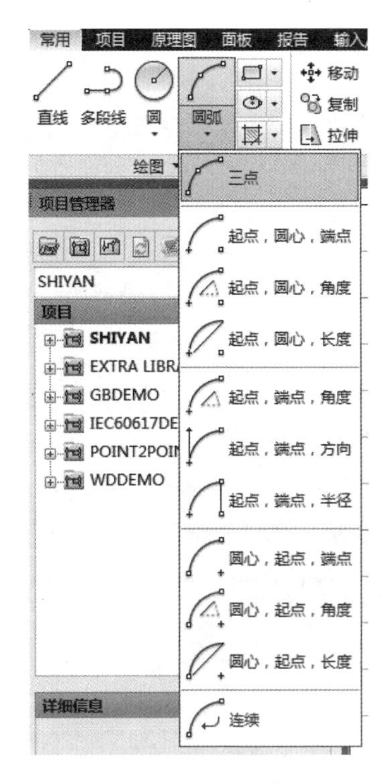

图 1-3-23

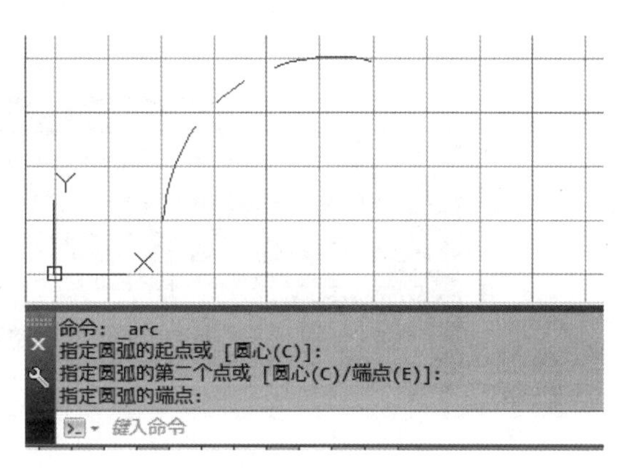

图 1-3-24

3. 绘制相切圆

单击【绘图】/【圆】/【相切、相切、半径】，根据命令行的提示依次在圆弧上单击第一个切点，在直线段上单击第二个切点，然后输入圆的半径，完成圆弧的相切圆的绘制，如图 1-3-25 所示。

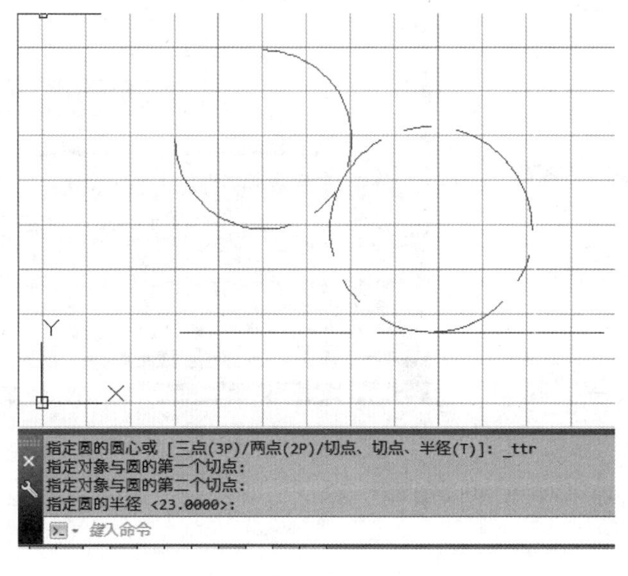

图 1-3-25

4. 绘制圆环

单击【绘图】/【圆环】，或在命令行输入“do”，按回车键。根据命令行的提示，依次输入内径“10”，按回车键，外径“15”，按回车键，指定圆环的中心点，圆环绘制完成，如图 1-3-26 所示。

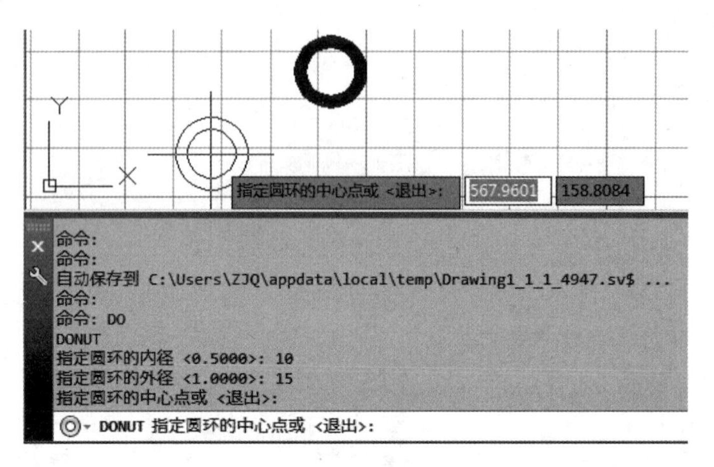

图 1-3-26

5. 绘制椭圆

(1)单击【常用】工具栏中的 按钮，弹出如图 1-3-27 所示选择菜单，或单击【绘图】/【椭圆】，选择绘制椭圆的方式(选择圆心)。命令行提示“指定椭圆的中心点”，输入“100，100”，如图 1-3-28 所示。

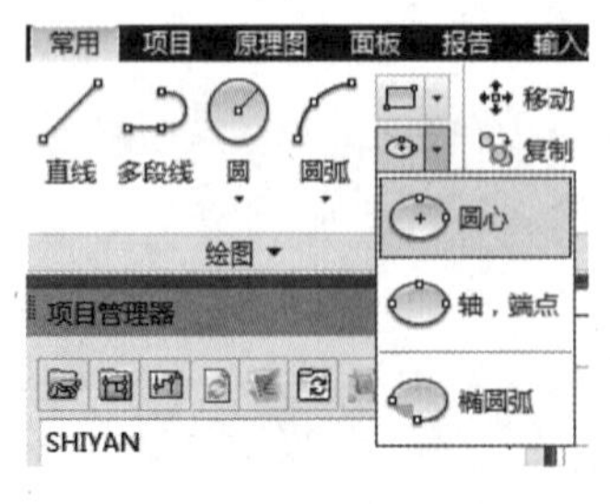

图 1-3-27

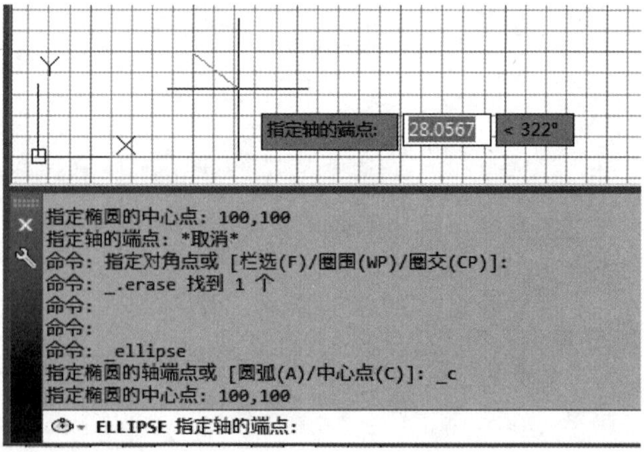

指定轴的端点: 28.0567 < 322°
指定椭圆的中心点: 100,100
指定轴的端点: *取消*
命令: 指定对角点或 [栏选(F)/圈围(WP)/圈交(CP)]:
命令: _.erase 找到 1 个
命令:
命令:
命令: _ellipse
指定椭圆的轴端点或 [圆弧(A)/中心点(C)]: _c
指定椭圆的中心点: 100,100
ELLIPSE 指定轴的端点:

图 1-3-28

(2)根据命令行提示“指定轴的端点”，输入“100，120”，如图 1-3-29 所示。

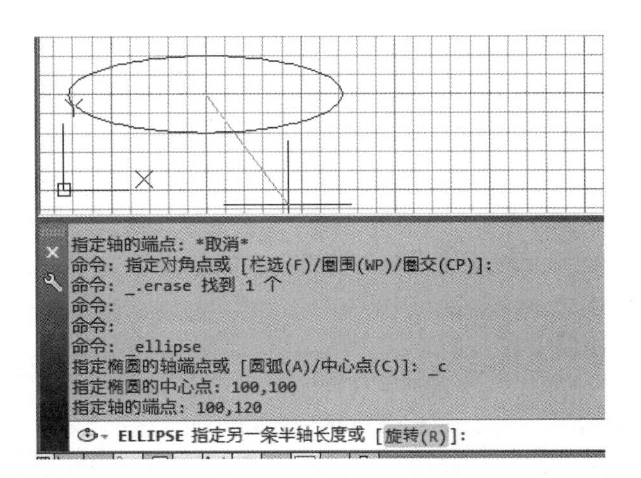

图 1-3-29

(3)根据命令行提示“指定另一条半轴长度”，输入“40”，按回车键完成椭圆的绘制，如图 1-3-30 所示。

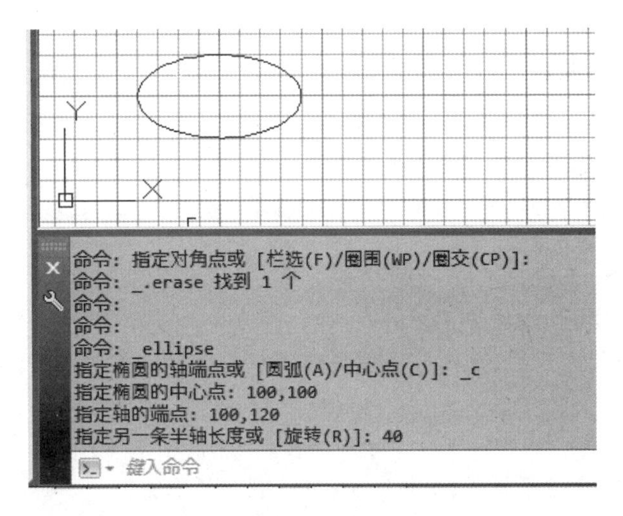

图 1-3-30

操作训练

使用圆、圆弧等命令绘制图 1-3-31 所示的图形。

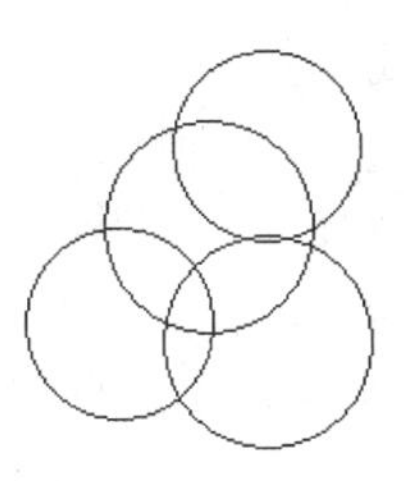

图 1-3-31

相关知识

一、构造线

使用 AutoCAD 绘图，经常会用到构造线。它是无限长的线，一般用来作辅助线，以方便绘图。使用构造线可以方便地作角平分线、直线的垂直平分线，还可以快速地做出很多平行的线。

构造线共有 5 种绘制方式。

(1)水平(H)：平行于 X 轴绘制水平构造线。

(2)垂直(V)：平行于 Y 轴绘制垂直构造线。

(3)角度(A)：给出一定的角度绘制带有角度的构造线。

(4)二等分(B)：可以绘制两条相交直线的角平分线。

(5)偏移(O)：以指定距离将选取的对象偏移并复制，使对象副本与原对象平行。

二、圆

在菜单栏中的【绘图】/【圆】中共有 6 种绘制圆的方法。

(1)圆心、半径。

(2)圆心、直径。

(3)三点(圆上任意三点)。

(4)两点(直径两端点)。

(5)相切、相切、半径。

(6)相切、相切、相切(与圆相切的三点)。

可根据提示自行练习，绘图时应根据具体特点选择相应的画圆方法。

三、圆弧

在菜单栏中的【绘图】/【圆弧】中共有 11 种绘制圆弧的方法。

(1)三点：起点、第二点、端点。

(2)起点、圆心、端点：圆弧方向逆时针。

(3)起点、圆心、角度：圆心角，逆时针为正，顺时针为负。

(4)起点、圆心、长度：弦长度，正值为劣弧(小于半圆)，负值为优弧(大于半圆)。

(5)起点、端点、角度：正值为劣弧，负值为优弧。

(6)起点、端点、方向：起点切线方向。

(7)起点、端点、半径：半径为正逆时针画弧，半径为负顺时针画弧。

(8)圆心、起点、端点：逆时针画弧。

(9)圆心、起点、角度：逆时针为正，顺时针为负。

(10)圆心、起点、长度：正值为劣弧，负值为优弧。

(11)继续：与上一段弧相切，继续画圆弧，仅提供端点即可。

方法虽然多但是比较简单，绘图时应根据具体特点选择相应的画圆弧方法。

任务 4　矩形与正多边形

任务描述

矩形和多边形是机械制图中常见的几何图形。用 CAD 绘图软件，可以绘制各种需求的矩形和多边形。

实践操作

1. 绘制正方形

(1)单击【绘图】/【矩形】命令，命令行提示指定第一个角点，在绘图区域任意单击鼠标左键或在命令行中输入点坐标，如图 1-3-32 所示。

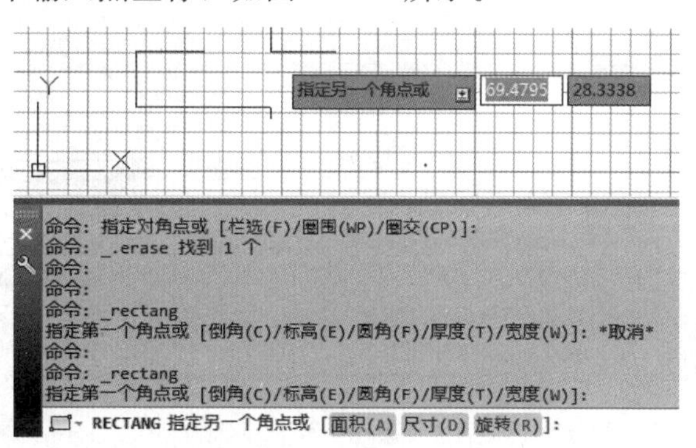

图 1-3-32

(2)根据命令行提示指定另一个角点，命令行中输入点坐标或输入“d”，按回车键，输入矩形的长和宽的值，移动光标在合适的位置单击确定矩形的另一个角点，完成矩形的绘制，如图 1-3-33 所示。

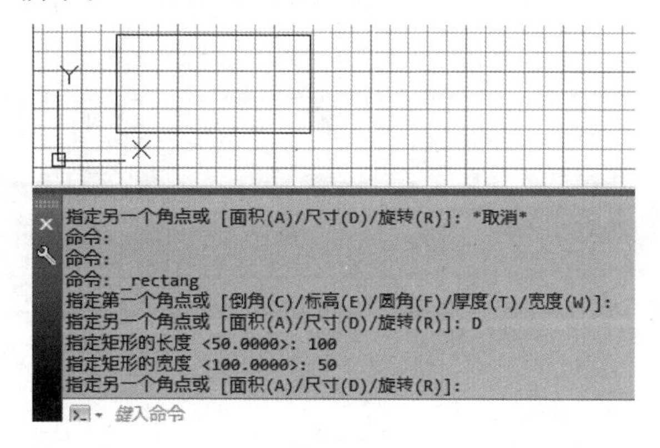

图 1-3-33

2. 绘制多边形

(1)单击【绘图】/【多边形】命令，根据命令行提示，指定多边形边数，输入“6”，按回车键，如图 1-3-34 所示。

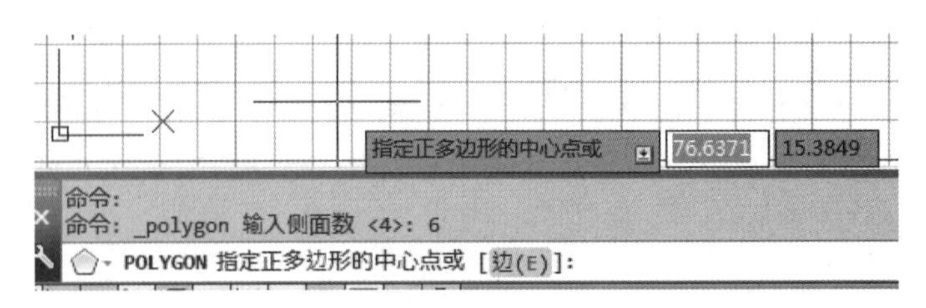

图 1-3-34

(2)根据命令行提示，指定多边形的中心点，单击圆心，选择内接于圆，如图 1-3-35 所示。

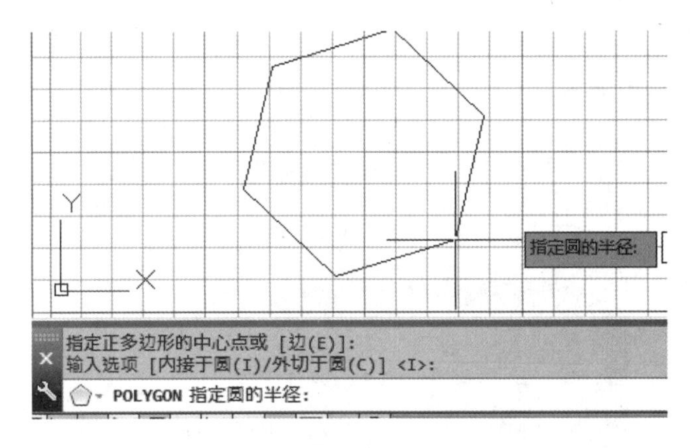

图 1-3-35

(3)根据命令行提示，指定圆的半径，按回车键完成正六边形的绘制，如图 1-3-36 所示。

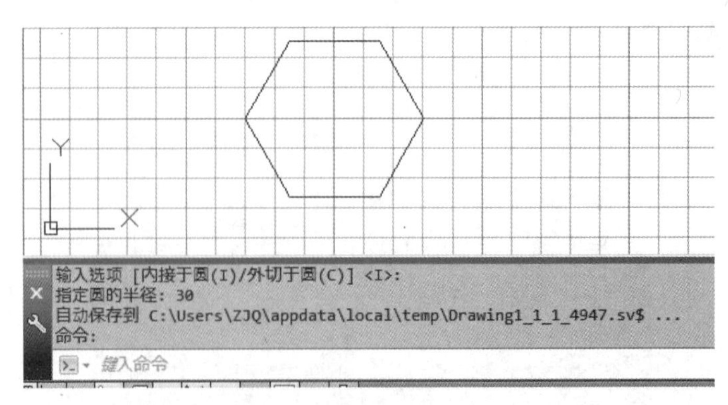

图 1-3-36

操作训练

应用圆、矩形、多边形命令绘制图 1-3-37 所示图形。

图 1-3-37

相关知识

一、矩形

1. 绘制指定对角点的矩形

如图 1-3-38 所示。

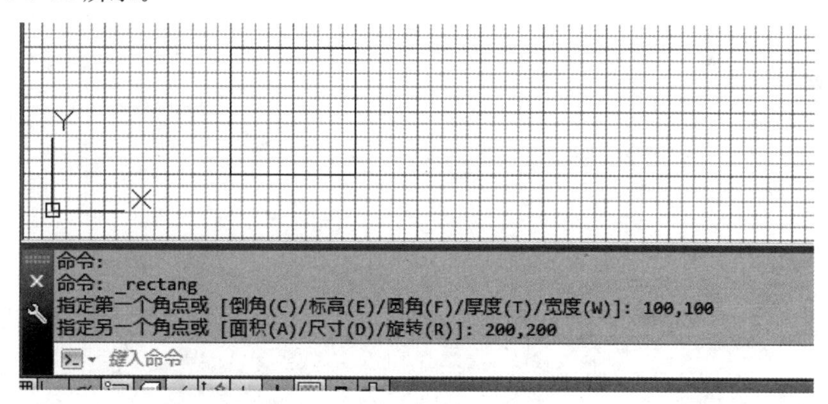

图 1-3-38

(1)单击【绘图】工具栏，根据命令行提示指定第一个角点，输入“100，100”，按回车键。

(2)命令行提示指定另一个角点，输入“200，200”，按回车键，矩形绘制完成。

2. 绘制带倒角的矩形

如图 1-3-39 所示。

(1)单击【绘图】工具栏，根据命令行提示，输入“C”，按回车键。

(2)根据命令行提示，输入第一个倒角距离“10”，按回车键。
(3)根据命令行提示，输入第二个倒角距离“10”，按回车键。
(4)根据命令行提示，输入第一个角点“100，100”，按回车键。
(5)根据命令行提示，输入第二个角点“200，200”，按回车键，矩形绘制完成。

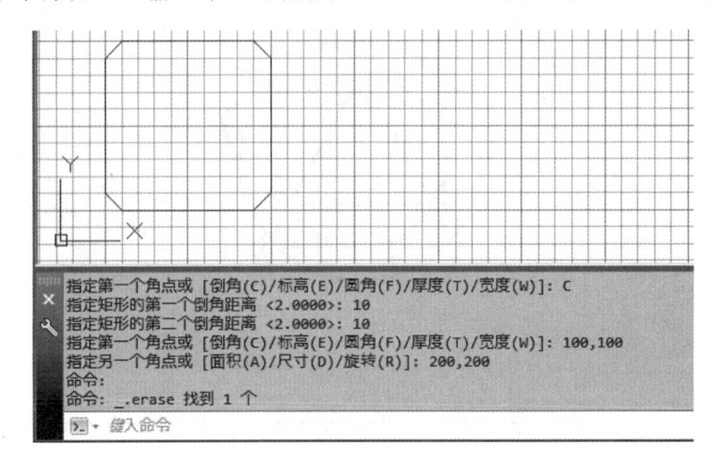

图 1-3-39

3. 绘制带圆角的矩形

如图 1-3-40 所示。

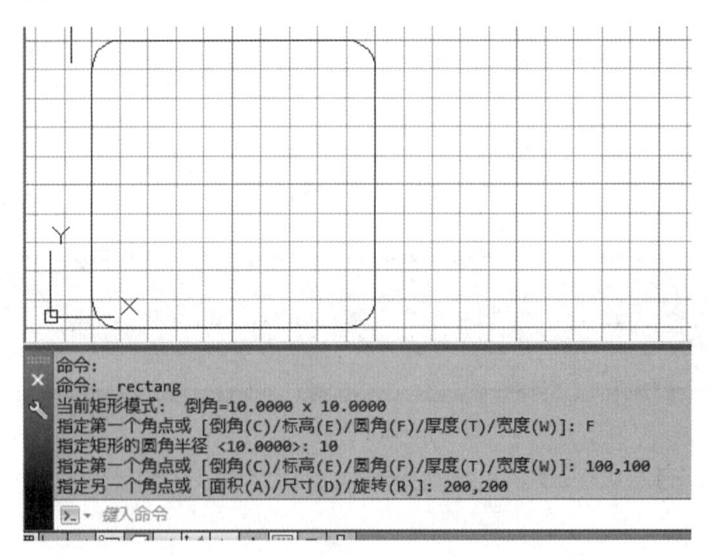

图 1-3-40

(1)单击【绘图】工具栏▭，根据命令行提示，输入“F”，按回车键。
(2)根据命令行提示，输入圆角半径“10”，按回车键。
(3)根据命令行提示，输入第一个角点“100，100”，按回车键。

(4)根据命令行提示，输入第二个角点“200，200”，按回车键，矩形绘制完成。

4. 绘制指定线宽的矩形

如图 1-3-41 所示。

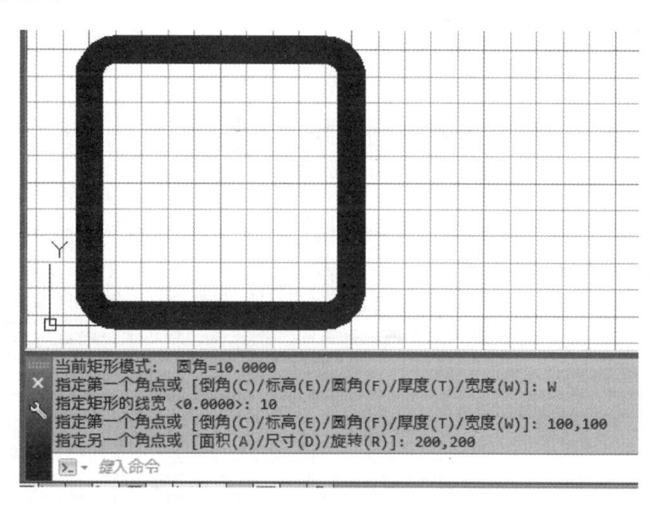

图 1-3-41

(1)单击【绘图】工具栏，根据命令行提示，输入“W”，按回车键。

(2)根据命令行提示，输入线宽“10”，按回车键。

(3)根据命令行提示，输入第一个角点“100，100”，按回车键。

(4)根据命令行提示，输入第二个角点“200，200”，按回车键，矩形绘制完成。

5. 绘制一定厚度的矩形

厚度相当于矩形的高度，相当于绘制一个长方体，如图 1-3-42 所示。

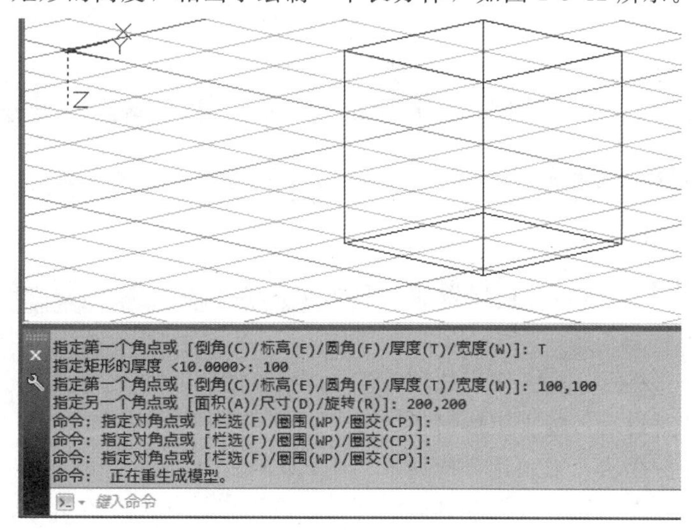

图 1-3-42

(1)单击【绘图】工具栏，根据命令行提示，输入“T”，按回车键。

(2)根据命令行提示，输入厚度“100”，按回车键。

(3)根据命令行提示，输入第一个角点“100，100”，按回车键。

(4)根据命令行提示，输入第二个角点“200，200”，按回车键，矩形绘制完成。

6. 绘制一定标高的矩形

标高是指高出当前平面的值，就是输入标高值的矩形在另一个平面，这个平面和当前平面的距离就是标高值，如图 1-3-43 所示。

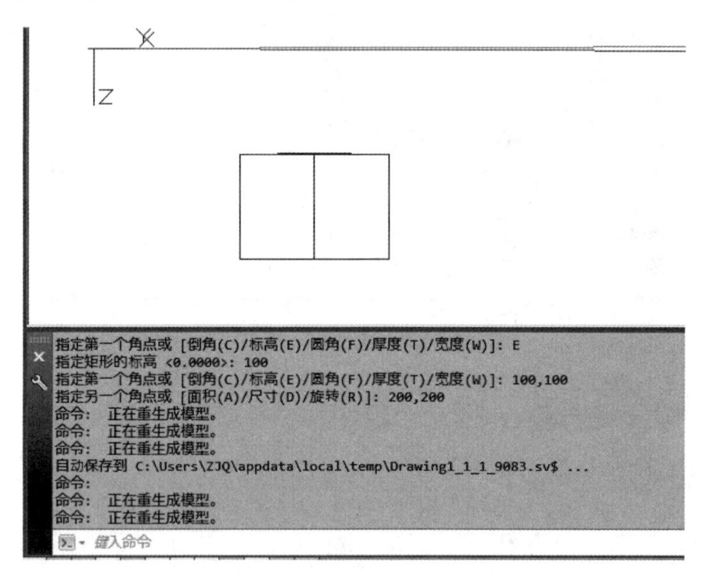

图 **1-3-43**

(1)单击【绘图】工具栏，根据命令行提示，输入“E”，按回车键。

(2)根据命令行提示，输入标高“100”，按回车键。

(3)根据命令行提示，输入第一个角点“100，100”，按回车键。

(4)根据命令行提示，输入第二个角点“200，200”，按回车键，矩形绘制完成。

7. 绘制一定面积的矩形

如图 1-3-44 所示。

(1)单击【绘图】工具栏，根据命令行提示，指定第一个角点，输入“100，100”，按回车键。

(2)根据命令行提示，输入面积选项“A”，按回车键。

(3)根据命令行提示，输入矩形面积“1000”，按回车键。

(4)根据命令行提示，输入计算依据“L”，按回车键。

(5)根据命令行提示，输入长度具体值“50”，按回车键，矩形绘制完成。

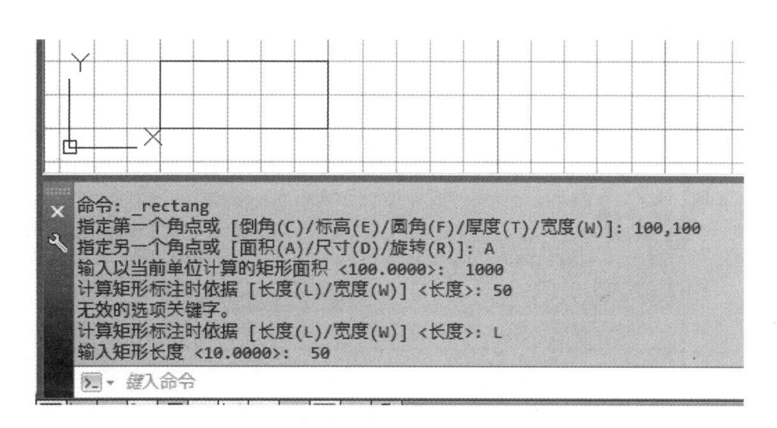

图 **1-3-44**

8. 绘制指定旋转角度的矩形

如图 1-3-45 所示。

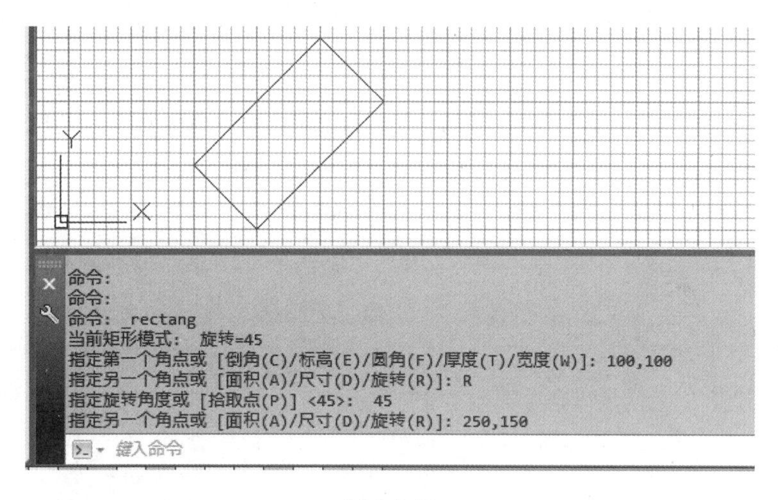

图 **1-3-45**

(1)单击【绘图】工具栏▭，根据命令行提示，指定第一个角点，输入“100，100”，按回车键。

(2)根据命令行提示，输入旋转选项“R”，按回车键。

(3)根据命令行提示，输入旋转角度“45”，按回车键。

(4)根据命令行提示，输入第二个角点坐标“250，150”，按回车键，矩形绘制完成。

二、正多边形

可以绘制边数为 3～1024 的正多边形，初始线宽为 0，可用 PEDIT 命令修改线宽。

1. 绘制外接于圆的多边形

如图 1-3-46 所示。

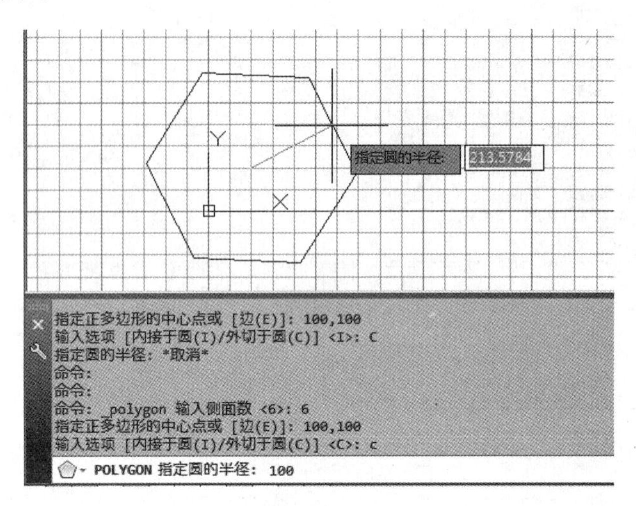

图 1-3-46

(1)单击【绘图】工具栏，根据命令行提示，指定多边形边数，输入“6”，按回车键。

(2)根据命令行提示，输入正多边形的中心点“100，100”，按回车键。

(3)根据命令行提示，选择外接于圆“C”，按回车键。

(4)根据命令行提示，指定圆的半径“100”，按回车键，正六边形绘制完成。

2. 绘制指定边长的多边形

如图 1-3-47 所示。

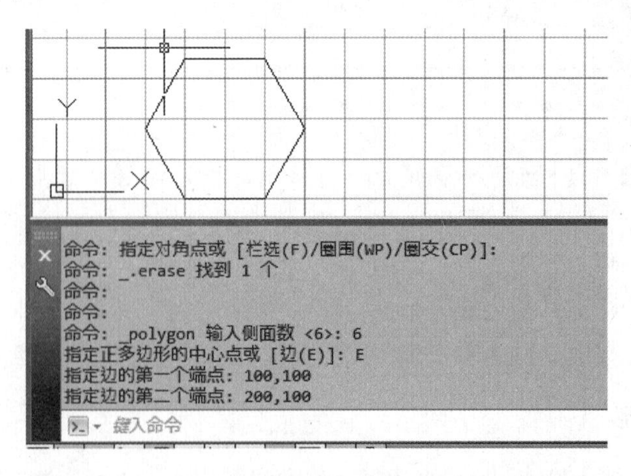

图 1-3-47

(1)单击【绘图】工具栏，根据命令行提示，指定多边形边数，输入“6”，按回车键。

(2)根据命令行提示，选择边长选项“E”，按回车键。

(3)根据命令行提示，输入第一个端点坐标“100，100”，按回车键。

(4)根据命令行提示，指定第二个端点坐标，输入点的绝对坐标“200，100”，按回车键，则边长为 100 mm 的正六边形绘制完成。

任务 5　点

任务描述

在 CAD 中，点除了作为对象捕捉和相对偏移的节点或参考几何图形、帮助精确绘图外，还有几种样式用来等分对象的功能。下面就通过本任务来看一下 CAD 中点的应用。

实践操作

单击菜单栏【绘图】/【点】，弹出如图 1-3-48 所示选择菜单。

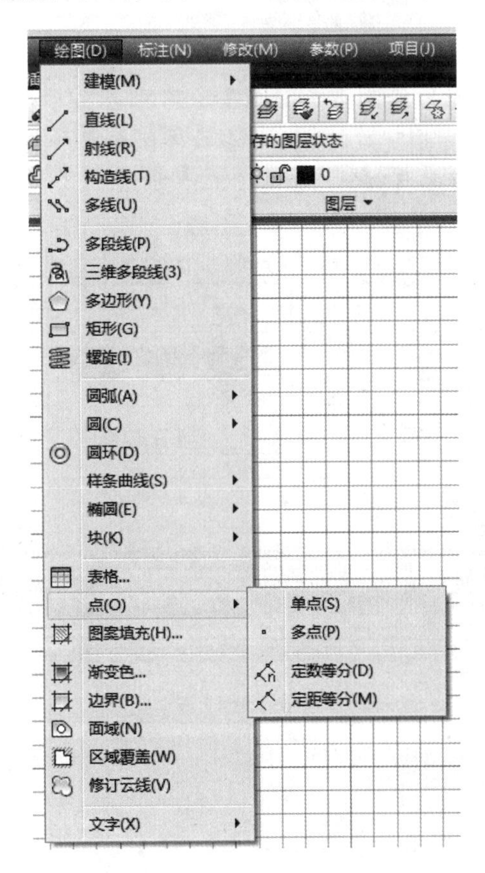

图 1-3-48

1. 单点

单点只能绘制一个点，要想重复绘制必须再点击命令。如图 1-3-48 所示，单击菜单栏【绘图】/【点】/【单点】命令，根据命令行提示，指定点，按回车键完成单点的插入，如图 1-3-49 所示。

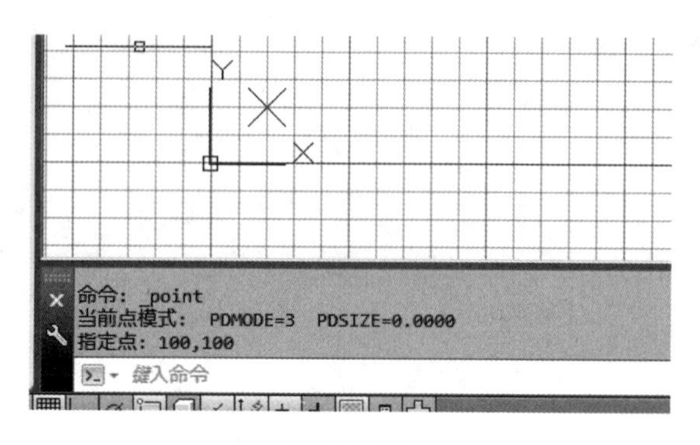

图 1-3-49

2. 多点

多点命令可以不限数量地绘制点。如图 1-3-48 所示，单击菜单栏【绘图】/【点】/【多点】命令，根据命令行提示，指定点的坐标或在绘图区要求的位置单击鼠标左键，不限数量的绘制点，按 Esc 键结束多点命令，如图 1-3-50 所示。

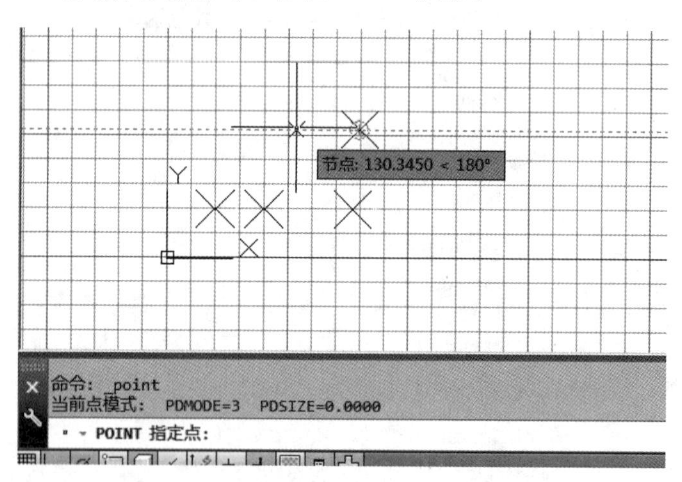

图 1-3-50

3. 定数等分

(1)如图 1-3-48 所示，单击菜单行【绘图】/【点】/【定数等分】命令，或在命令栏输入“divide”，按回车键。根据提示选择被等分的对象，单击圆，如图 1-3-51 所示。

(2)根据命令行提示，输入线段数目或[块(B)]：“6”，按回车键，将在选择的圆上出现 6 个点将圆等分 6 份，如图 1-3-52 所示。

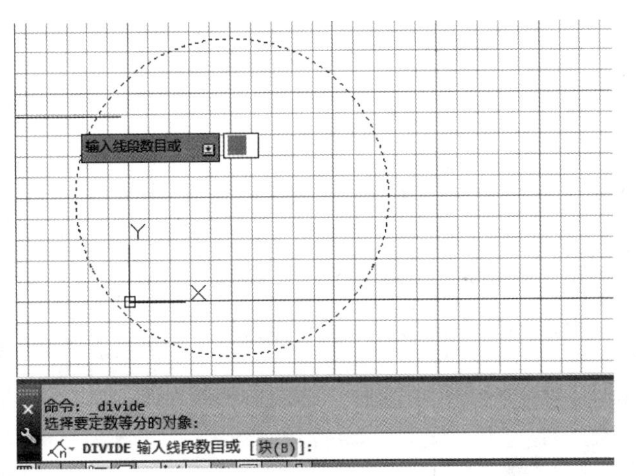

图 1-3-51

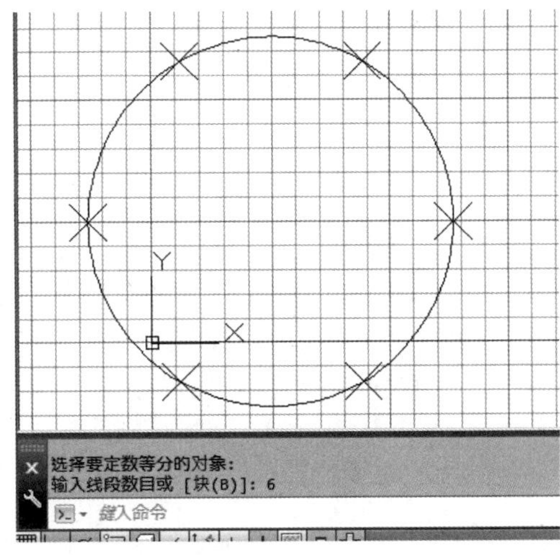

图 1-3-52

4. 定距等分

(1)如图 1-3-48 所示，单击菜单栏【绘图】/【点】/【定距等分】命令，或在命令栏内输入“me”，按回车键。根据提示选择要被等分的对象，单击直线段，如图 1-3-53 所示。

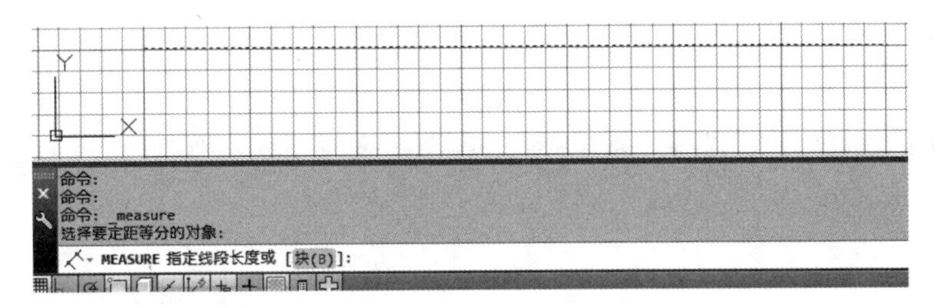

图 1-3-53

(2)根据提示指定线段长度或[块(B)]:“100”，按回车键完成线段的等分，如图 1-3-54 所示。

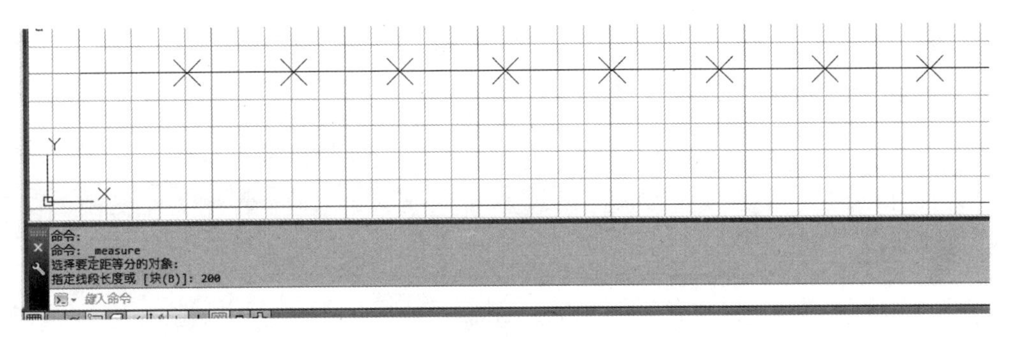

图 1-3-54

操作训练

用直线、圆和定数等分等命令，在一条直线段上绘制三个半径 50 mm，圆心间隔 100 mm 的圆。

相关知识

在 CAD 中，利用点的定数等分和定距等分功能可对直线、圆、圆弧、椭圆、椭圆弧、多段线和样条曲线进行等分。在等分过程中，可以根据需要修改点的样式。

(1)单击菜单栏【格式】/【点样式】命令，弹出如图 1-3-55 所示"点样式"对话框。

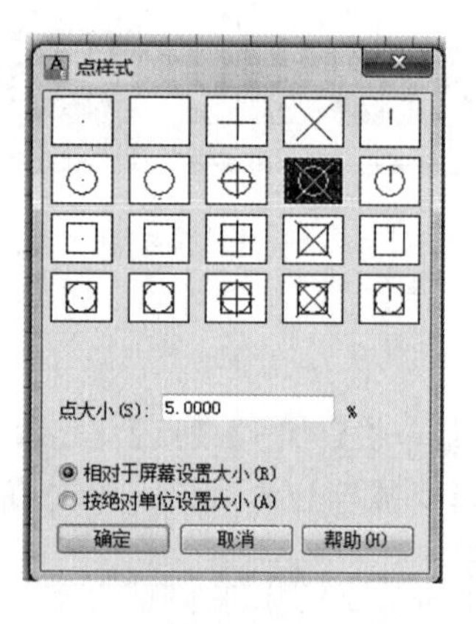

图 1-3-55

(2)根据需要选择点的样式，单击【确认】按钮，图形中的点的样式将做相应改变，如图 1-3-56 所示。

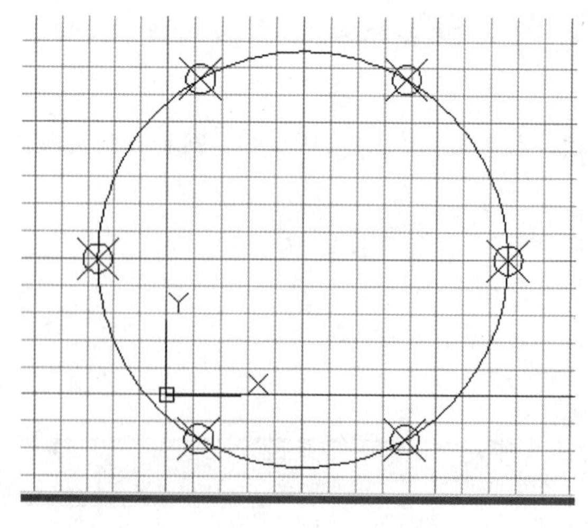

图 1-3-56

任务 6　图案填充

任务描述

图案填充功能主要用于绘制剖面符号或剖面线，表现表面纹理或涂色，以便区分工程部件或表现组成对象的材质。下面我们就通过具体任务来看一些具体操作。

实践操作

(1)如图 1-3-57 所示，单击【绘图】工具栏中【图案填充】按钮，在命令行中输入“T”，按回车键，如图 1-3-58 所示；弹出如图 1-3-59 所示“图案填充和渐变色”对话框。

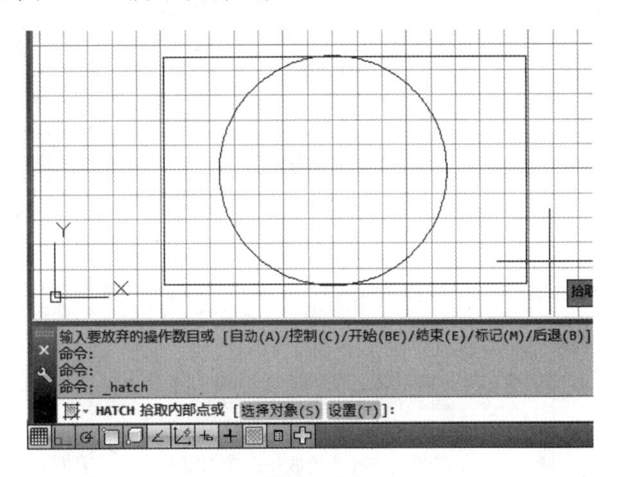

图 1-3-57

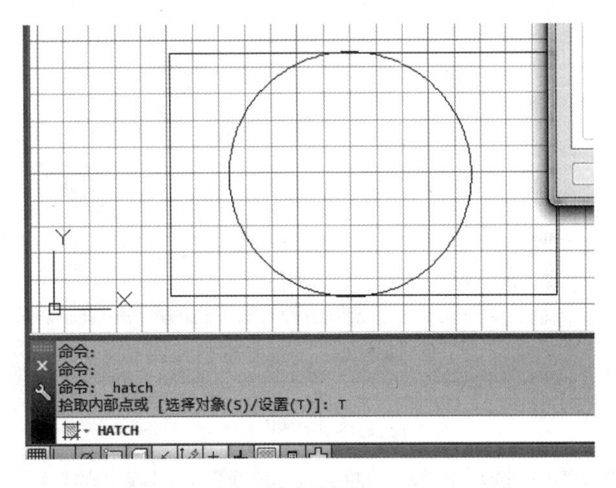

图 1-3-58

图 1-3-59

(2)在图 1-3-59 所示“图案填充和渐变色”对话框中选择“图案”，弹出如图 1-3-60 所示“填充图案选项板”对话框。

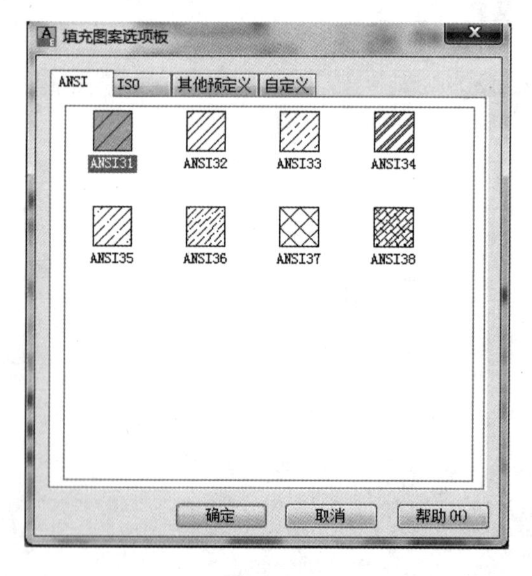

图 1-3-60

(3)在弹出的“图案填充选项板”对话框中，选择【ANSI】中的【ANSI31】，单击【确定】按钮，如图 1-3-61 所示。

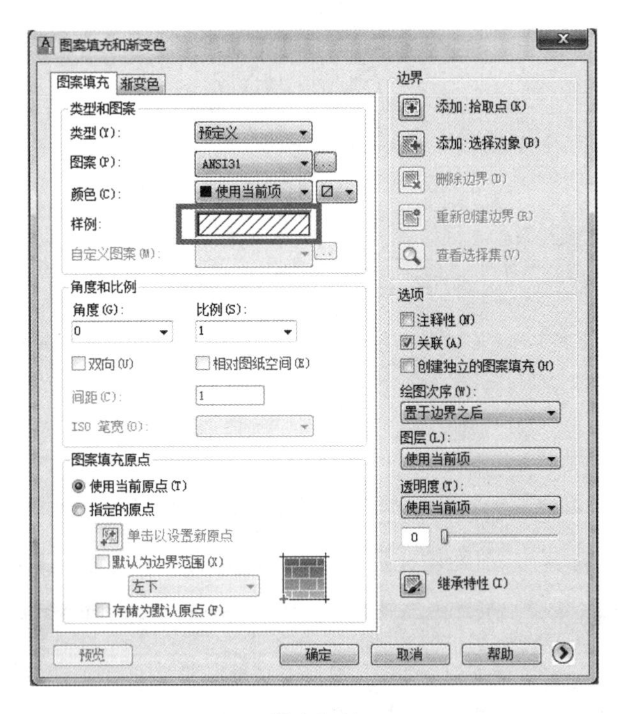

图 1-3-61

(4)选择好图案后，在“图案填充和渐变色”对话框中设置“比例”和“角度”，然后点击“添加：拾取点”，回到图纸，点击矩形内部，按回车键，完成图案填充，如图 1-3-62 所示。

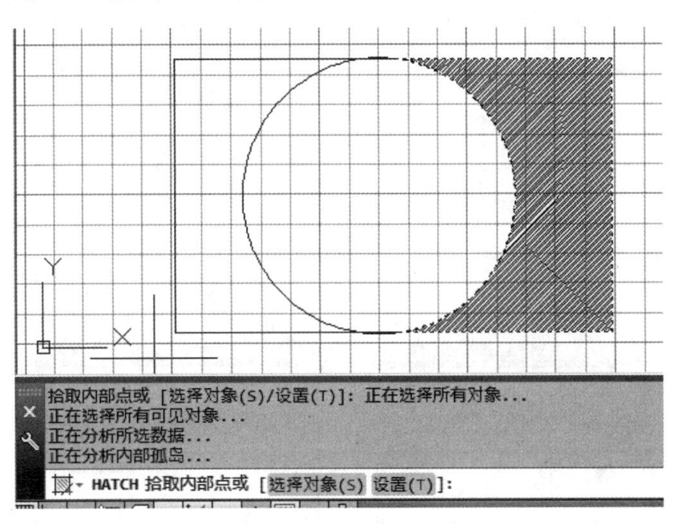

图 1-3-62

操作训练

按图 1-3-63 中的样式填充。

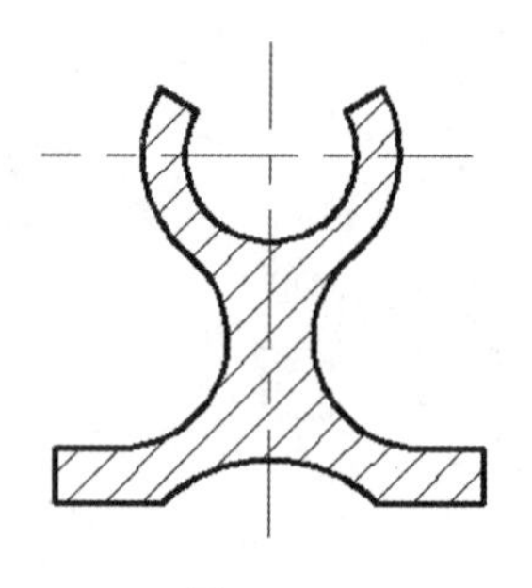

图 1-3-63

相关知识

(1)单击【绘图】工具栏中【图案填充】按钮，在工具栏会出现“图案填充”的工具卡，如图 1-3-64 所示，其内容与“图案填充和渐变色”对话框中的内容一致。

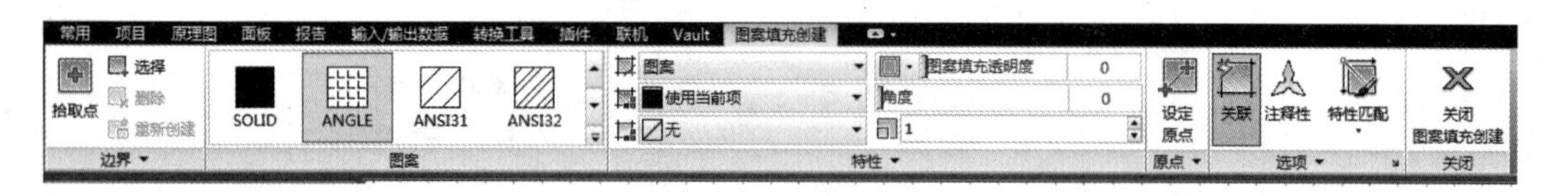

图 1-3-64

(2)在“图案填充和渐变色”对话框中选择“图案”，弹出“填充图案选项板”对话框。在“填充图案选项板”中系统提供了 4 类图案供用户选择，如图 1-3-65 所示。

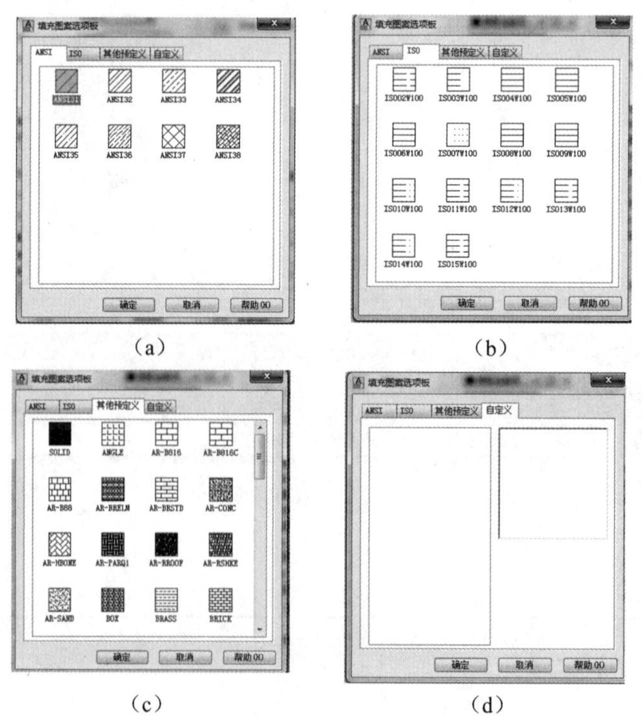

图 1-3-65

任务 7　文字标注

任务描述

在工程图中，不同位置可能需要采用不同字体或需要采用不同的样式，如字体的大小、颜色、排列方式等，因此在 CAD 中进行文字标注时需要用户设置文字样式及文字输入的方式等。

实践操作

1. 创建文字样式

(1)单击菜单栏中的【格式】/【文字样式】，弹出“文字样式”对话框，如图 1-3-66 所示。

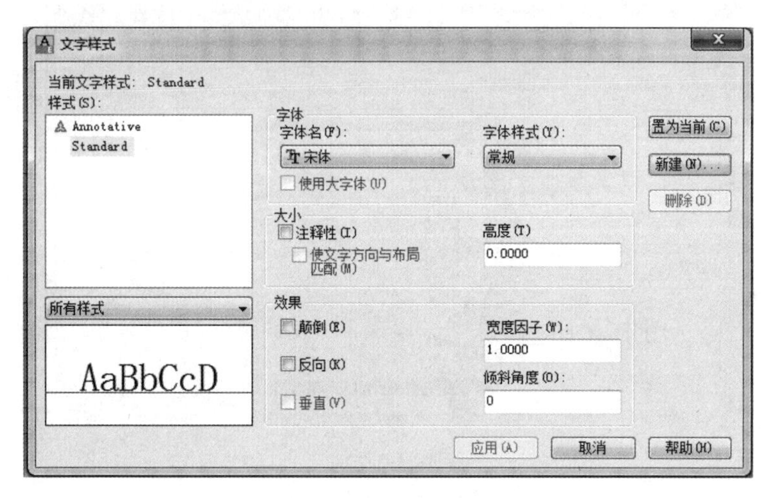

图 1-3-66

(2)点击【新建(N)...】按钮，弹出“新建文字样式”对话框，如图 1-3-67 所示。
(3)将默认的样式名“样式 1”修改为“主电路”，如图 1-3-68 所示。

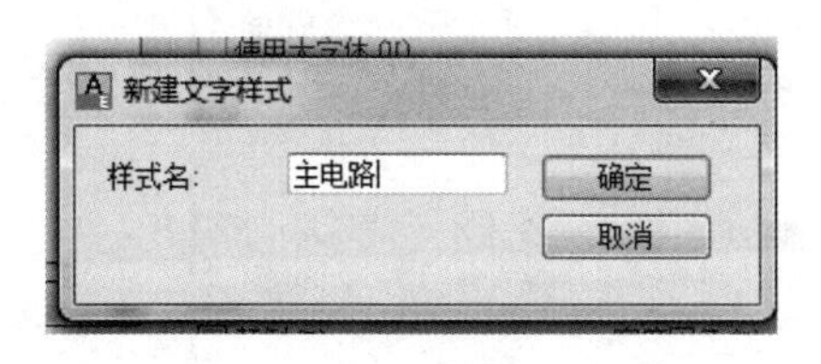

图 1-3-67

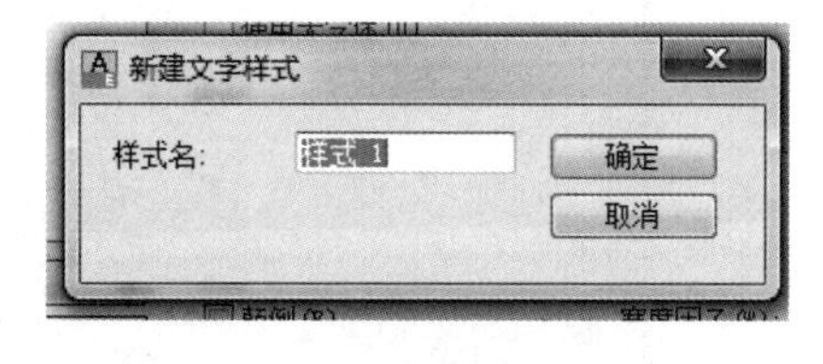

图 1-3-68

(4)点击【确定】按钮，再次弹出“文字样式”对话框，此时，出现“主电路”文字样式，且“主电路”为当前文字样式，如图 1-3-69 所示。

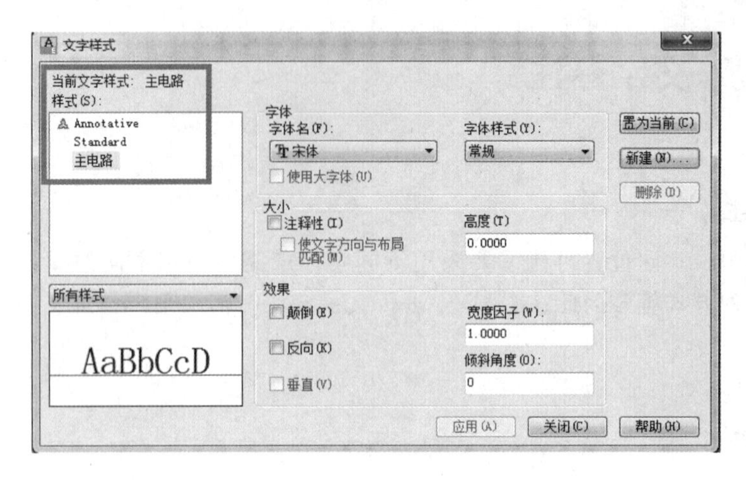

图 1-3-69

(5)点击【字体名】下拉菜单，选择【新宋体】，如图 1-3-70 所示。

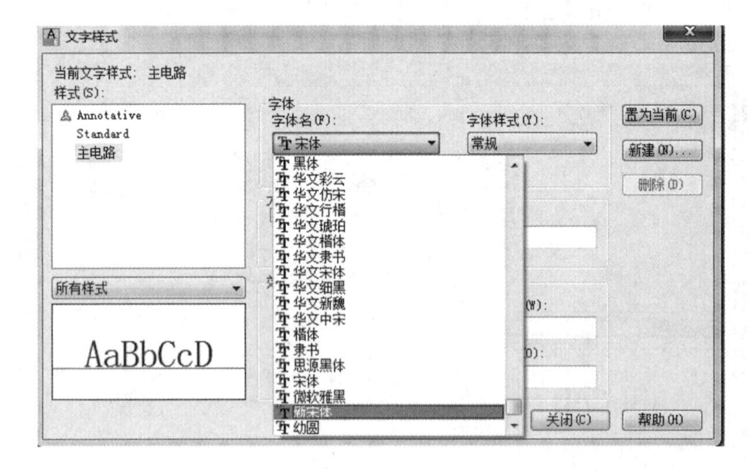

图 1-3-70

(6)将文字“高度”更改为 20，如图 1-3-71 所示。

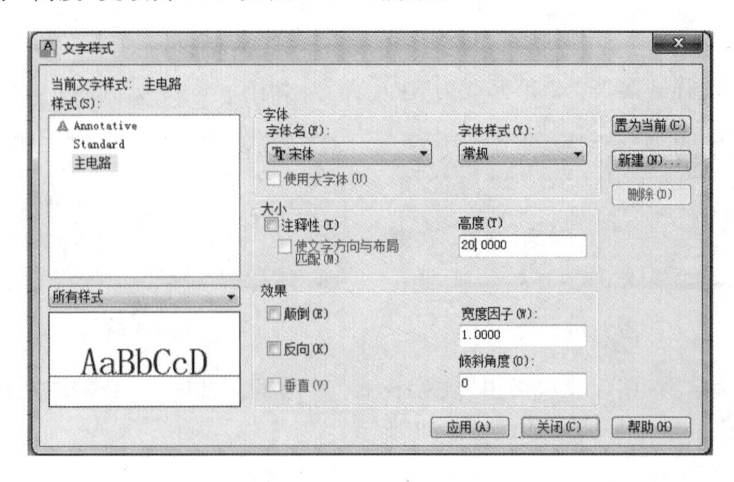

图 1-3-71

(7)将“宽度因子”更改为 1.25，如图 1-3-72 所示。

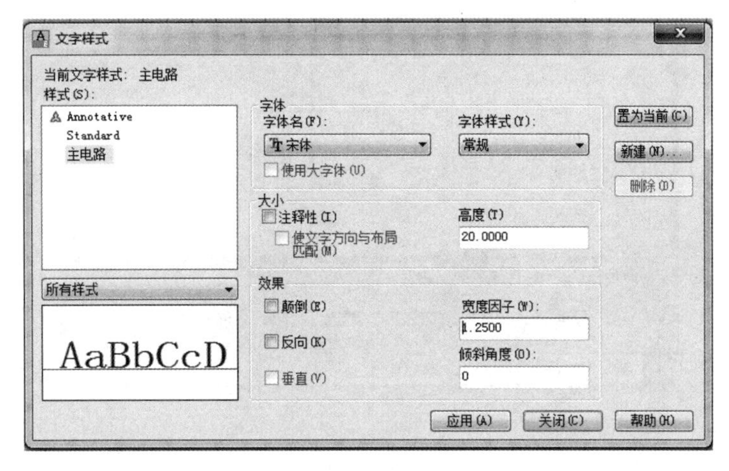

图 1-3-72

(8)点击 应用(A) 按钮，再点击 关闭(C) 按钮，文字样式设置完毕。

2. 添加单行文字

(1)如图 1-3-73 所示，单击菜单栏【绘图】/【文字】/【单行文字】，或在命令行输入“DTEXT”，启动单行文字命令，命令行提示如图 1-3-74 所示。

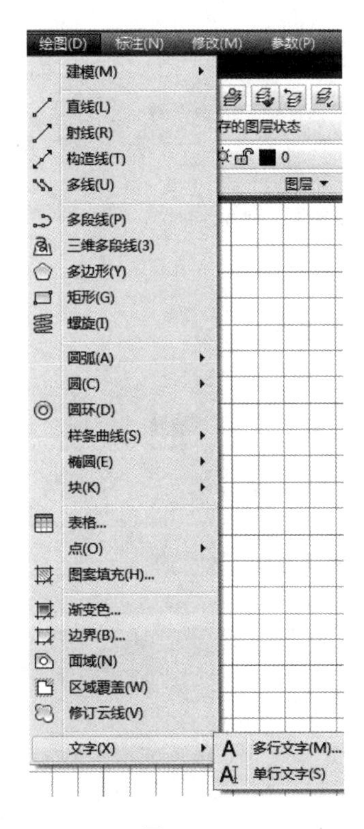

图 1-3-73

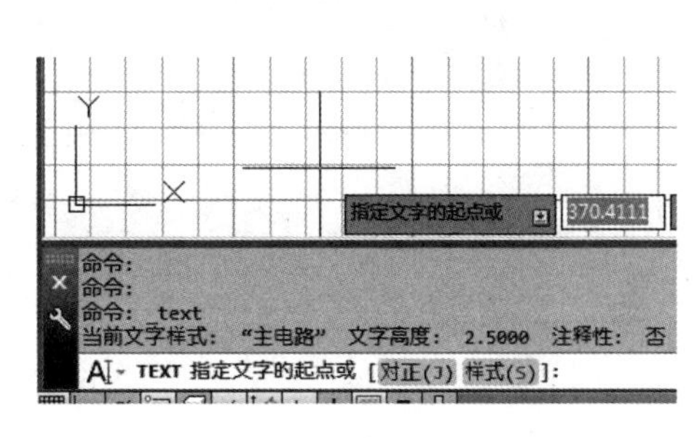

图 1-3-74

(2)在绘图区域中任意点击一点以指定文字的起点，如图 1-3-75 所示。

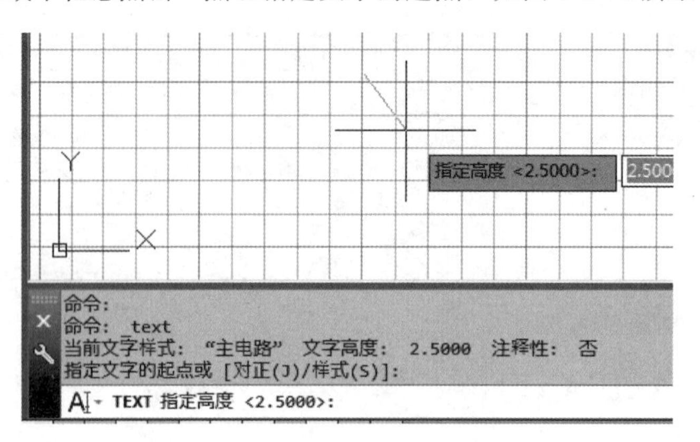

图 1-3-75

(3)根据命令行提示，指定文字高度为 3.5 和旋转角度为 0，绘图区域出现闪动的光标，即为文字输入的起点，如图 1-3-76 所示。

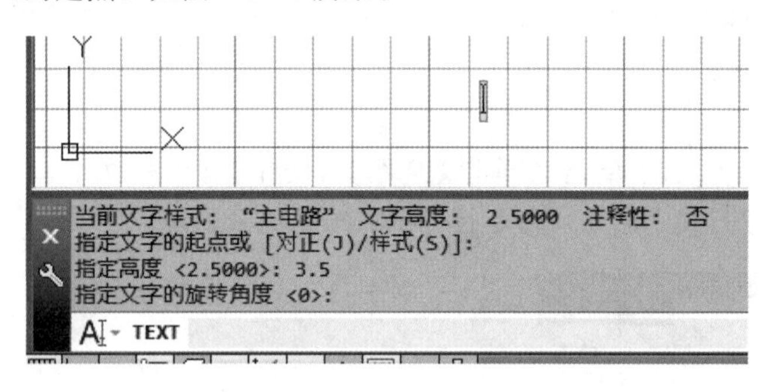

图 1-3-76

(4)从闪动光标处开始输入“电气工程图样”，如图 1-3-77 所示。

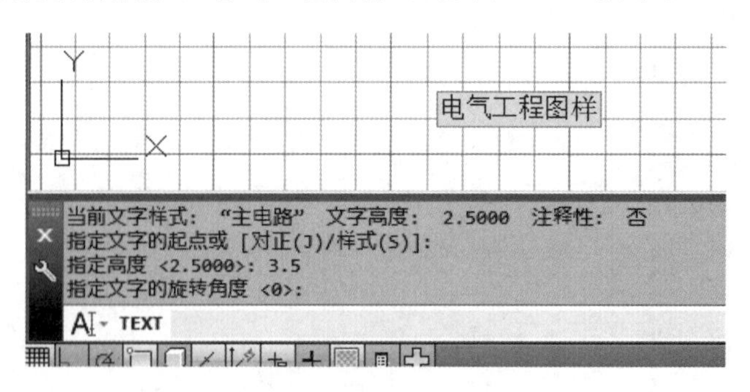

图 1-3-77

(5)按回车键换行，再按回车键结束命令，完成文字的输入，如图 1-3-78 所示。

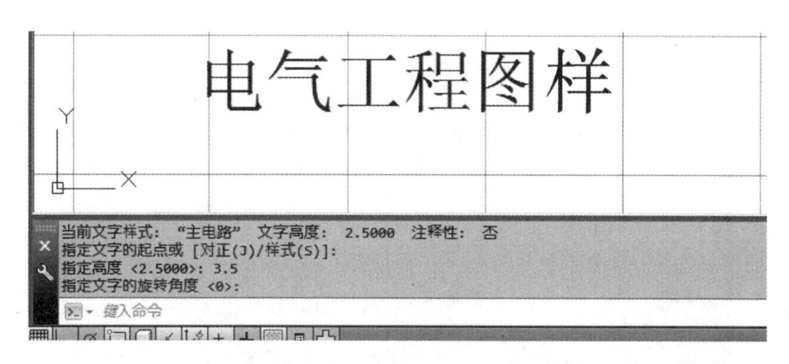

图 1-3-78

3. 添加多行文字与编辑文字

(1)如图 1-3-73 所示，单击【绘图】/【文字】/【多行文字】按钮，或在命令行输入“MTEXT”命令，启动多行文字命令，如图 1-3-79(a)所示。根据命令行提示，设置两个对角点，在闪动光标处出现文字输入窗口，如图 1-3-79(b)所示。

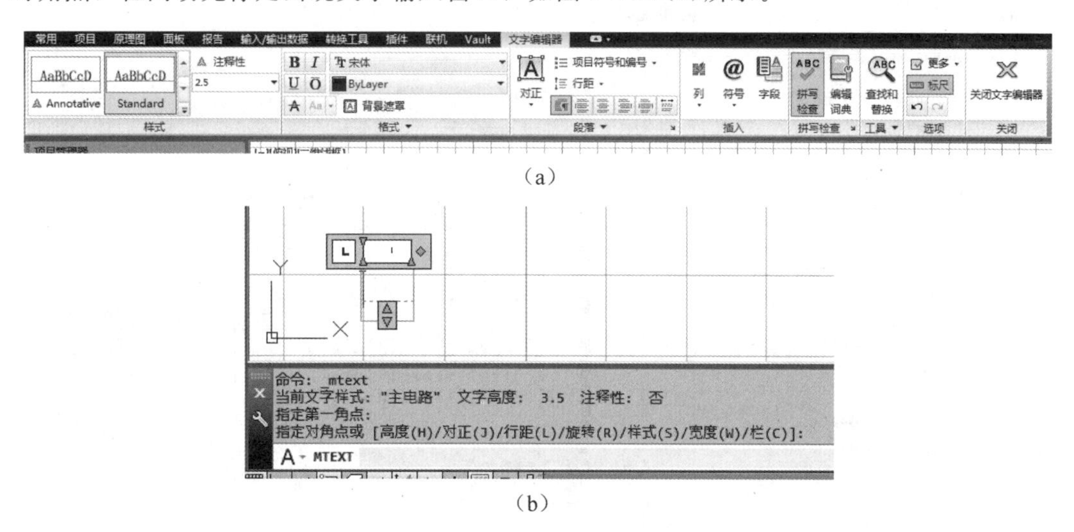

(a)

(b)

图 1-3-79

(2)启动【多行文字编辑器】，在光标闪动处开始键入文字，如图 1-3-80 所示。

(3)点击【文字编辑器】中@按钮，在弹出如图 1-3-81(a)所示的菜单中，可以选择输入特殊格式。选择【其他】选项，弹出“字符映射表”对话框，如图 1-3-81(b)所示，在对话框中可选择【字体】格式及需要插入的字符，如字符“@”，点击对话框中的复制后，回到文字输入窗口单击鼠标右键粘贴即可插入此符号。

(4)在绘图区的空白区域单击鼠标左键完成多行文字的输入。

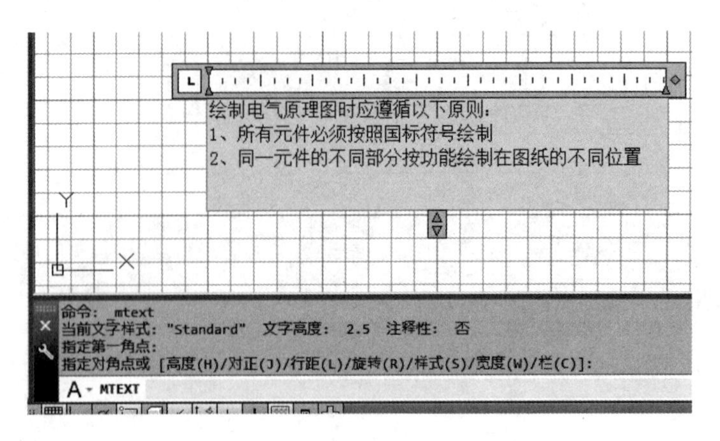

图 1-3-80

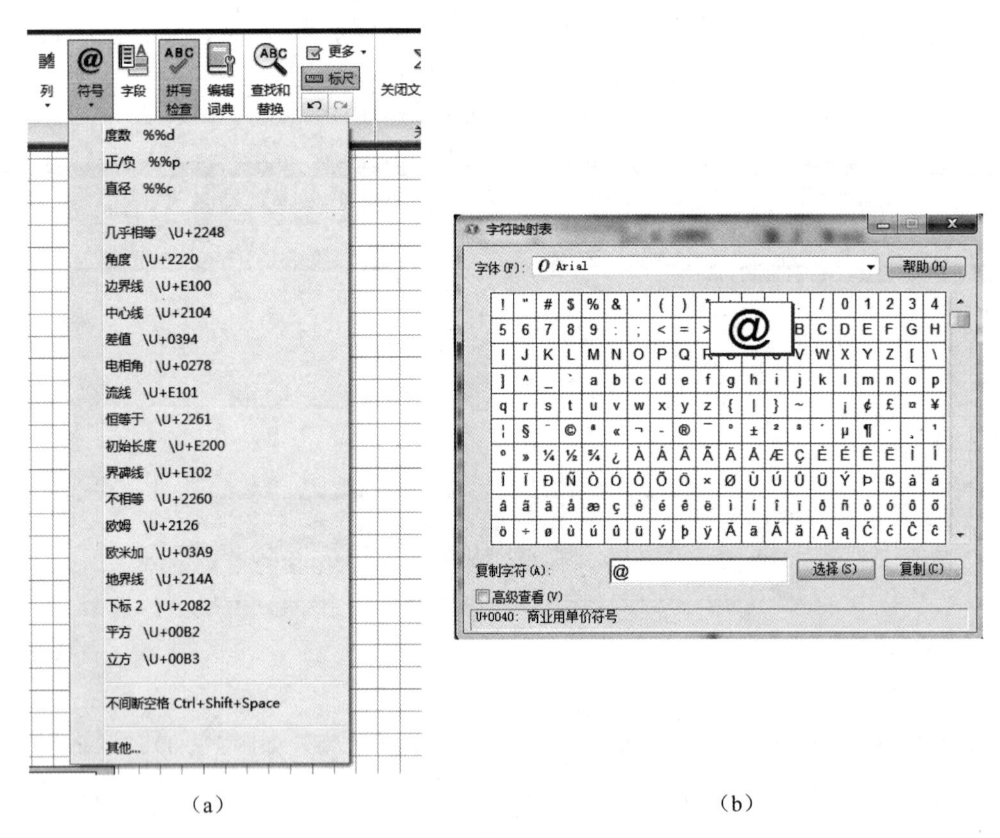

（a）　　　　　　　　（b）

图 1-3-81

操作训练

创建新的文字样式，使用多行文字输入命令完成如下内容的输入。

(1)电源容量：

TOM850A　14 kVA，推荐进线熔丝容量 21 A。

TOM1060　20 kVA，推荐进线熔丝容量 30 A。

TOM1160　20 kVA，推荐进线熔丝容量 30 A。

(2)环境温度：运行时 0 ℃～40 ℃。

(3)温度变化范围：1.1 ℃ · min^{-1}。

(4)振动极限：运输时，0.5 G 以下；工作时，0.4 G 以下。

(5)海拔高度：3000 m 以下。大气压力：86 kPa～108 kPa。

相关知识

1. 单行文字输入中的特殊字符

工程图中的许多符号都不能通过标准键盘直接输入，当使用单行文字命令创建文字时，必须输入特殊的代码来产生特定的字符，如在闪动光标处首先输入“%%c45”，则显示“Φ45”。

常用代码意义及其输入示例和输出效果如表 1-3-1 所示。

表 1-3-1　常用代码意义及其输入示例和输出效果

代码	意义	输入示例	输出效果
%%o	文字上划线开关	%%oAB%%oCD	$\overline{AB}$CD
%%u	文字下划线开关	%%uAB%%uCD	$\underline{AB}$CD
%%d	度符号	45%%d	45°
%%p	正负公差符号	50%%p0.5	50±0.5
%%c	圆直径符号	%%c60	Φ60

2. 单行文字的对齐方式

对于单行文字，AutoCAD 提供了 14 种对齐方式。在默认情况下，文字是左对齐的，即指定的插入点是文字的左基线点，如图 1-3-82 所示。

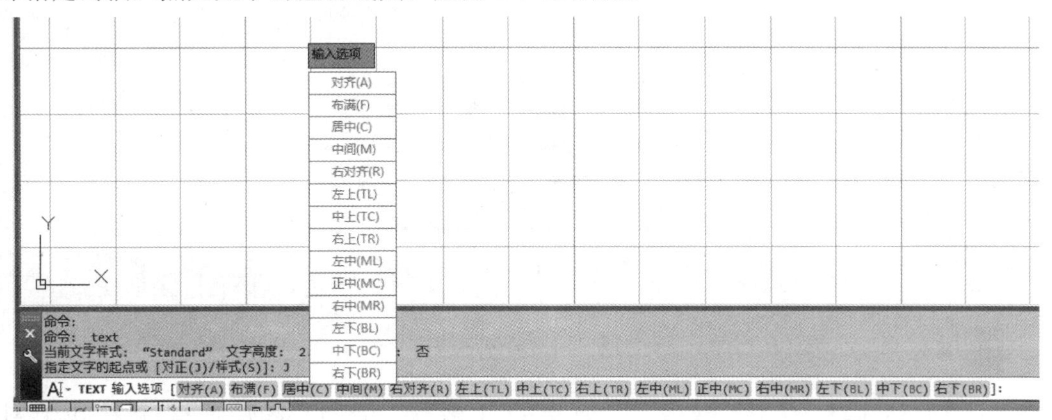

图 1-3-82

如果要改变单行文字的对齐方式，如图 1-3-83 所示选择“对正(J)”命令选项，则 AutoCAD 命令行对齐方式选项，如图 1-3-82 所示。

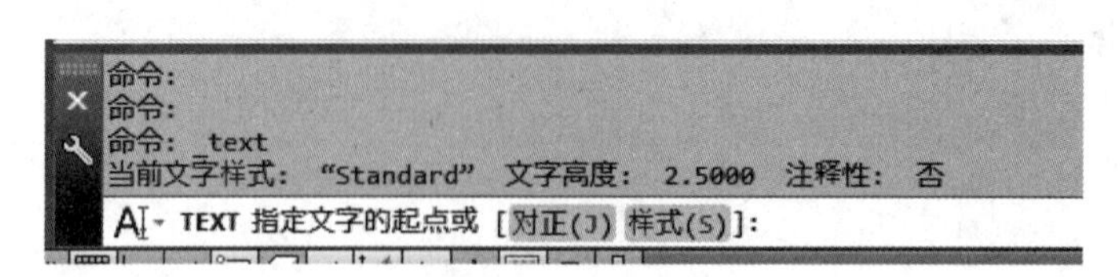

图 1-3-83

3. 编辑文字

(1)使用 DDEDIT 命令编辑文字。双击要编辑的文字，启动 DDEDIT 命令，即可对文字进行编辑和修改，此命令连续地提示用户选择要编辑的对象。因此，启动 DDEDIT 命令一次能修改许多文字对象。

(2)使用 PROPERTIES 命令修改文本。选择要修改的文字后，单击鼠标右键，在弹出的快捷菜单中选择【特性】选项，启动 PROPERTIES 命令。打开【特性】选项板，用户不仅能修改文本的内容，还能编辑文本的其他许多属性，如高度、文字样式等。

任务 8 编辑对象

任务描述

在 CAD 绘图软件中除了最基本的绘图命令外，还有辅助的编辑命令帮助我们将图形绘制得更精确和完善。本任务中的修剪、阵列、分解、删除、移动、偏移等命令大大提高了绘制图形的快捷程度。下面就通过在一个矩形框内绘制两行圆的操作来看它们的应用。

实践操作

【修改】工具栏如图 1-3-84 所示。

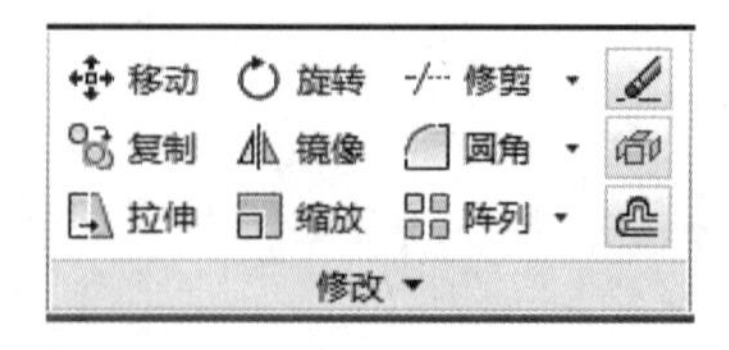

图 1-3-84

1. 修剪

(1)单击【修改】/【修剪】或如图 1-3-84 所示 -/-- 修剪 ▾按钮，根据命令栏提示“选择对象”，即选择剪切边界，单击六边形，按回车键，如图 1-3-85(a)所示。图 1-3-85(b)为框选需要被修剪掉的部分。单击鼠标左键，结果如图 1-3-85(c)所示，鼠标右键选择确认结束修剪命令。

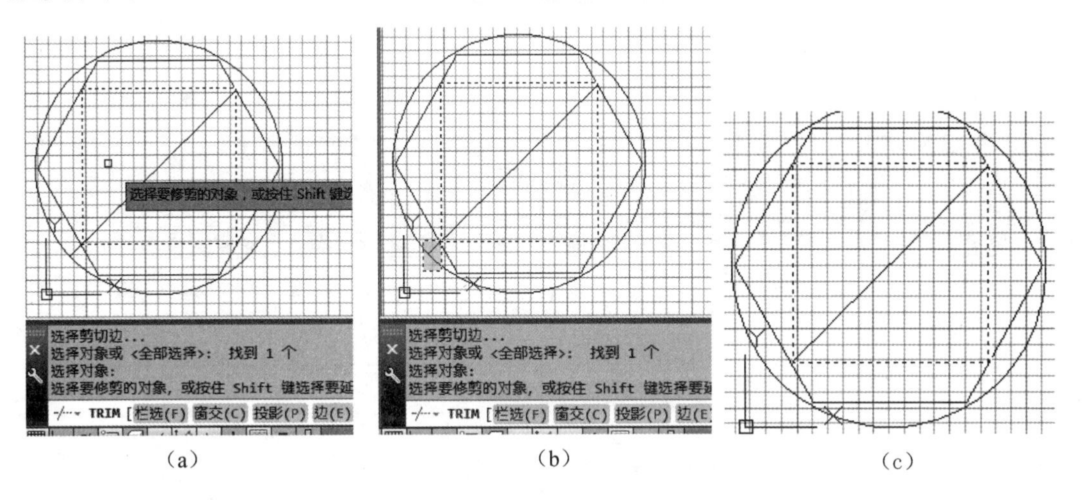

(a)　(b)　(c)

图 1-3-85

(2)在命令行中输入命令“TR”，再按两次回车键，进入修剪状态。在这个状态下，直接点击要修剪的图形即可完成修剪。

2. 阵列

(1)单击【修改】/【阵列】或图 1-3-84 所示 阵列 按钮，弹出如图 1-3-86 所示菜单，选择路径阵列。

(2)如图 1-3-87 所示，根据命令行提示“选择对象”，按回车键。

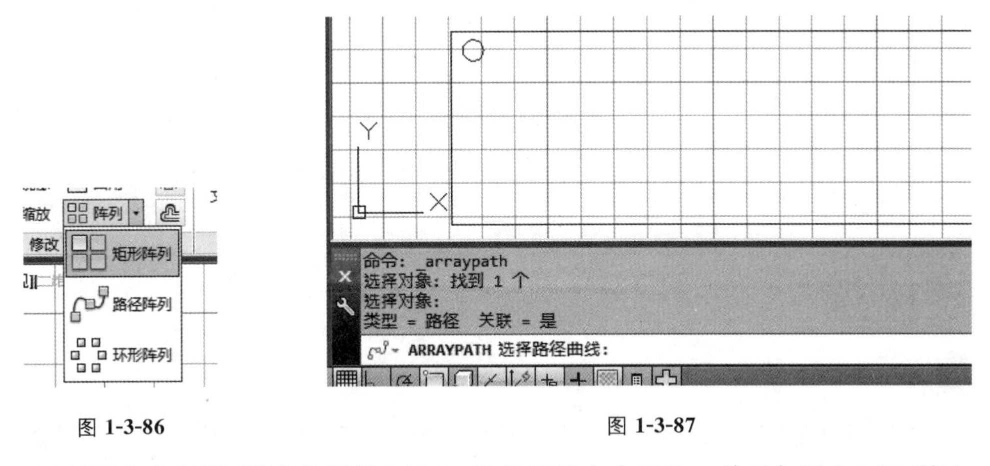

图 1-3-86　　图 1-3-87

(3)根据命令行提示“选择路径曲线”，选择矩形上水平边，效果如图 1-3-88 所示。

(4)根据命令行提示，在命令行中输入“I”按回车键，设置项目之间的间距，如图 1-3-89 所示。

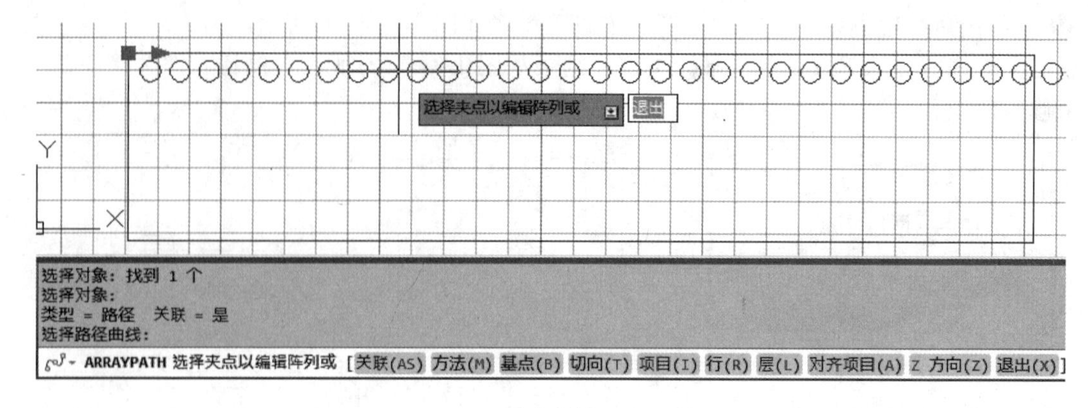

图 1-3-88

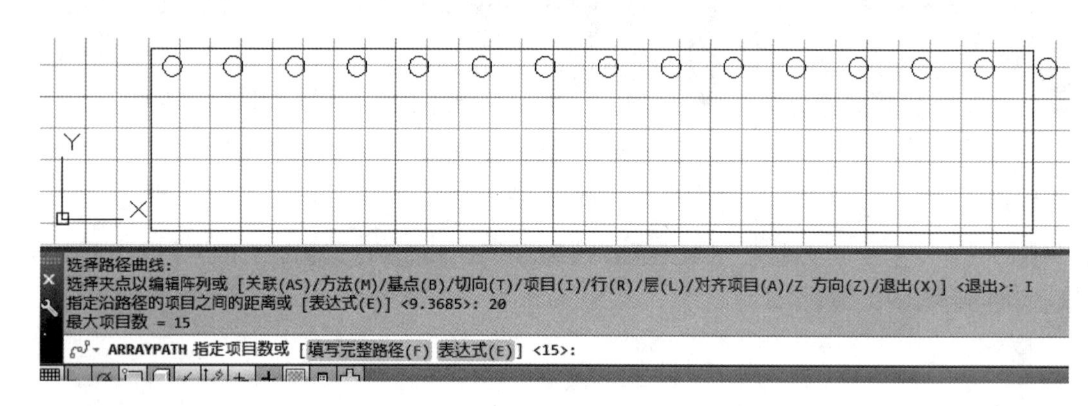

图 1-3-89

(5)根据命令行提示"指定项目数目"，在命令行中输入"15"，按回车键，阵列后的效果如图 1-3-90所示。

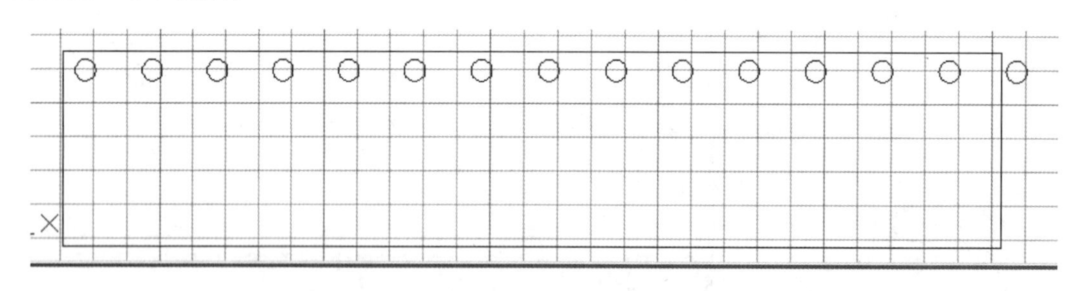

图 1-3-90

3. 分解

(1)单击【修改】/【分解】，根据命令栏提示"选择对象"，按回车键即可完成打分解命令，如图 1-3-91 所示。

(2)在命令行中输入打断命令"X"，按回车键，选择对象后，按回车键完成分解命令。

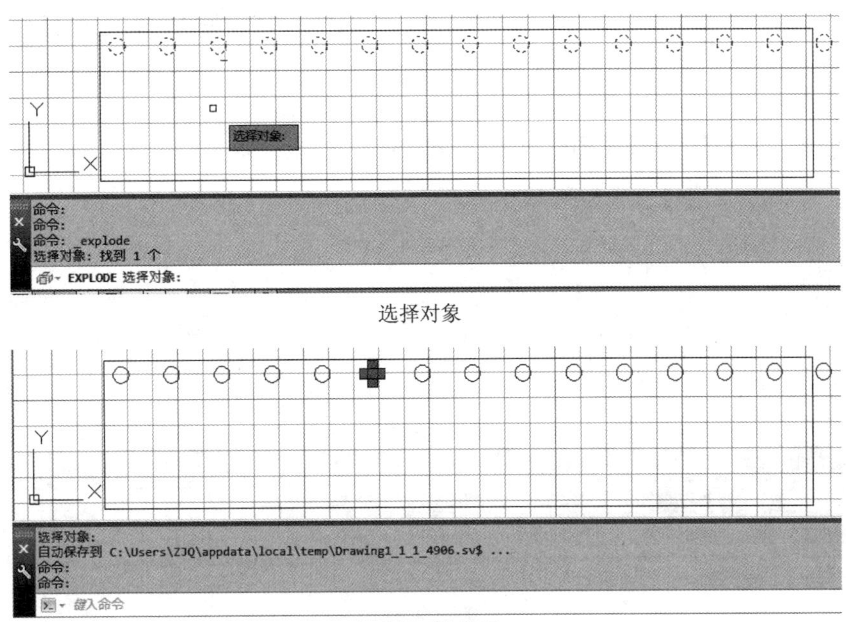

选择对象

打分解后的效果

图 1-3-91

4. 删除

(1)单击【修改】/【删除】或图 1-3-84 所示，根据命令栏提示“选择对象”，按回车键即可完成打断命令，如图 1-3-92 所示。

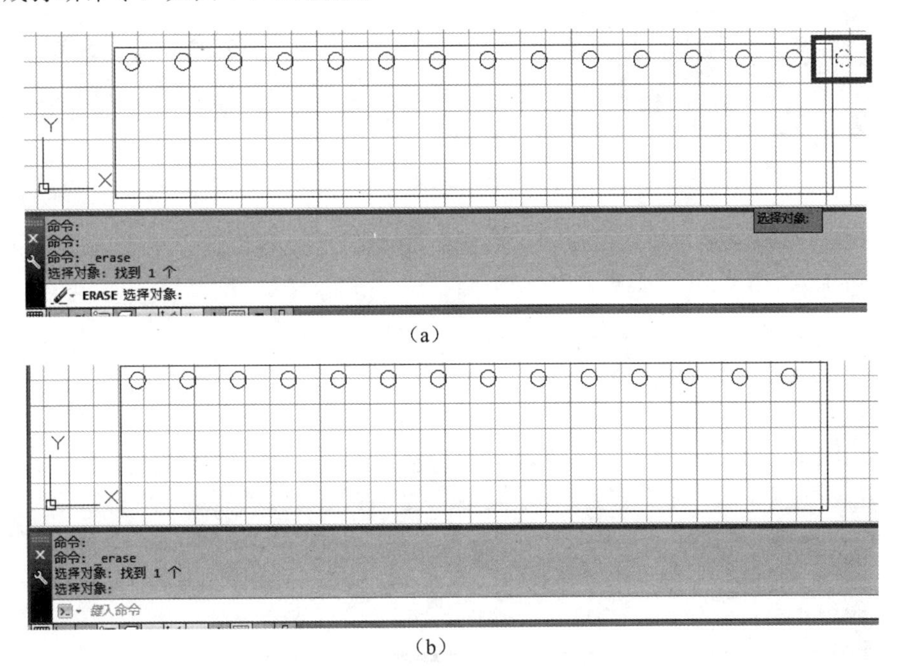

(a)

(b)

图 1-3-92

(2)单击鼠标左键拾取要删除的图形，按 Delete 键，即可删除已拾取的图形。

5. 移动

(1)单击【修改】/【移动】或图 1-3-84 所示 移动 按钮，根据命令栏提示“选择对象”，选中图形，按回车键或单击右键确认，如图 1-3-93 所示。

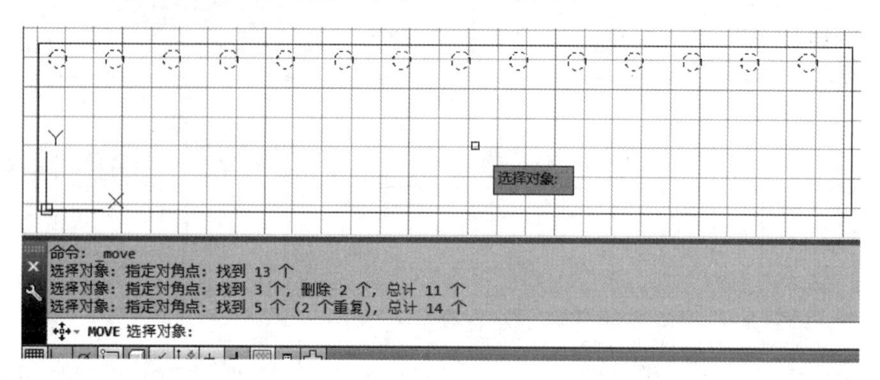

图 1-3-93

(2)根据命令行提示“指定基点”，十字光标点击第一个圆的圆心，如图 1-3-94 所示。

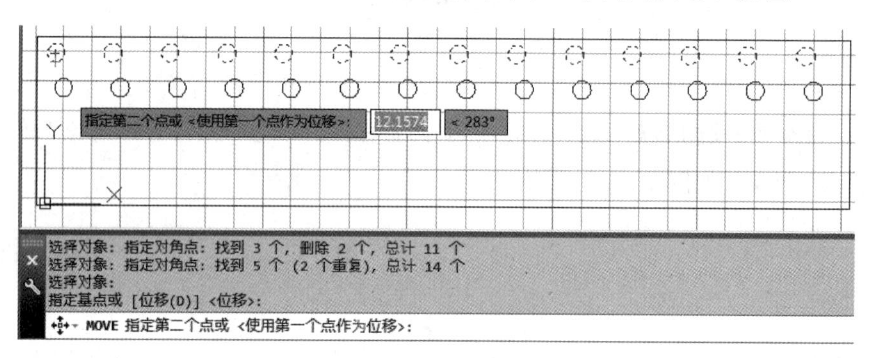

图 1-3-94

(3)根据命令行提示指定第二个点，将光标拖动到需要的位置，单击，完成移动，如图 1-3-95 所示。

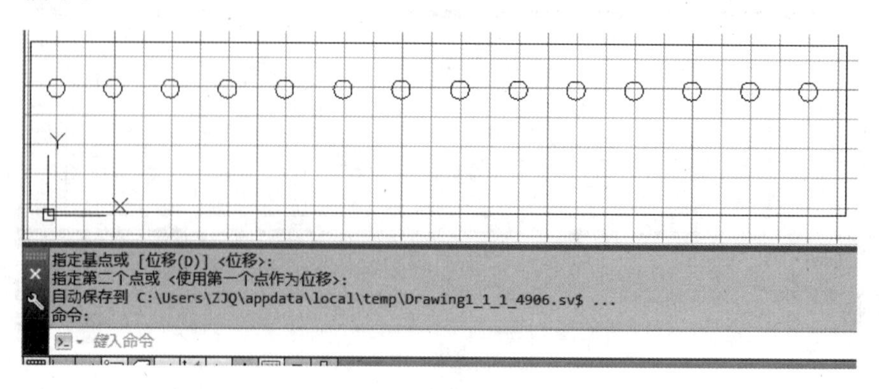

图 1-3-95

6. 偏移

(1)单击【修改】/【移动】或图 1-3-84 所示 按钮，根据命令栏提示“指定偏移距离”，在命令行中输入“10”，按回车键，如图 1-3-96 所示。

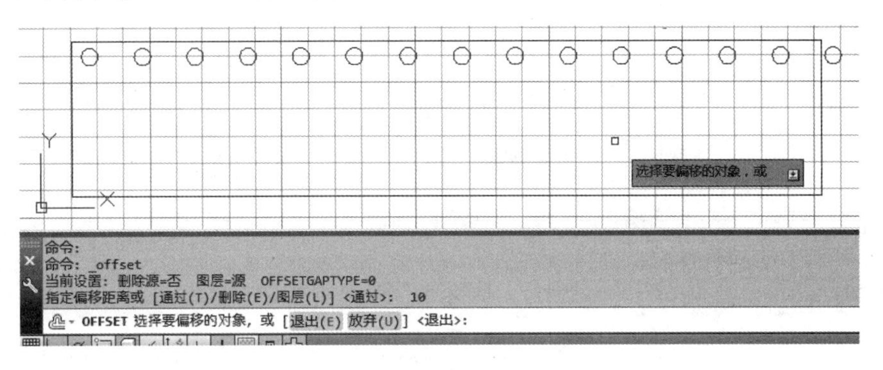

图 1-3-96

(2)根据命令行提示“选择要偏移的对象”，如图 1-3-97 所示。

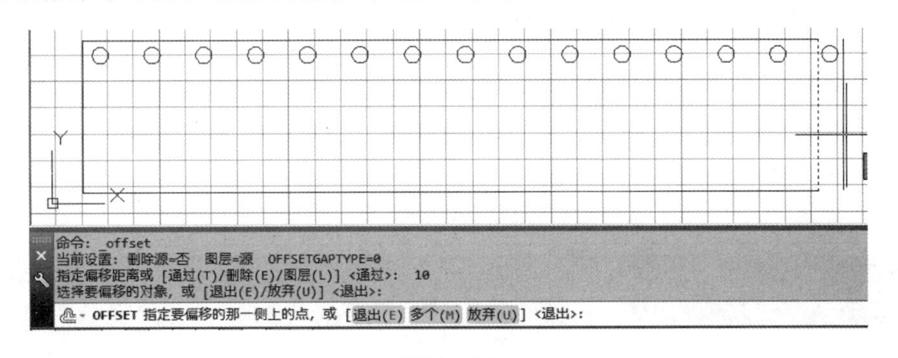

图 1-3-97

(3)根据命令行提示，在要偏移的一侧单击鼠标左键，完成偏移，如图 1-3-98 所示。按回车键退出偏移命令。

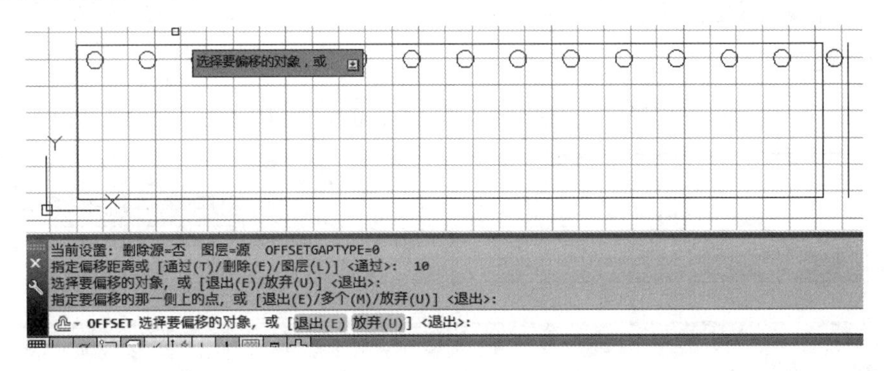

图 1-3-98

7. 拉伸

(1)单击【修改】/【移动】或图 1-3-84 所示 拉伸 按钮，如图 1-3-99 所示，从右下方向左上方选择要拉伸的对象，必须利用窗交方式选择对象。

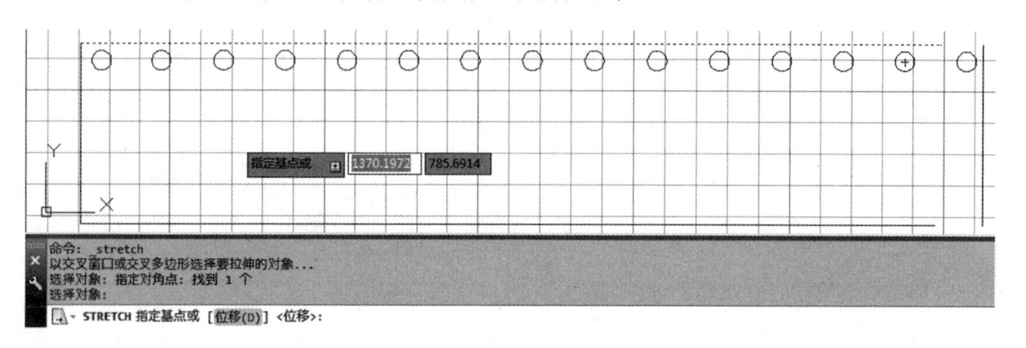

图 1-3-99

(2)根据命令行提示分别指定基点和指定第二个点，然后就可以将直线拉伸到要求打断的位置，如图 1-3-100 所示。

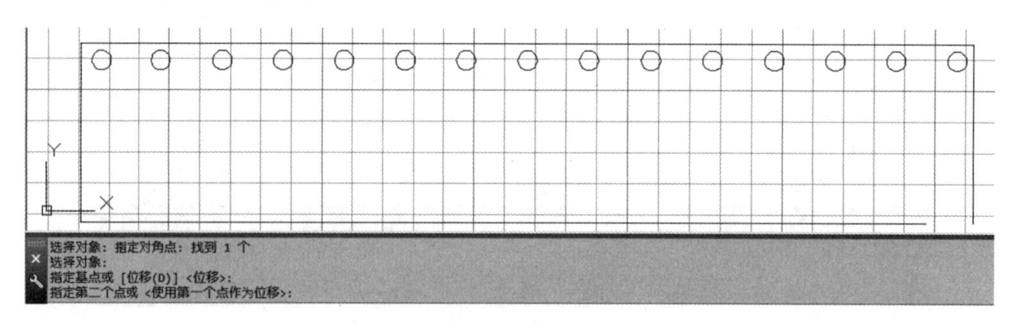

图 1-3-100

8. 延伸

(1)单击【修改】/【移动】或图 1-3-84 所示 延伸 按钮，如图 1-3-101 所示，选择对象，按回车键。

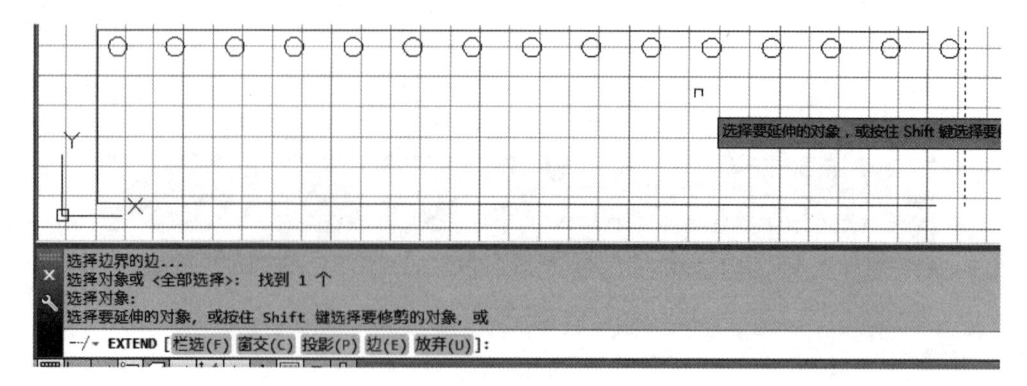

图 1-3-101

(2)根据命令行的提示“选择要延伸的对象”，如图 1-3-102 所示，直线将端点延伸到选择的对象上。按回车键，退出延伸命令。

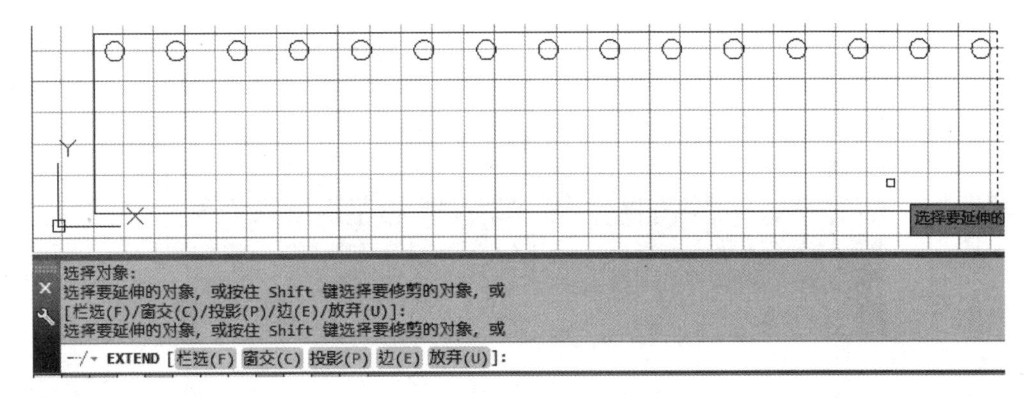

图 1-3-102

9. 镜像

(1)单击【修改】/【镜像】或图 1-3-84 所示 镜像按钮，根据命令栏提示“选择对象”，框选矩形内的圆，按回车键，如图 1-3-103 所示。

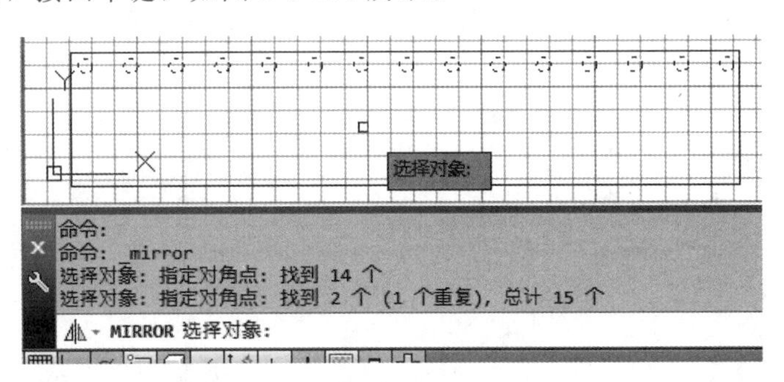

图 1-3-103

(2)根据命令行提示，指定镜像线的第一点和第二点，如图 1-3-104 所示，矩形两竖边的中点。

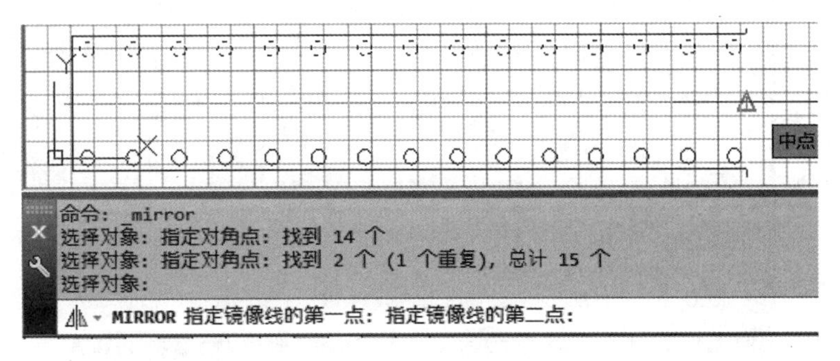

图 1-3-104

(3)根据命令行提示“要删除源对象吗?”，直接按回车键或输入 N 后按回车键，则如图 1-3-105 所示在矩形下方对称地绘制出一行圆。

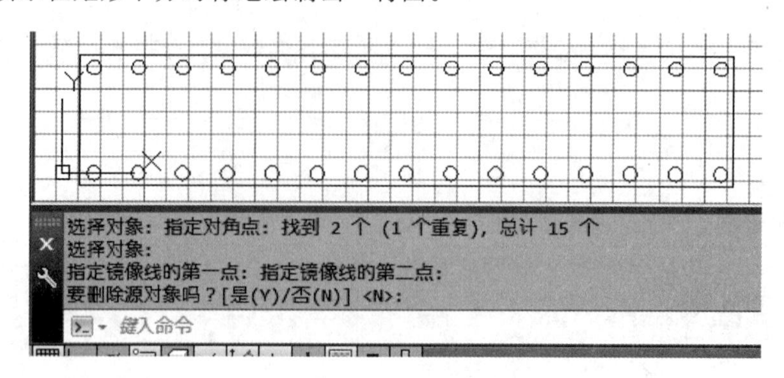

图 1-3-105

10. 合并

(1)使用直线命令绘制一个长 200 mm，宽 100 mm 的矩形，如图 1-3-106 所示。

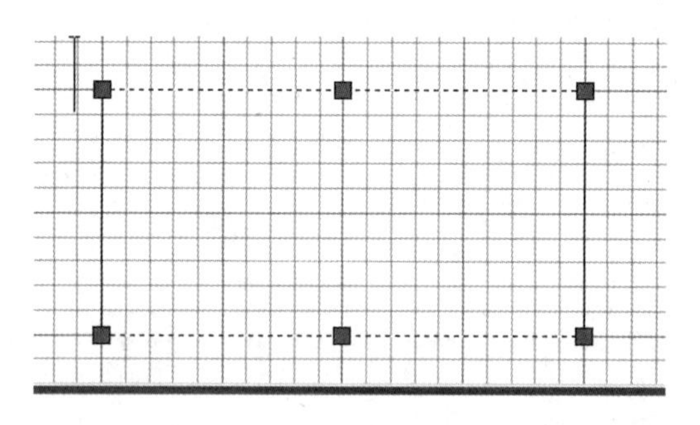

图 1-3-106

(2)单击【修改】/【合并】或图 1-3-84 所示 按钮，根据命令栏提示“选择对象”，框选矩形的四条边，按回车键，如图 1-3-107 所示。

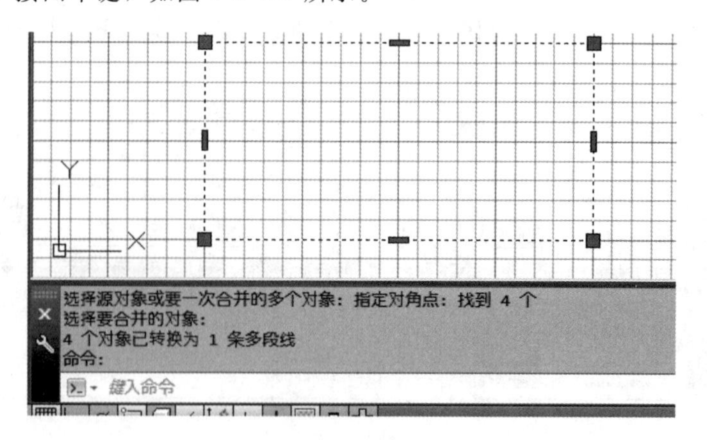

图 1-3-107

11. 复制

（1）单击【修改】/【合并】或图 1-3-84 所示复制按钮，根据命令栏提示“选择对象”，点击矩形内的圆，按回车键，如图 1-3-108 所示，指定圆心为基点。

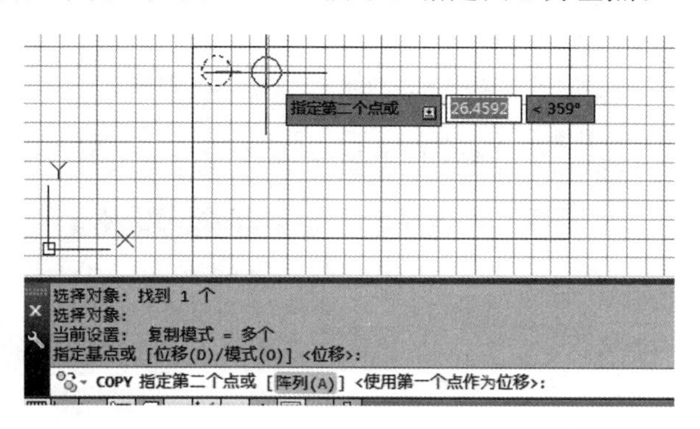

图 1-3-108

（2）根据命令栏提示“指定位移”，输入第二个点相对于第一个点的相对坐标“20，0”，按回车键，复制完成，如图 1-3-109 所示。

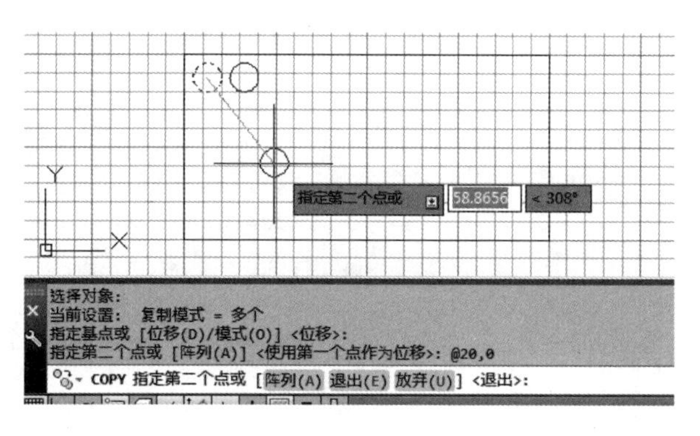

图 1-3-109

12. 对齐

（1）如图 1-3-110 所示，单击【修改】/【三维操作】/【对齐】或图 1-3-84 所示【修改】工具栏中的按钮，如图 1-3-111 所示，选择左侧起第二个圆后，按回车键。

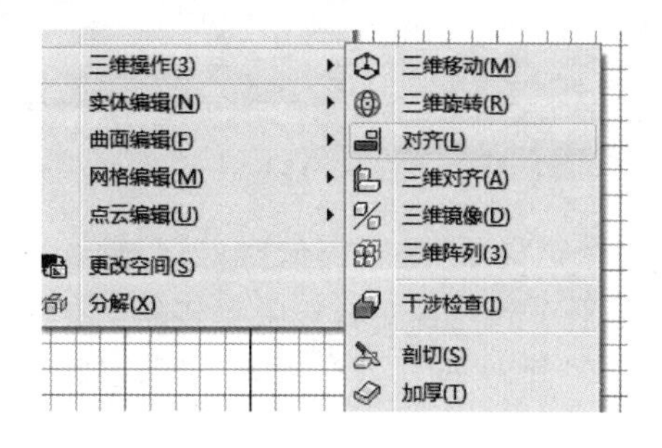

图 1-3-110

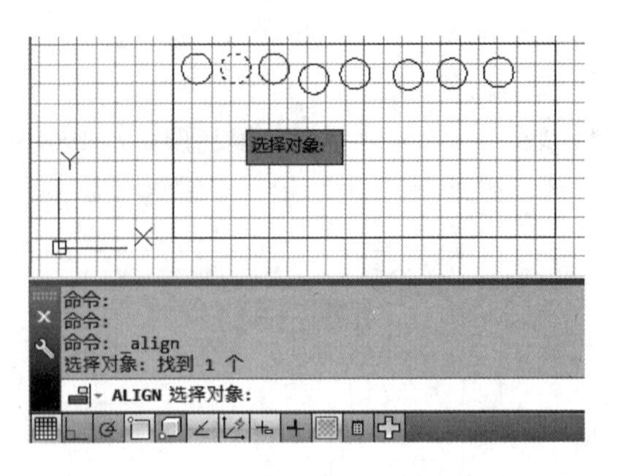

图 1-3-111

(2)按回车键后，根据命令行提示指定第一个源点，点击所选圆的左象限点，如图 1-3-112 所示。

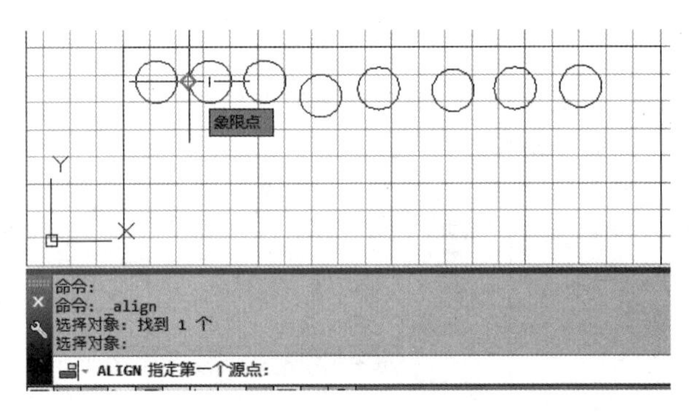

图 1-3-112

(3)按回车键后，根据命令行提示指定第一个目标点，点击第一个圆的右象限点，如图 1-3-113所示。

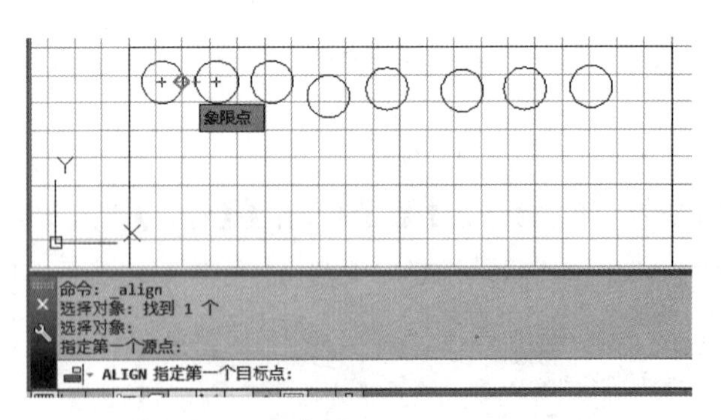

图 1-3-113

(4)按回车键后，根据命令栏提示"是否缩放对象"，输入"n"，按回车键，对齐完成。如图 1-3-114 所示，两个圆水平对齐并且左右象限点接触。如果希望两个圆分开，使用移动命令将第二个圆平移要求的间距即可，8 个圆心间距 20 mm 的圆排列如图 1-3-115

所示。

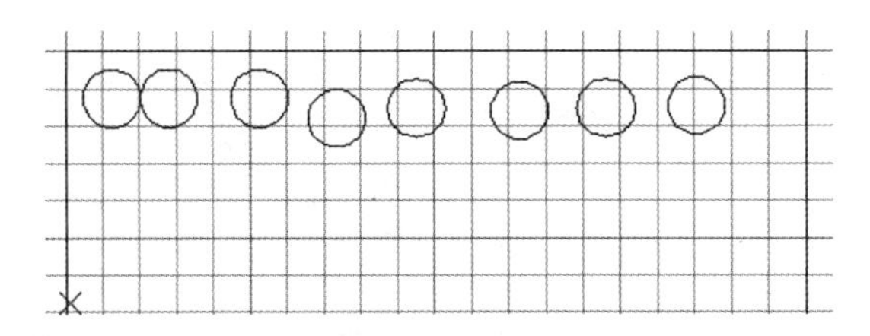

图 1-3-114

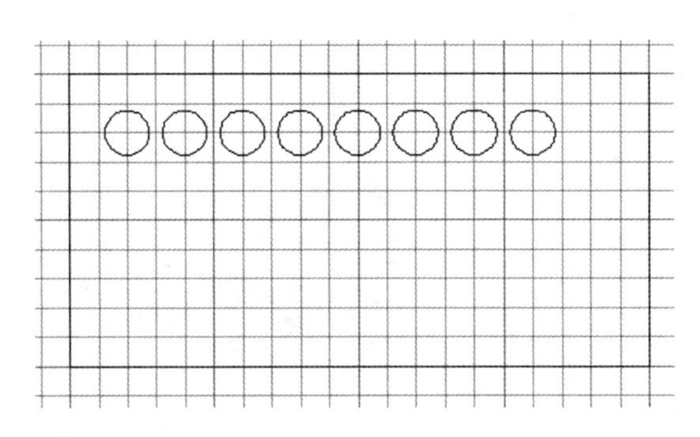

图 1-3-115

(5)为使 8 个圆间隔 20 mm 水平对齐，也可以如图 1-3-116 所示，在矩形中绘制一条直线，按 20 mm 定距等分；再使用移动命令或对齐命令将 8 个圆的圆心移动到等分点上，如图 1-3-117所示。最后将直线和等分点删除，将 8 个圆整体移动到要求的位置，如图 1-3-115 所示。

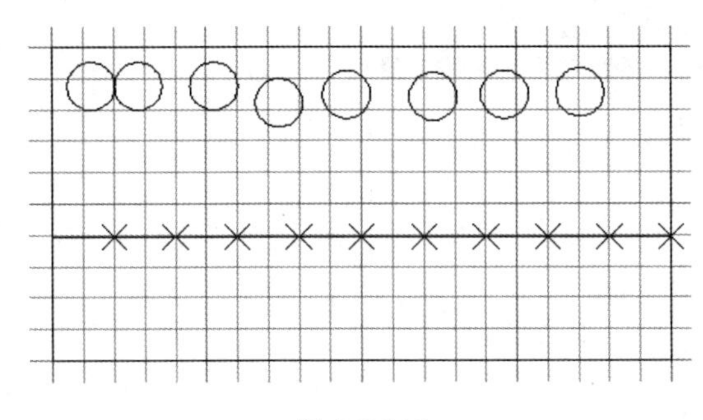

图 1-3-116

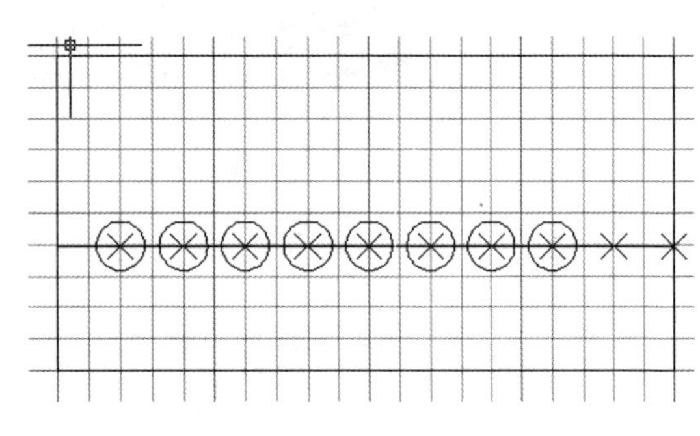

图 1-3-117

13. 旋转

(1)单击【修改】/【旋转】或图 1-3-84 所示 按钮，根据命令栏提示“选择对象”，框选所有图形，按回车键或单击右键确认，如图 1-3-118 所示。

(2)根据命令栏提示“指定基点”，单击矩形左上角顶点，如图 1-3-119 所示。

(3)根据命令栏提示“指定旋转角度”，输入“90”，按回车键，旋转完成，如图 1-3-120 所示。

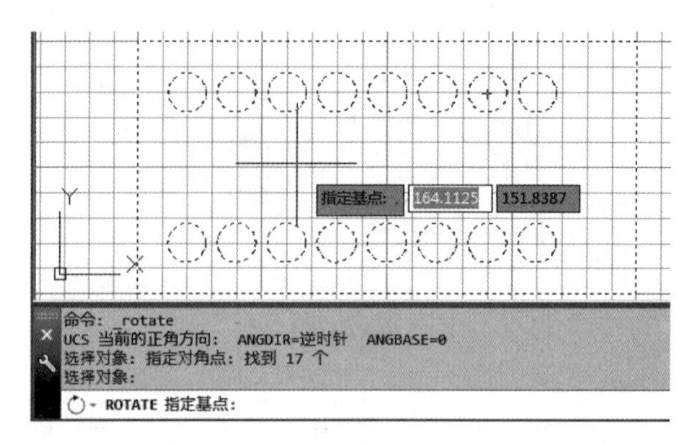

图 1-3-118

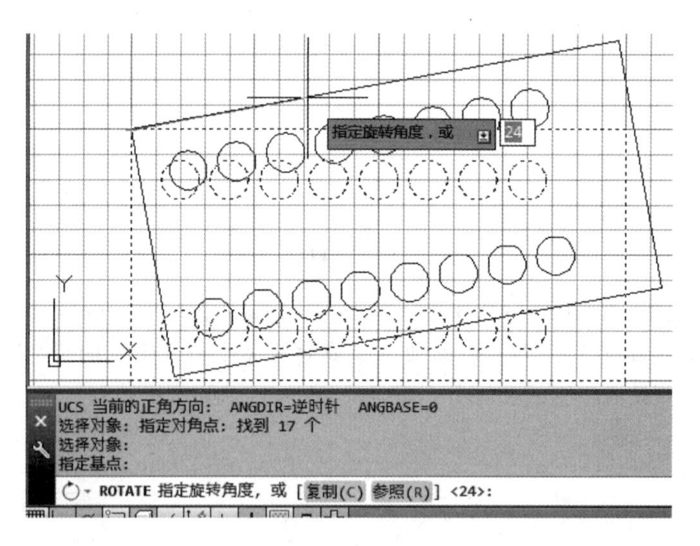

图 1-3-119

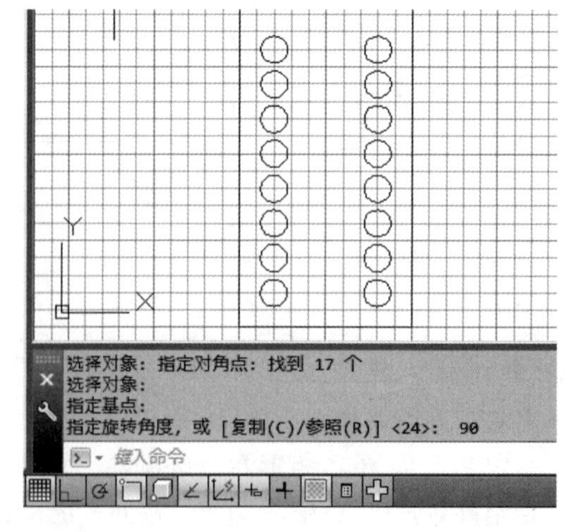

图 1-3-120

14. 缩放

(1)单击【修改】/【旋转】或图 1-3-84 所示 缩放 按钮，根据命令栏提示“选择对象”，框选所有图形，按回车键或单击右键确认，如图 1-3-121 所示。

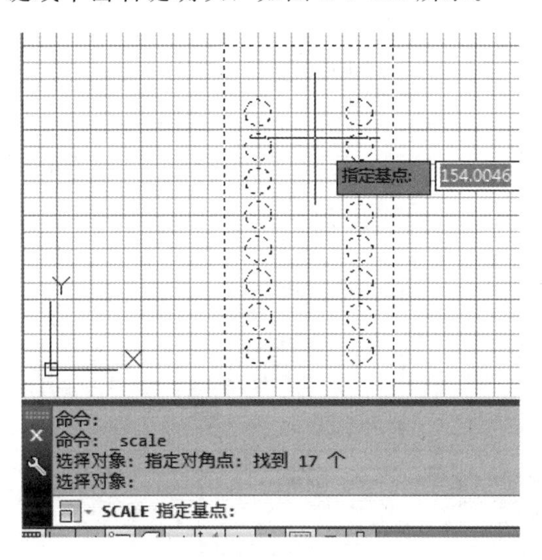

图 1-3-121

(2)根据命令栏提示“指定基点”，即选定对象的大小发生改变时位置保持不变的点，单击矩形左下角顶点，如图 1-3-122 所示。

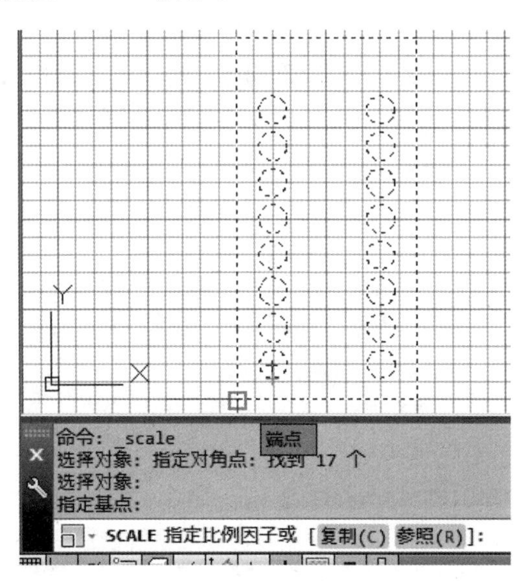

图 1-3-122

(3)根据命令栏提示“指定比例因子”，输入“2”，按回车键，缩放完成，效果如图 1-3-123 所示。

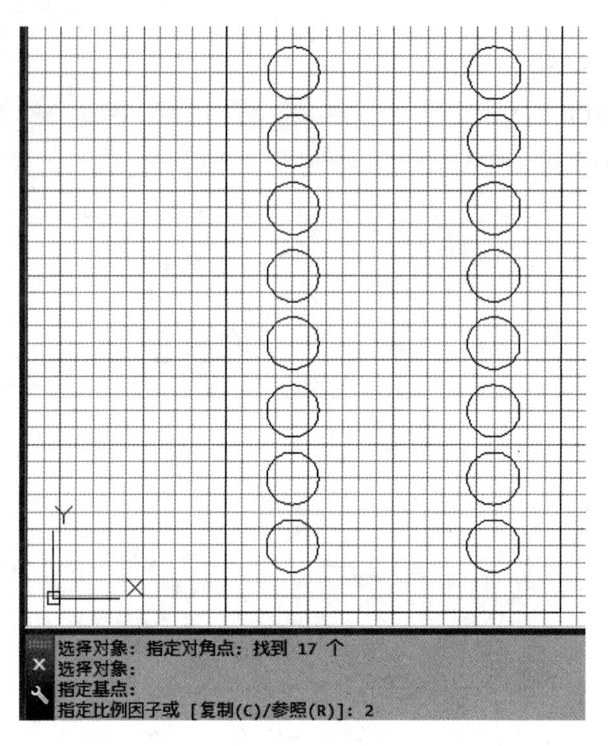

图 1-3-123

操作训练

绘制图 1-3-124 所示图形，矩形尺寸 120 mm×80 mm，圆的直径 3 mm，圆心水平间距 30 mm，垂直间距 50 mm，到矩形边框间距 15 mm，字高 3.5 mm。

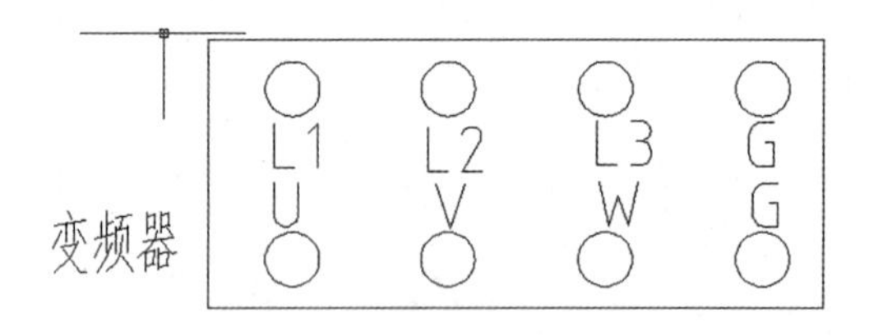

图 1-3-124

相关知识

1. 拉伸

(1)对直线段拉伸时，一个端点应在拉伸区域窗口之外，窗口内的端点移动，另外一个端点不动。否则，将变为移动。

(2)对圆弧段拉伸的原则与直线段相同。拉伸后的圆弧弦高不变。

(3)对圆或文本拉伸时，若圆心或文本基准点在拉伸区域窗口外，则圆或文本不动。否则，将做移动。

2. 拉长

更改对象的长度和圆弧的包含角。

(1)增量拉长。以指定的增量修改对象的长度。

①单击【修改】/【拉长】或图1-3-84所示【修改】工具栏中的 拉长(G) 命令，根据命令栏提示“选择对象”，单击线段，如图1-3-125所示，系统将显示线段的当前长度为400 mm。

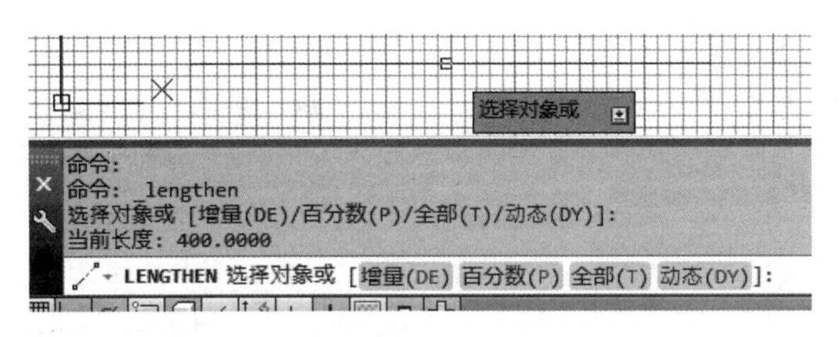

图 1-3-125

②根据命令栏提示“增量(DE)”，输入“DE”，按回车键。

③根据命令栏提示“输入长度增量”，输入“100”，按回车键。

④拉长为500 mm完成，效果如图1-3-126所示。

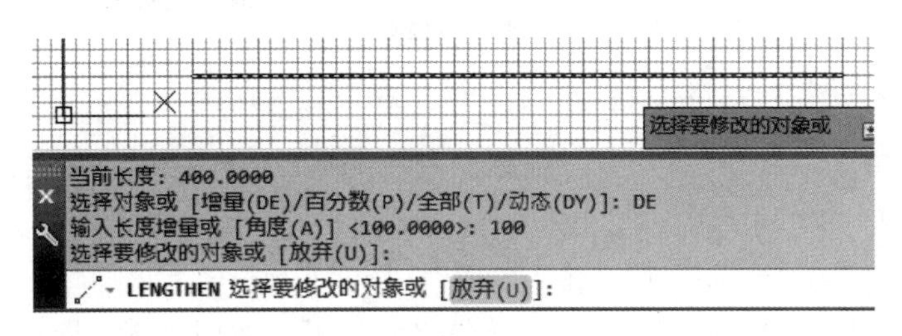

图 1-3-126

说明：用相同的方法可以拉长圆弧的长度或角度。

(2)百分数拉长。通过指定对象总长度的百分数设定对象长度。

①单击【修改】— 拉长(G) 命令，根据命令栏提示“选择对象”，单击线段，系统将显示线段的当前长度为400 mm。

②根据命令栏提示“百分数(P)”，输入“P”，按回车键。

③根据命令栏提示“输入长度百分数”，输入“200”，按回车键。

④根据命令栏提示“选择对象”，即拾取线段需要增长的一端，拉长为800 mm完成，效果如图1-3-127所示。

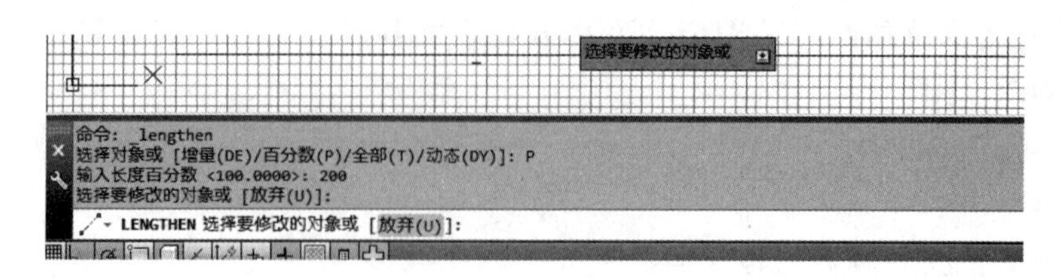

图 1-3-127

(3)全部拉长。指定变化后的总长度。

①单击【修改】—拉长(G)命令，根据命令栏提示“选择对象”，单击线段，系统将显示线段的当前长度 400 mm。

②根据命令栏提示“全部(T)”，输入“T”，按回车键。

③根据命令栏提示“输入总长度”，输入“500”，按回车键，即拉长后的长度。

④根据命令栏提示“选择对象”，即拾取线段需要增长的一端，直线拉长为 500 mm 完成，效果如图 1-3-128 所示。

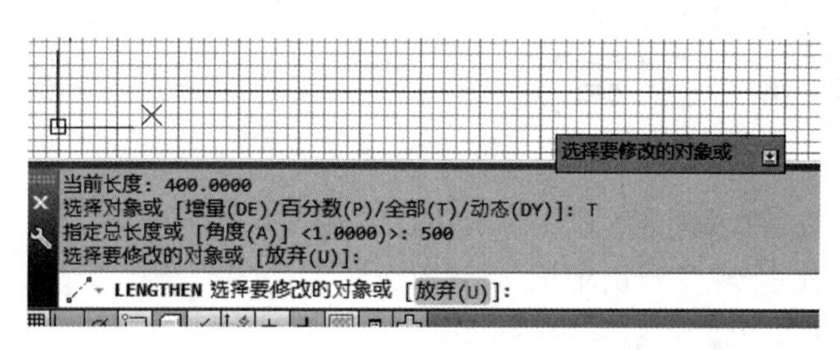

图 1-3-128

(4)动态。指定变化后的端点位置。

①单击【修改】—拉长(G)命令，根据命令栏提示“选择对象”，单击线段，系统将显示线段的当前长度 400 mm。

②根据命令栏提示“全部(T)”，输入“DY”，按回车键。

③根据命令栏提示“指定新端点”，输入“600，100”，按回车键，即拉长后的长度。

④根据命令栏提示“选择对象”，即拾取线段需要增长的一端，直线拉长为 500 mm 完成，效果如图 1-3-129 所示。

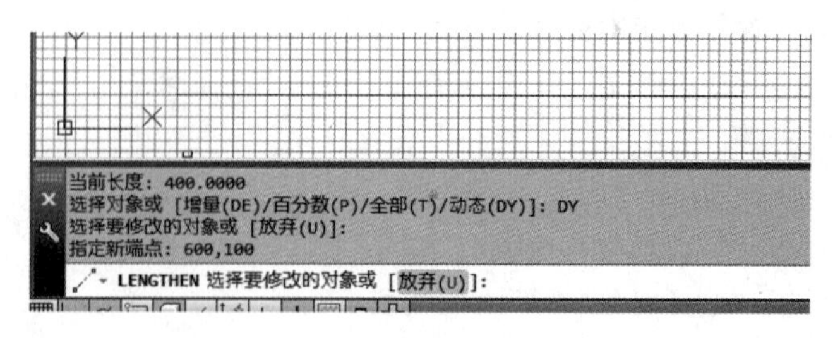

图 1-3-129

任务9　尺寸标注

任务描述

在工程设计中，图形只能表达物体的结构形状，而物体的真实大小和各部分的相对位置则必须通过标注尺寸才能确定。在经常接触的工程图中，最常见的尺寸莫过于长度、半径、直径以及角度。

实践操作

1. 创建标注样式

(1)新建图层，名为“标注”，线型为连续线，线宽为0.25 mm。

(2)新建文字样式，名为“工程文字”，字体为宋体。

(3)点击下拉菜单【格式】/【标注样式】，弹出“标注样式管理器”对话框，如图1-3-130所示。

(4)单击 新建(N)... 按钮，弹出“创建新标注样式”对话框，在【新样式名】文本框中输入新样式名称“dqtz”，在【基础样式】下拉列表中选择“ISO-25”，在【用于】下拉列表中选择“所有标注”，如图1-3-131所示。

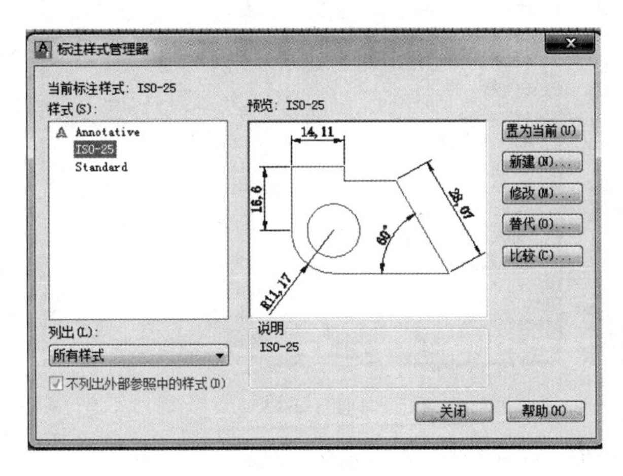

图 1-3-130

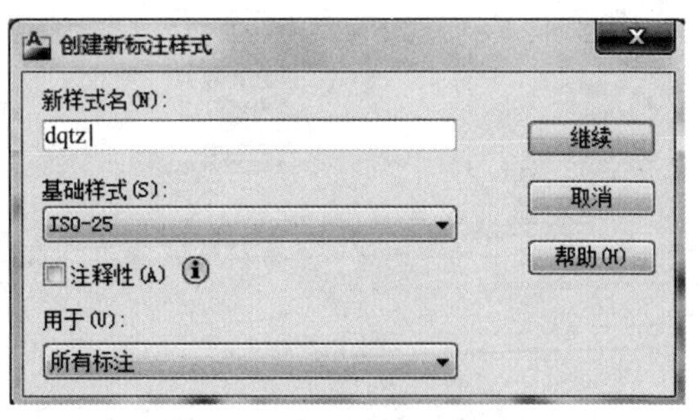

图 1-3-131

(5)单击 继续 按钮，弹出“新建标注样式：dqtz”对话框，如图1-3-132所示。

(6)在【线】选项卡中，将【尺寸线】和【延伸线】的【颜色】【线型】【线宽】均改为“ByBlock”，【基线间距】输入“5”，【超出尺寸线】输入“2”，【起点偏移量】输入“0”，如图1-3-133所示。

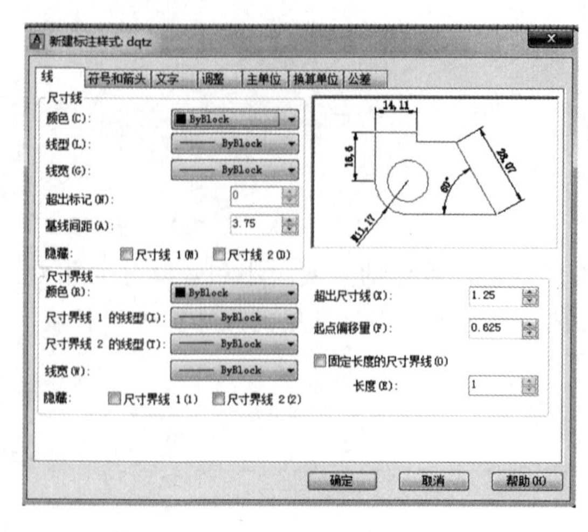

图 1-3-132

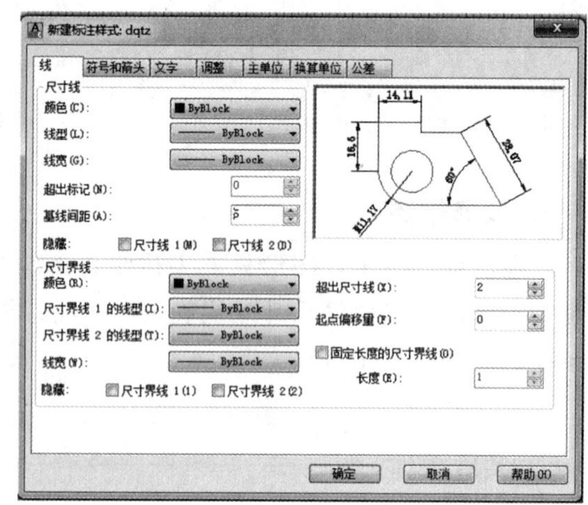

图 1-3-133

（7）在【符号和箭头】选项卡中，在【第一个】【第二个】【引线】下拉列表中选择“实心闭合”，其他采用默认值，如图 1-3-134 所示。

（8）在【文字】选项卡中的【文字样式】【文字颜色】【文字高度】【文字位置】均采用默认值，【从尺寸线偏移】输入“0.8”，【文字对齐】区域选择“与尺寸线对齐”，如图 1-3-135 所示。

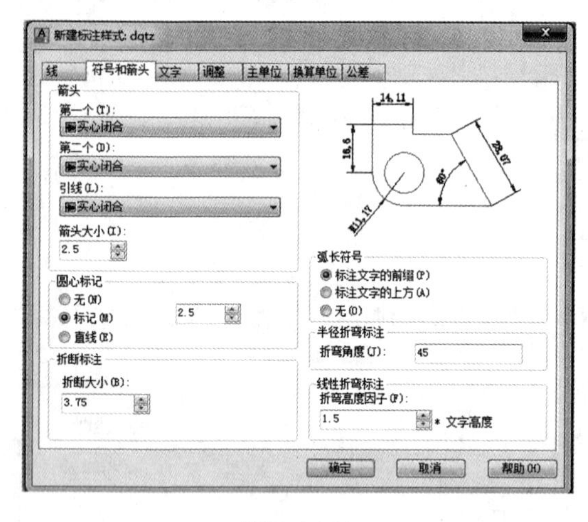

图 1-3-134

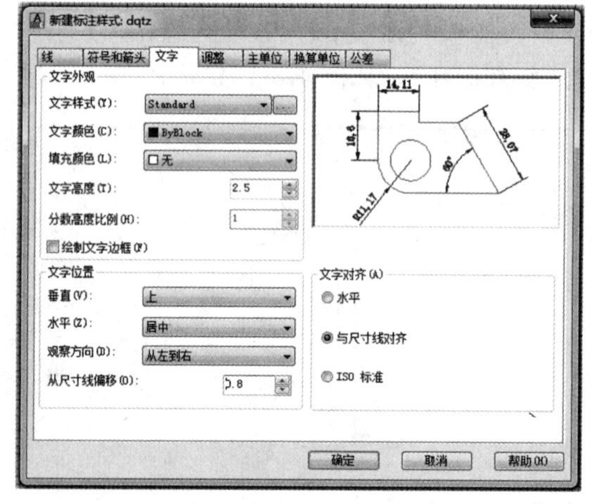

图 1-3-135

（9）在【调整】选项卡中，其他采用默认值，如图 1-3-136 所示。

（10）在【主单位】选项卡中各项设置均采用默认值，如图 1-3-137 所示。

（11）单击【确定】按钮得到一个新的标注样式，再单击【置为当前(U)】按钮使新样式成为当前标注样式，如图 1-3-138 所示。

（12）单击图 1-3-138 中的“修改”可以对以上所有设置进行修改；单击“代替”，弹出如图 1-3-139 所示“替代当前样式”对话框。修改相关项目后“确认”，再点击【置为当前(U)】按钮。标注样式更改完毕后，可以返回 AutoCAD 主窗口，单击【标注】/【更新】，执行【更新命令】，选择相应标注后，可自动将已有标注更改为新的样式。

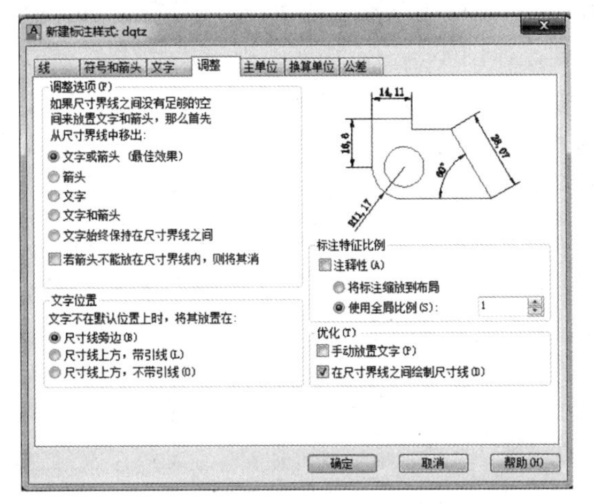

图 1-3-136

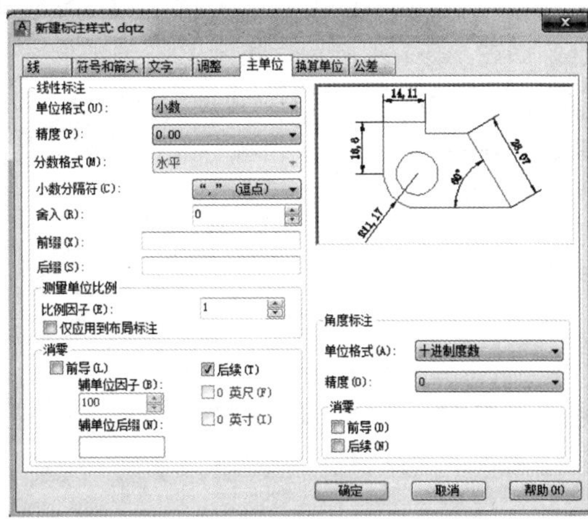

图 1-3-137

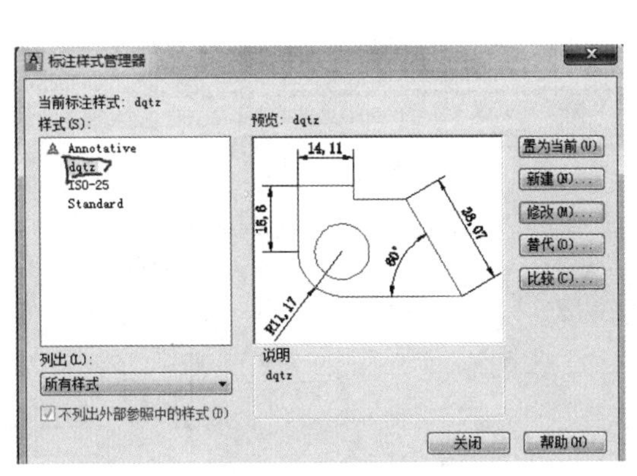

图 1-3-138

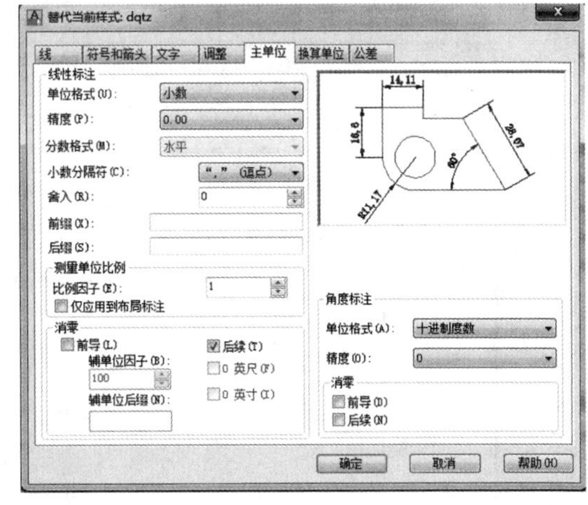

图 1-3-139

(13)还可以通过【文字编辑器】来实现标注文字的修改。在命令行中输入“DDEDIT”，按回车键，弹出如图 1-3-140 所示【文字编辑器】工具栏，选择要修改的标注直接进行修改即可。

图 1-3-140

2. 基本尺寸标注

(1)线性尺寸标注。单击【标注】/【线性】，启动线性标注命令。指定第一条延伸线原点，如图 1-3-141 所示；指定第二条延伸线原点，如图 1-3-142 所示；指定尺寸线位置或[多行文字(M)/文字(T)/角度(A)/水平(H)/垂直(V)/旋转(R)]，向上拖动鼠标将尺寸线放置在适当位置，单击鼠标左键结束，如图 1-3-143 所示。

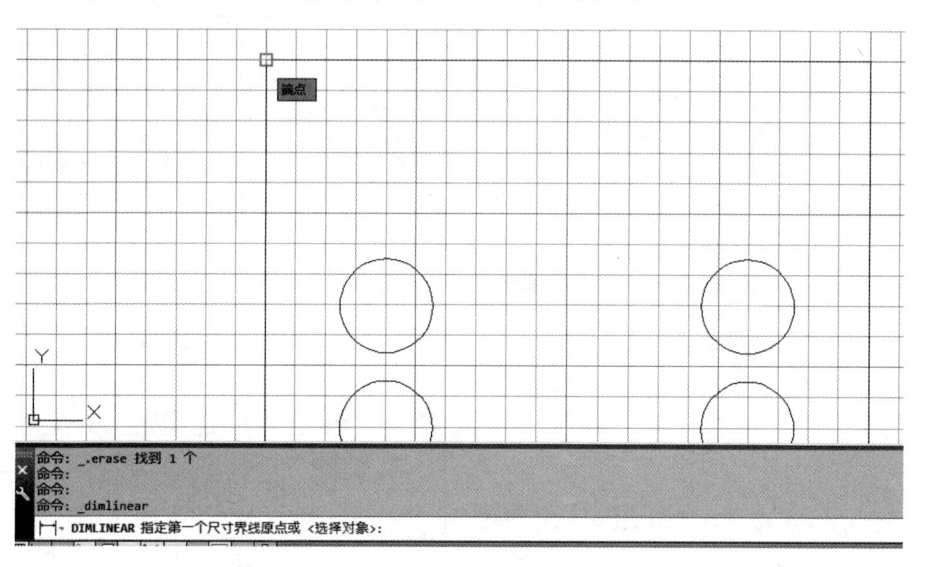

图 1-3-141

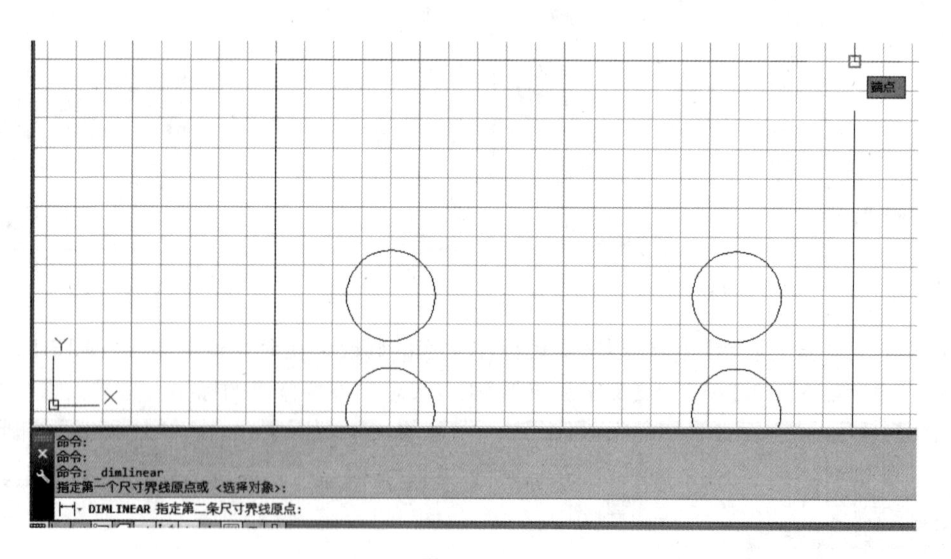

图 1-3-142

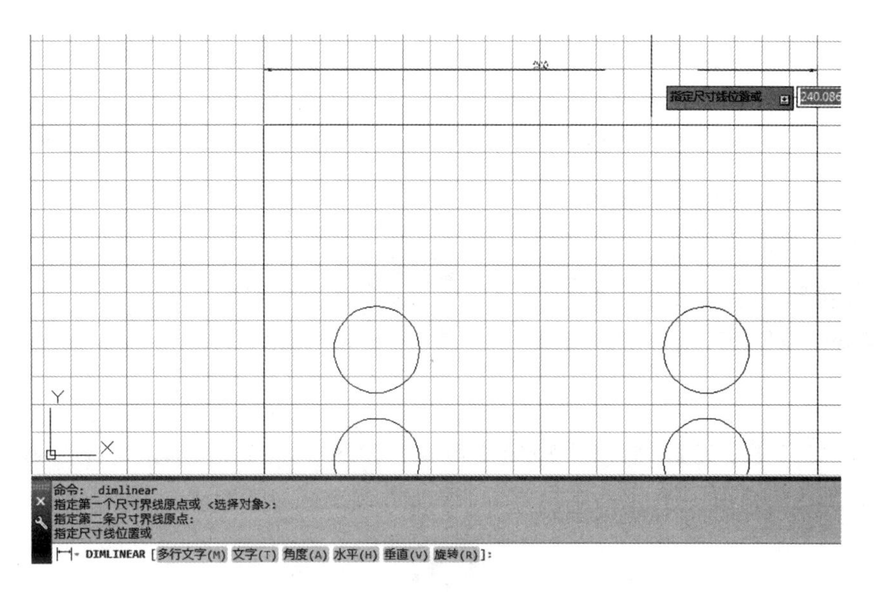

图 1-3-143

(2)角度标注。单击【标注】/【角度】，启动角度标注命令，如图 1-3-144 所示；根据命令行提示选择要标注角的两条边，即选择两条直线，如图 1-3-145 所示；移动鼠标指定尺寸线的位置，完成“45°”的标注。

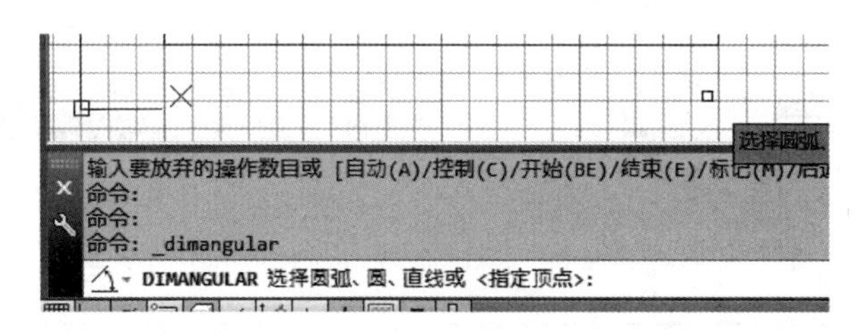

图 1-3-144

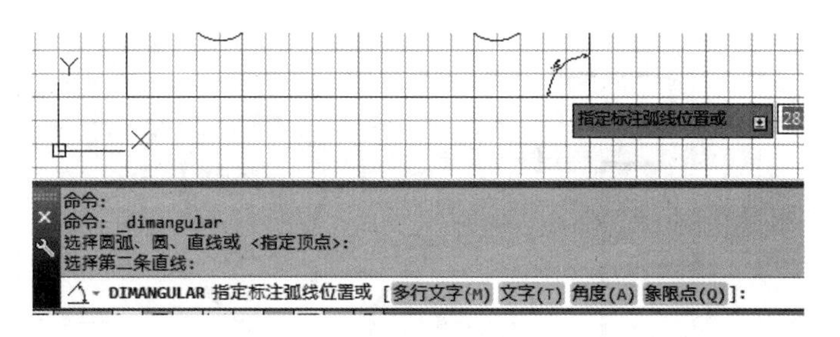

图 1-3-145

(3)直径和半径标注。在标注直径和半径尺寸时，AutoCAD 自动在标注文字前面加入“Φ”或“R”符号。

单击【标注】/【直径】，启动直径标注命令，如图 1-3-146 所示；选择圆弧或圆，如图 1-3-147所示，移动鼠标指定尺寸线的位置，完成“Φ30.92”的标注。

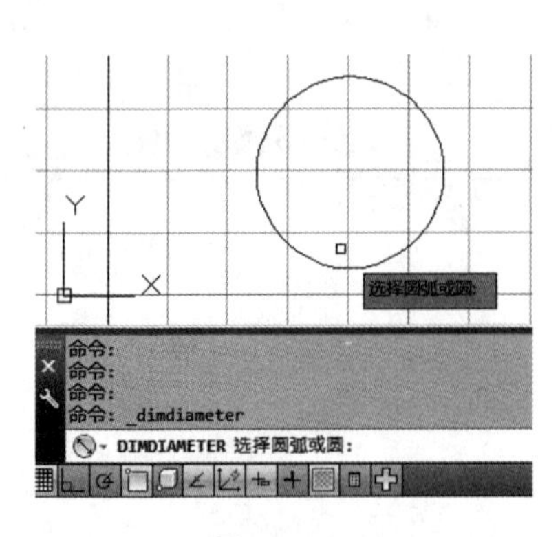

图 1-3-146

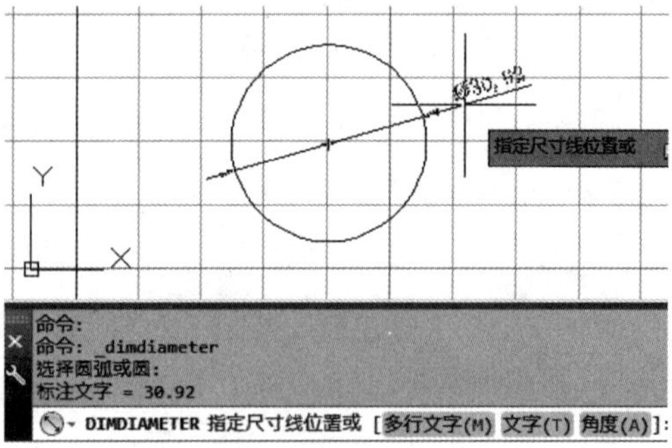

图 1-3-147

单击【标注】/【半径】，启动半径标注命令，如图 1-3-148 所示；选择圆弧或圆，如图 1-3-149所示，移动鼠标指定尺寸线的位置，完成“R15.46”的标注。

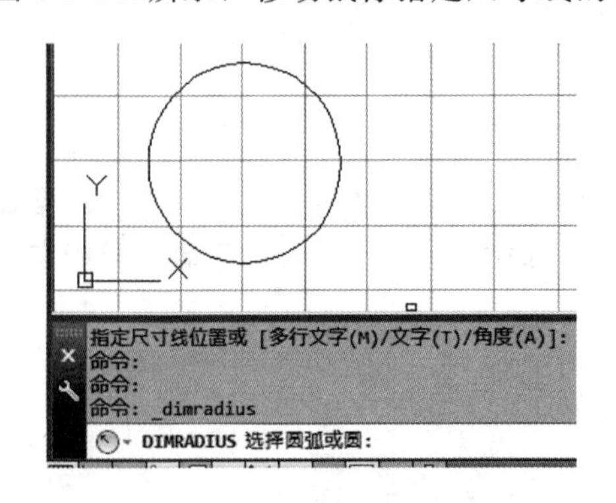

图 1-3-148

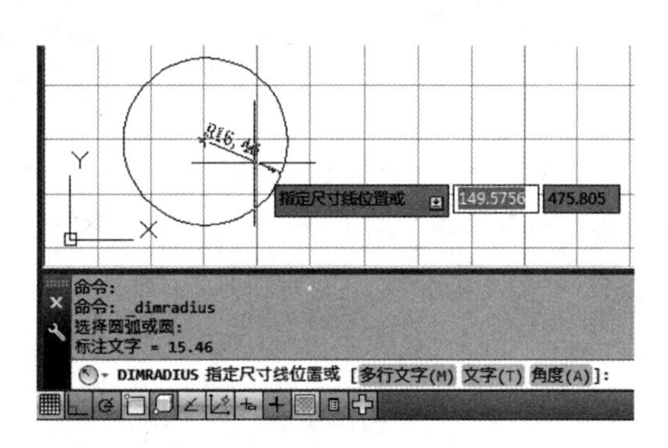

图 1-3-149

操作训练

用线性、对齐、角度、直径、半径等标注命令，标注图 1-3-150 所示图形。

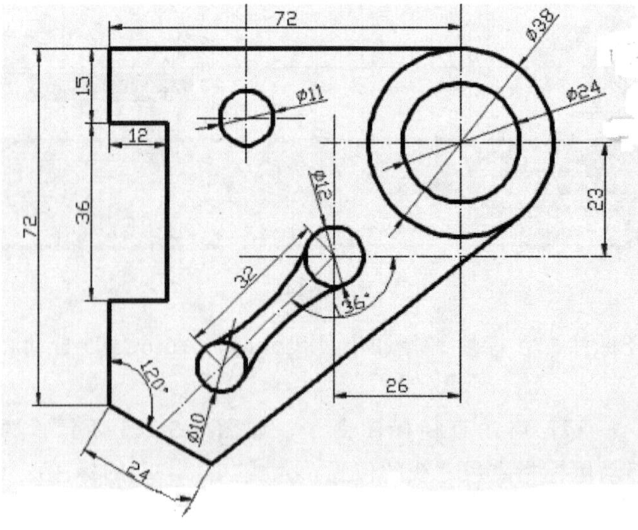

图 1-3-150

相关知识

国家标准规定角度数字一律水平书写，一般注写在尺寸线的中断处，必要时可以注写在尺寸线上方或外面，也可以画引线标注。

为使角度数字的放置形式符合国标，一般要先对标注样式进行设置。

模块 2

电气控制图设计

项目管理

项目目标

(1)能创建一个新项目。
(2)会打开一个已经存在的项目。
(3)会在项目管理器中激活和关闭项目。

项目要求

(1)会新建和打开项目。
(2)明确项目管理器的功能。

项目描述

AutoCAD Electrical 是一个基于项目的系统。扩展名为. wdp 的 ASCII 文本可定义每个项目。项目是一些相关的布线图图形的集合。您可以拥有任意多的项目，但一次只能激活一个项目。此项目文件包含项目信息、默认项目设置、图形特性和图形文件名的列表等信息。

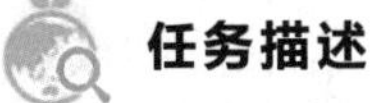

打开、新建项目

任务描述

在 AutoCAD Electrical 项目文件中列出了包含在项目中的各个布线图图形的完整路径和一些默认设置。下面来看一下如何建立一个新项目。

实践操作

1. 新建项目

(1)单击如图 2-1-1 所示项目工具面板中的管理器。

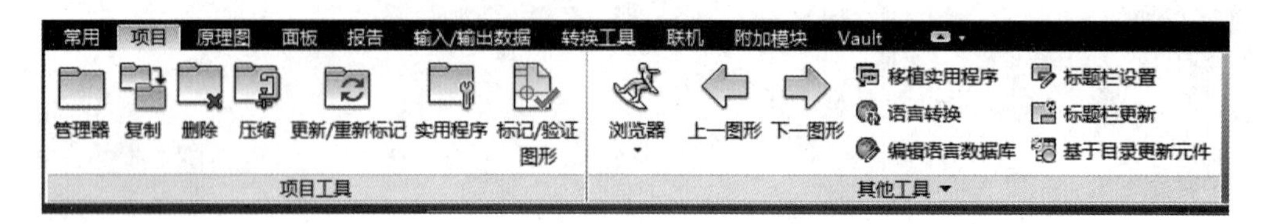

图 2-1-1

(2)单击如图 2-1-2 所示项目管理器中的“新建项目”工具，将出现图 2-1-3 所示“创建新项目”对话框。

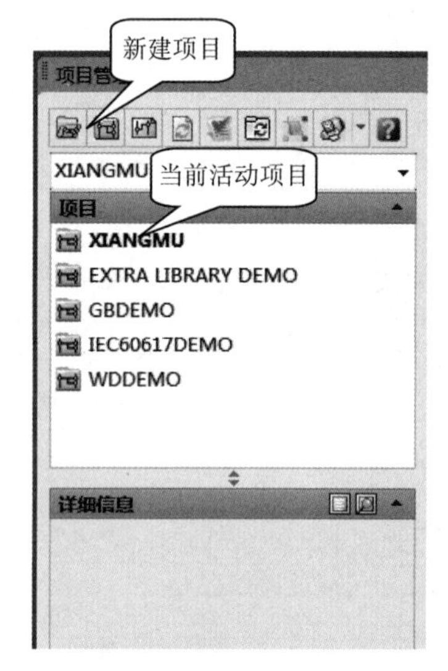

图 2-1-2

图 2-1-3

(3)在新建项目对话框中指定项目名称，单击“浏览”指定项目的位置代号即存储地址，如图 2-1-4 所示。

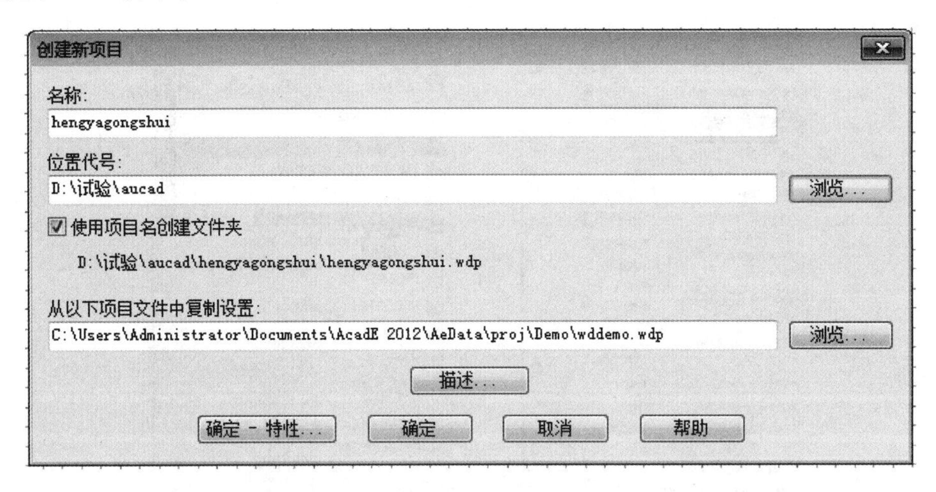

图 2-1-4

(4)单击【确定】按钮，新建项目过程结束。在项目管理器中将出现新建的项目，且新建的项目自动处于激活状态，如图 2-1-5 所示。

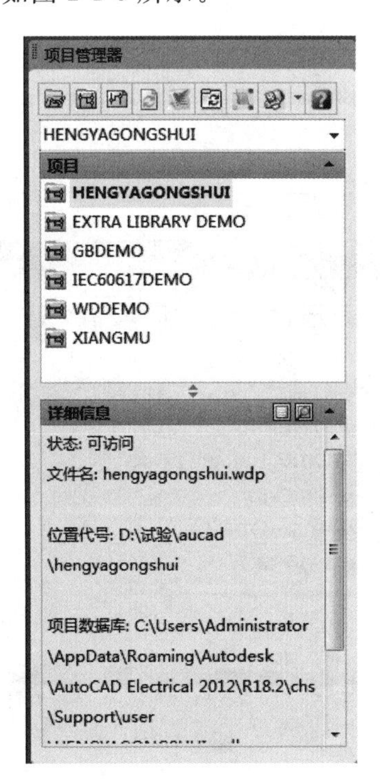

图 2-1-5

(5)项目管理器中只有一个项目是处于激活状态的。鼠标右键单击新建项目名称，弹出如图 2-1-6(a)所示对话框，显示当前新建项目处于激活状态，且只能进行关闭操作。鼠标右键单击项目 EXTRA LIBRARY DEMO，弹出如图 2-1-6(b)所示对话框，如果想激活此项目点击“激活”。

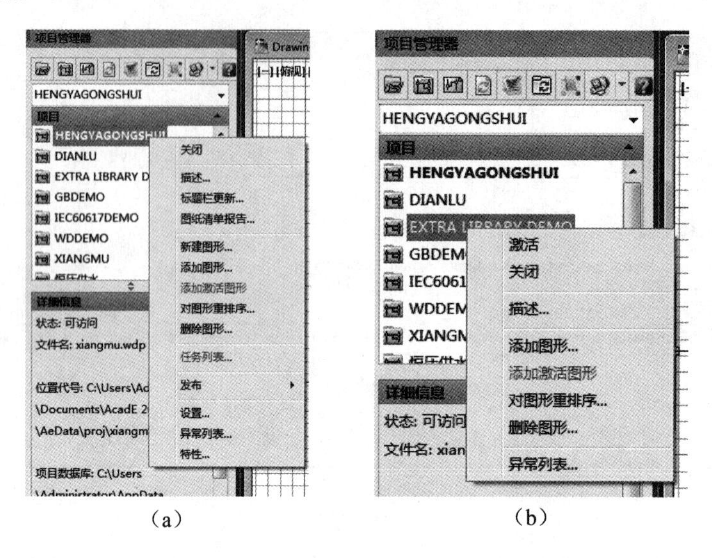

(a) (b)

图 2-1-6

2. 打开项目

(1)单击如图 2-1-7 所示项目管理器中的“打开项目”工具，将出现如图 2-1-8 所示“选择项目文件”对话框。

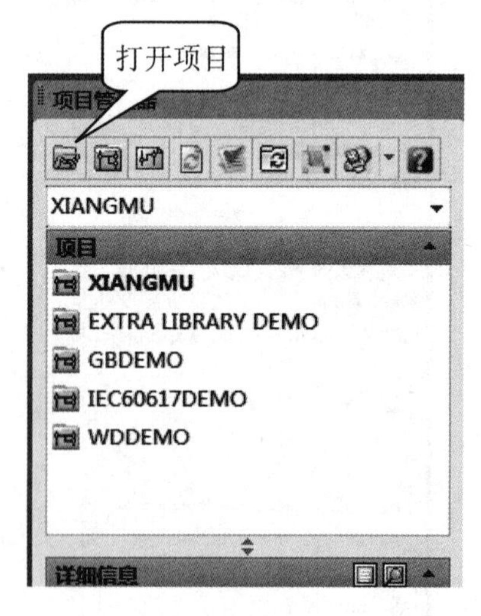

图 2-1-7

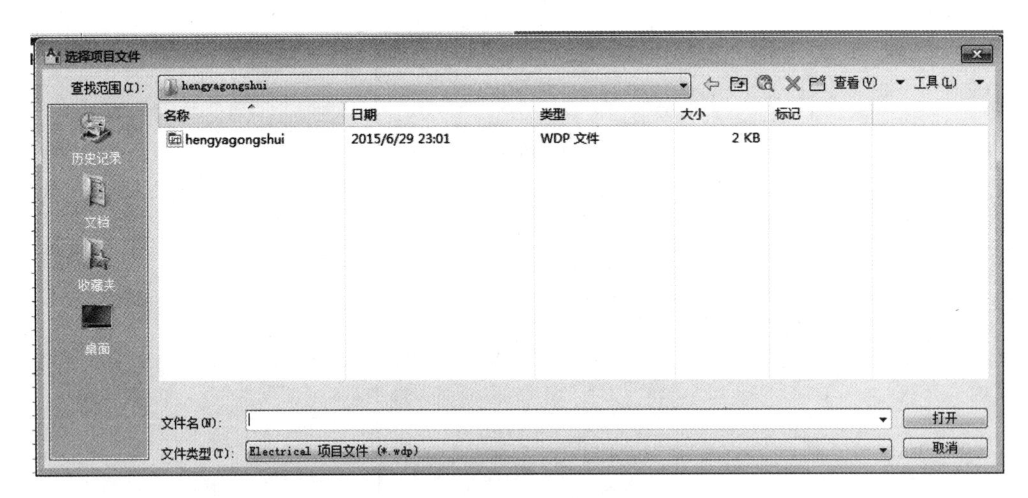

图 2-1-8

(2)在选择项目文件对话框中的查找范围地址栏中选择要打开的项目，如打开 d:\试验\aucad\项目管理\项目管理\123 的项目文件，如图 2-1-9 所示。

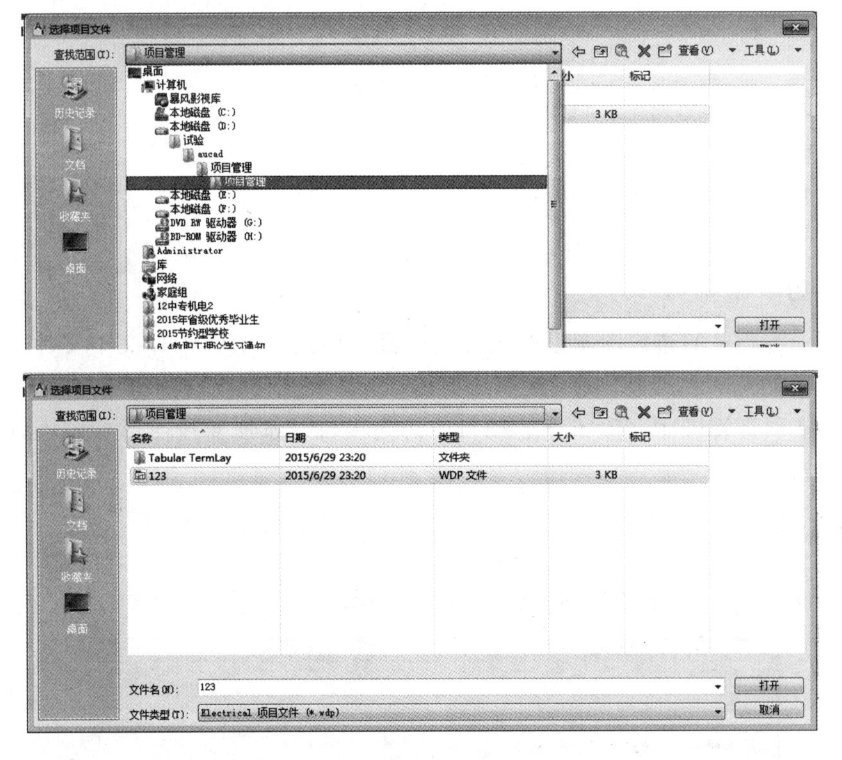

图 2-1-9

(3)单击打开后，打开项目过程结束。在项目管理器中将出现刚打开的项目，如图 2-1-10 所示。

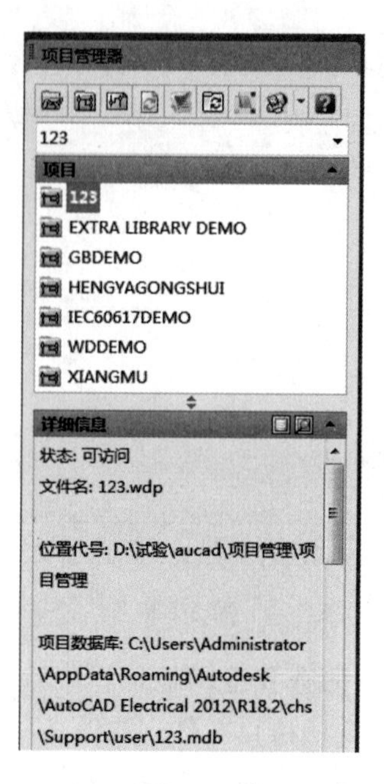

图 2-1-10

操作训练

新建一个以自己名字命名的项目。

相关知识

项目是一些相关的布线图图形的集合。项目文件是一种 ASCII 文本文件，其中列出了组成布线图集的 AutoCAD 图形文件的名称。可以创建任意多的项目，但一次只能激活一个项目。在项目管理中，除了创建项目、访问项目、添加新建图形外还可以修改与项目关联的信息。

1. 复制项目

(1)单击项目工具栏中的“复制”按钮，弹出如图 2-1-11 所示对话框。

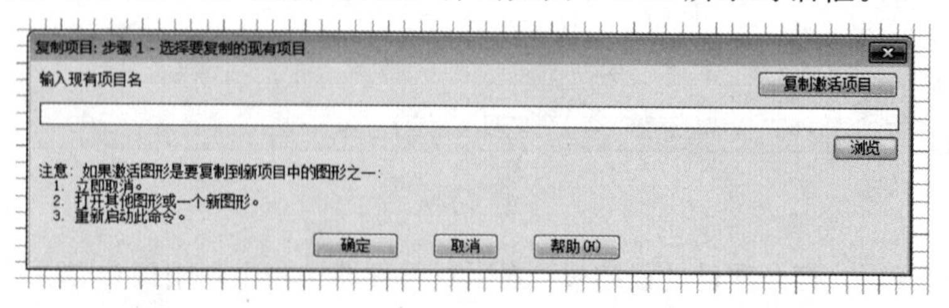

图 2-1-11

(2)通过浏览找到要复制的项目名称，如复制项目 HENGYAGONGSHUI，如图 2-1-12 所示。

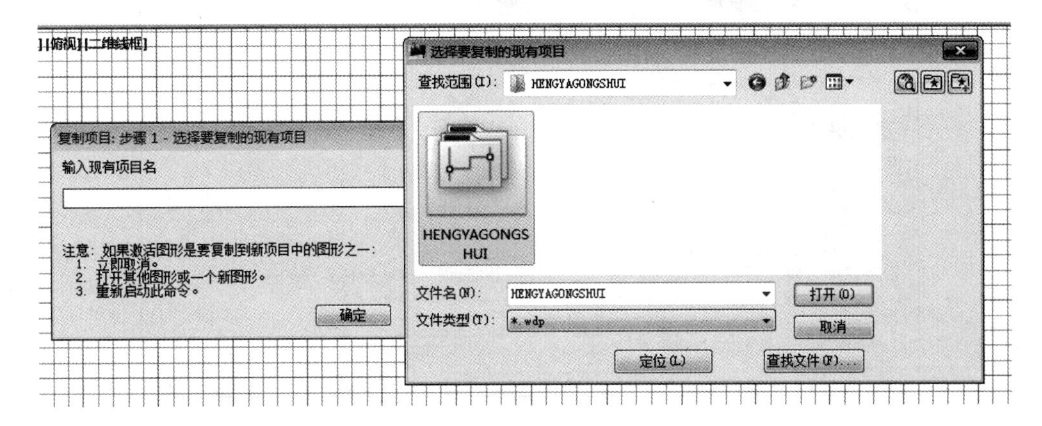

图 2-1-12

(3)单击【打开】按钮后，再单击【确定】按钮，弹出如图 2-1-13 所示对话框，修改新项目的路径和名称，将新项目命名为 dianlu 保存到桌面，如图 2-1-14 所示。

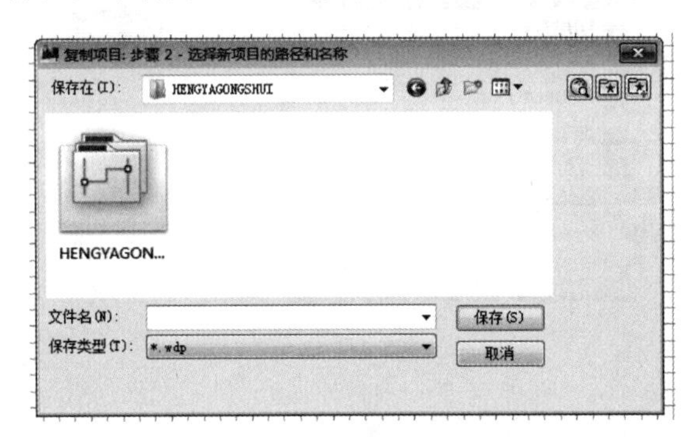

图 2-1-13

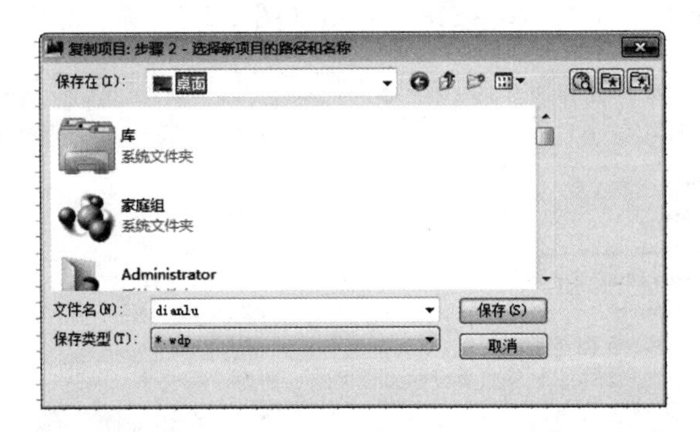

图 2-1-14

(4)单击【保存】按钮，弹出图 2-1-15 所示对话框，单击【确定】按钮，项目复制完成。如图 2-1-16 所示，在项目管理器中复制的新项目直接被激活，在图 2-1-16 所示存储路径下出现新项目图标。

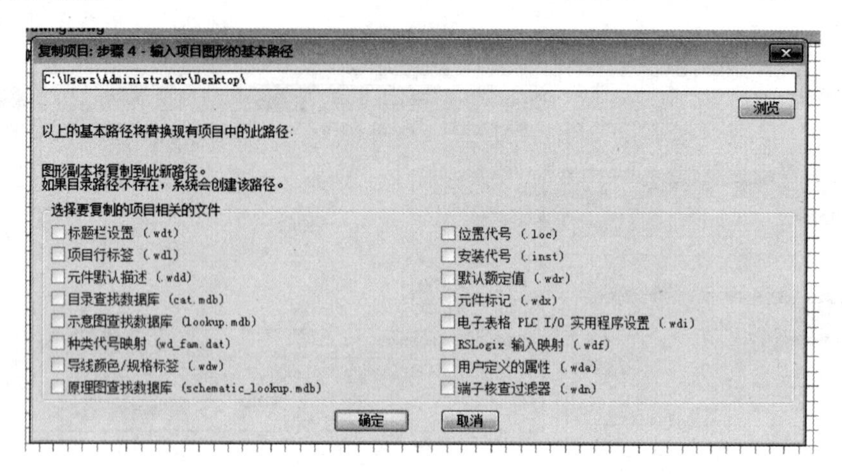

图 2-1-15

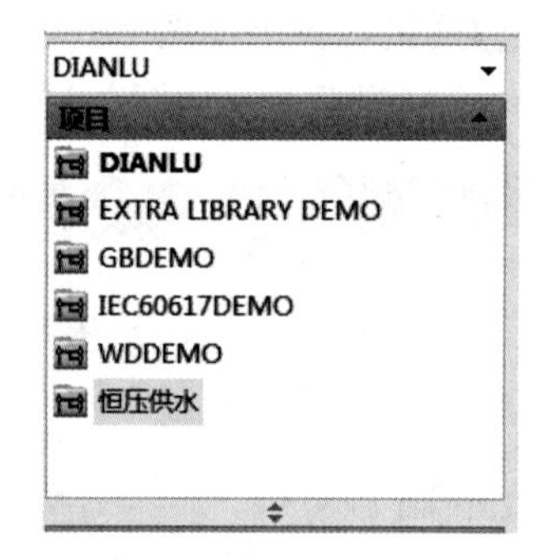

图 2-1-16

2. 删除项目

(1)单击项目工具栏中的“复制”按钮，弹出如图 2-1-17 所示对话框。

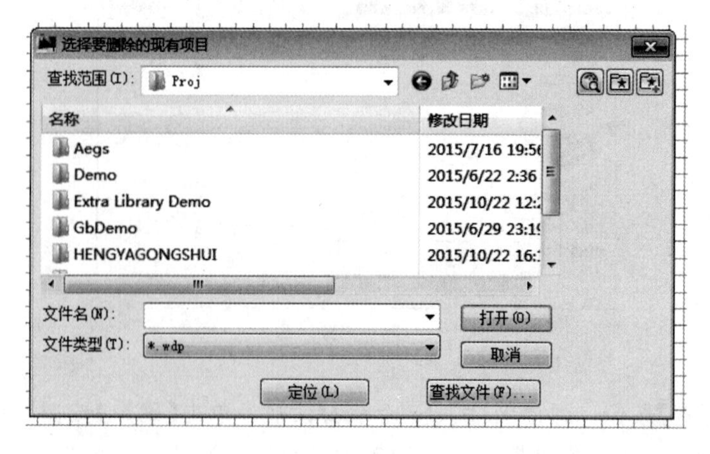

图 2-1-17

(2)在地址栏中找到要删除的项目，如删除桌面上的项目“dianlu”，如图 2-1-18 所示。

图 2-1-18

(3)点击【打开】按钮，弹出如图 2-1-19 所示对话框，点击【删除文件】按钮则桌面和项目管理器中均将此项目删除。

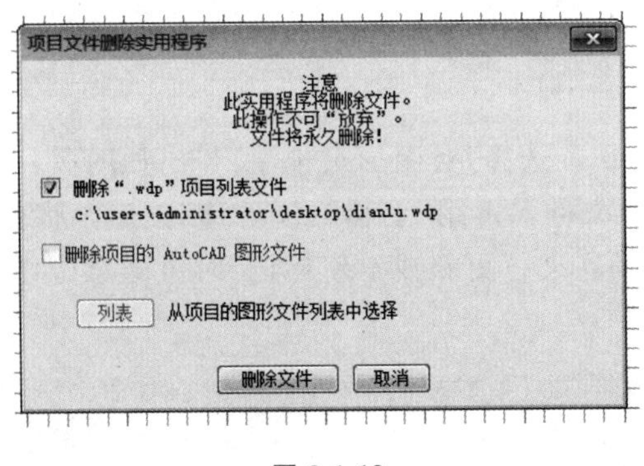

图 2-1-19

3. 更新标题栏

鼠标右键单击项目名称，选择“更新标题栏”弹出如图 2-1-20 所示对话框。通过图框中属性的设置，可以将项目描述字符 LINEX 和全局变量映射到图样中标题栏的属性中去。在图中选择要更新到图样中的值，然后选择“确定仅应用于激活图形”或“确定应用于项目范围”来确定这些值要更新到项目中的哪些图样上。如果图样上有属性与这里的某项对应但没有勾选，则更新时原值保留不变。至于图样标题栏如何与这里各项对应起来，将在自定义模板中介绍。

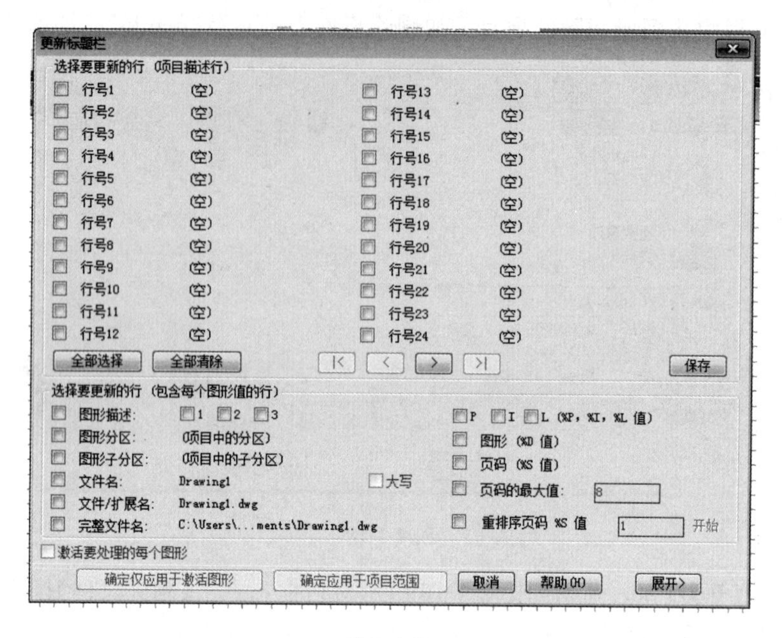

图 2-1-20

4. 图形排序

鼠标右键单击项目名称，选择“对图形重排序”弹出如图 2-1-21 所示对话框。在图中选择一个文件或连选几个文件，再用“上移”或“下移”按钮，将文件先后顺序进行调整。这样我们在进行“项目范围内进行更新或重新标记”时可随意选择连续更新或重新标记的图形的范围。

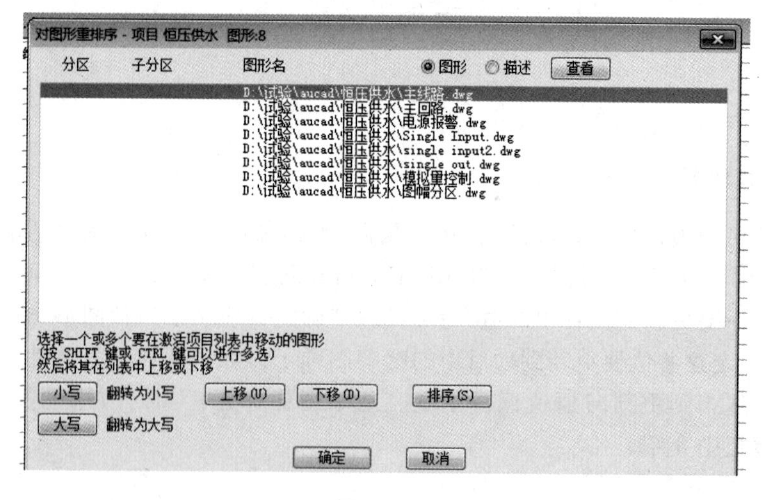

图 2-1-21

5. 项目描述

鼠标右键单击项目名称，选择“对图形重排序”弹出如图 2-1-22 所示对话框。在项目文件中的一行，对应的文本框中可以输入公司名称、项目名称、设计者等信息。至于哪一行输入什么信息可以由用户定，如果行数不够，右下方的按钮还可翻页。这些数据可以先不输入，以后在项目管理器中再录入也可以。它们可以用来更新图样中的标题栏等。

项目描述 (用于更新报告表头和标题栏)

行号1 报告中
行号2 报告中
行号3 报告中
行号4 报告中
行号5 报告中
行号6 报告中
行号7 报告中
行号8 报告中
行号9 报告中
行号10 报告中
行号11 报告中
行号12 报告中

确定　取消

图 2-1-22

任务 2　新建、添加图形

任务描述

AutoCAD Electrical 是一个基于项目的系统，在实际工程中同一个项目中会有多张不同的图样，这就要求在建立项目后，要根据实际工程对项目的要求来建立不同的图形。

实践操作

1. 新建图形

(1)单击如图 2-1-23 所示项目管理器中的新建项目工具或在项目名称上点右键选择新建图形命令，将出现如图 2-1-24 所示“创建新图形”对话框。

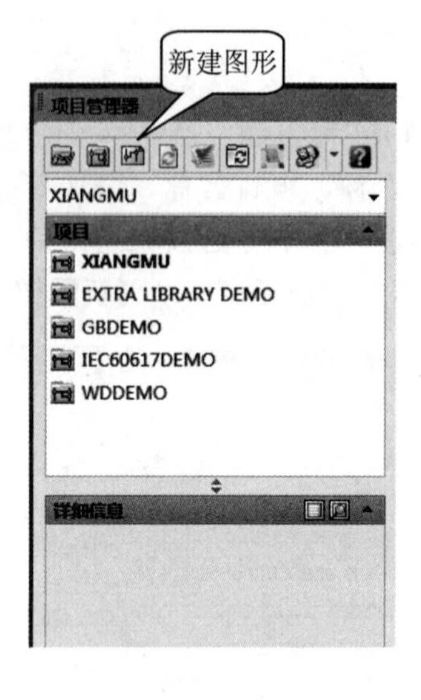
新建图形
项目管理器
XIANGMU
项目
XIANGMU
EXTRA LIBRARY DEMO
GBDEMO
IEC60617DEMO
WDDEMO
详细信息

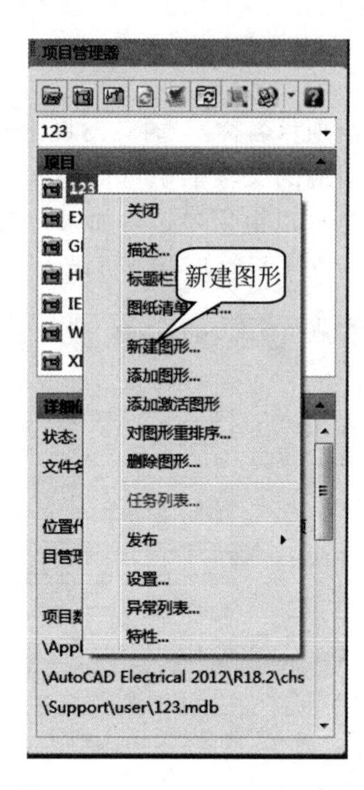
项目管理器
123
项目
关闭
描述...
新建图形
新建图形...
添加图形...
添加激活图形
对图形重排序...
删除图形...
任务列表...
发布
设置...
异常列表...
特性...
\AutoCAD Electrical 2012\R18.2\chs
\Support\user\123.mdb

图 2-1-23

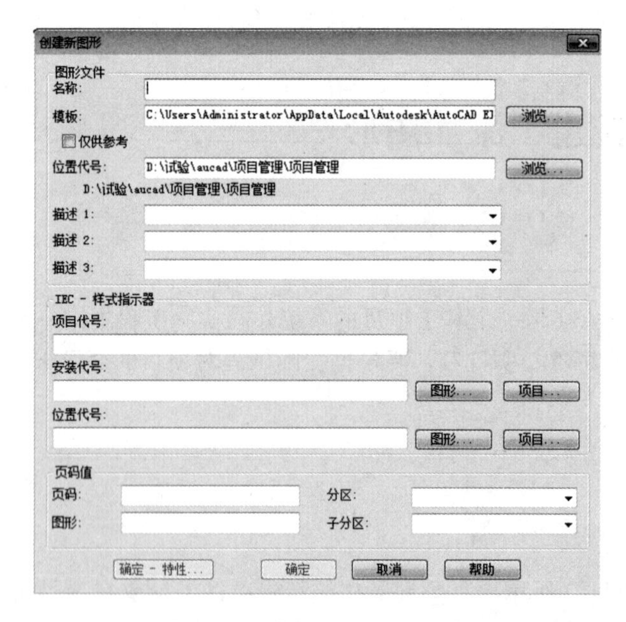
创建新图形
图形文件
名称:
模板:
C:\Users\Administrator\AppData\Local\Autodesk\AutoCAD El
浏览...
仅供参考
位置代号:
D:\试验\aucad\项目管理\项目管理
浏览...
D:\试验\aucad\项目管理\项目管理
描述 1:
描述 2:
描述 3:
IEC - 样式指示器
项目代号:
安装代号:
图形...
项目...
位置代号:
图形...
项目...
页码值
页码:
分区:
图形:
子分区:
确定 - 特性...
确定
取消
帮助

图 2-1-24

(2)在创建新图形对话框中指定名称，如图 2-1-25 所示。

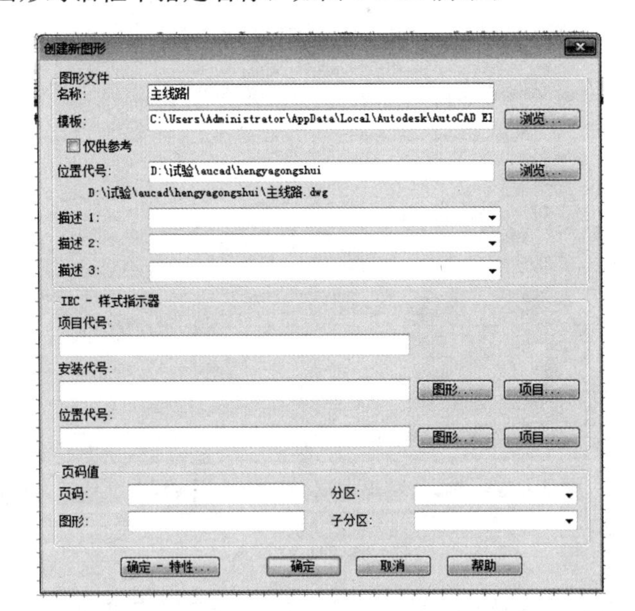

图 2-1-25

(3)单击“浏览”选择图形模板，出现如图 2-1-26 所示下拉菜单。选择要使用的模板，如选择 acadiso，在文件名位置出现对应的文件名，点击“打开”回到创建新图形对话框，如图 2-1-27 所示。

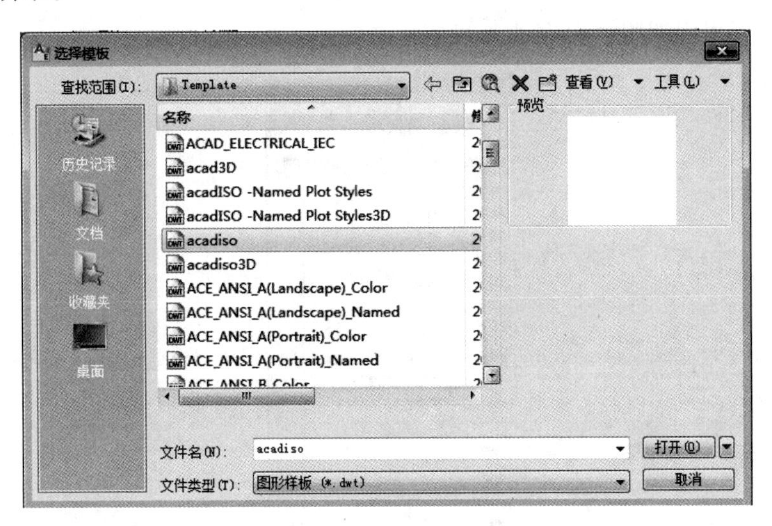

图 2-1-26

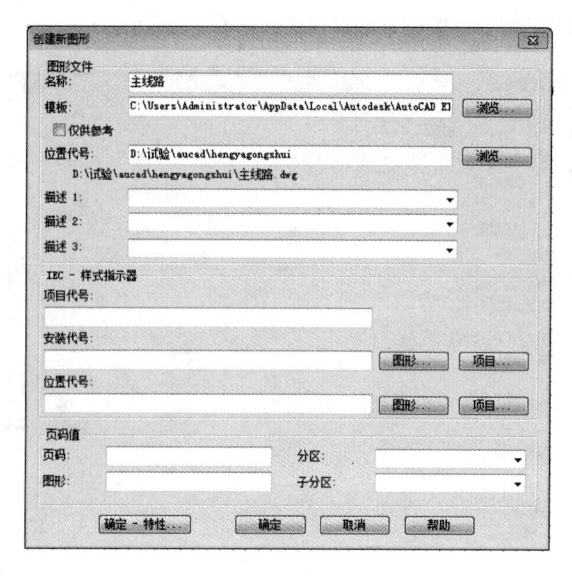

图 2-1-27

(4)其他选项可根据要求选择性填写，单击【确定】按钮完成创建 hengyagongshui 项目的主线路图形。

2. 添加图形

(1)单击如图 2-1-28 所示项目管理器中的新建项目工具或在项目名称上点右键选择新建图形命令，将出现如图 2-1-29 所示对话框。

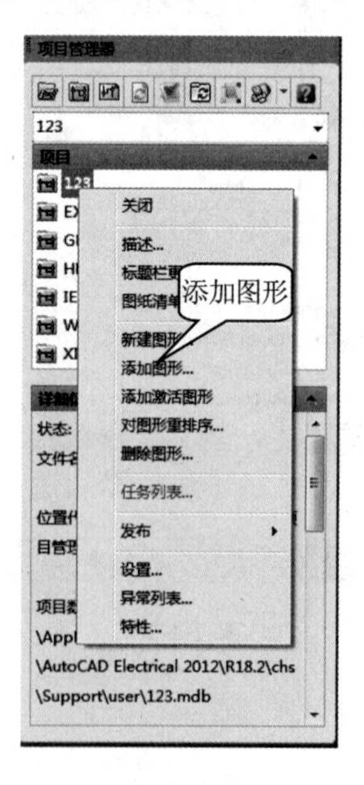

图 2-1-28

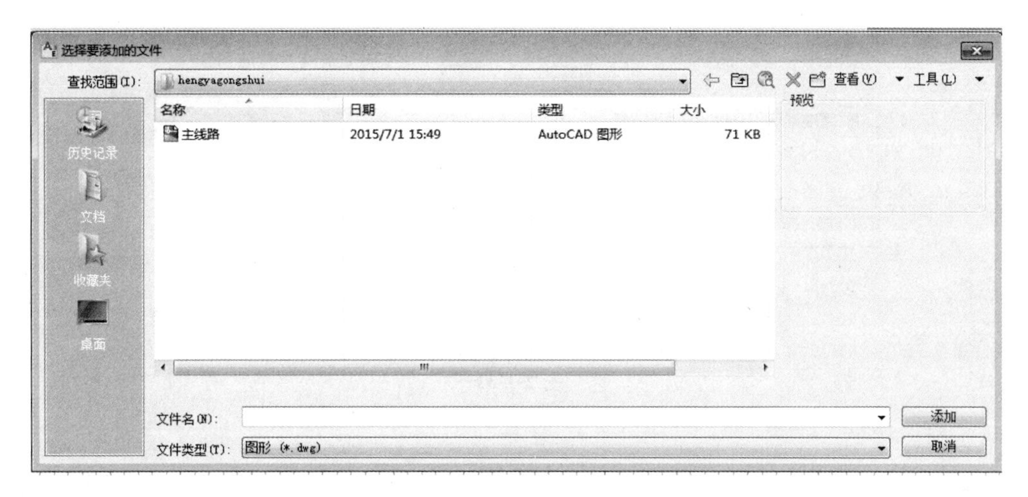

图 2-1-29

(2)在查找范围选项中选择添加图形所在的文件夹，然后单击要选择的图形，如选择 E:\张建启\电路图\车床，如图 2-1-30 所示。

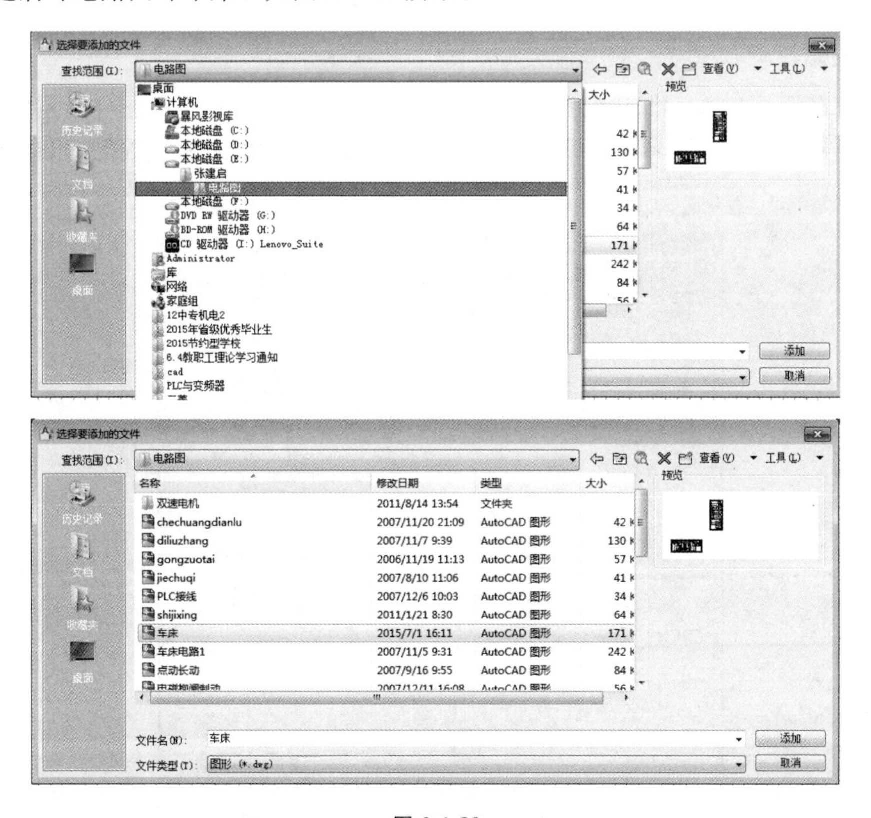

图 2-1-30

(3)单击【添加】按钮，出现“将项目默认值应用到图形设置”对话框，点击“是”，项目管理器 hengyagongshui 项目下出现“车床 . dwg”，如图 2-1-31 所示。

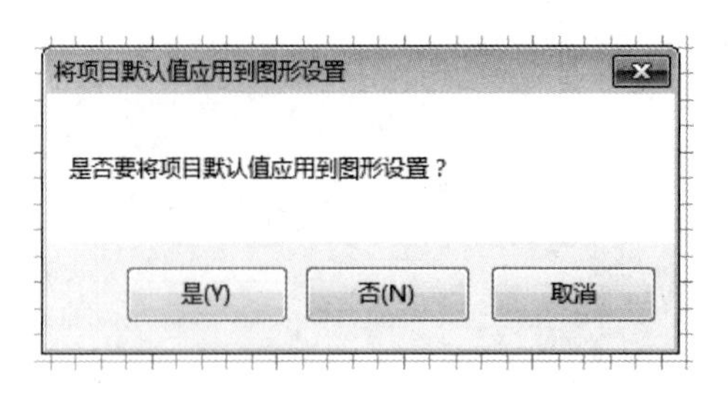

图 2-1-31

操作训练

(1)在自己名字的项目中新建一个以自己名字命名的图形。

(2)将 GbDemo 中的 003 图形添加到自己名字的项目中。

相关知识

如同可以给一个项目指定描述字段一样，也可以给项目中列出的图样指定 3 行描述。在项目管理器中，在图样名上单击鼠标右键，选择“特性”—“图形特性”弹出如图 2-1-32 所示对话框。

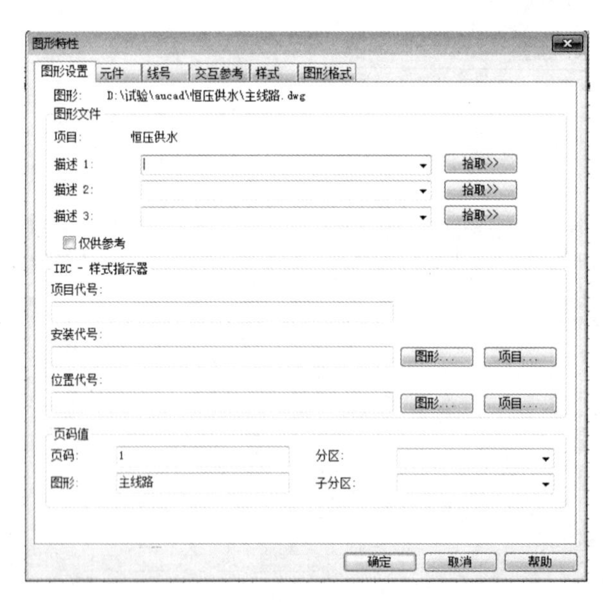

图 2-1-32

上图中如果选取“仅供参考”，则本张图在项目中仅作为一张参考图，不进行任何电气处理，我们可用来在项目中放入创建新元件的机械图做参考等。

而描述 1，2，3 则用来输入一行文字，作为该张图样的说明。文字的输入也可用“拾取”按钮将图样中的文字拾取上来或在其下的下拉框中选取已有的图样说明文字。

另外，用户还可以使用“图形列表显示配置”工具来更改图形在“项目管理器”中的显示方式。如图 2-1-33 所示，在项目管理器中选择“图纸清单显示配置”按钮，弹出如图 2-1-34 所示对话框。

图 **2-1-33**

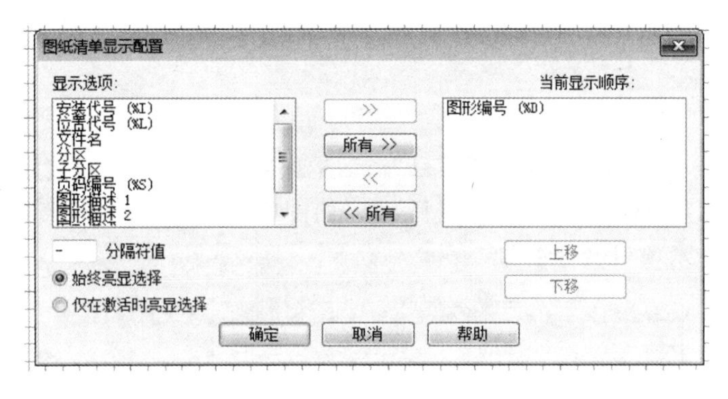

图 **2-1-34**

从上图的“显示选项”列表中选择显示选项，然后单击“＞＞”按钮或通过单击“所有＞＞”按钮添加所有的选项。选择的显示选项将移动到“当前显示顺序”列表中。要重新排列此列表，请选择选项，然后单击“上移”或“下移”。要从列表中删除选项，请选择该选项，然后单击“＜＜”按钮。同时，还可以选择在列表中的值之间使用的字符，默认分隔符值为短横线(—)。

根据“项目管理器”是否处于激活状态来更改列表中选择的亮显方式。默认情况下，在图形列表中选择的图形文件将始终亮显；也可以选择仅在“项目管理器”图形列表处于激活状态时亮显所选文件。

单击【确定】按钮，则“项目管理器”中的图形列表会自动更新设置，如图 2-1-35 所示。

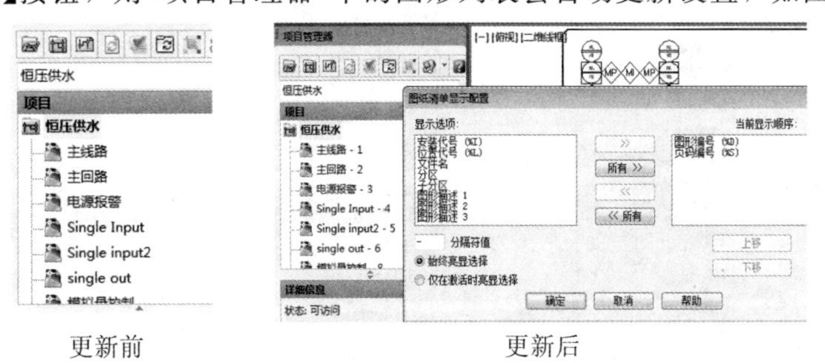

更新前　　　　　　　　更新后

图 **2-1-35**

任务 3 项目、图形的特性设置

任务描述

CAD 在绘图前要对项目和图形进行相关的设置，以确定绘图时使用的元件库、元器件的标记格式、线号的插入方式、箭头和 PLC 等的样式及图形的显示格式等，以满足电气图样绘制的标准要求。

实践操作

1. 项目特性设置

(1)单击如图 2-1-36 所示“创建新项目”对话框中的【确定－特性】按钮或右键单击项目管理器中的“HENGYAGONGSHUI”项目出现如图 2-1-37 所示下拉菜单，点击“特性”，出现如图 2-1-38 所示项目特性窗口。

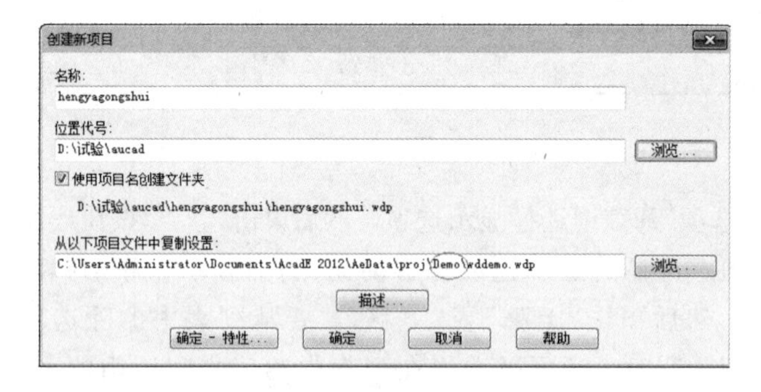

图 2-1-36

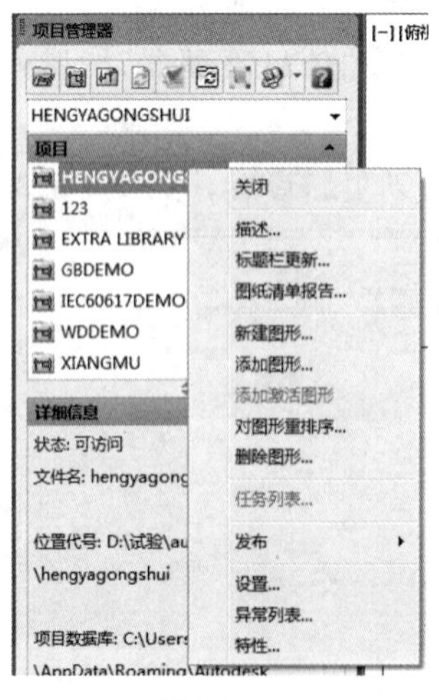

图 2-1-37

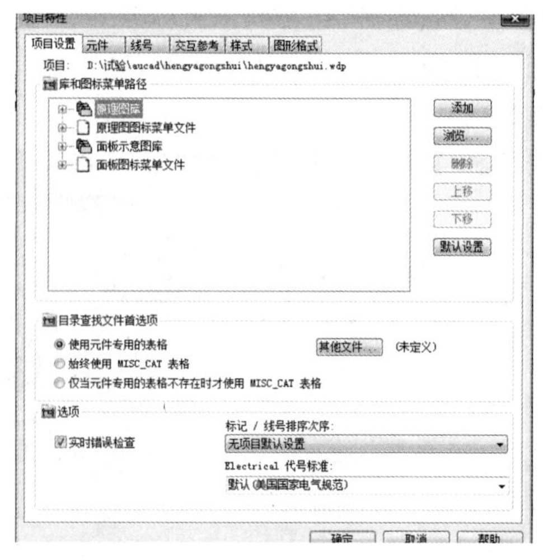

图 2-1-38

(2)项目设置。如图 2-1-39 所示，项目设置主要设置原理图图库和图标菜单路径、目录查找文件首选项及实时错误检查。

图 2-1-39

①左键单击原理图图库前面的“+”，出现如图 2-1-40 所示下拉菜单，单击选定菜单中的元件库地址。

②点击图 2-1-39 中的上移、下移和删除按钮，改变选定的元件库地址的位置或删除所选元件库地址。

③点击图 2-1-39 中的添加按钮，下拉菜单中出现新的箭头指向闪烁光标，如图 2-1-40 所示。

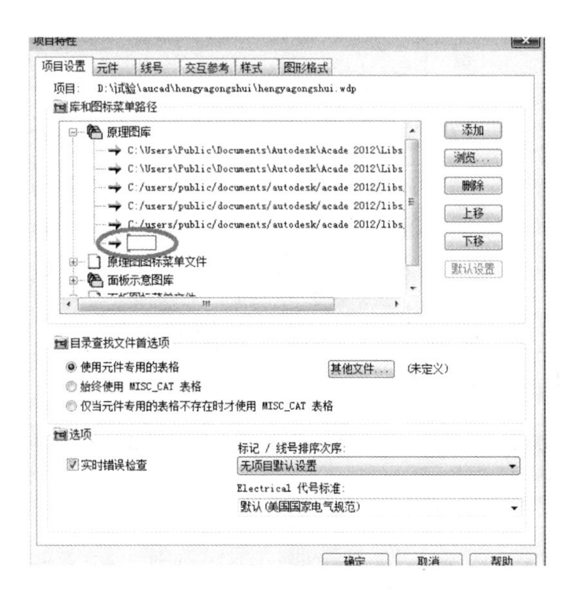

图 2-1-40

④点击“浏览”，找到 C:\用户\Autodesk\Acade 2012\Libs\，选择要添加的元件库，如图 2-1-41 所示。

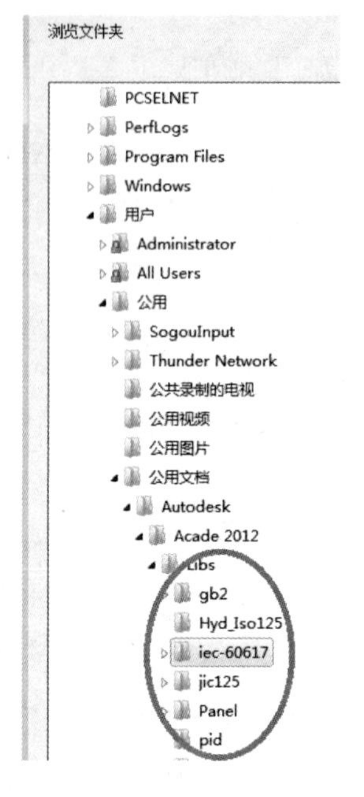

图 2-1-41

⑤单击【确定】按钮，元件库添加结束。

⑥目录查找文件首选项，如果仅适用单一目录查找文件，则选择图 2-1-39 中的“使用元件专用的表格”“始终使用 MISC_CAT 表格”或“仅当元件专用的表格不存在时才使用 MISC_CAT 表格”。如果需要定义二级目录查找文件，点击“其他选项”出现如图 2-1-42 所示“目录查找文件”对话框。

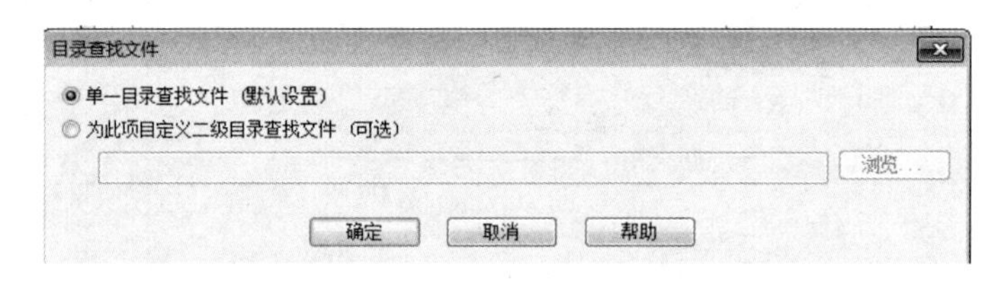

图 2-1-42

⑦点击“为此项目定义二级目录查找文件”，如图 2-1-43 所示。点击浏览，如图 2-1-44 所示，选择需要的文件，然后点击“打开”。

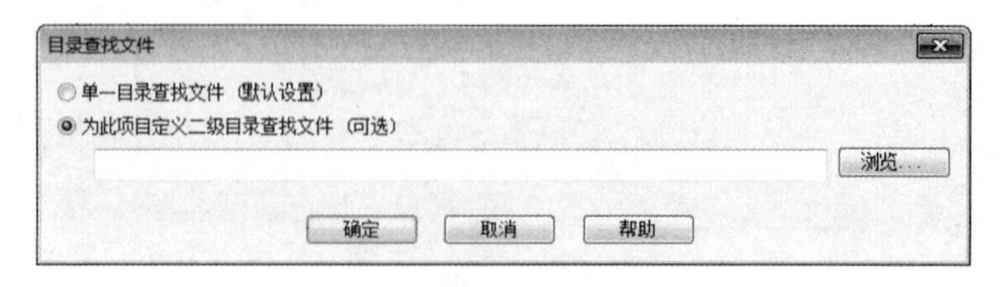

图 2-1-43

图 2-1-44

⑧单击【确定】按钮，完成定义二级目录查找文件，如图 2-1-45 所示。

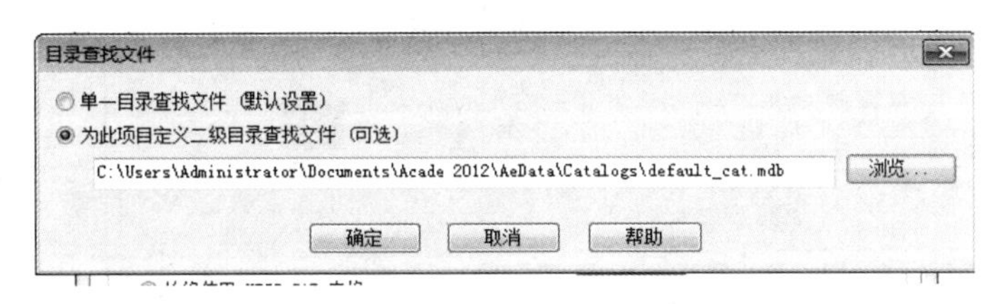

图 2-1-45

⑨图 2-1-39 中的选项设置：实时错误检查，对项目执行实时错误检查，以确定项目内是否发生线号或元件标记重复；标记/线号排序次序，设置项目的默认导线编号和元件标记排序次序；Electrical 代号标准，设置回路编译器使用的 Electrical 代号标准。

(3)如图 2-1-46 所示，元件设置主要完成元件标记格式，指定创建新元件标记的方式；元件标记选项，在连续标记和基于线参考的标记之间切换，设置元件标记选项；元件选项，显示大写的描述文字。

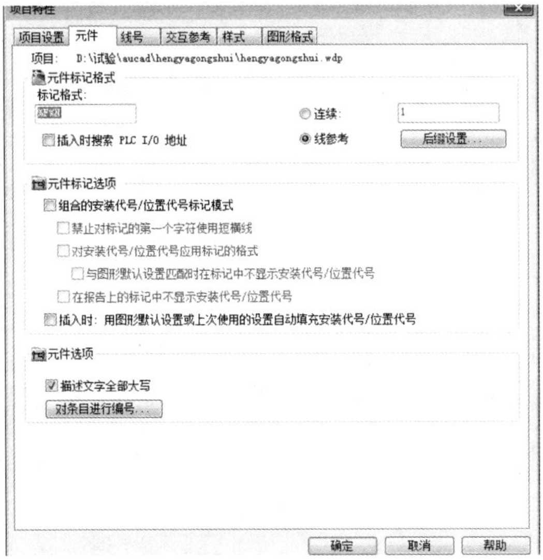

图 2-1-46

(4)如图 2-1-47 所示，线号设置主要完成设置线号格式、设置线号选项、设置线号图层选项、定义线号放置、设置导线类型等。

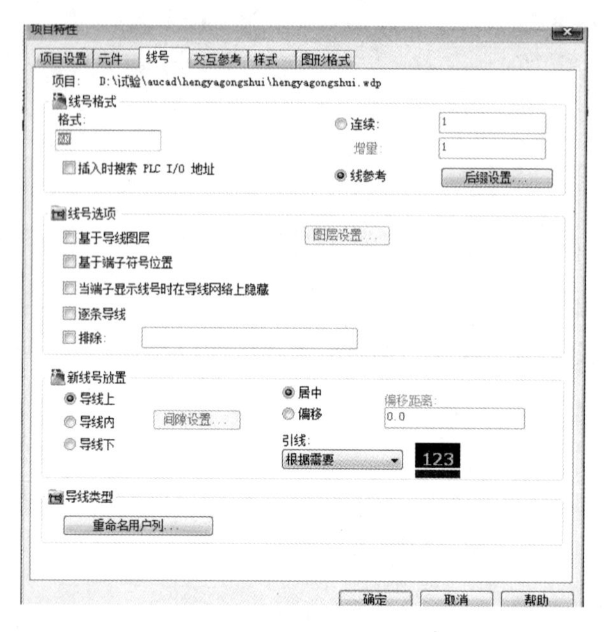

图 2-1-47

(5)如图 2-1-48 所示，交互参数设置主要完成交互参考格式、交互参考选项及元件交互参考显示等。

图 2-1-48

(6)如图 2-1-49 所示，样式设置主要完成箭头样式、PLC 样式、布线样式、串联输入/输出标记样式及图层列表等的设置。

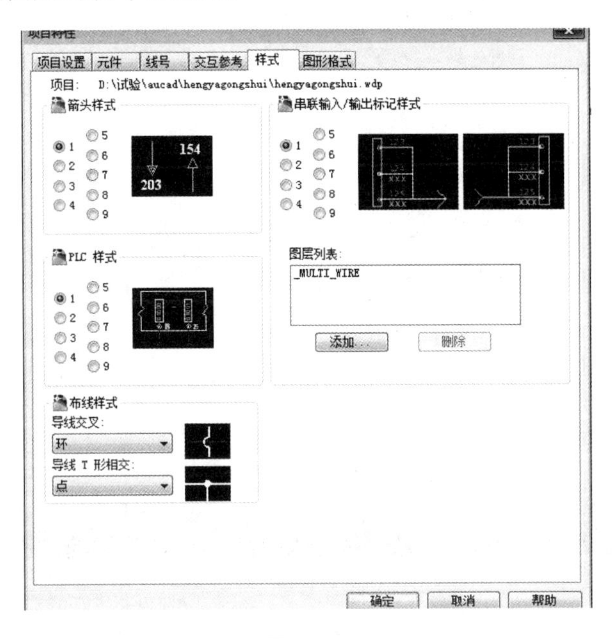

图 2-1-49

(7)如图 2-1-50 所示，图形格式设置主要完成阶梯默认设置、格式参考、比例、标记/线号规则及图层定义等的设置。

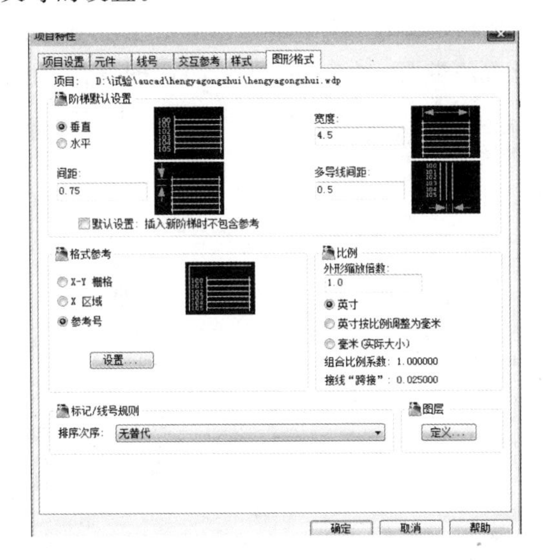

图 2-1-50

2. 图形特性设置

(1)如图 2-1-51 所示，右键单击“主线路”，在下拉菜单“特性”选项中单击“图形特性”，或如图 2-1-52 所示，在“原理图”选项卡中选择“图形特性”。

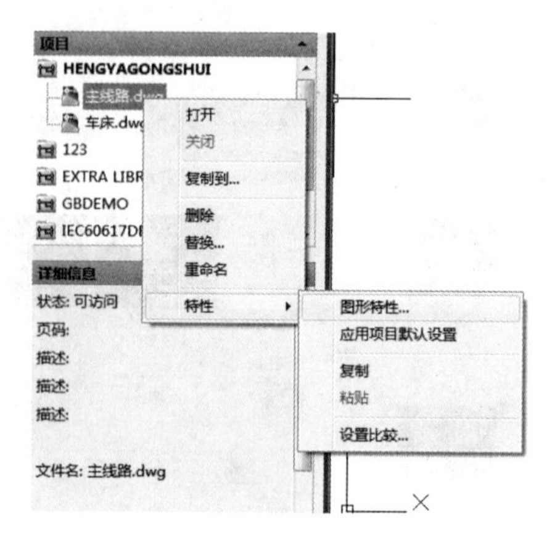

图 2-1-51

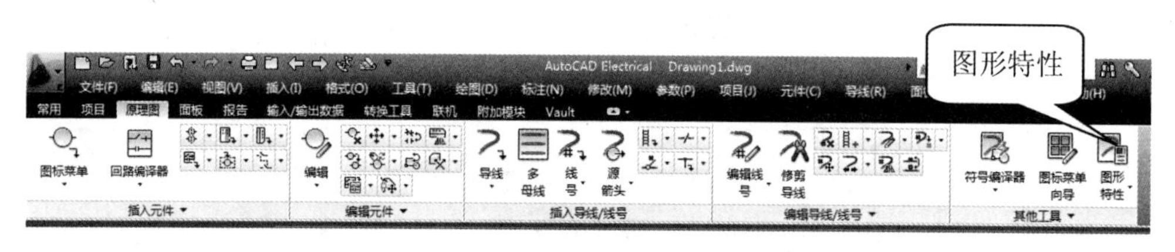

图 2-1-52

(2)“图形特性”对话框如图 2-1-53 所示：设置图形描述、项目代号、安装代号、位置代号、表和图形代号输入的值；设置元件标记、线号、交互参考、PLC 模块、信号箭头、阶梯以及图层的格式。设置的步骤、内容和“项目特性”的设置相同。

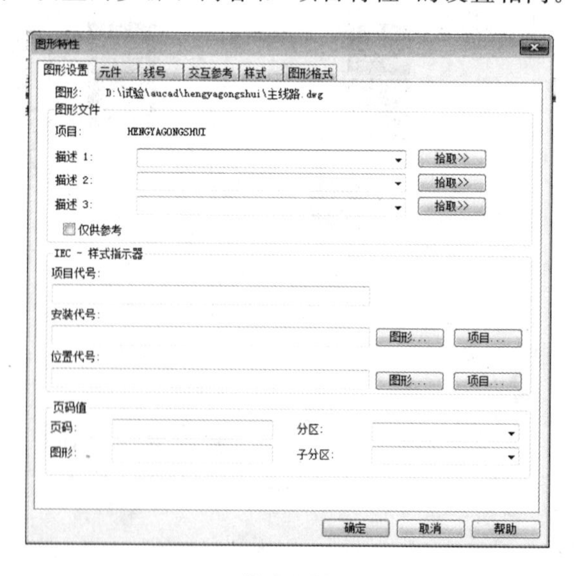

图 2-1-53

操作训练

在自己新建的项目中完成项目特性设置并新建图形完成新建图形的特性设置。

相关知识

一、项目设置

项目设置中的内容主要是用来修改库、目录查找和错误检查的项目默认设置。此选项卡中定义的所有信息将在项目定义文件中保存为项目默认值。

1. 库和图标菜单路径

选择要使用的原理图库、面板库和图标菜单。

若要修改树状结构中现有的输入字段，请双击文件夹(例如，原理图库)，并亮显要更改的路径，然后，浏览至要用于项目的原理图或基础示意图符号库的路径。还可以包括一系列路径，让 AutoCAD Electrical 按顺序搜索。可以在路径中搜索包括电子、气动或其他原理图库。

若要为项目使用非默认的图标菜单，请输入文件名。此菜单参考保存在项目的. wdp 文件中。

2. 目录查找文件参考

使用元件专用的表格：按照目录表格查找元件名称。如果未找到元件表格，则在所属种类表格中搜索。如果两个表格都没有找到，请使用“目录查找文件”对话框创建一个元件或所属种类表，或者选择不同的表格。

其他文件：定义辅助目录查找文件。

始终使用 MISC_CAT 表格：仅搜索 MISC_CAT 表格。如果没有在 MISC_CAT 表格中发现目录号，则可以搜索其他元件表格。

仅当元件专用的表格不存在时才使用 MISC_CAT 表格：如果没有在目录数据库中发现元件或种类表格，则使用 MISC_CAT 表格。

3. 选项

实时错误检查：无论是否选择显示实时警告对话框，都会为每个项目创建一个错误日志文件。实时警告将保存在名为“＜project _ name＞ _ error. log”的日志文件中，并保存在 User 子目录中。如果日志文件已存在，新内容将添加到此文件中。错误记录之间由空白行分隔开。

标记/线号排序次序：设置项目的默认导线编号和元件标记排序次序。

Electrical 代号标准：设置回路编译器使用的 Electrical 代号标准。将三个字符的后缀代号保存到.wdp 项目文件中。

二、元件

1. 元件标记格式

标记格式：指定创建新元件标记的方式。标记最少由两部分信息组成：种类代号和字母数字型的参考号(例如，“CR”和“100”可以形成类似 CR100 或 100CR 的标记)。另外，元件标记也可以包含页码编号或一些用户指定的分隔符。如果格式中包含页码编号%S 参数或图形编号%D 参数，则在“图形特性”→“图形设置”对话框的编辑框中输入值。

插入时搜索 PLC I/O 地址：搜索连接的 PLC I/O 模块的 I/O 点。如果找到，I/O 地址值就会替代默认元件标记的“%N”部分。

连续：在为项目集的任何图形插入元件时，AutoCAD Electrical 会从您设置的值开始查找，直到为目标元件种类找到下一个未使用的序号标记为止。

线参考：设置唯一的格式标记后缀列表。当同一种类的多个元件位于同一参考位置时，可使用该列表创建唯一的基线参考于参考的标记。(例如，可以将相同的线参考“101”上的三个按钮标记为 PB101、PB101A 和 PB101B—AutoCAD Electrical 使用包括“A”“B”等后缀的列表来完成此操作)。

2. 元件标记选项

组合的安装代号/位置代号标记模式：使用组合的安装代号/位置代号标记来解释元件标记名称。例如，标有位置代号 PNL1 和 PNL2 的两个－100CR 继电器触点被理解为与不同的继电器线圈相关联。如果未选中此设置，这两个触点均与同一个主继电器线圈－100CR 相关联。

禁止对标记的第一个字符使用短横线：禁止在没有前导安装代号/位置代号前缀的组合标记中使用任何单短横线字符前缀。例如，“－K101”第一个字符前使用的短横线将被禁止使用而变成“K101”，但“＋LOC1－K101”保持不变。当切换为关闭时，单短横线字符将自动添加到尚未具有前导单短横线前缀的组合标记。该标记也没有前面的安装代号/位置代号前缀。例如，标记“K101”将变成“－K101”，但“＋LOC1－K101”保持不变。

对安装代号/位置代号应用标记的格式：指定显示时将安装代号值和位置代号值作为标记的一部分排除。例如，如果未启用，则标记在“浏览”对安装代号/位置代号应用标记的格式框中可能显示为 K16；但是如果选中，则标记可能显示为＋AAA－K16(其中 AAA 表示位置)。

与图形默认设置匹配时在标记中不显示安装代号/位置代号：如果与图形的默认值相匹配，则不显示元件的位置代号值和安装代号值。

在报告上的标记中不显示安装代号/位置代号：指定在报告中显示时将安装代号值和位置代号值作为标记的一部分排除。

插入时用图形默认设置或上次使用的设置自动填充安装代号/位置代号：填充“插入/编辑元件”对话框中的“安装代号/位置代号”编辑框。

块上的属性具有图形默认值或上次使用插入时：用图形默认设置或上次使用的设置自动填充安装代号/位置代号用的值(如果没有图形默认值)；如果未选中，则将不填充这些编辑框和属性，而是进行假定。

3. 元件选项

描述文字全部大写：强制描述文字全部为大写。

BOM 表条目号：启动“BOM 表条目号设置”对话框。该对话框包含项目或图形范围 BOM 表条目号，以及零件号或元件 BOM 表条目号的选项。

三、线号

1. 线号格式

格式：指定新线号标记的创建方式。线号标记格式必须包含%N 参数，它是所述选择的连续或基于参考的值。如果格式中包含页码编号%S 参数或图形编号%D 参数，则在“图形特性”→“图形设置”对话框的编辑框中输入值。

插入时搜索 PLC I/O 位置：为连接到定址 I/O 点的导线指定使用 PLC I/O 地址值。

连续：为图形输入开始序号(字母、数字或字母数字型)。

增量：默认为“1”。将其设置为“2”并从“1”开始连续编号，则会形成 1，3，5，7，9，11 等线号。

2. 线号选项

基于导线图层：基于导线图层指定不同的线号格式。

图层设置：通过使用图层定义的格式替代默认线号格式。更改导线图层名称、线号格式、起始导线顺序和线号后缀。

基于端子符号位置：指定使用导线网络上的线号端子作为线参考值，用于计算基于参考的线号。例如，导线网络开始于线参考 100，结束于线参考 103。如果原理图端子符号具有位于线参考 103 的 WIRENO 属性且此选项已启用，则 AutoCAD Electrical 将使用 103(而不是 100)计算基于参考的线号。如果此网络上存在多个线号端子，将使用左上角端子的线参考值。

当端子显示线号时在导线网络上隐藏：指定自动隐藏具有线号类型端子的导线网络的线号。

逐条导线：为每根导线指定线号，而不是为每个导线网络指定一个默认线号。

排除：如果使用连续线号，请指定要排除的线号范围。

3. 新线号放置

导线上：将线号放置在实体导线的上方。

导线内：将线号放置在线内；间隙设置，定义线号与导线自身之间的间距。

导线下：将线号放置在实体导线的下方。

居中：将线号标记插入每根导线线段的中间。

偏移：在指定的偏移距离插入线号标记。

偏移距离：指定从导线网络中的第一根导线线段左侧或顶部的固定的、用户定义的偏移距离。

引线：当 AutoCAD Electrical 确定线号文字碰到其他对象时，将把线号放置在引线上(它不会检查引线自身是否会覆盖其他对象)。

选择作为引线插入新线号的方法：根据需要、始终或从不。

4. 导线类型

显示“重命名用户列”对话框，用于重命名“设置导线类型”“创建/编辑导线类型”和“更改/转换导线类型”对话框中的 User1 到 User20 标题列。

四、交互参考

1. 交互参考格式

用来定义交互参考注释格式。每个交互参考格式字符串都必须带有可替换参数 %N。典型的格式字符串可能是 %N 参数。对于图形上的参考使用“同一图形”，对于图形外的参考则使用“图形之间”，可以为两者使用相同的格式。

2. 交互参考选项

图形之间实时信号和触点交互参考：在多个图形间交互参考以自动更新继电器和导线源符号以及目标符号。

对等：使用气动功能时交互参考相关的元件。例如：原理图→气动。

与图形默认设置匹配时不显示安装代号/位置代号：禁止使用组合标记前缀。

3. 元件交互参考显示

AutoCAD Electrical 支持不同样式的交互参考。

文字格式：将交互参考显示为文字，用任何字串作为相同属性的参考之间的分隔符。

图形格式：在新行上显示每个参考时，使用 AutoCAD Electrical 图形字体或使用接点映射编辑框显示交互参考。

表格格式：在自动获得实时更新的表格对象中显示交互参考，使您可以定义要显示的列。

设置：显示一个对话框，用于为每个元件交互参考显示格式设置显示默认值，如图 2-1-54所示。

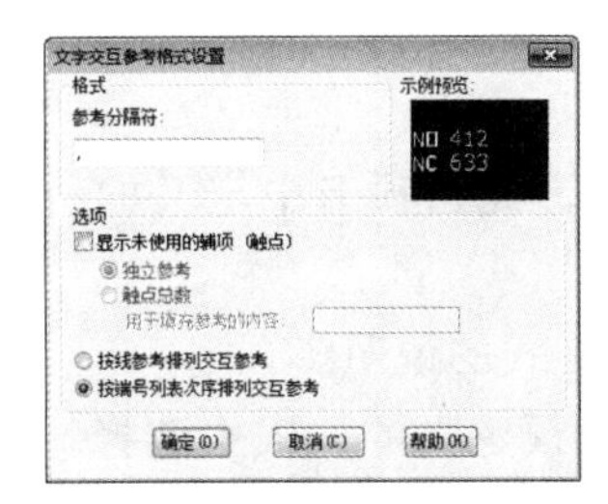

文字交互参考格式

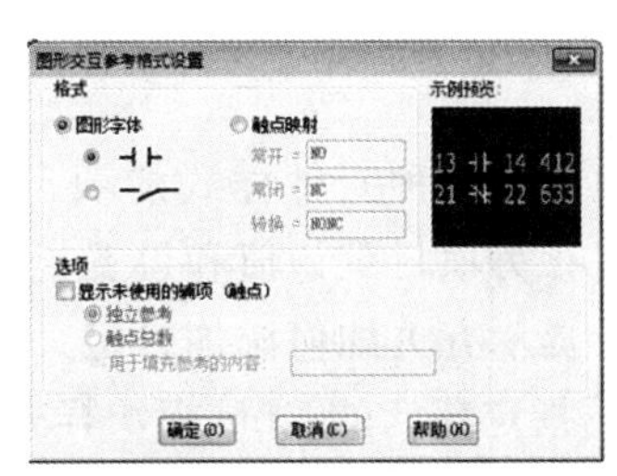

图形交互参考格式——JIC-样式的图像字体

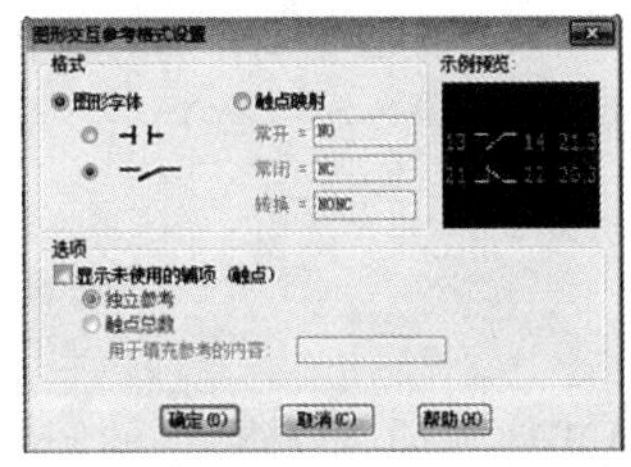

图形交互参考格式——IEC-样式的图像字体

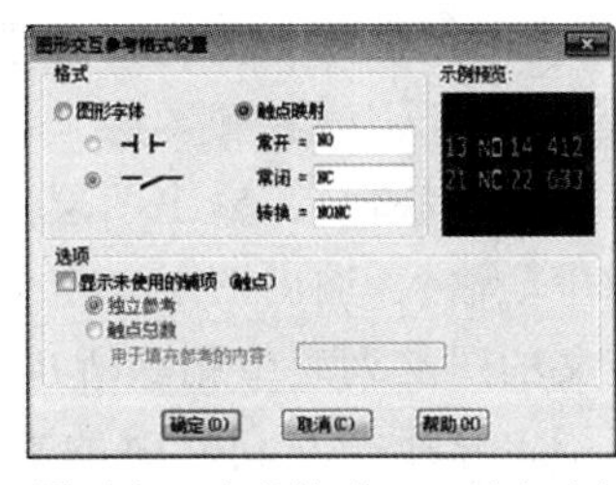

图形交互参考格式——触点映射

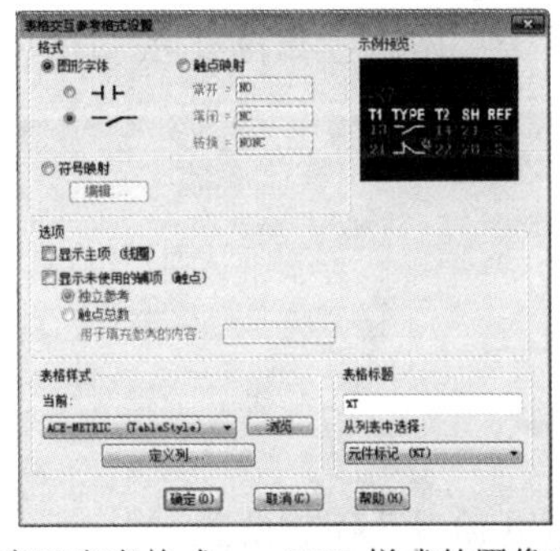

表格交互参考格式——IEC-样式的图像字体　表格交互参考格式——JIC-样式的图像字体

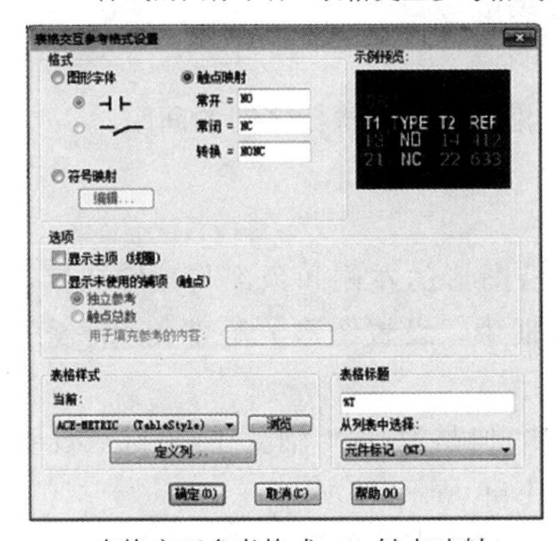

表格交互参考格式——触点映射

图 2-1-54

五、样式

样式：用以修改各种元件样式的项目默认设置。此选项卡中定义的所有信息将在项目定义文件中保存为项目默认值和设置。

箭头样式：提示有关如何添加自定义导线箭头样式的说明。

PLC 样式：指定默认的 PLC 模块样式。从五个预定义的样式中选择，或选择用户定义的样式。

串联输入/输出标记样式：为离开串联输入/输出源标记和进入目标标记的导线定义默认的串联输入/输出标记样式和图层。

图层列表：列出串联输入/输出图层。

添加：作为串联输入/输出图层来定义图层名。

移除：从定义的图层列表中删除所选图层。

导线交叉：指定导线相互交互时的默认操作模式——插入无回路的隙缝、插入隙缝和回路或插入实体(无隙缝)。

导线 T 形相交：指定默认导线 T 形标记——无、圆点、角度 1 或角度 2。

六、图形格式

1. 阶梯默认设置

垂直/水平：指定是水平还是垂直创建阶梯。

间距：指定每条横档之间的间距。

默认设置：插入新阶梯时不包含参考，为“插入阶梯”命令设置默认值。在默认情况下，您插入的新阶梯没有线参考编号。

宽度：指定阶梯的宽度。

多导线间距：指定多导线相位中每条横档之间的间距。

2. 格式参考

X－Y 栅格：所有参考都沿图形的左侧和顶部与数字和字母的 X－Y 栅格系统相关联。在“X－Y 夹点设置”对话框中，设置图形的垂直和水平索引号与字母、间距以及原点，如图 2-1-55 所示。

X 区域：类似 X－Y 栅格，但是没有 Y 轴。在“X 区域设置”对话框中，可以设置水平标签、间距和原点，如图 2-1-56 所示。

参考号：每个阶梯列都有一列指定的参考号，如图 2-1-57 所示。

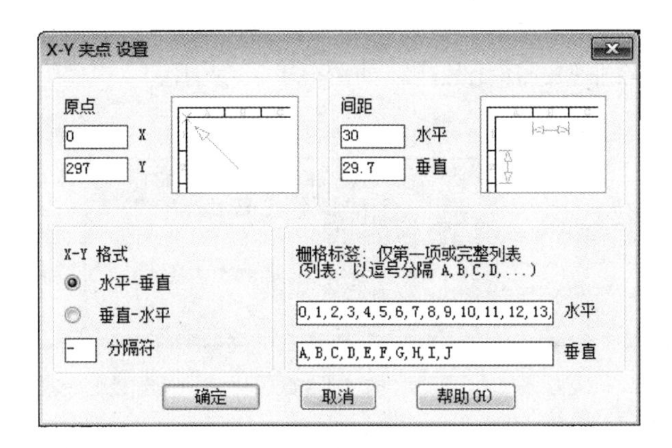

图 **2-1-55**

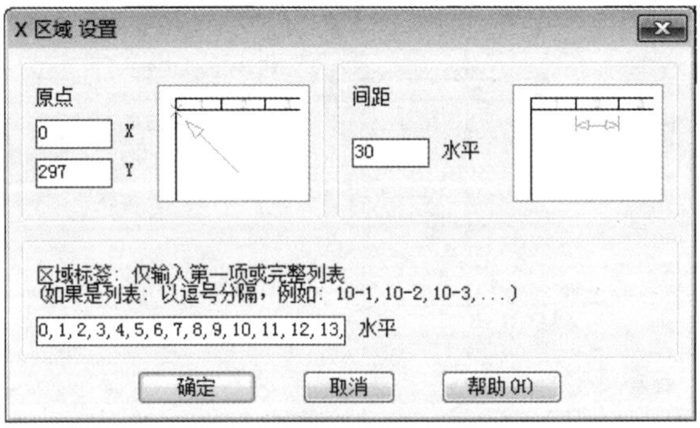

图 **2-1-56**

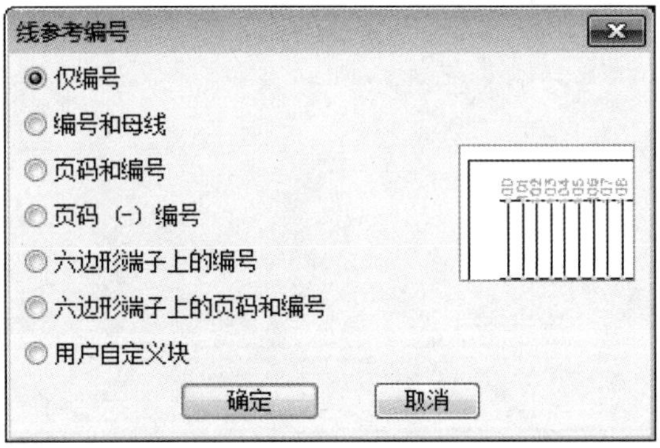

图 **2-1-57**

比例中的特征比例系数：设置在图形上插入新元件或线号时所用的比例系数。此更改不会影响已经显示在图形中的元件和线号。

英寸/英寸按比例调整为毫米/毫米：如果图形使用的是 JIC1/JIC125 库中的库符号，请选择“英寸”；如果是米制度量的符号库，则选择“实际大小的毫米数”。这可以调整接线的跨接距离，从而确定距离很近的导线末端是否连接。

标记/线号规则：设置图形的默认导线编号和元件标记排序次序。您的选择将替代排序次序的项目设置，除非您选择无替代，如图 2-1-58 所示。

标记/线号规则
排序次序：
无替代
无替代
从左到右，从上到下移动（垂直阶梯的默认设置）
从左到右，从下到上移动
从右到左，从上到下移动
从右到左，从下到上移动
从上到下，从左到右移动（水平阶梯的默认设置）
从下到上，从左到右移动
从上到下，从右到左移动
从下到上，从右到左移动

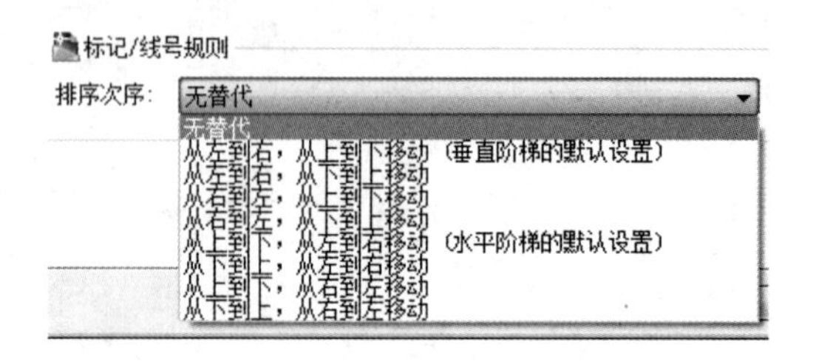

图 2-1-58

图层：定义和管理导线和元件图层，如图 2-1-59 所示。

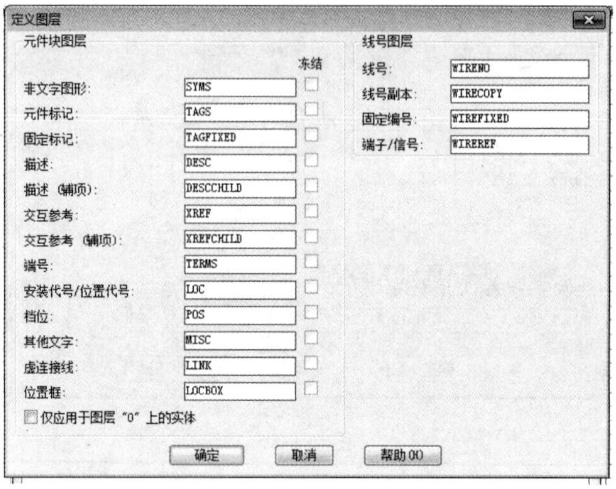

定义图层
元件块图层
冻结
非文字图形：SYMS
元件标记：TAGS
固定标记：TAGFIXED
描述：DESC
描述（辅项）：DESCCHILD
交互参考：XREF
交互参考（辅项）：XREFCHILD
端号：TERMS
安装代号/位置代号：LOC
档位：POS
其他文字：MISC
虚连接线：LINK
位置框：LOCBOX
仅应用于图层“0”上的实体
线号图层
线号：WIRENO
线号副本：WIRECOPY
固定编号：WIREFIXED
端子/信号：WIREREF
确定
取消
帮助(H)

图 2-1-59

项目2 自定义模板

项目目标

(1)了解图幅分区和标题栏的结构组成。
(2)能在图形中插入创建的图幅分区。
(3)能在图形中插入标题栏。

项目要求

(1)会创建标题栏和图幅分区。
(2)明确模板图层定义及其他属性定义。

项目描述

AutoCAD Electrical 中自带了许多模板文件，这些模板文件可用来新建图形文件。在本项目中，我们将学习如何自定义一个这样的模板文件。

任务1 图幅分区

任务描述

在电气图样中经常会出现图 2-2-1 所示元器件的索引，以指示同一元器件的不同功能部分在图样中的位置。这就需要我们对电气图样进行分区，分区后相当于建立了一个坐标，将电气图样中的所有元器件符号和接线分配到不同的坐标下，便于我们分析图样时按照索引快速地找到需要的元件。

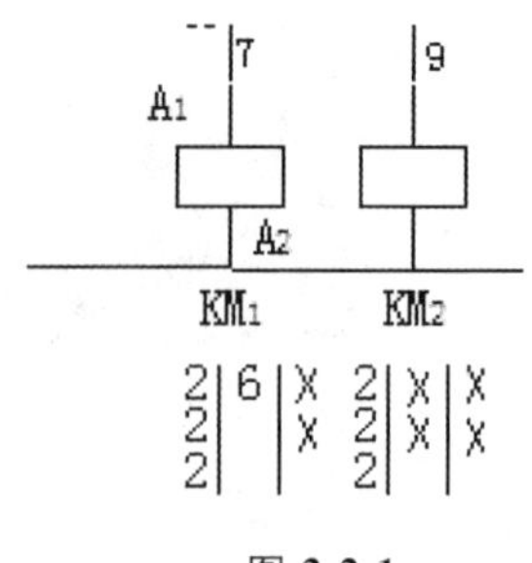

图 2-2-1

我们将使用直线命令、矩形命令、文字命令和阵列命令等进行图幅分区，将绘图区域按照水平和垂直方向分成若干个区域。水平分区以阿拉伯数字表示，垂直分区以大写英文字母表示。

实践操作

(1)打开主电路图样，在图 2-2-2 所示命令窗口中输入直线命令，按回车键或点击常用选项卡中的直线按钮。输入第一个指定点“0，0”，按回车键，输入下个指定点“0，297”，按回车键，输入下个指定点“420，297”，按回车键，输入下个指定点“420，0”，输入“C”，按回车键后闭合成如图 2-2-3 所示的矩形，大小与 A3 图纸相同。

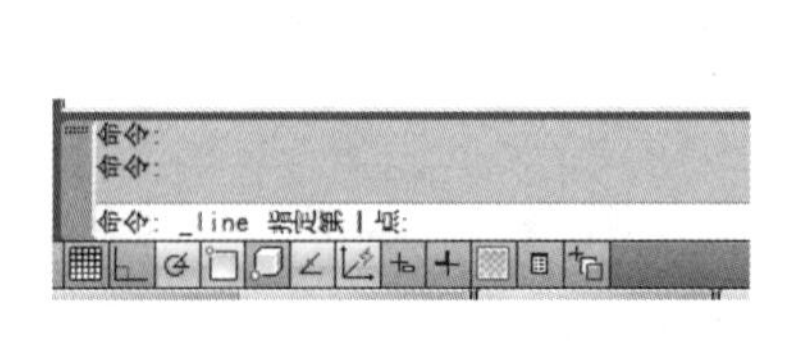

图 2-2-2

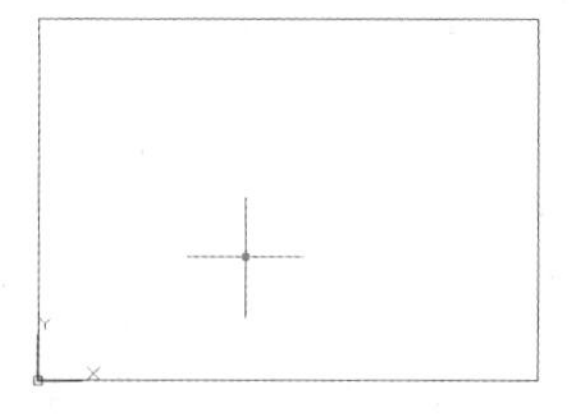

图 2-2-3

(2)在图 2-2-3 所示 A3 纸图框中，建立一个 0～9 的水平分区和 A～F 的垂直分区。

①在“原理图”选项卡中点击“图形特性”按钮，如图 2-2-4 所示，插入一个特殊块 WD_M。

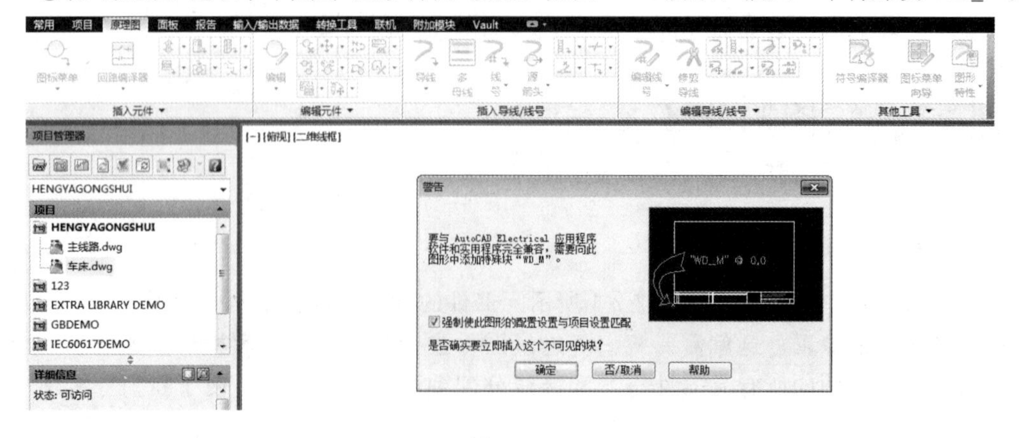

图 2-2-4

②单击【确定】按钮，出现"图形设置"对话框，再单击【确定】按钮，特殊块 WD_M 插入结束。

插入特殊块 WD_M 后，图形配置的参数就存到这个块的属性中了。

③在"常用"选项卡中的图层工具条中点击"图层特性"(图 2-2-5)或在命令行中输入"layer"，在图层特性对话框中点击新建图层。如图 2-2-6 所示，将新建图层的名称改为"tufufenqu"，颜色随便设，线型选直线，线宽改为 0. 25 mm。

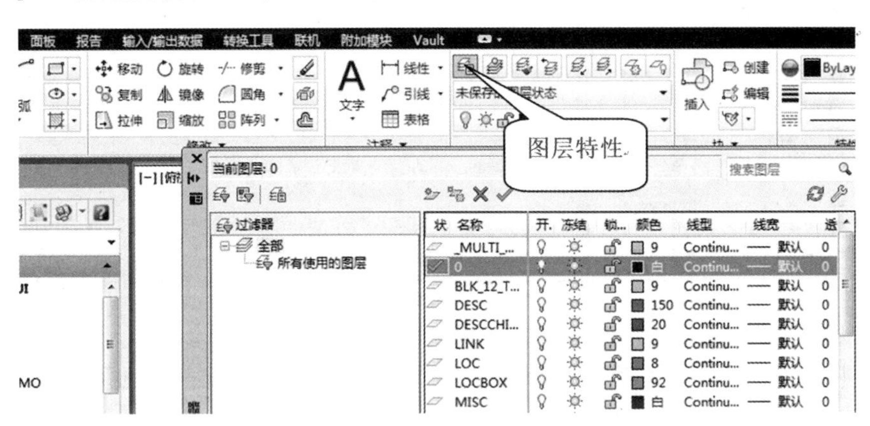

图 2-2-5

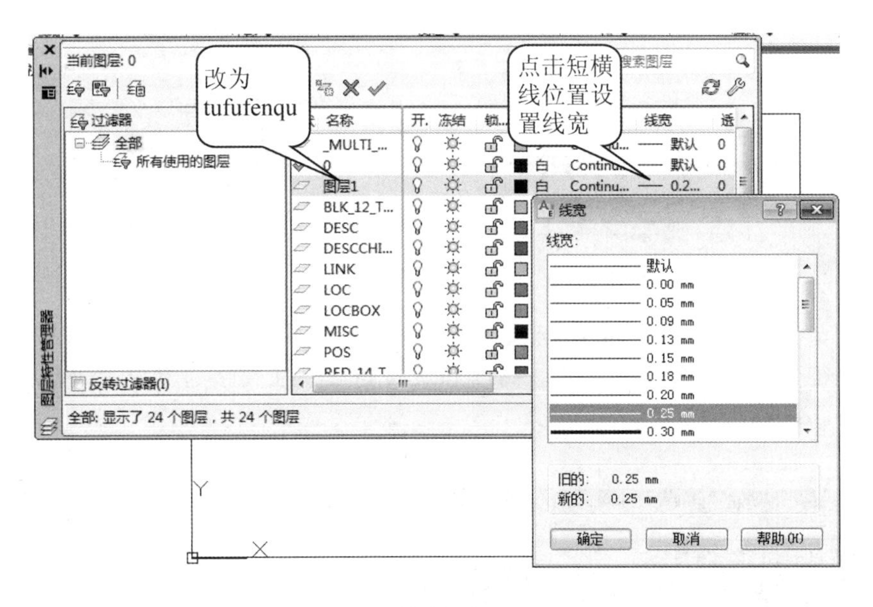

图 2-2-6

④如图 2-2-7 所示，在"常用"选项卡图层工具中点击"图层"，在下拉菜单中点击"tufufenqu"，则当前显示即为"tufufenqu"。

⑤使用矩形命令在 A3 纸图框中绘制间隔为 5 mm 的外框和内框，框的线宽为 0. 5 mm。外框的四个顶点为"0，0""0，297""420，297"，内框的四个顶点为"5，5""5，

292”“415，292”和“415，5”，如图 2-2-8 所示。

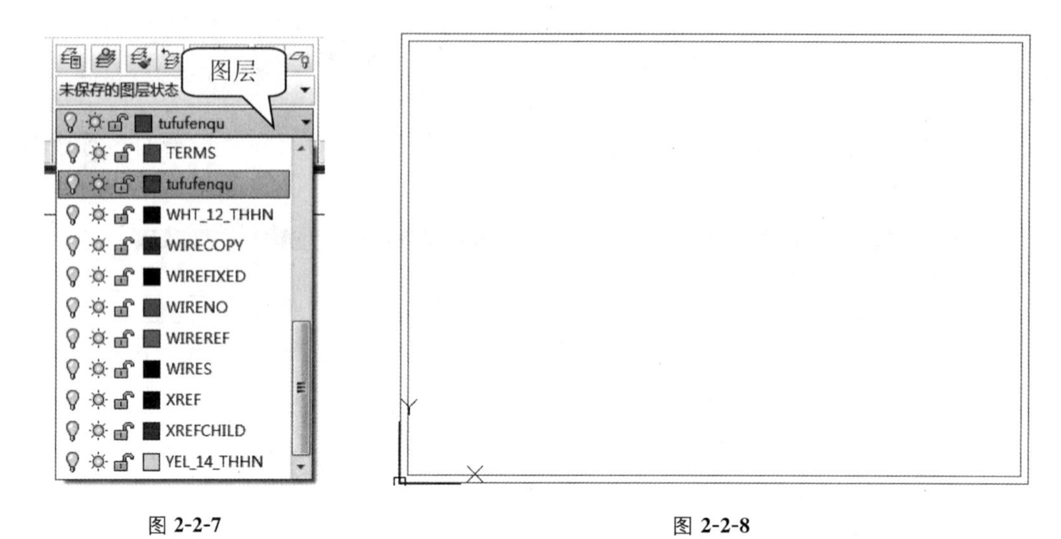

图 2-2-7　　　　图 2-2-8

⑥如图 2-2-9 所示，使用直线命令在“42，0”和“42，5”之间画一条间隔线。

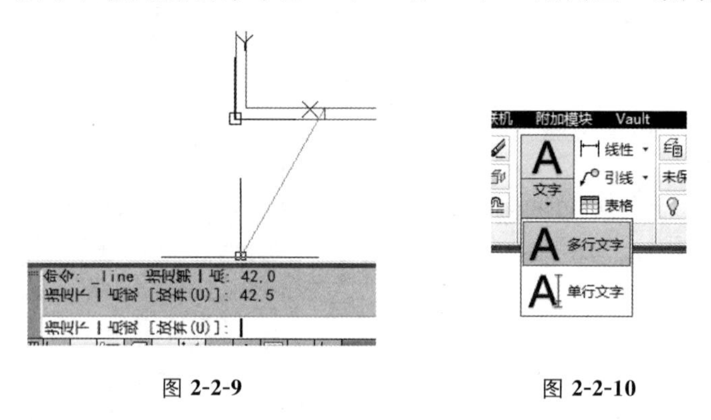

图 2-2-9　　　　图 2-2-10

⑦如图 2-2-10 所示，在“常用”选项卡的注释工具中选择“单行文字”。在图 2-2-11(a)中所示命令行分别输入文字的起点、高度和旋转角度。在文字起点位置出现闪烁光标，如图 2-2-11(b)所示。

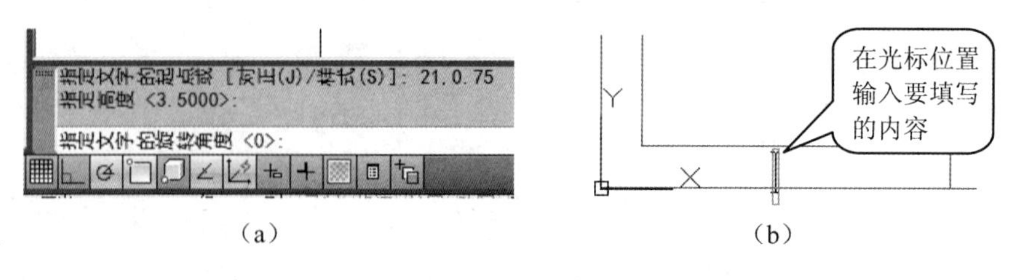

(a)　　　　(b)

图 2-2-11

⑧在“常用”选项卡的注释工具中选择路径列阵，使用列阵命令将输入的文字和分隔线选定，沿水平方向做 1 行 10 列，如图 2-2-12 所示。

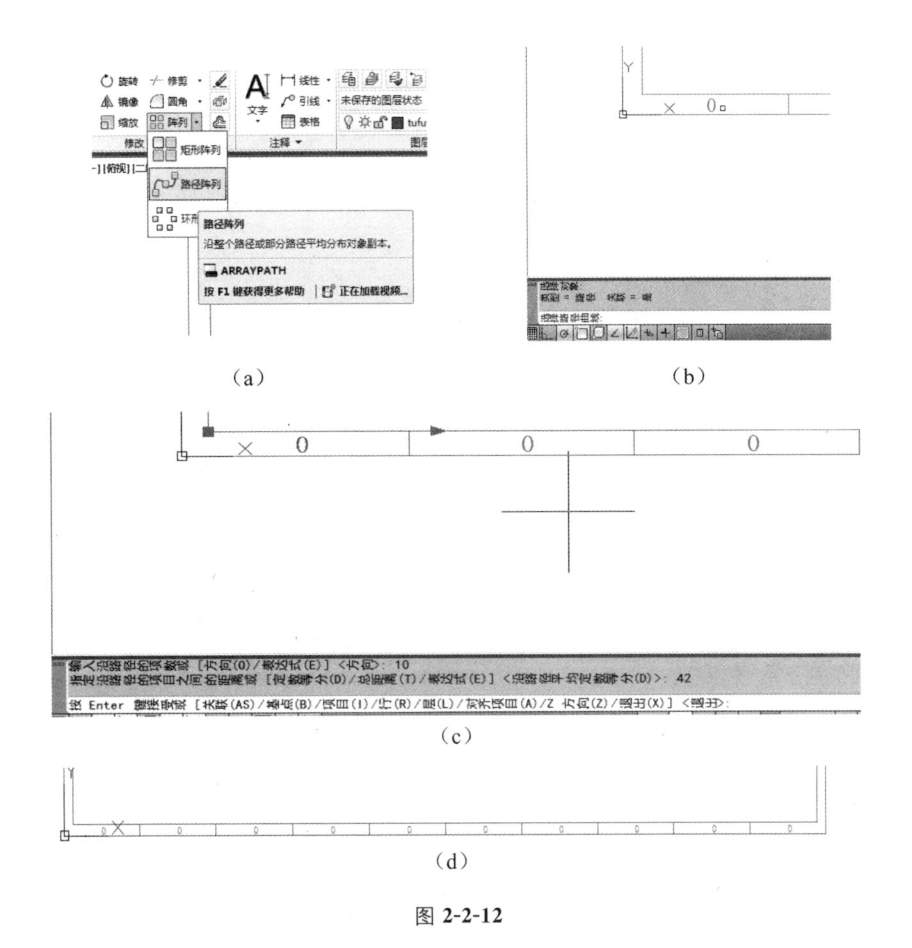

(a)　　(b)

(c)

(d)

图 2-2-12

⑨将图 2-2-12(d)中的数字从左到右改成 0，1，2，3，4，5，6，7，8，9。如图 2-2-13 所示。

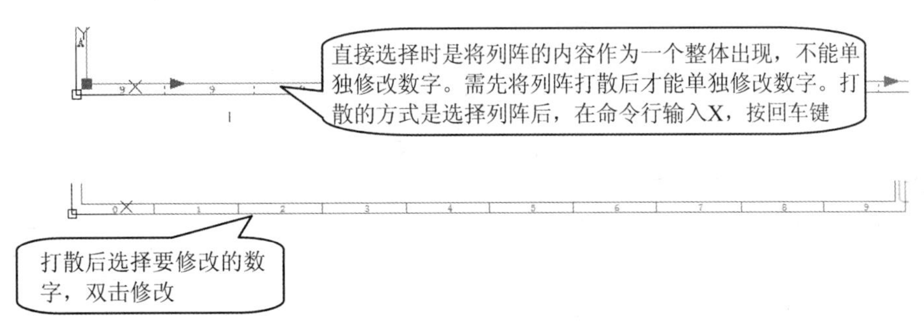

图 2-2-13

⑩使用镜像命令沿外框两边线重点做一次镜像，完成内框上方分区。

⑪用同样的方法完成垂直方向的分区。

(3)选中绘图区域中绘制的图形，在命令输入“W”后，按回车键，弹出如图 2-2-14 所示“写块”对话框，通过黑框处按钮拾取基点为图框的左下角点。在选择对象栏中选择转换为块，在目标栏里指定块存放的路径及名称，点击【确定】按钮后，把所有绘制的图形创建为一个块，方便以后绘图时直接插入图幅分区。

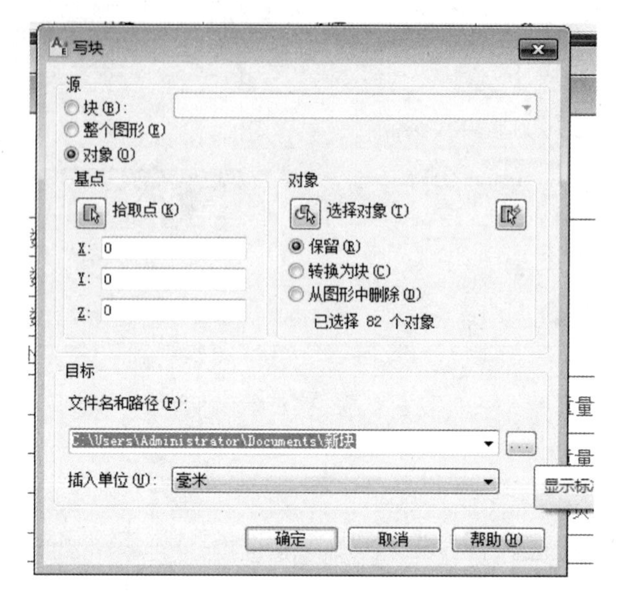

图 2-2-14

操作训练

将 A3 图纸按水平 1～14、垂直 A～J 进行分区，并写成块。

相关知识

1. 图纸的幅面

电气设计人员在绘制图样时，图样幅面尺寸应优先选择表 2-2-1 中的基本幅面尺寸。

表 2-2-1　基本幅面尺寸

单位：mm

幅面代号	A0	A1	A2	A3	A4
B×L	841×1189	594×841	420×594	297×420	210×297
a	25				
b	10			5	
c	20		10		

表中 a、b、c 代表留边宽度，基本幅面共有 5 种，图幅代号由 A 和相应的幅面号组成，即 A0～A4。

在绘制图样时，图框线必须用粗实线绘制。图框格式分预留装订线[图 2-2-15(a)]和不预留装订线[图 2-2-15(b)]两种。

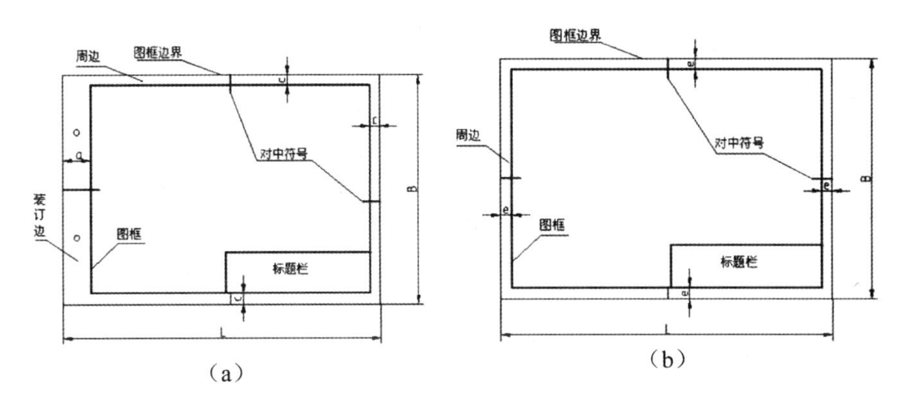

图 2-2-15

2. 图幅分区

为了确定图中内容的位置和用途，需对幅面较大的、内容复杂的电气图进行分区。分区后相当于建立了一个坐标，电气图上的元件和连接线的位置由此坐标唯一确定。

图幅分区的要求如下：

(1)将图样分别在垂直和水平两个方向各自加以等分，垂直方向用大写英文字母编号，水平方向用阿拉伯数字编号。

(2)分区为偶数，编号从左上角开始，分区长度在 25 mm～75 mm。

(3)分区中符号线宽不小于 0.5 mm。

任务 2　设置标题栏

任务描述

在工程图纸中，标题栏会给我们提供关于图样的诸多信息，如设计单位、设计人员、审核人员、图样名称、出图时间、图样编号等。

我们将使用直线命令、文字命令和属性命令制作标题栏。其中，直线命令画出标题栏的表格，文字命令放置文本，属性命令定义属性以实现自动批量更改项目文件内所有图样的标题栏属性值。

实践操作

1. 绘制表格

使用直线命令制作的表格，如图 2-2-16 所示。

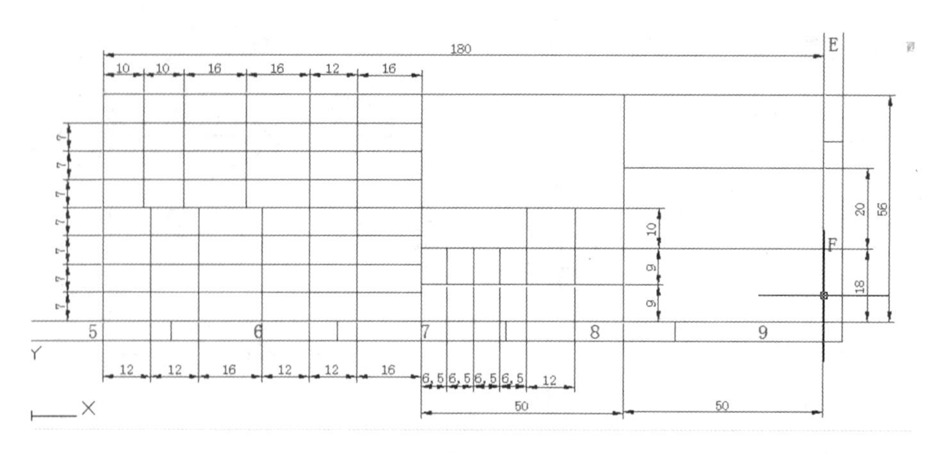

图 2-2-16

2. 插入文字

用 Text 命令将固定文本放到对应表格中，如图 2-2-17 所示。

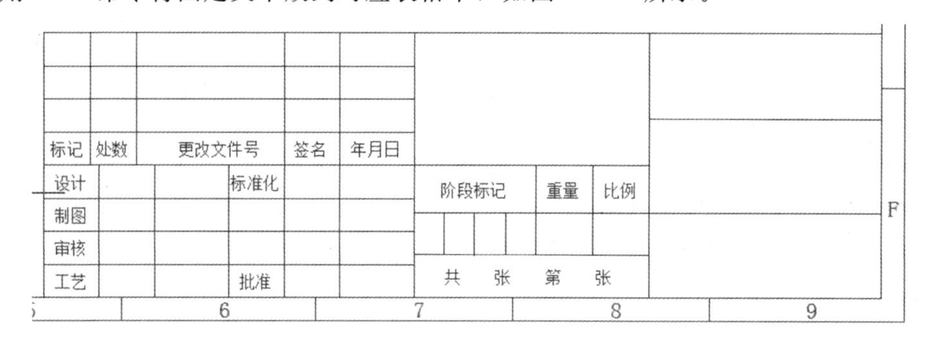

图 2-2-17

3. 定义属性

用 Attdef 命令，调出属性对话框（图 2-2-18），将属性定义放到对应单元格中。对齐方法与放固定文字相同，先做对角线辅助对齐，样式 Standard，字高 2.5 mm。

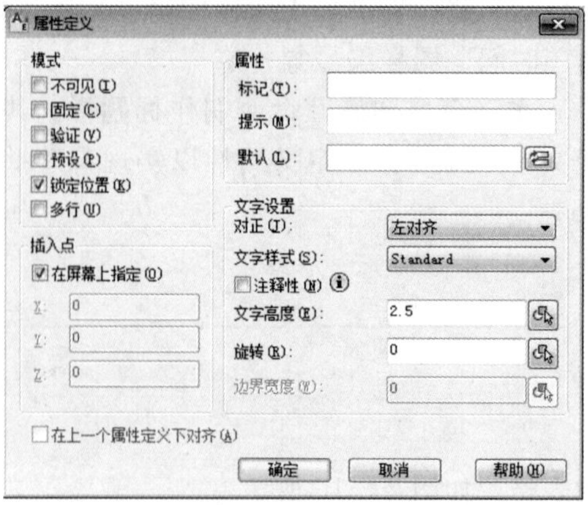

图 2-2-18

如要在图 2-2-17 右上角框里放置“单位名称”属性，定义如图 2-2-19 所示，属性的插入坐标和文本高度可通过图 2-2-19 中黑框按钮直接到图样中拾取。

属性定义
模式
不可见(I)
固定(C)
验证(V)
预设(P)
锁定位置(K)
多行(U)
插入点
在屏幕上指定(O)
X: 0
Y: 0
Z: 0
属性
标记(T): 单位名称
提示(M): 填写单位名称
默认(L): 山东省轻工工程学校
文字设置
对正(J): 左对齐
文字样式(S): Standard
注释性(N)
文字高度(E): 2.5
旋转(R): 0
边界宽度(W): 0
在上一个属性定义下对齐(A)
确定
取消
帮助(H)

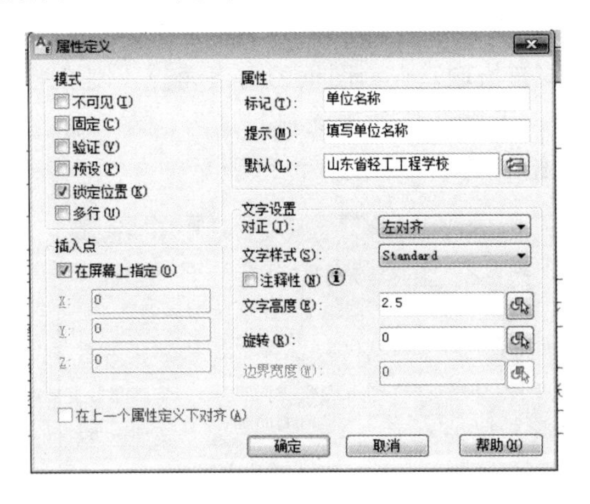

图 2-2-19

点击【确定】按钮选择属性插入的点，如图 2-2-20 所示。

单位名称

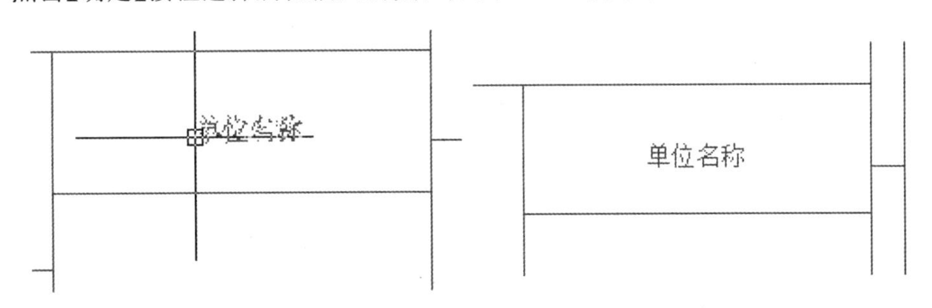

图 2-2-20

其他各栏属性均按如上方法进行定义，如要求各栏目具有不同颜色的话，可以接着选中文字，右击选择【特性】，并更改文字颜色，属性设置后如图 2-2-21 所示。

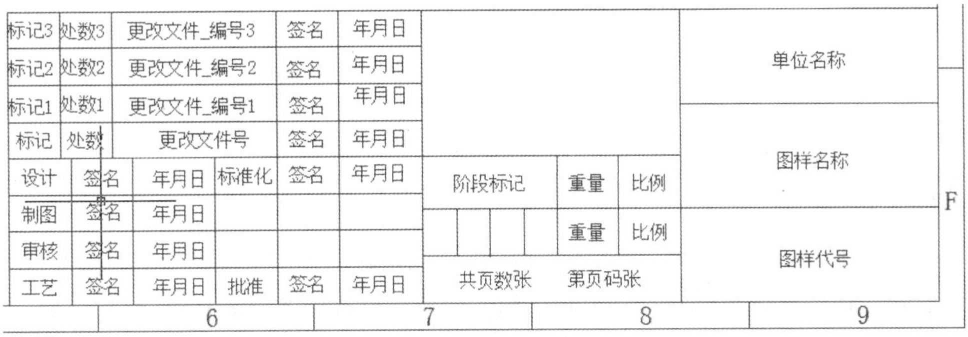

标记3 处数3 更改文件_编号3 签名 年月日
标记2 处数2 更改文件_编号2 签名 年月日
标记1 处数1 更改文件_编号1 签名 年月日
标记 处数 更改文件号 签名 年月日
设计 签名 年月日 标准化 签名 年月日
制图 签名 年月日
审核 签名 年月日
工艺 签名 年月日 批准 签名 年月日
单位名称
图样名称
图样代号
阶段标记 重量 比例
重量 比例
共页数张 第页码张
F
6
7
8
9

图 2-2-21

4. 写块

选中图 2-2-21 中所有图形，在命令行输入“W”，按回车键，弹出如图 2-2-22 所示“写块”对话框，通过黑框处按钮拾取基点为图框的右下角点。对象栏中选择转换为块，确定后所有属性将显示默认值，无默认值的则无显示内容。在目标栏里指定块存放的路径及名称。带属性的标题栏就绘制完毕，如图 2-2-23 所示。

图 2-2-22

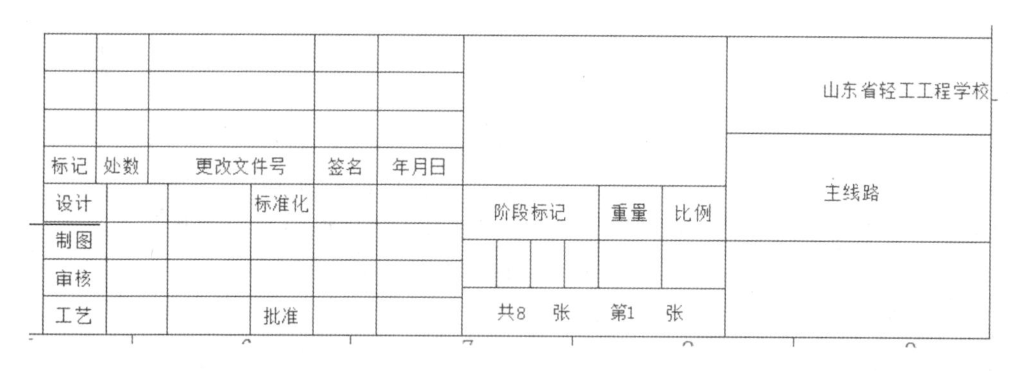

图 2-2-23

5. 调用带属性的块

在主回路中绘制好图框后，在命令行输入“Insert”后，按回车键，弹出如图 2-2-24 所示“插入”对话框，选择从“文件”插入并找到上面做好的标题栏文件，确定后就会发现插入基点就是我们定义的标题栏右下角点，拾取图框的右下角点便可插入。

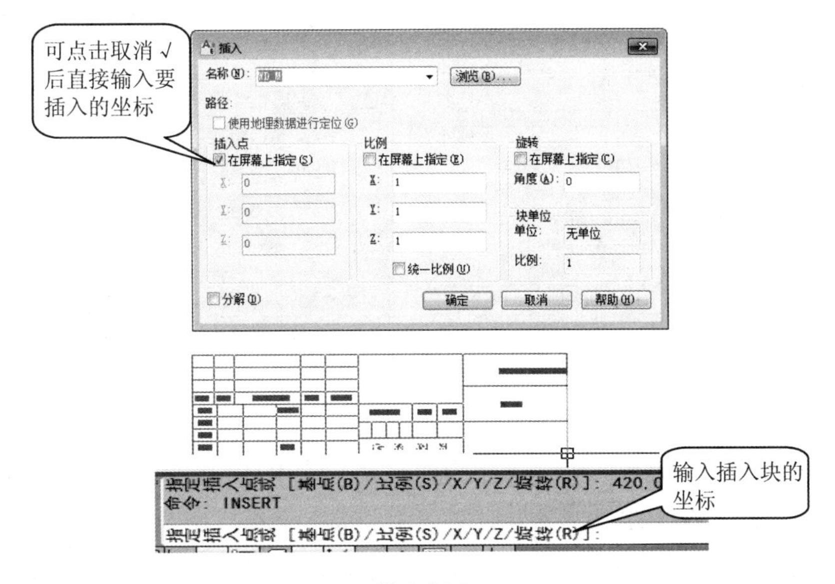

图 2-2-24

6. 属性修改

(1)要对已插入的标题栏属性进行修改，只要在命令行输入“ATE”后，按回车键，出现选择用小方块光标，选择欲改属性的标题栏图块，弹出图 2-2-25(a)所示“编辑图块属性”对话框，选择要修改的项直接填写新的内容即可。

(2)在图形中选择属性块，双击出现图 2-2-25(b)所示“增强属性编辑器”，选中高亮显示要修改的项后，在数值框内填入新的属性即可。

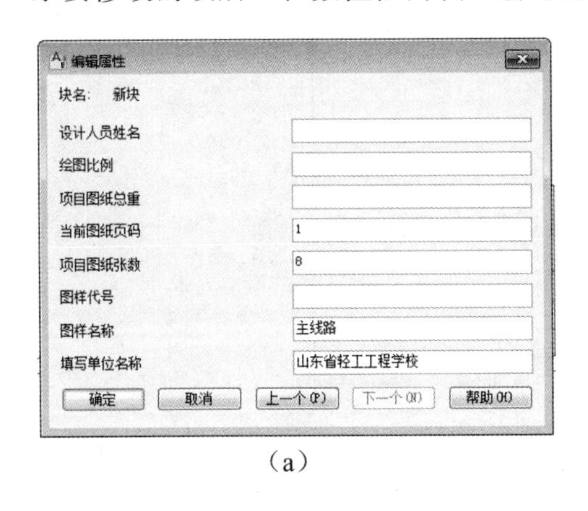

(a)

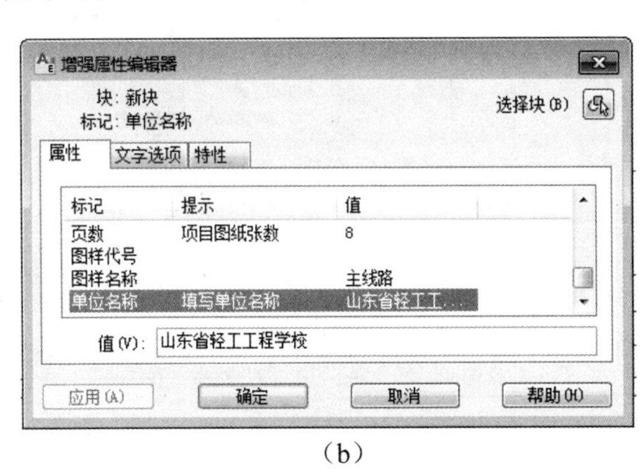

(b)

图 2-2-25

(3)图 2-2-26“增强属性编辑器”的文字选项和特性。文字选项用来设置属性块中文字的样式、对齐方式、高度等内容，特性用来设置属性块的图层、线型、颜色等内容。这些内容可根据需要自行设置。

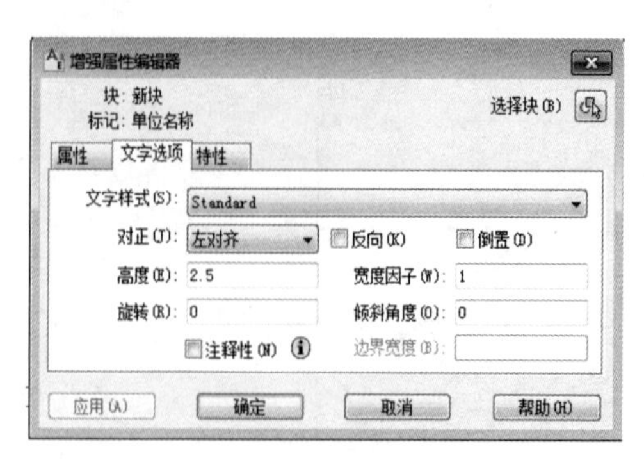

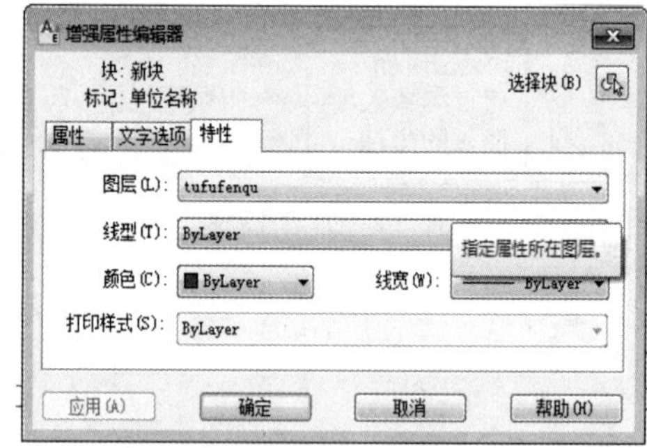

图 2-2-26

7. 图层定义

在"图形特性"对话框的"图形格式"选项中，点击 图层 定义... 弹出图 2-2-27 所示"定义图层"对话框。根据"定义图层"对话框的设置，AutoCAD Electrical 在将元件插入原理图中时，自动将元件的各种属性分门别类放到对应的图层上，并获取该图层的颜色和线型。图中各图层都有对应的复选框，如果勾选，则对应的图层被冻结，该层上的所有属性将不显示出来。因此，可以从这里关掉图中某一类的属性显示。比如，所有描述不要显示出来，可以将图层 DESC 冻结。

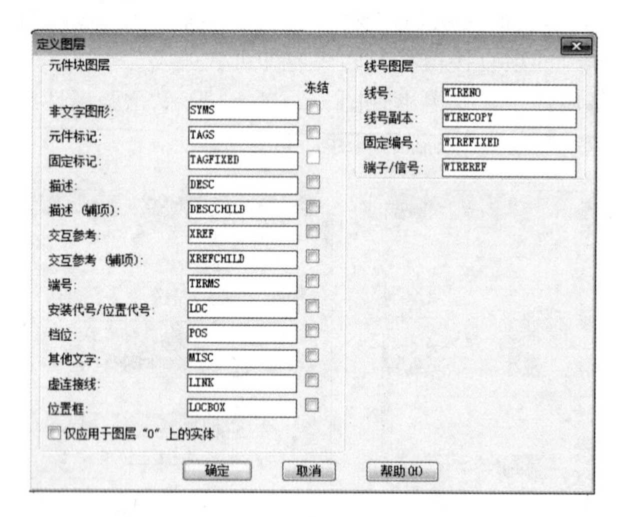

图 2-2-27

8. 设置显示格式

打开图形特性对话框，将定义模板中图形的显示格式。

9. 设置文字样式

在命令行中输入 Style 命令，按回车键后弹出如图 2-2-28 所示对话框，设置模板中的文字样式。

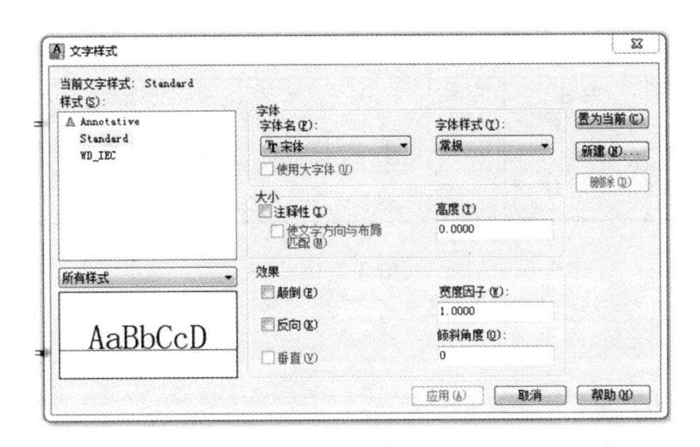

图 2-2-28

10. 保持块文件

保存当前文件，然后另存为 moban. dwg 文件。打开另存的 moban. dwg 文件，选取除不可见属性块 WD_M 外的所有元素，将选取的所有元素定义为一个块。然后，将其另存为模板文件，如图 2-2-29 所示。需要注意的是，我们可以通过在命令行中键入 ATTMODE 命令，并修改它的值来显示或隐藏不可见属性块 WD_M。

图 2-2-29

操作训练

完成图 2-2-30 所示标题栏的绘制及属性设置。

XX院XX系部XX班级				比例	材料	
制图	(姓名)	(学号)	工程图样名称		质量	
设计					(作业编号)	
描图						
审核					共 张 第 张	

图 2-2-30

相关知识

工程技术图样要求每张图样都必须在规定的位置(图样的下方或右下方)配置标题栏，标题栏应按国标规定的细实线和粗实线绘制，字体也要符合国标的要求。标题栏用于确定图样的名称、图号、张次、更改和有关人员签字等内容。

1. 标题栏的组成

标准栏一般由更改区、签字区、其他区、名称及代号区组成，也可根据实际需要增加或减少。

(1)更改区。一般由更改标记、处数、分区、更改文件号、签名和日期等组成。更改区的内容应由下而上填写，可根据实际需要顺延；当更改区放在图样中的其他位置时，应当添加表头。

①标记：按照有关规定或要求填写更改标记。

②处数：填写同一张标记所表示的更改数量。

③分区：必要时，按照有关规定填写。

④更改文件号：填写更改所依据的文件号。

⑤签名和日期：填写更改人的姓名和更改的时间。

(2)签字区。签字区一般按设计、审核、工艺、标准化、批准等有关规定签署姓名和日期。

(3)其他区

①材料标记。应按照相应标准或规定填写所使用的材料。

②阶段标记。按有关规定由左向右填写图样所适用的各生产阶段，如 S 表示处于试制阶段、A 表示可以小批量生产、B 表示可以批量生产、C 表示可以大批量生产。

③质量。填写所绘制图样相应产品的质量，以千克(kg)为计量单位时，可不写出计量单位。

④比例。填写绘制图样时所采用的比例。

⑤共　张　第　张。填写同一项目的图样代号中图样的总张数和当前图样所在的张次。

(4)名称及代号区。

①单位名称。填写绘制图样的单位的名称或单位代号，也可不填写。

②图样名称。填写绘制对象的名称。

③图样代号。按有关标准或规定填写图样代号。

2. 尺寸与格式

标题栏中各区的布置如图 2-2-31 所示。当采用图 2-2-31(a)所示的形式配置标题栏时，名称及代号区中的图样代号应放在区的最下方，标题栏各部分尺寸与格式参考图 2-2-32。

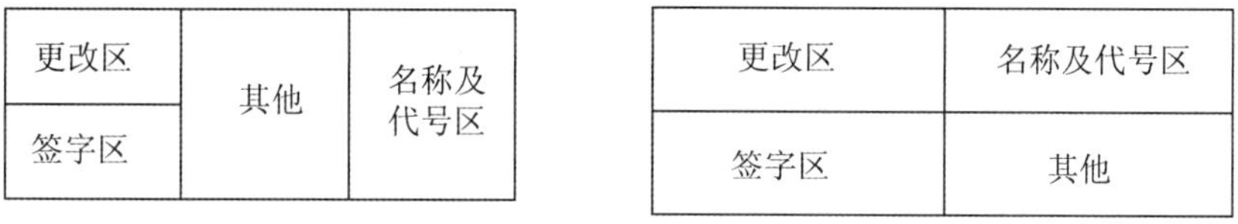

<table>
<tr><td>更改区</td><td rowspan="2">其他</td><td rowspan="2">名称及代号区</td></tr>
<tr><td>签字区</td></tr>
</table>

(a)

更改区	名称及代号区
签字区	其他

(b)

图 2-2-31

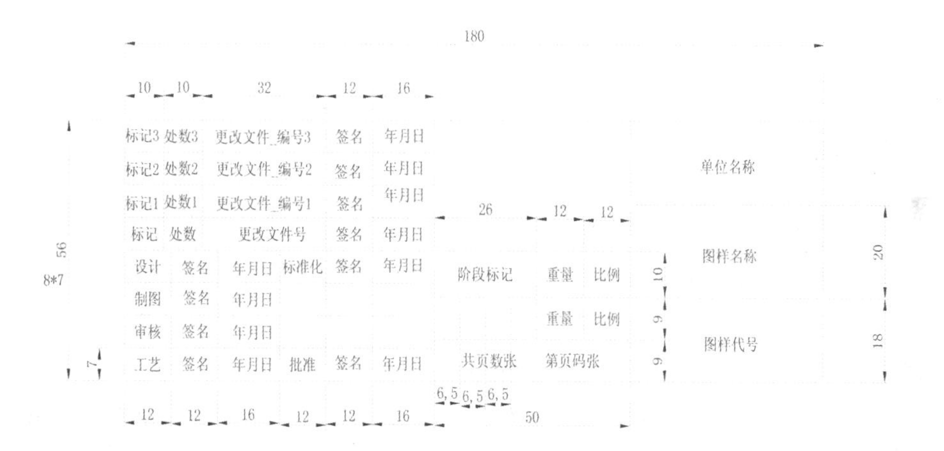

图 2-2-32

项目3 绘制原理图

项目目标

(1)能完成电气工程图样的绘制。
(2)会创建新的元件符号块。
(3)会修改 AutoCAD Electrical 的相关数据库列表。

项目要求

(1)会插入元件符号，完成各元件之间的导线连接。
(2)能在图形中插入线号、元件端号、父子元件交互参考等。
(3)能对插入的元件进行编辑。

项目描述

本项目将根据一个恒压供水项目介绍 AutoCAD Electrical 的基本绘图规则和绘图的方法。这个恒压供水项目共 7 张图样，涉及低压电气控制、PLC、变频器等控制环节。本项目将绘制给定的 7 张图样，是一个抄图的过程，并没有体现 AutoCAD Electrical 的电气功能的设计过程。

任务1 绘制主线路

任务描述

本任务将介绍绘制原理图的基本操作：插入元件、导线连接、标注线号、插入源箭头及相关元件的编辑等。

实践操作

(1)选择【原理图】/【插入导线/线号】/【多母线】，在弹出的多导线母线对话框中将水平和垂直间距均设为 10 mm，并选择“空白区域，水平走向”和导线数“3”，然后单击【确定】按钮，对话框消失，接着用鼠标左键在图纸内左上方空白处单击一下，再移动光标到图纸内右上方空白处单击鼠标左键，一条水平走向的三相母线就画好了，如图 2-3-1 所示。

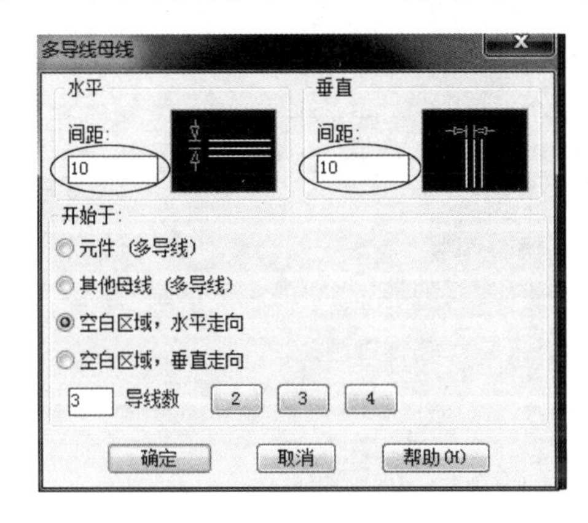

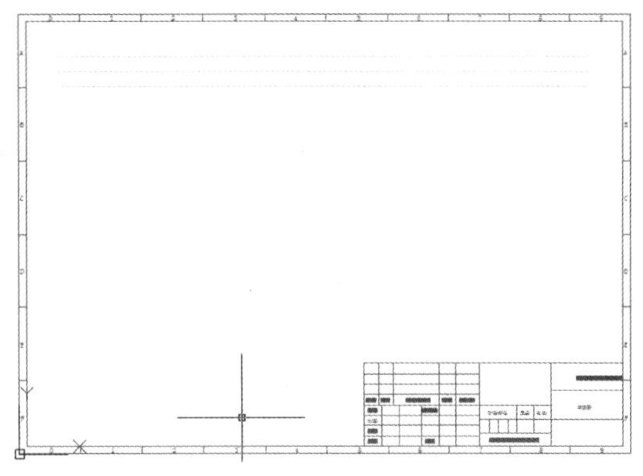

图 2-3-1

这个方法只是提供了一个画三相线的快捷工具，并不是说只能用它画的才算三相线。如果用画导线的工具自己画三根等距的平行导线或用 AutoCAD 的直线命令在导线图层上画三根直线，AutoCAD Electrical 也会认为是三相线。

(2)选择【原理图】/【插入元件】/【图标菜单】，在弹出的对话框中将“原理图缩放比例”改为 1.000，选择左边文本框中的断路器/隔离开关，在弹出的子对话框中选择三极断路器下的限流/热保护断路器，如图 2-3-2 所示。

(3)左键点击“限流/热保护”选择插入断路器的位置，单击左键，选择向下构建后弹出“插入/编辑元件”对话框，对要插入的元件进行编辑后，点击【确定】按钮，插入元件结束，如图 2-3-3 所示。

(4)在 QS1 后边垂直插入三相导线，如图 2-3-4 所示。

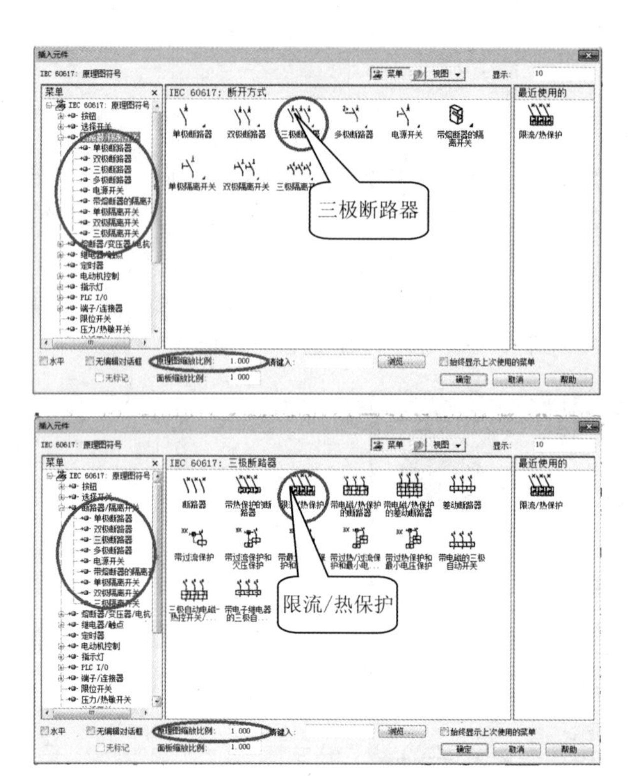

图 2-3-2

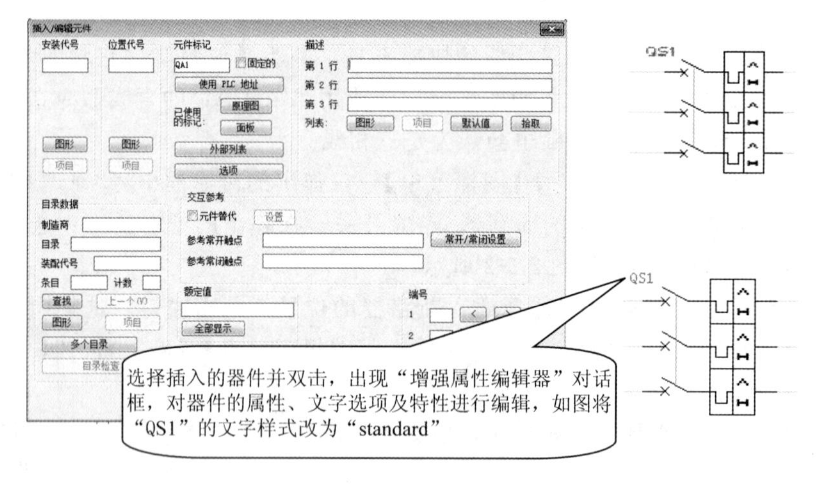

图 2-3-3

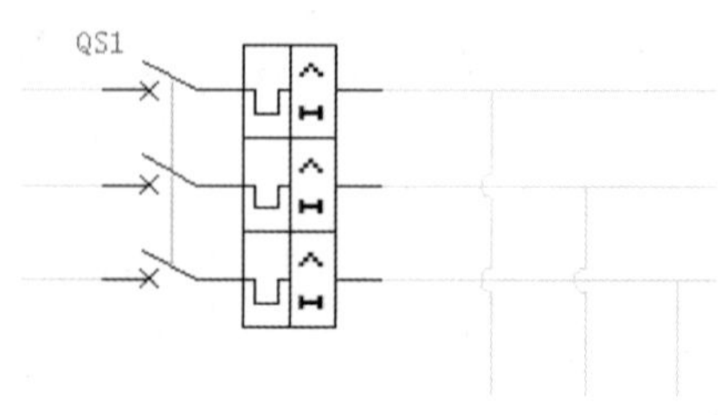

图 2-3-4

(5)由于 AutoCAD Electrical 的图库中没有变频器的元件符号，所以需要创建变频器符号。变频器的符号有两种形式：第一种就是将变频器的主回路和控制回路画在一起做一个元件，如图 2-3-5 所示；第二种就像接触器线圈和它的主触点一样做成一对父子元件，变频器的主回路作为父元件，控制回路作为子元件。

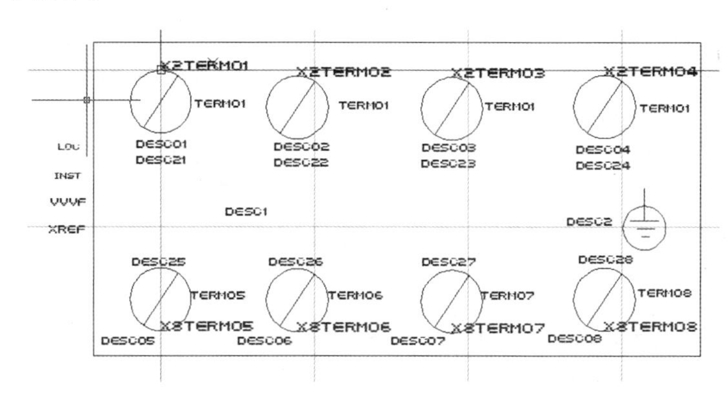

主回路

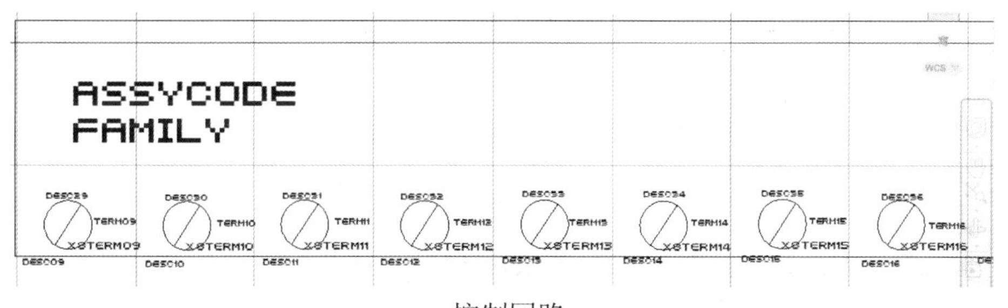

控制回路

图 2-3-5

①将 C:\Program Files\Autodesk\Acade2006\Libs\gb2 目录下的 VM013.dwg 文件拷贝到此新建的恒压供水项目目录下。用 AutoCAD Electrical 打开恒压供水目录下的 VM013.dwg 文件，然后另存为 Vvvvf.dwg。

②在图形旁画一个直径 2.8 mm 的小圆并加一根 45°的直径线作为变频器端子形状。

③使用 AutoCAD 的旋转命令调整原 VM013 中的 TERM01 属性的方向，并设文字对齐方式。

④将调整方向后的 TERM01 属性移到端子旁，X2TERM01 属性移到端子外圆的上象限点(使用 AutoCAD 对象捕捉中的象限点捕捉可精确定位)。

⑤将 DESC1、DESC2 移动到端子下端，改名为 DESC01、DESC21，并将 DESC21 的字高设为 3.5 mm，宽度比例设为 1。

⑥将端子及属性全部选定后，主电路部分做两行各 4 个端子，控制回路用阵列命令，设成 1 行 8 列，行偏移 0，列偏移 30(表示 30 mm)，点击【确定】按钮，画出 8 个端子。

⑦更改各属性的名字，使它们从 TERM01 到 TERM16，X2TERM01 到 X2TERM04，X8TERM05 到 X8TERM16。DESC01 到 DESC16，DESC21 到 DESC36。

⑧根据要求添加各属性的默认值。

⑨删除原图中不要的图形和属性，留下需要的属性。

⑩画两个适当大小的框将主电路和控制电路的端子点框上，将其他属性摆到合适位置。

⑪鼠标框选全部图形元素，用 AutoCAD 的 MOVE 命令，捕获 TERM01 的上象限点后，键盘输入“0，0”作目标坐标，按回车键确认移动。以后当插入此图形到原理图中时，参考点就是此点。

⑫保存文件。如果端子数量多于设置的数量，只需在第 4 步中适当增加端子数即可，绘制的方法都是一样的。

⑬创建符号完毕后，为了操作方便，将新创建的符号插入图标菜单中：

a. 点击【原理图】/【其他工具】/【图标菜单向导】，弹出如图 2-3-6 所示对话框。

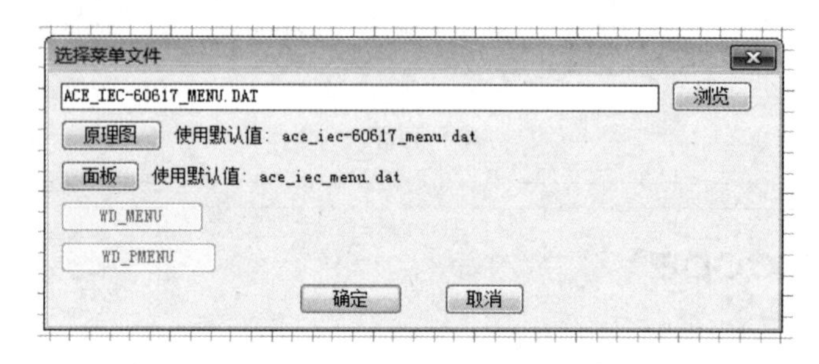

图 2-3-6

b. 点击【确定】按钮，弹出图 2-3-7 所示对话框。

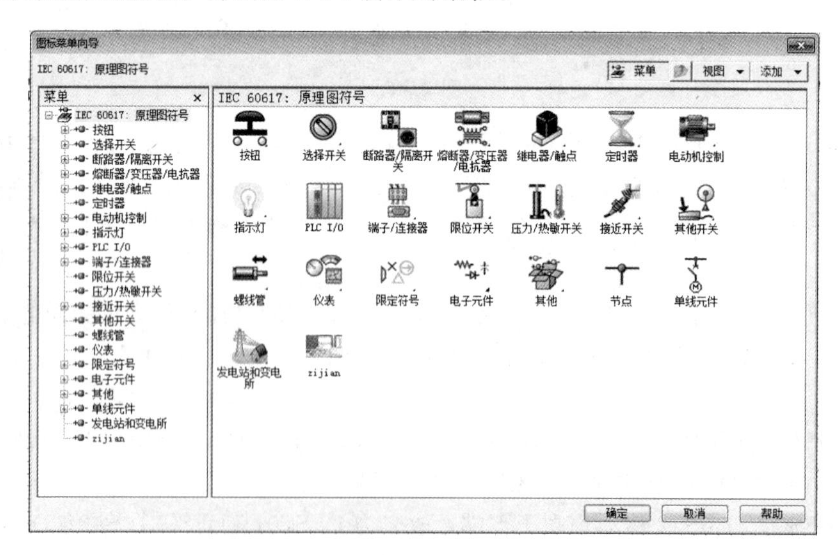

图 2-3-7

c. 如图 2-3-8 所示，选择“添加”子菜单中的“新建子菜单”，弹出如图 2-3-9 所示对话框。

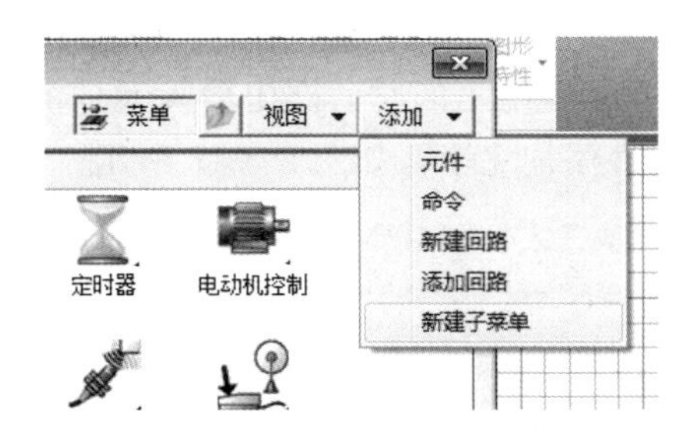

图 2-3-8

创建新的子菜单
图标描述
预览
名称:
变频器
图像文件:
浏览...
从当前屏幕图像中创建 PNG
缩放 <
拾取 <
激活
子菜单
菜单编号: 109
菜单标题: 变频器
确定　取消　帮助

图 2-3-9

在图 2-3-9 所示对话框中填写相关的内容，指定子菜单的名称及图像文件(图像文件可通过“浏览”插入相关图片，也可通过“拾取”在当前图形中选取图素)。

d. 点击【确定】按钮，变频器子文件夹添加完毕，如图 2-3-10 所示。

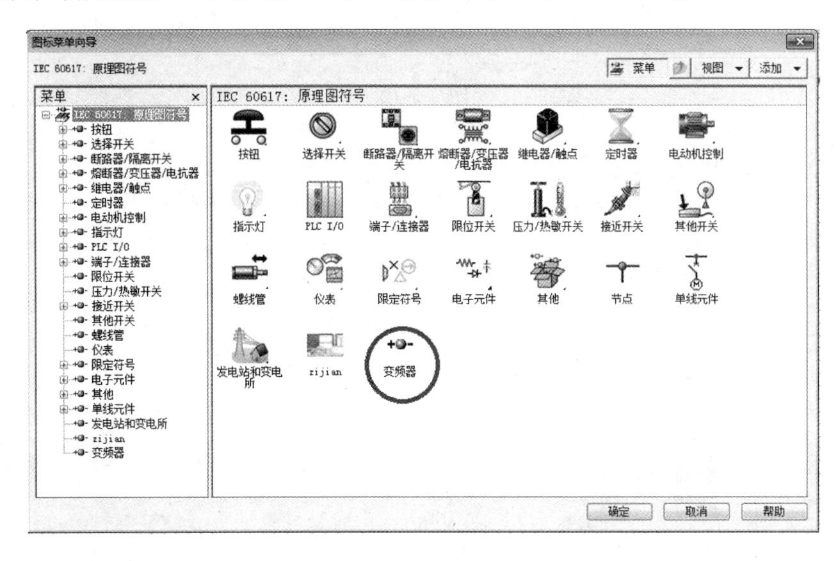

图 2-3-10

e. 双击变频器图标，如图 2-3-11 所示。选择“添加”下拉菜单中的“元件”，弹出图 2-3-12 所示添加元件对话框。在图 2-3-12 所示的对话框中输入元件的名称及要插入的块(新建的元件)，点击【确定】按钮，元件添加完毕，如图 2-3-13 所示。

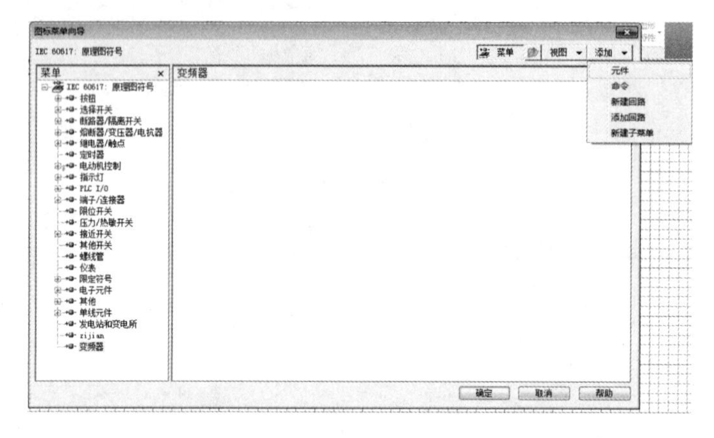

图 2-3-11

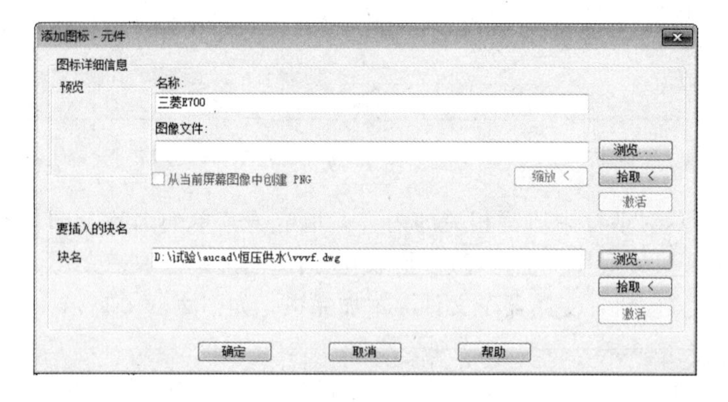

图 2-3-12

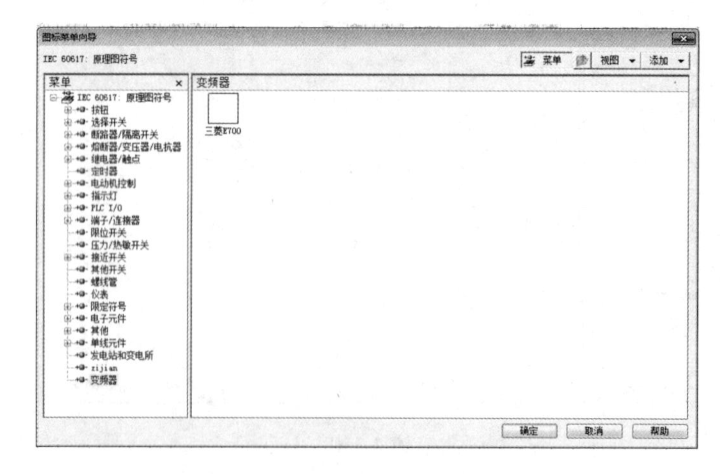

图 2-3-13

(6)插入变频器符号，并完成变频器主回路和控制回路的接线。

①插入变频器符号。

a. 将新建的变频器符号添加到图标菜单后，通过图标菜单插入。如图 2-3-13 所示，单击三菱 E700 图标即可完成变频器元件插入。

b. 选择【常用】/【块】/【插入】，弹出如图 2-3-14 所示对话框，点击浏览找到要插入的块后，编辑插入点、比例及旋转等内容，点击【确定】按钮完成新建元件插入。

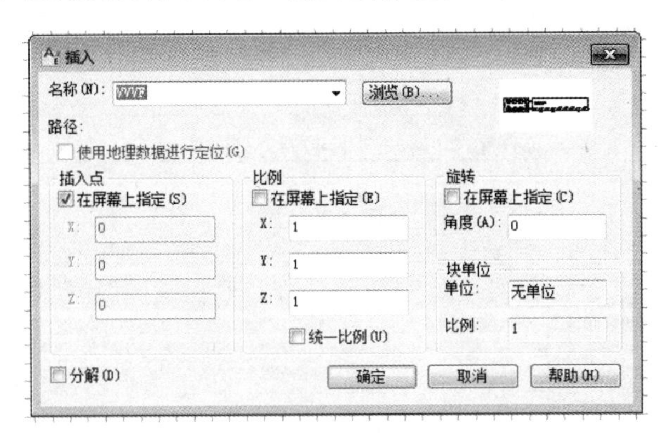

图 2-3-14

②使用导线插入功能完成主电路连接。

③控制回路，选择【原理图】/【插入元件】/【图标菜单】，在弹出的对话框中将“原理图缩放比例”改为 1.000，选择左边文本框中的继电器/触点，在右边图形区选择继电器常开触点，如图 2-3-15 所示。在“插入/编辑辅元件”对话框中将“元件标记”改为 KA2，如图 2-3-16 所示，点击【确定】按钮。按同样的方法插入 KA4 后，其原理图如图 2-3-17 所示。

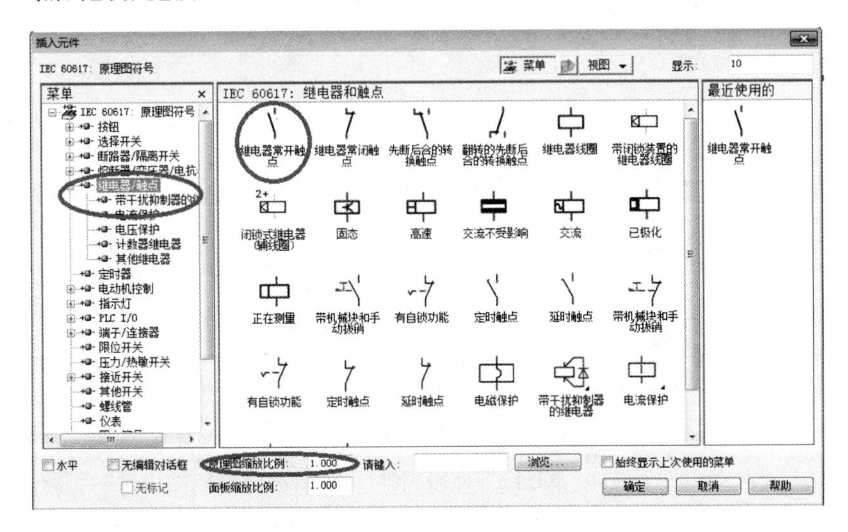

图 2-3-15

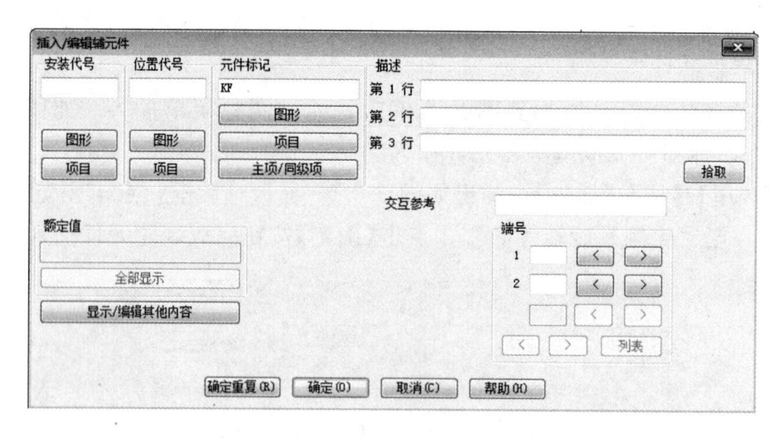

图 2-3-16

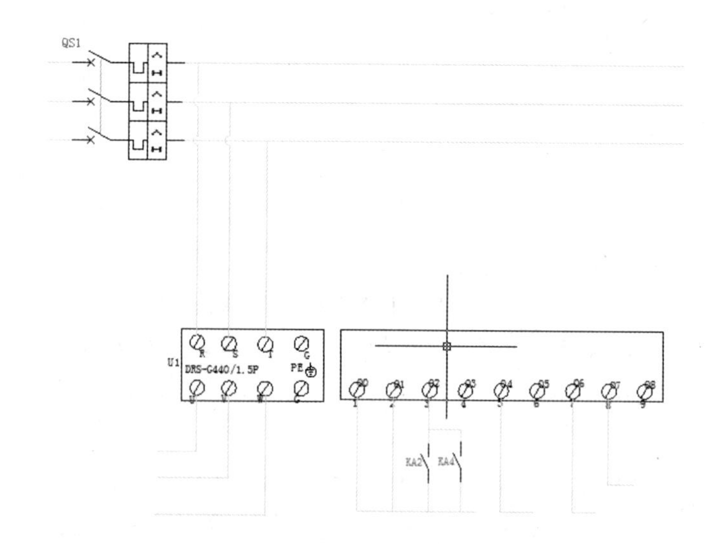

图 2-3-17

(7)创建相序保护元件的符号，如图 2-3-18 所示。

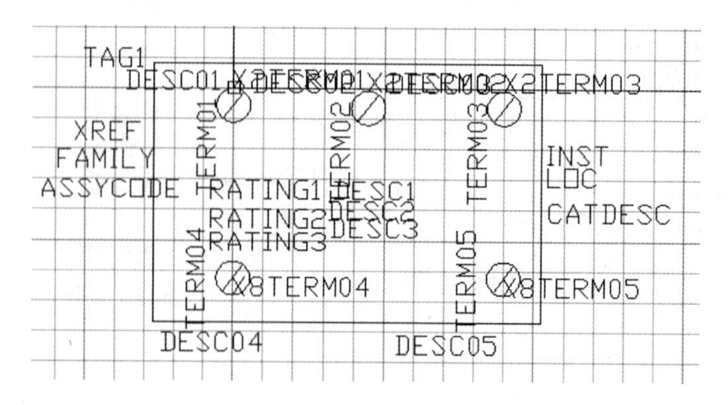

图 2-3-18

(8)插入相序保护符号，如图 2-3-19 所示。

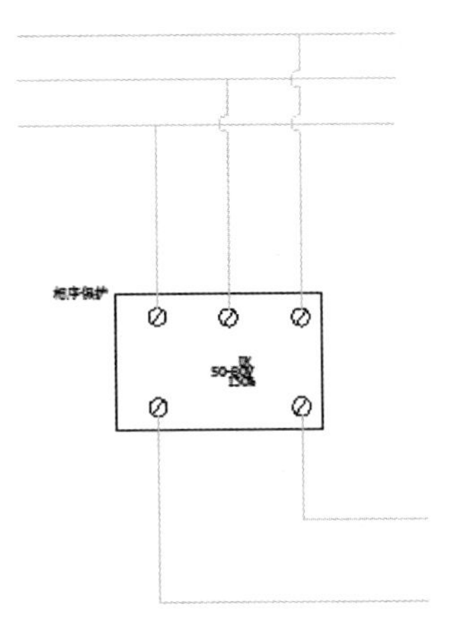

图 2-3-19

(9)插入电压表。

①选择【原理图】/【插入元件】/【图标菜单】，在弹出的对话框中将“原理图缩放比例”改为 1.0，选择左边文本框中的仪表，在弹出的子对话框中选择电压表，如图 2-3-20 所示。

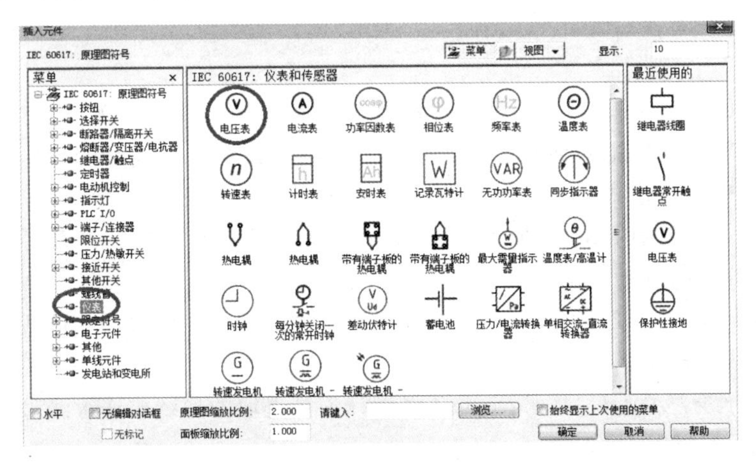

图 2-3-20

②通过增强属性编辑器修改电压表的属性、文字选项及特性，如图 2-3-21 所示。

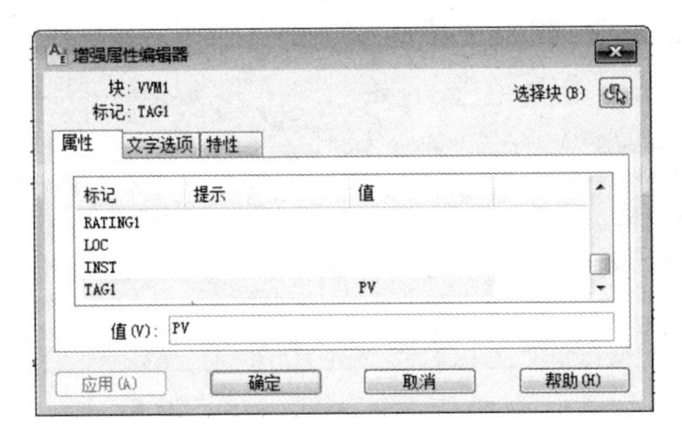

图 2-3-21

如图 2-3-22 所示，主回路基本画好。

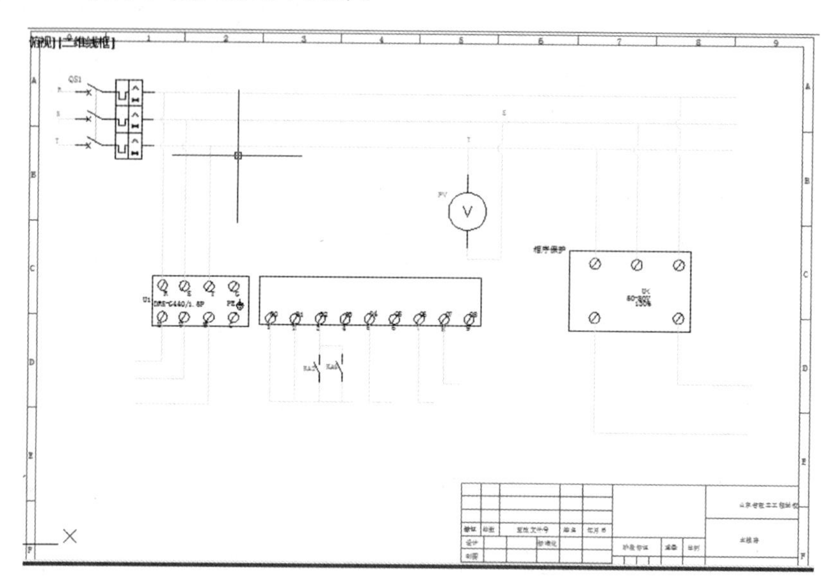

图 2-3-22

(10)进行相关标注。

①添加线号。

a. 选择【原理图】/【插入导线/线号】/【线号】，弹出如图 2-3-23 所示导线标记对话框。

在导线标记对话框中的“导线标记模式”设置连续线号的起始值；选择线号的标记格式；最后选择导线标记的方式。

如图 2-3-23 所示，线号标记的方式有项目范围、拾取各条导线和图形范围 3 种。

项目范围：AutoCAD Electrical 将在项目所有图形中按照设置的连续线号的起始值对所有导线进行线号标注。

拾取各条导线：AutoCAD Electrical 将设计人员选取的导线按连续线号的起始值对所有导线进行线号标注。

图形范围：AutoCAD Electrical 将在当前显示的图形中按连续线号的起始值对所有导线进行线号标注。

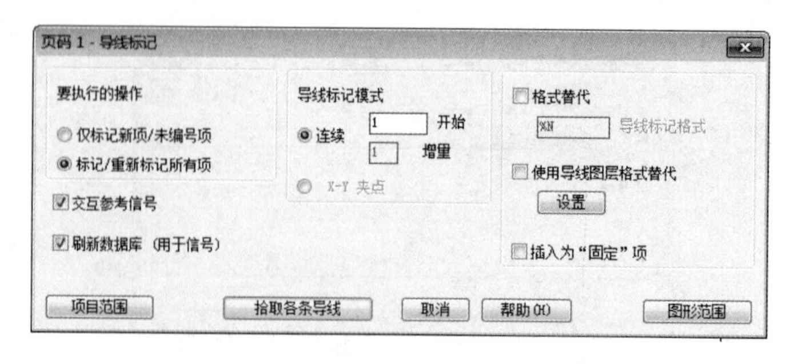

图 2-3-23

在进行线号标注的时候，如仅对一条导线进行标注，则在拾取导线时只拾取一条即可；如对项目或图形中的某些导线进行连续标注时，则拾取要标注的导线后按回车键即可自动对所拾取的导线自动标注线号。

如果要对已标注线号进行修改，如图 2-3-24 所示，选择【原理图】/【编辑导线/线号】/【编辑线号】，弹出图 2-3-25(a)所示光标；点击拾取要标注的导线，弹出图 2-3-25(b)所示对话框；输入线号，按回车键自动出现要标注的线号，如图 2-3-25(c)所示。

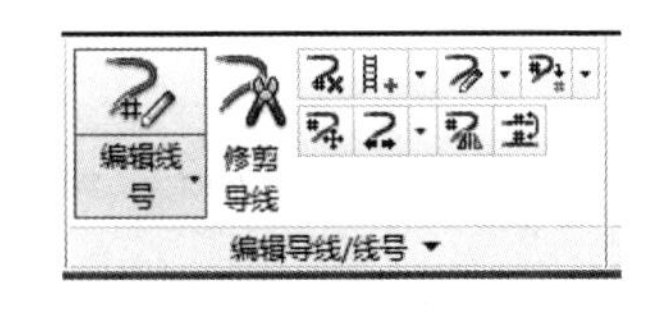

图 2-3-24

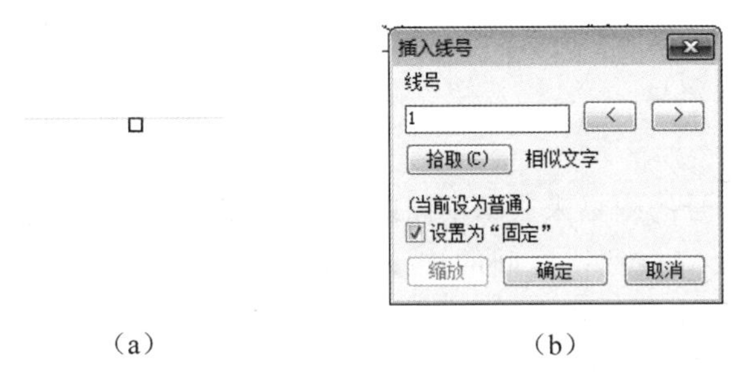

(a)　(b)　(c)

图 2-3-25

②添加端子号。

a. 如图 2-3-26 所示，选择【原理图】/【编辑元件】/【编辑】，弹出如图 2-3-25(a)所示光标，点击要添加端子号的元件，弹出如图 2-3-27 所示“插入/编辑辅元件”对话框，在端号属性设置中输入元件接点的端子号，也可以通过选择元器件自动关联。但不管使用哪种方法标注，端子号必须要与实际器件上的标注一致。

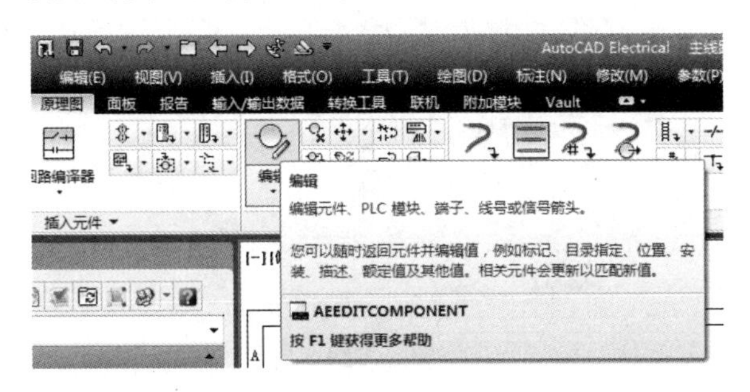

图 2-3-26

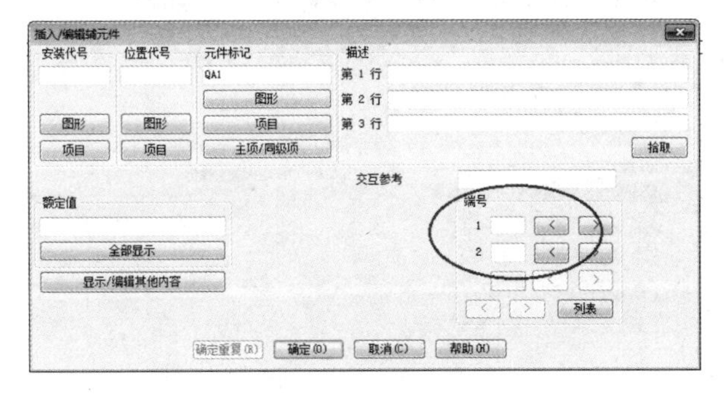

图 2-3-27

b. 双击三相断路器 QS1，在图 2-3-28 所示的增强属性编辑器中找到 TERM01，将其值设定为 R，并修改其文字选项。

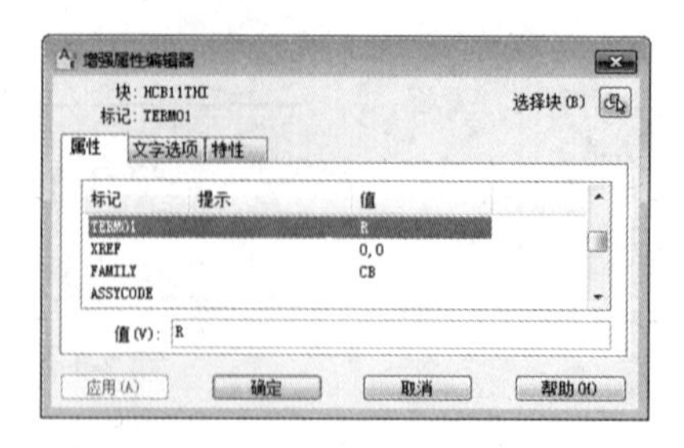

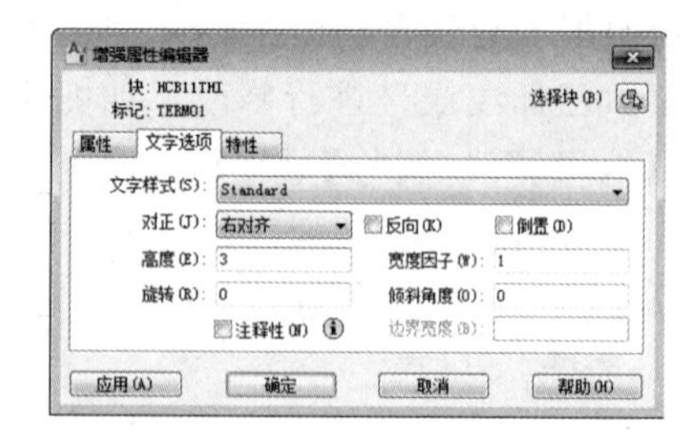

图 2-3-28

按同样的方法添加其他元件的端子号。

(11)添加源箭头。

AutoCAD Electrical 提供了源信号的图标来表示不同图样上无法用导线直接连接或同一图样上没有用导线直接连接的多个导线网络之间的连接关系。如果一个目标符号与一个源信号符号相匹配，则 AutoCAD Electrical 看成它们是电气上连接在一起的网络，它们的线号也会被 AutoCAD Electrical 强制设成同一线号。

①如图 2-3-29 所示，选择【原理图】/【插入导线/线号】/【源箭头】，AutoCAD Electrical 命令行提示“选择源的导线末端”。

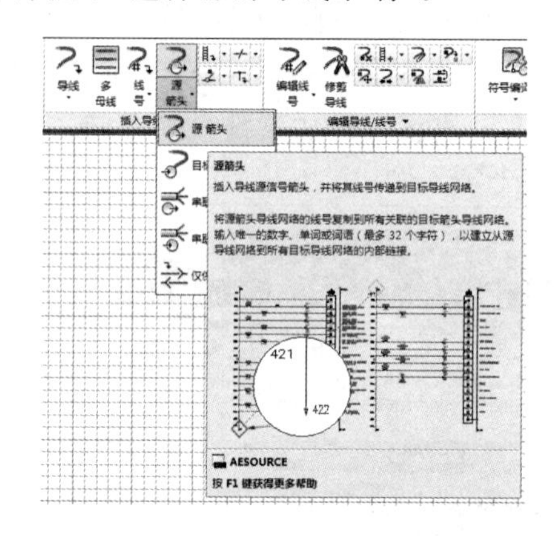

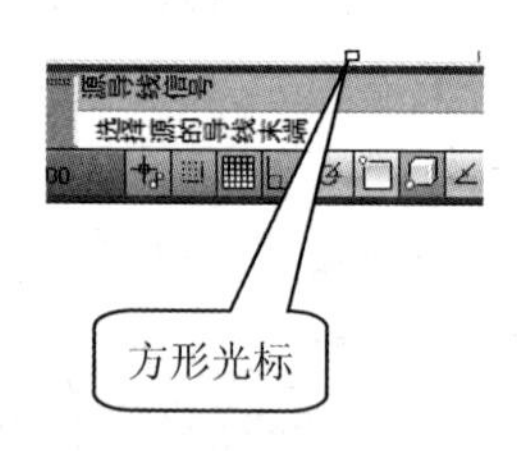

图 2-3-29

②使用方形光标点击要放置源箭头的导线末端，弹出如图 2-3-30 所示对话框。

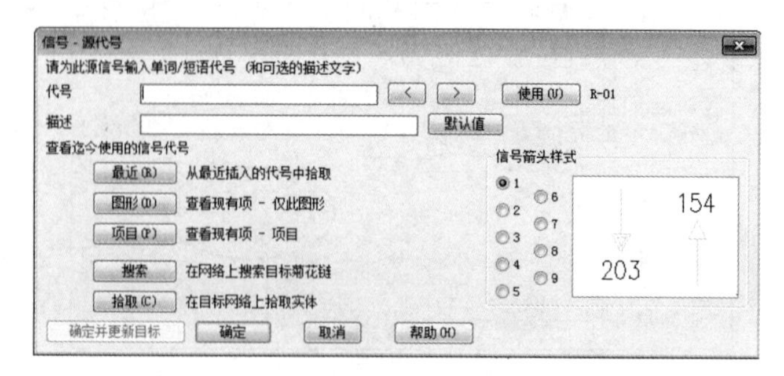

图 2-3-30

③输入代号后，点击【确定】按钮，弹出如图 2-3-31(a)所示对话框，问是否插入匹配的目标箭头，由于目标箭头要放在另一张图样上，所以点“否”。在导线末端出现如图 2-3-31(b)所示源箭头。

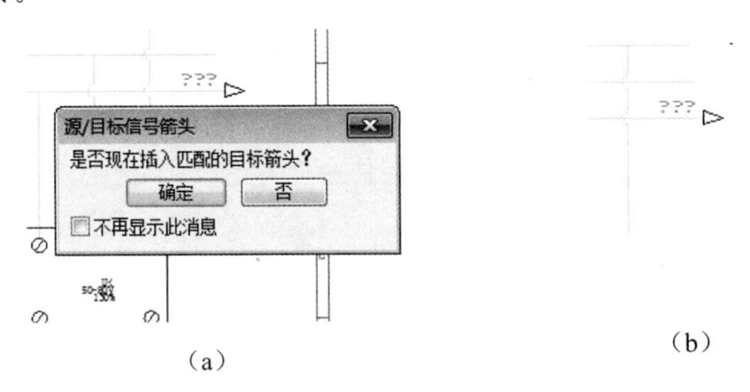

(a)　　(b)

图 2-3-31

④双击源箭头符号，在“增强属性编辑器”对话框中修改线号，如图 2-3-32 所示。

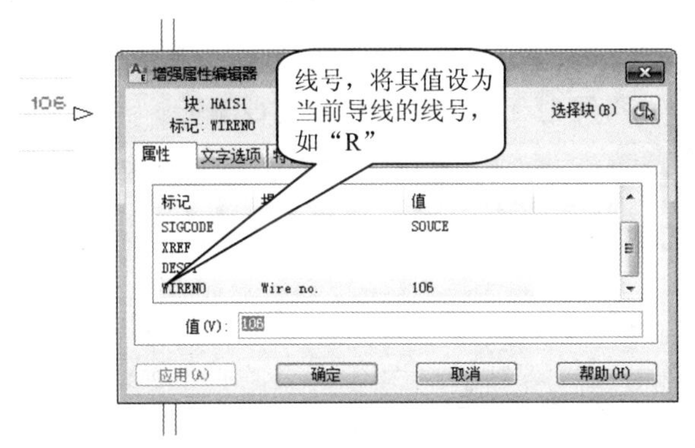

图 2-3-32

⑤用同样的方法插入其他源箭头。至此，主回路就已基本画好了。主回路图样如图 2-3-33所示。

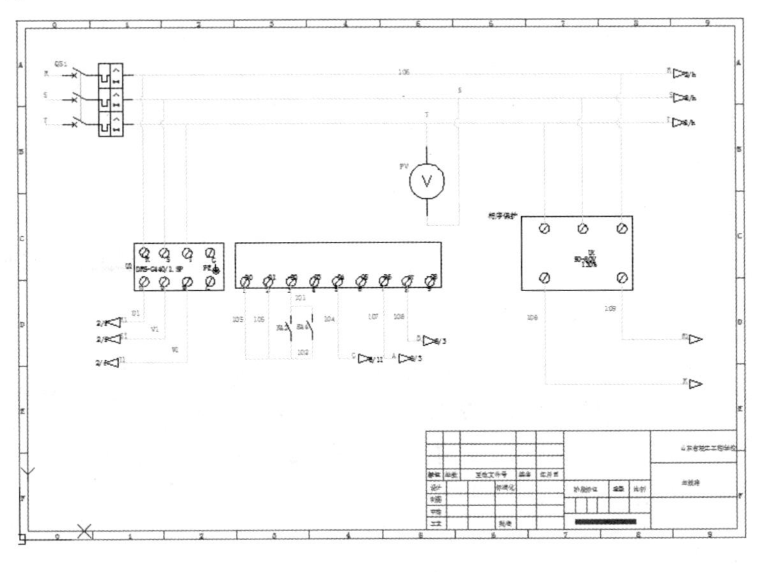

图 2-3-33

操作训练

(1)创建一个电磁离合器的图形符号，并将其添加到图形菜单中。

(2)以父子元件的方式创建三菱 FX2N PLC 及对应的模拟量模块图形。

相关知识

一、元件插入命令

1. 插入元件

选择【原理图】/【插入元件】/【图标菜单】，弹出如图 2-3-34 所示“插入元件”对话框。其中，左边是带滚动条的文本框，为菜单区；右边是图标区，分为中间的图标区和最右边用来记录最近用过的图标区域，这给我们提供了一个插入元件的快捷方法。最下方的“水平”“原理图缩放比例”等可对元件的插入格式进行编辑。

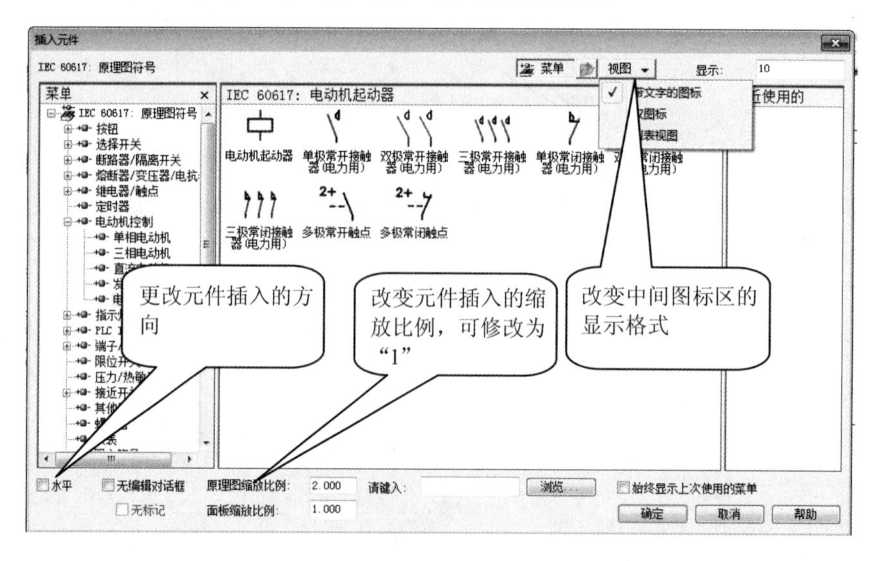

图 2-3-34

2. 复制元件

如图 2-3-35 所示，选择【原理图】/【编辑元件】/【复制元件】，出现方形光标，在图中单击要复制的元件，再到要插入的地方单击鼠标，弹出“插入/编辑元件”对话框。在“插入/编辑元件”对话框中修改元件信息后点击【确定】按钮，则一个相似的元件就插入图中了。

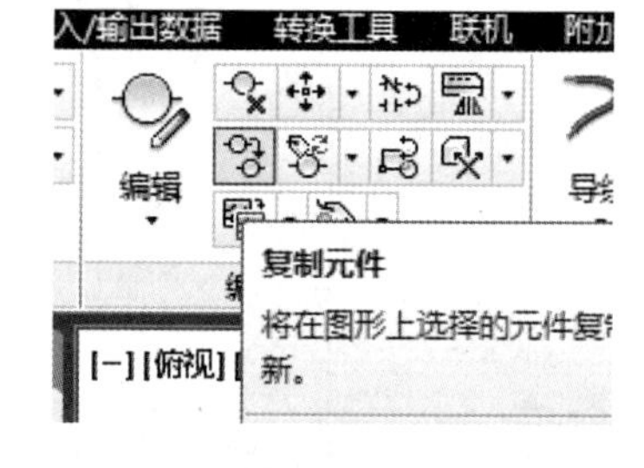

图 2-3-35

3. 多次插入

如图 2-3-36 所示，选择【原理图】/【插入元件】/【多次插入(图标菜单)】，弹出如图 2-3-34 所示“插入元件”对话框。选择一个常开按钮，用鼠标单击要放置按钮的位置，如图 2-3-37 所示虚线和导线的交叉点即为四个放置按钮的位置。按回车键弹出如图 2-3-38 所示“保留?”对话框，单击【确定】按钮，弹出“插入/编辑元件”对话框，修改信息后单击【确定】按钮，再次出现“保留?”对话框，重复刚才的操作，直到插入足够数量的元件为止，如图 2-3-39 所示。

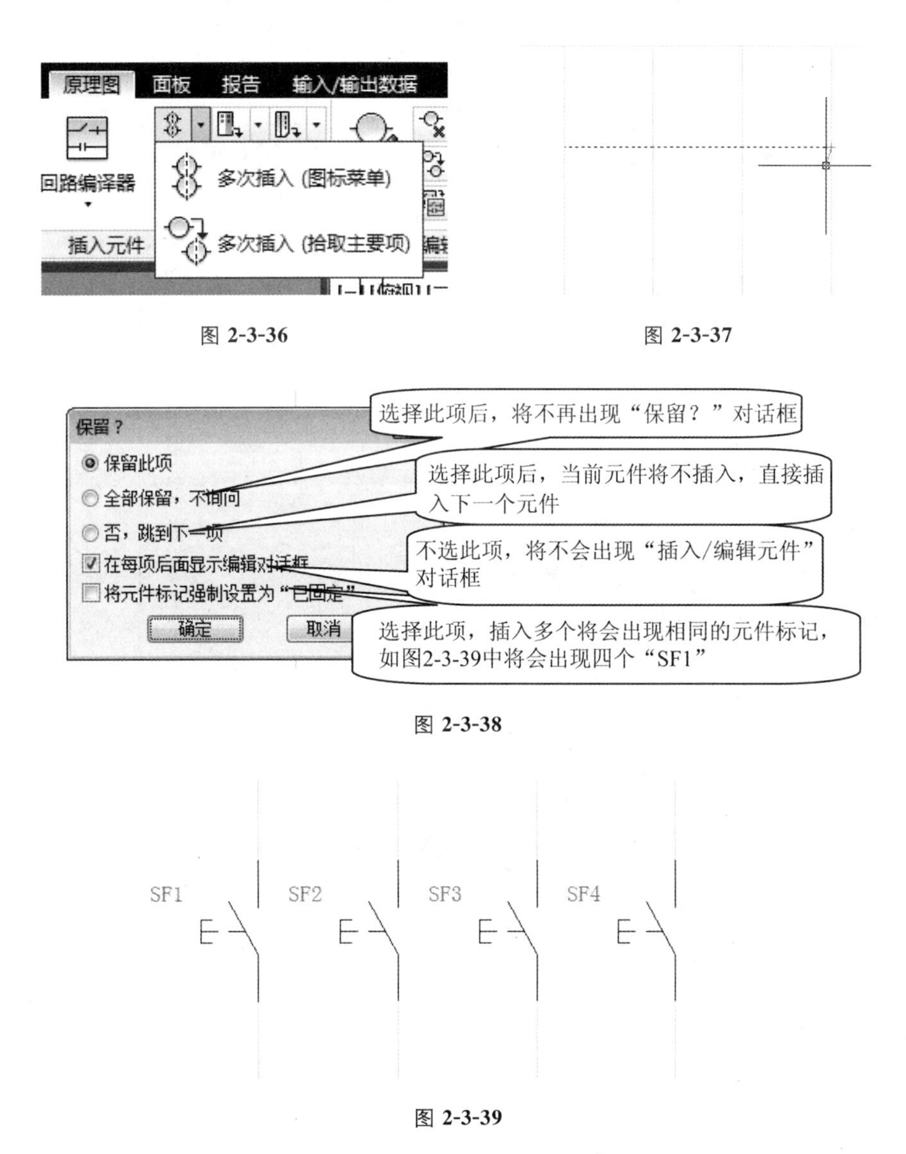

图 2-3-36　　图 2-3-37

图 2-3-38

图 2-3-39

在图 2-3-36 中还有一项“多次插入(拾取主要项)”，它与“多次插入(图标菜单)”的区别在于要插入的对象是通过点选图中已有块来获得的。

4. 替换/更新块

如图 2-3-40 所示，选择【原理图】/【编辑元件】/【替换/更新块】，弹出如图 2-3-41 所示“替换块/更新块/库替换”对话框。设定替换/更新方式，选择要替换的元件符号，然后在图样中点击被替换的元件符号，AutoCAD Electrical 将自动地把图样中的元件符号更改为要替换的元件符号，如图 2-3-42 所示将普通按钮符号替换为带照明按钮。注意，在使用替换/更新块功能前建议先将所有图样备份。

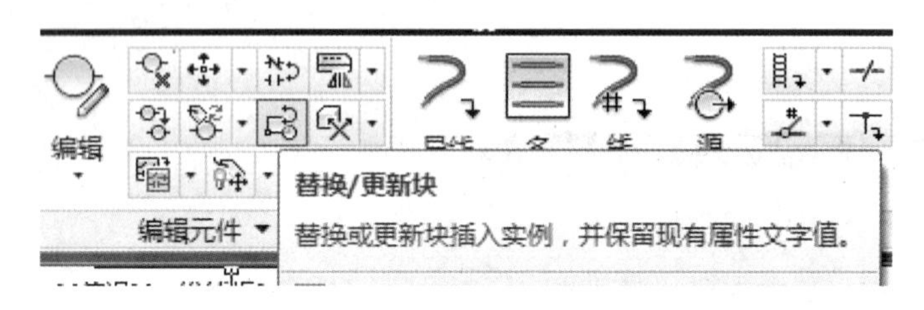

图 2-3-40

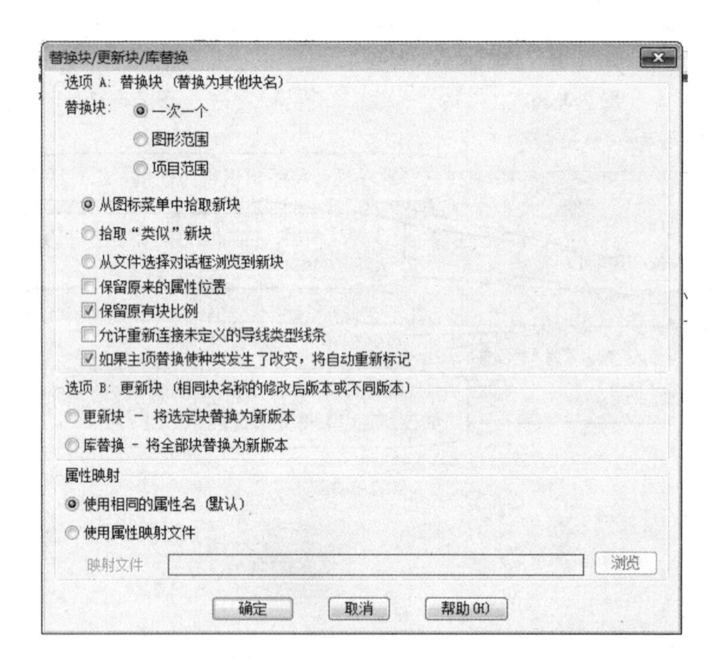

图 2-3-41

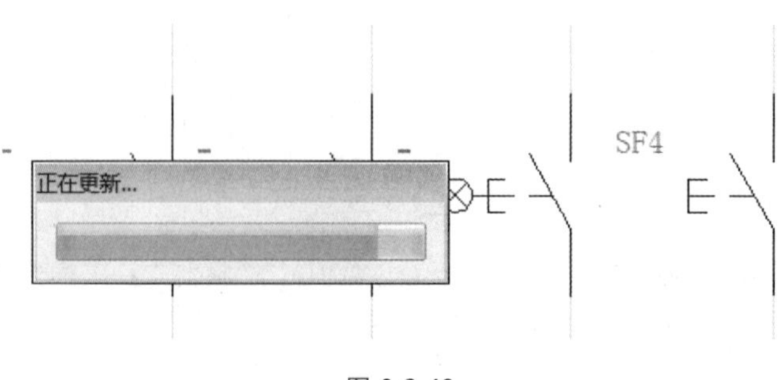

图 2-3-42

5. 插入块

选择【常用】/【块】/【插入】，弹出如图 2-3-43 所示“插入”对话框。点击【浏览】按钮选择要插入的块，然后指定插入点、比例及旋转角度等内容后，点击【确定】按钮，在图样中插入当前块。

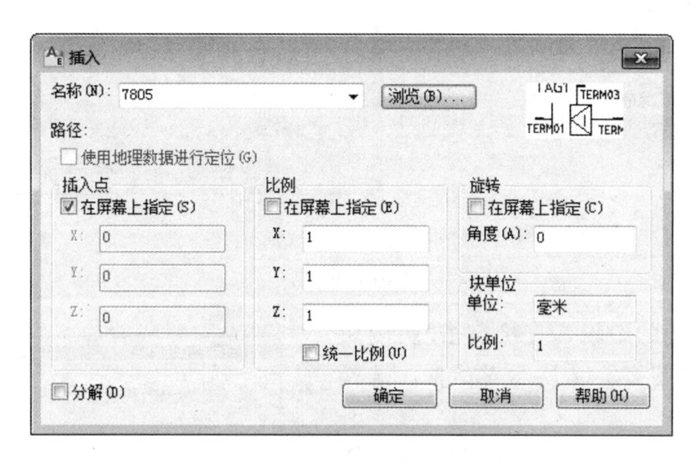

图 2-3-43

6. 编辑块

选择【常用】/【块】/【编辑】，弹出如图 2-3-44 所示“编辑块定义”对话框。选择要编辑的块，点击【确定】按钮后进入块编辑界面，如图 2-3-45 所示。

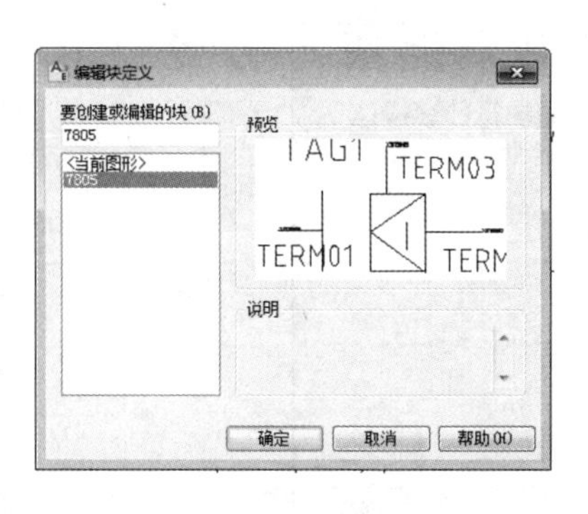

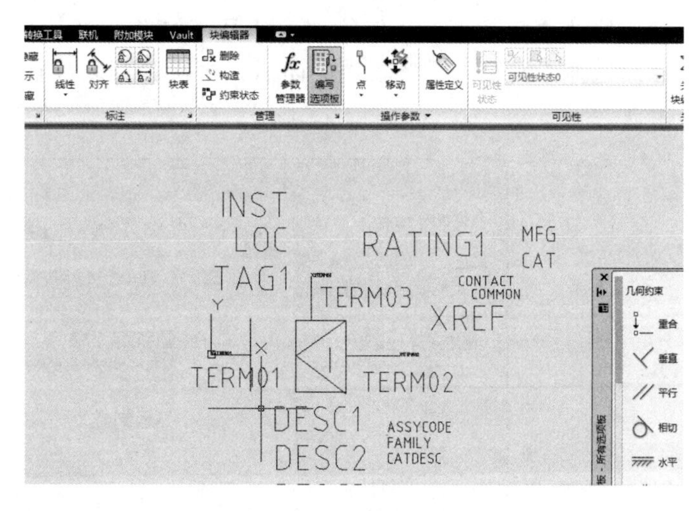

图 2-3-44　　　　图 2-3-45

在块编辑界面下修改块的属性或图形后，点击图 2-3-46(a)所示“将块另存为”，弹出如图 2-3-46(b)所示对话框，输入块名，点选“将块定义保存到图形文件”后，将创建一个新的块。

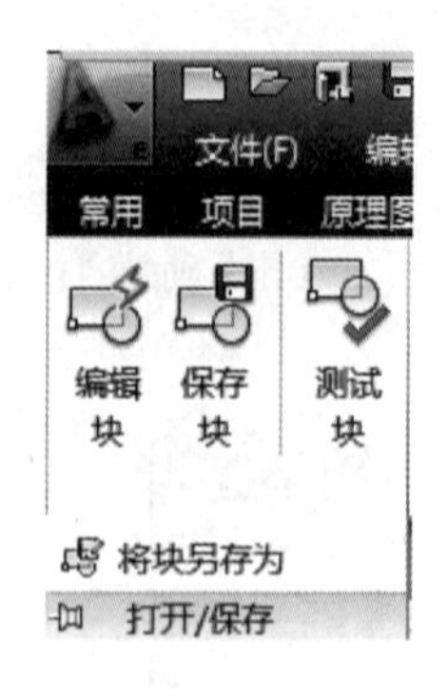

（a）

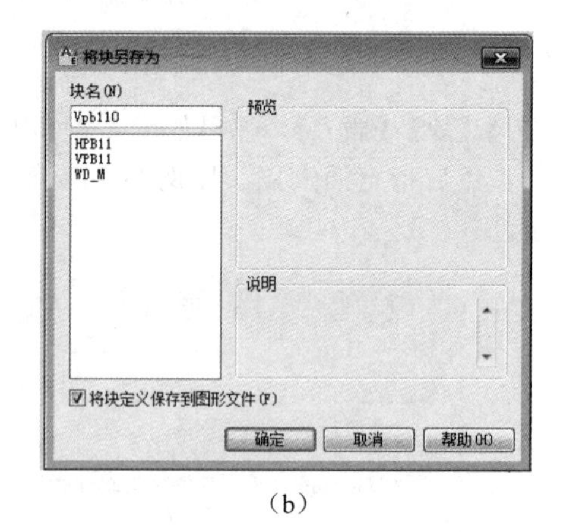

（b）

图 2-3-46

若不保存对块的编辑，直接点击“关闭块编辑器”，弹出如图 2-3-47 所示对话框，选择操作方式。

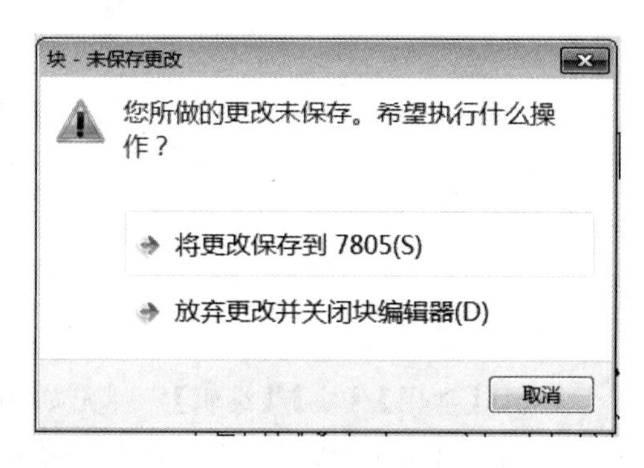

图 2-3-47

在图 2-3-47 中如果选择“放弃更改并关闭块编辑器”，则之前所做修改将不被承认。如果选择“将更改保存到 * *”，则再次插入此块时将弹出如图 2-3-48 所示对话框，选择“重新定义块”，则插入的块还是修改之前的图形；如果选择“不重新定义 * *”，则插入的块为修改之后的图形。值得注意的是，如果采用这种方式操作，将软件关闭后，再次打开软件插入同一块的话，插入的块将不被修改。

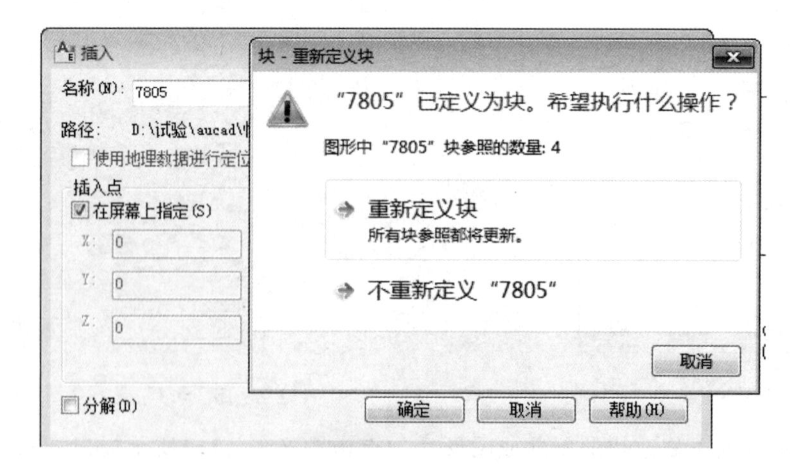

图 2-3-48

二、元件编辑命令

1. 编辑元件

选择【原理图】/【编辑元件】/【编辑】，出现小方形光标，点击图中要编辑的元件，弹出如图 2-3-49 所示“插入/编辑元件”对话框。选择元件的类型不同，弹出的对话框是不同的。在图 2-3-49 中，(a)图为父元件的“插入/编辑元件”对话框，(b)图为子元件的“插入/编辑元件”对话框。

元件标记用来填写元件的标记名称；描述区域中的 3 行文字，用来描述一个元件的功能特性等；目录数据区终端查找按钮可以用来从目录数据库中查找所选元件型号的数据，找到数据后会自动填充进这些字段中。在简单的项目中，人工录入制造商和目录字段也是可以的，多个目录也可让你给元件增加多个附件；交互参考中的参考常开触点和参考常闭触点是定义父子元件关系时自动生成的，不必人工输入；端号可以从数据库中抓取出来，也可人工输入。

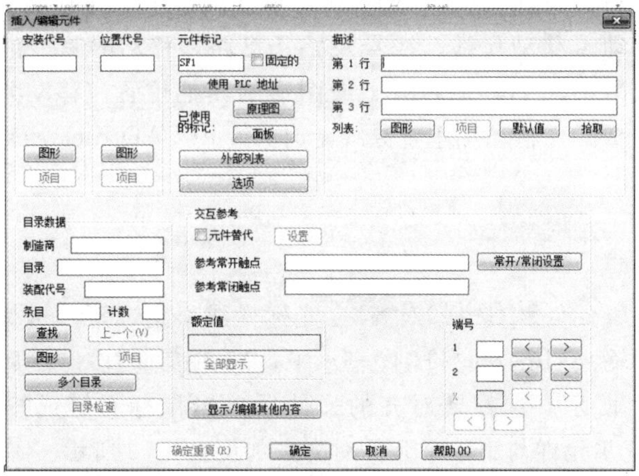

(a)

(b)

图 2-3-49

2. 重新标记元件

选择【原理图】/【编辑元件】/【重新标记元件】，弹出如图 2-3-50 所示对话框，选择重新标记范围，单击【确定】按钮后将自动完成元件的重新标记。

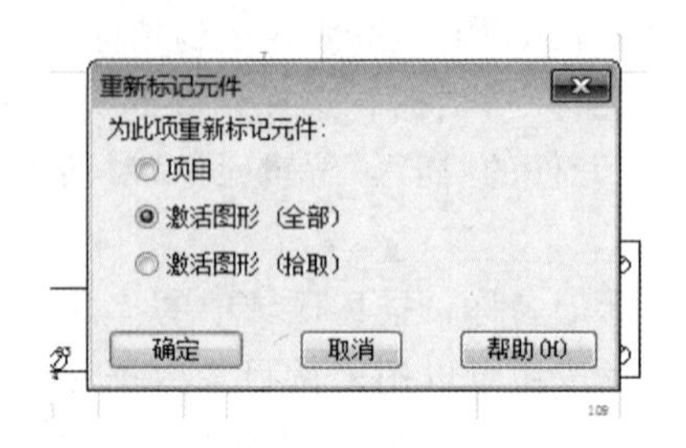

图 2-3-50

3. 移动元件

在【原理图】/【编辑元件】中 AutoCAD Electrical 提供了快速移动和移动元件两个移动命令。其中，快速移动可移动元件、线号及整条支路，移动时只能沿导线方向移动；移动元件可将元件、线号移动到其他导线上或图形的其他位置。移动元件时，导线将自动回复或切断；当将水平元件移动到垂直导线上时，AutoCAD Electrical 将自动使用垂直模块代替水平模块。

4. 对齐

在【原理图】/【编辑元件】中选择“对齐”，光标变成小正方形。选择一个元件作为对齐的基准，在命令行中输入对齐方向(H 代表水平，V 代表垂直)。然后鼠标点选或框选其他元件，如图 2-3-51 所示。选择要对齐的元件后单击鼠标右键或按回车键，AutoCAD Electrical 将自动使这些元件与第一个元件对齐，如图 2-3-52 所示。

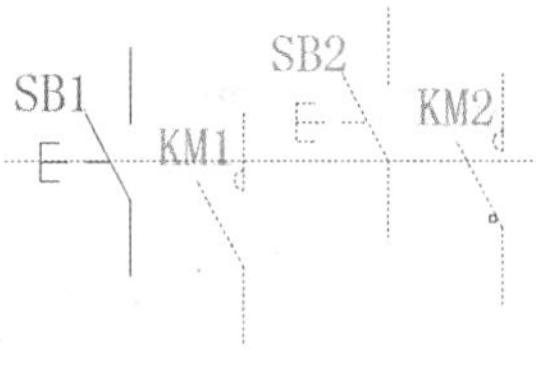

图 2-3-51

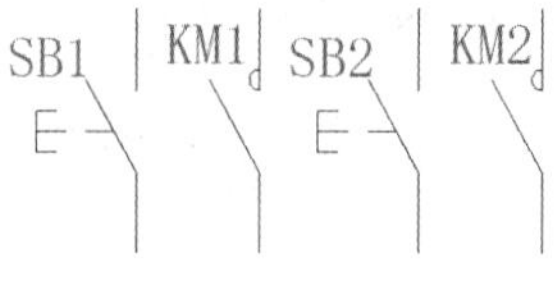

图 2-3-52

5. 删除元件

在图形中删除元件时，可以选择要删除的元件后使用 Delete 键删除，但是使用 Delete 键删除元件后导线处将自动断开，如图 2-2-54(b)所示；也可使用【原理图】/【编辑元件】中的删除按钮，如图 2-3-53 所示，使用删除按钮删除元件后，AutoCAD Electrical 会将连接元件的导线自动修复，如图 2-3-54(c)所示。

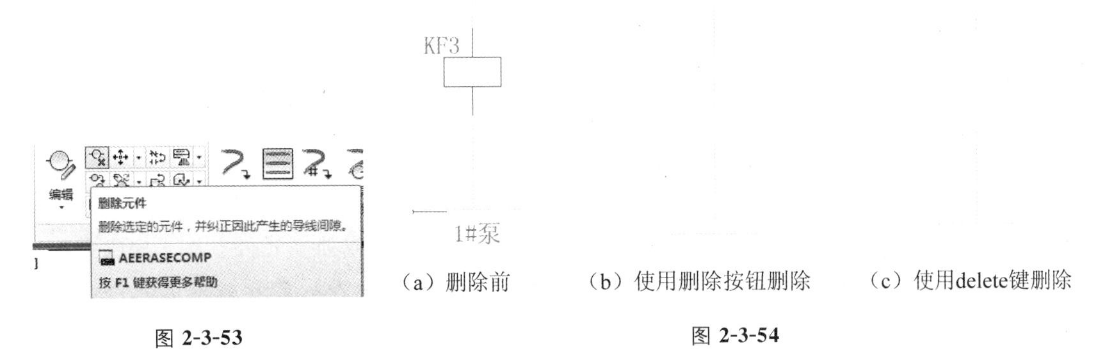

（a）删除前　（b）使用删除按钮删除　（c）使用delete键删除

图 **2-3-53**　　图 **2-3-54**

如图 2-3-55 所示，在删除主元件时，AutoCAD Electrical 会提示是否删除所属的辅元件，不管辅元件是在当前图中还是在项目的其他处，AutoCAD Electrical 都可以找到。

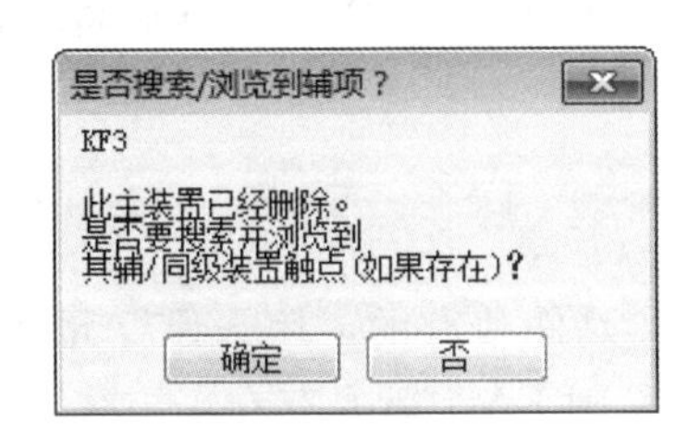

图 **2-3-55**

三、属性编辑

如图 2-3-56 所示，AutoCAD Electrical 还提供了修改元件属性的相关工具。移动属性：选择此命令，鼠标光标变成小正方形，单击图中元件的某一属性或连续选择多个属性，然后单击鼠标右键、在空白处单击鼠标左键或按下键盘的回车键结束选择，然后用鼠标左键单击属性，就可以拖着属性移到所要的位置。隐藏属性：选择此命令，然后再单击图中要隐藏的属性，则此属性将不再在图形中显示。编辑属性：选择此命令，单击要编辑的属性，则可更改此属性的值。属性编辑功能的各命令自行操作，但当选择编辑命令后点击元件，则弹出如图 2-3-57 所示“显示/隐藏属性”对话框，单击属性行，可以切换属性的显示和隐藏两种状态。

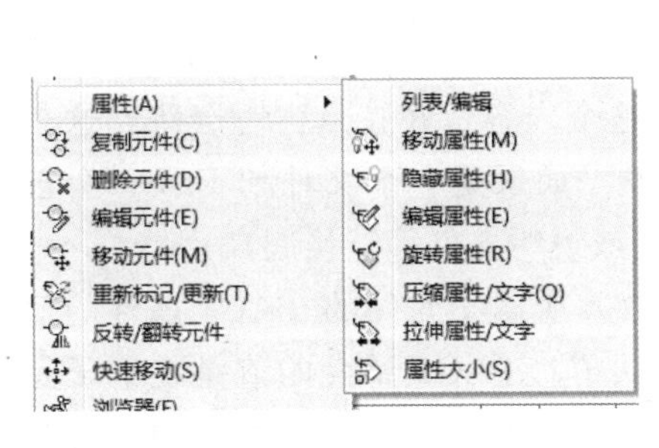

图 **2-3-56**

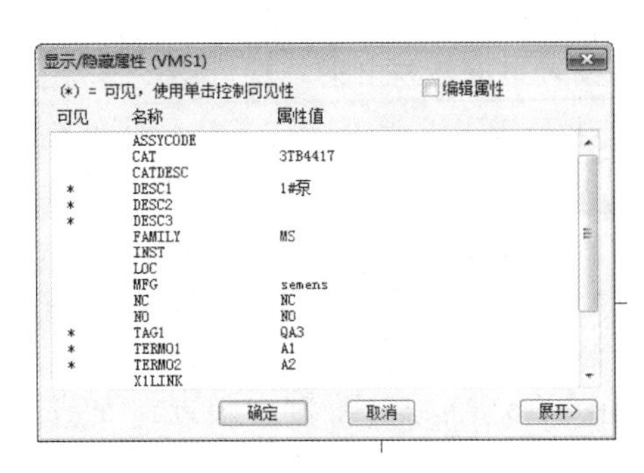

图 **2-3-57**

四、创建新元件

1. AutoCAD Electrical 元件命名原则

(1)水平和垂直(H、V)。

(2)两个字母表示元件的类别。

(3)元件文件名中的第 4 个字母总为 1 或 2(1——父元件或独立元件；2——子元件)。

(4)元件是一个触点类型元件，则名字中第 5 个字母用 1 表示常开触点类元件，用 2 表示常闭触点类元件。

(5)名字中剩下的字母 AutoCAD Electrical 没有定义，自制元件时也可用来标识元件的一些其他属性，也可以没有。

如 HCR21. dwg 中 H 表示水平接线、CR 表示控制继电器、2 表示子元件、1 表示常开触点。

2. 元件常见属性

(1)TAG1。TAG1 属性是父元件独有的，用来保存元件的名字。比如在原理图中插入一个接触器线圈，取名 KM1，则 KM1 就是存在于该图形块的 TAG1 属性中。

(2)TAG1_PART1、TAG1_PART2、TAG1_PARTX。这是父元件独有的属性，如果在一个父元件中没看到 TAG1 属性，而看到的是 TAG1_PART1、TAG1_PART2、TAG1_PARTX 等属性，则它们是用来代替 TAG1 属性的，并将 TAG1 内容分开放入这些属性中。这样做的目的是在画原理图时，可以将元件的名字分成两行显示。

(3)MFG。这是父元件独有的属性，MFG 属性用来存放 Manufacturer 即元件制造公司的名称，最长只能到 24 个字符。这个属性默认是不可见，主要用来生成明细表。

(4)CAT。这是父元件独有的属性，CAT 是 Catalog 的缩写，用来存放元件的型号，默认为不可见属性，同样主要用来生成元件明细表。最长只能有 60 个字符。

(5)ASSYCODE。这是父元件独有的属性，ASSYCODE 是 Assembly code 的缩写，它存放的是该元件的子装配件的代号，最长 24 个字符。这个代号主要是 AutoCAD Electrical 自己产生的，用来在生成元件明细表时将元件的子装配件在明细中也显示出来。比如一个接触器 KM1，还加了一块辅助触点模块，因为这个辅助触点模块是单独购买的，所以明细表中也要列出来，就可用此方法。

(6)WD_WEBLINK。这是父元件独有的属性，如果父元件中含有此属性并且有内容，则在用 AutoCAD Electrical 的搜索工具时会显示这个内容，并且点击时会跳到这个内容并展开。如果内容是一个网址，会自动登录此网站，如果是一个文件如 PDF，会自动打开。它的用处是将图样的元件与其资信如厂家网址或说明文件等链接起来。

(7)TAG2。这是子元件独有的属性，用来存放其所属父元件的 TAG1 属性的值，如果在绘图时没有指定父元件，则显示 TAG2 的默认值。TAG2 属性的值是在给子元件指定父元件时，AutoCAD Electrical 自动从父元件的 TAG1 属性值复制过来的，这个值不要人为指定以免造成错误。和父元件一样，子元件可以通过 TAG2_PART1、TAG2_PART2、TAG2_PARTX 属性将子元件名称分行显示，而且 AutoCAD Electrical 并不强制要求父元件和子元件要使相同的格式，也不强制要求一个父元件的多个子元件之间采用相同的格式，两种格式可以混合使用。

(8)FAMILY。FAMILY 属性为隐藏属性，用来存放元件的类别名称(如 CR 表示控制继电器类，CB 表示断路器等)。一般情况下，FAMILY 属性的默认值与 TAG1，TAG2 的默认值相同。TAG1 属性默认值用来指定 AutoCAD Electrical 图形中插入元件时，元件自动命名的方式；FAMILY 属性的默认值用来指定 AutoCAD Electrical 从数据库的哪一类别的数据列表中抓取数据。当 TAG1 属性没有默认值时，AutoCAD Electrical 用 FAMILY 的默认值来当作 TAG1 的默认值。一个子元件的 FAMILY 属性值没有默认值时，则这个子元件可以和任意类型的父元件形成父子关系，AutoCAD Electrical 会自动将父元件的 FAMILY 属性值复制到子元件的 FAMILY 属性中。

(9)DESC1、DESC2、DESC3。这是三个元件的描述属性，DESC 是 Description 的缩写。在实际图形中，某个元件可能只用 DESC1、DESC2、DESC3 属性中的一个或几个，每个属性值最长 60 个字符。在设计时，用户通过元件编辑对话框，给这三个属性赋值，如“一号泵起动”“风机起动”“30 kW”等。在绘图时，每插入一个父元件，就将其功能描述录入。当图形较多，插入的子元件要与父元件关联时，根据父元件的描述文字方便查找。

(10)INST。INST 是 Installation 的缩写，其属性值最长 24 个字符。INST 的内容表示 IEC 标准中高层代号，即等号所表达的内容，由设计人员录入或指定。因此，在设计系统前，要事先规划好系统的高层代号，对于小系统一般不使用高层代号，则此属性为空。

(11)LOC。LOC 是 Location 的缩写，其属性值最长 16 个字符。LOC 的内容表示 IEC 标准中的位置代号，即加号所表达的内容。LOC 在元件编辑对话框中是由用户录入或指定。

(12)XREFNO、XREFNC。这两个属性为父元件属性，其中 XREFNO 属性用来显示常开触点的交互参考，XREFNC 用来显示常闭触点的交互参考。这两个属性的值不用手动输入，当指定了父子元件的关系后由 AutoCAD Electrical 自动生成和维护(注意：AutoCAD Electrical 有时并不是实时生成交叉参考，当子元件信息发生变化时，要刷新父元件才会得到正确的交叉参考结果)。

(13)XREF。XREF 为子元件属性，用来显示交互参考时父元件所在的位置。

(14)CONTACT。这个属性属于子元件，用来表示触点在线圈失电时的状态，如果在子元件中该属性值为空，则表示 AutoCAD Electrical 在父元件的交互参考表中不会将此触点显示出来。

(15)POSn 和 STATE。POS 就是 Position 的缩写，主要用来表示旋钮式开关图形中开关的旋转位置，POSn 中的 n 表示一个数字，在一个块中可以有多个 POSn 属性存在，如 POS1、POS2、POS3 等，表示开关的位置 1、位置 2、位置 3 的意思。在表达旋钮式开关的方法中，POSn、STATE 属性存在于父元件中，而这类元件的子元件中只有

STATE 属性。

(16)RATINGn。RAINGn 属性用来保存元件的性能参数(如 60 A，220 V 等)，其中 n 表示一个具体的数字，AutoCAD Electrical 能识别最多 12 个这种属性，每个这样的属性值最长 60 个字符。

(17)X? LINK。X? LINK 中的? 号表示其为一个变量，取值为 0，1，2，4，8，表示连接方向(1 表示导线从右边连接到元件端子，2 表示导线从上边连接到元件端子，4 表示导线从左边连接到元件端子，8 表示导线从下边连接到元件端子，0 表示导线可根据实际情况改变连接角度)。

这类属性表示用虚线将相关元件连起来(如画三相元件如空气开关、接触器主触点和热继电器等)。父子元件之间用虚线连接后，子元件的元件名称和交互参考自动隐藏，这对于相邻的关联元件在画图时表达会更清晰。

(18)WDTYPE。AutoCAD Electrical 并不是只能画电气图，这个属性表示当前块的所属专业类别。比如当其值为 PN 时，表示该块是一个 Pneumatic 气动符号块。

(19)WD_JUMPERS。这是一个可选的属性，用来表示元件端子在内部相连(交流接触器线圈端点中的两个 A2)。它的属性值为(01 02)时，表示该元件的 X? TERM01 已经在内部连到 X? TERM02；而属性值为[(01 04)(02 05 06)]时，表示该元件的 X? TERM01 和 X? TERM04 在元件内部已短接，X? TERM02、X? TERM05 和 X? TERM06 在元件内部已短接。

(20)TERMn、X? TERMn、X? TERMDESCn。这三个属性用来描述原理图符号块的端子和接线，“?”号的取值为 0，1，2，4，8，表示连接方向；n 的取值为 2 个字符或数字，我们习惯给 n 赋值为 01，02，03…11，12，13…自制元件时应遵守这些约定。

这三个属性中，TERMn(TERM01，TERM02…)属性，表示元件的一个端子；同时，每一个 TERMn 属性必须有一个或几个 X? TERMn 的属性与之配对，它们的 n 取值相同。如接触器线圈，其 TERM01 属性值为 A1，TERM02 属性值为 A2，表示线圈的端子名为 A1，A2；而与 TERM01 配对的是 X2TERM01，与 TERM02 配对的是 X8TERM02，这表示线圈的 A1 端子是上接线的，A2 端子是下接线的。

X? TERMDESCn 属性用来描述导线的连接，通过 n 的值确定与之匹配的端子。这些附加的连接信息可被 AutoCAD Electrical 提取出来画屏柜图时使用，但一般情况下都没有用到 X? TERMDESCn 属性。

3. 创建新元件

(1)修改元器件模块(以父子元件的方式创建变频器模块)。

①从 AutoCAD Electrical 元件库中复制一对父子元件符号，然后按父子元件的命名方式将其名称更改为变频器的名称。

②打开父元件符号，将其按变频器主电路的结构绘制图形符号，如图 2-3-58 所示。

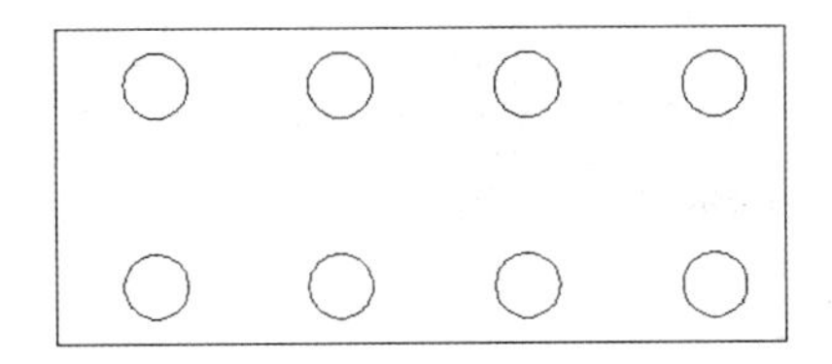

图 2-3-58

③对变频器父元件(主电路)进行属性设置，分别设置变频器的属性及其各端子的属性，如图 2-3-59 所示。

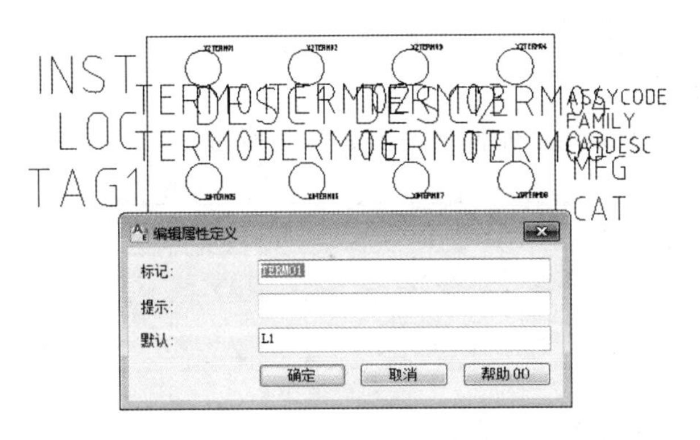

图 2-3-59

④将图形中没有用到的属性和图形删除，并将变频器父元件(主电路)图形以中心为基点移动到坐标原点。

⑤保存修改，插入变频器父元件，如图 2-3-60 所示。

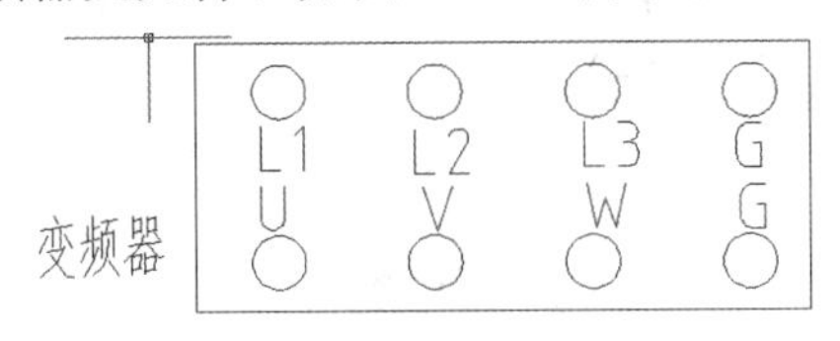

图 2-3-60

⑥打开子元件符号，将其按变频器控制电路的结构绘制图形符号，如图 2-3-61 所示。

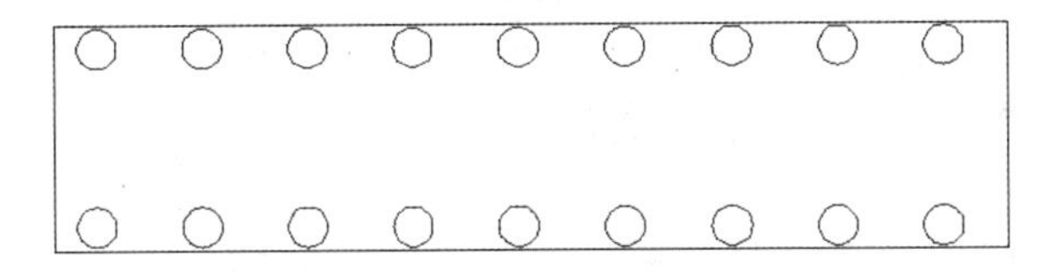

图 2-3-61

⑦对变频器子元件(控制回路)进行属性设置，分别设置变频器的属性和各端子的属性，如图 2-3-62 所示。

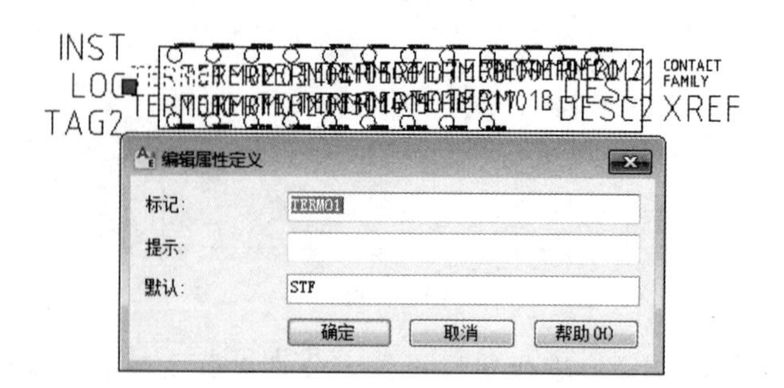

图 2-3-62

⑧将图形中没有用到的属性和图形删除，并将变频器子元件(控制电路)图形以中心为基点移动到坐标原点。

⑨保存修改，插入变频器子元件，如图 2-3-63 所示。

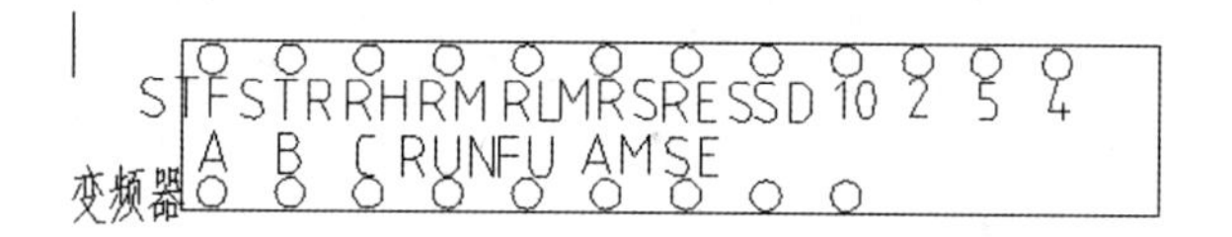

图 2-3-63

(2)符号编辑器(创建电磁离合器符号)。

①绘制电磁离合器的图形符号，如图 2-3-64 所示。

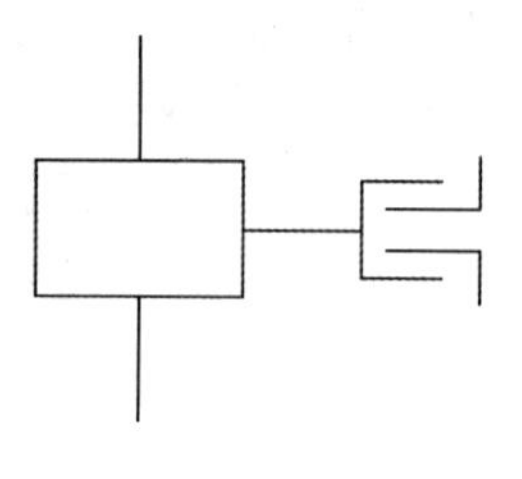

图 2-3-64

②选择图 2-3-65(a)所示“符号编辑器”，弹出(b)图所示对话框。

(a)

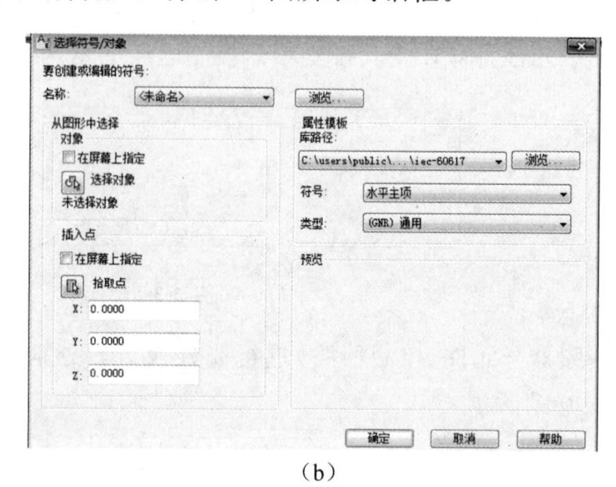

(b)

图 2-3-65

③点击(b)图中的“选择对象”，出现方形光标，框选所有图形，如图 2-3-66 所示。

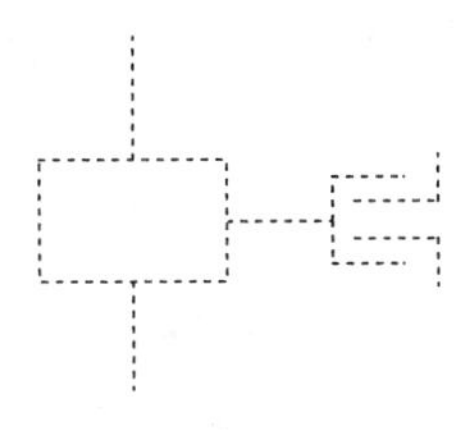

图 2-3-66

④按回车键，弹出如图 2-3-67 所示对话框。

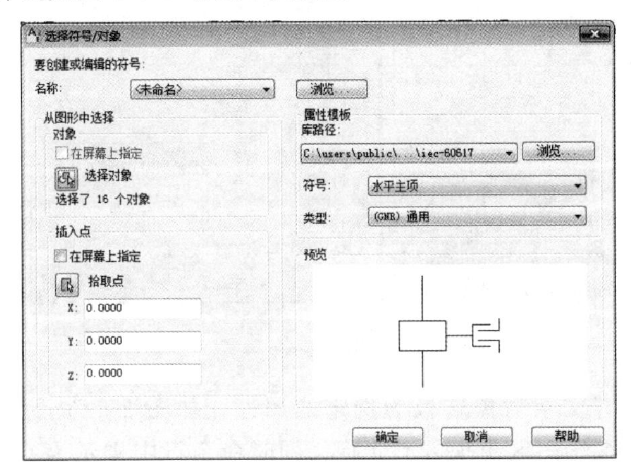

图 2-3-67

⑤上图提示已经选择了 16 个对象，点击【确定】按钮，进入如图 2-3-68 所示符号编辑界面对新创建的电磁离合器的符号进行图形和属性编辑。在属性编辑器中，需要的空间部分为必选属性；可选部分为可选属性，POS 和 RATING 为元件状态和参数设置；接线和端号为端子接线方式和端子号的设置。需要的空间部分如图 2-3-68 所示。

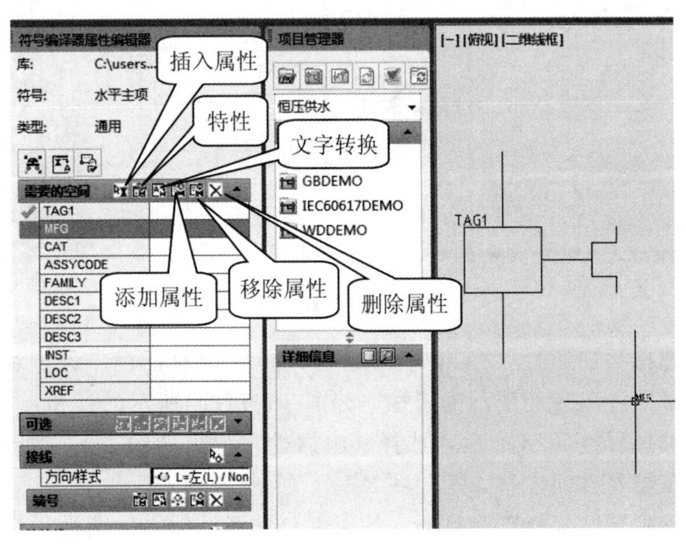

图 2-3-68

插入属性：将对应的属性插入元件上。插入时先选定要插入的属性，如图 2-3-68 所示 TAG1 属性；选择“插入属性”后绘图区域将出现带有属性名称的十字光标，在合适位置左键点击鼠标将完成属性的插入。插入后对应属性前将出现对钩，如图 2-3-68 所示。

特性：选择属性后，点击【特性】按钮将弹出属性修改对话框，如图 2-3-69 所示。

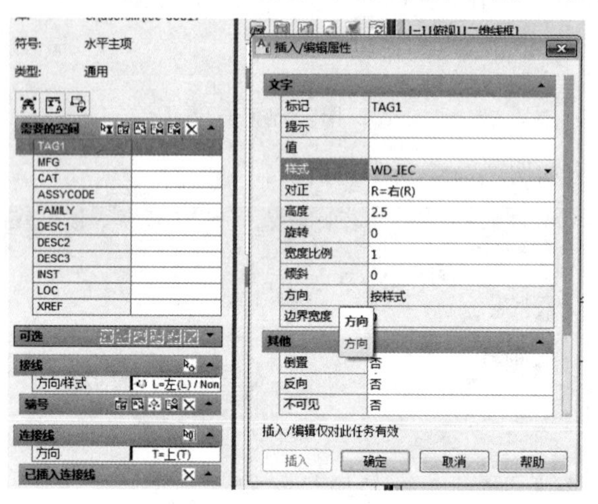

图 2-3-69

文字转换：将现有文字对象转换为选定的属性。如图 2-3-70 所示，选择 CAT 属性后，点击“转换文字”，绘图区出现方形光标，同时命令行中提示为 CAT 选择文字。使用方形光标点击目标文字，则目标文字将转换为当前属性，文字值将变为属性的默认值。

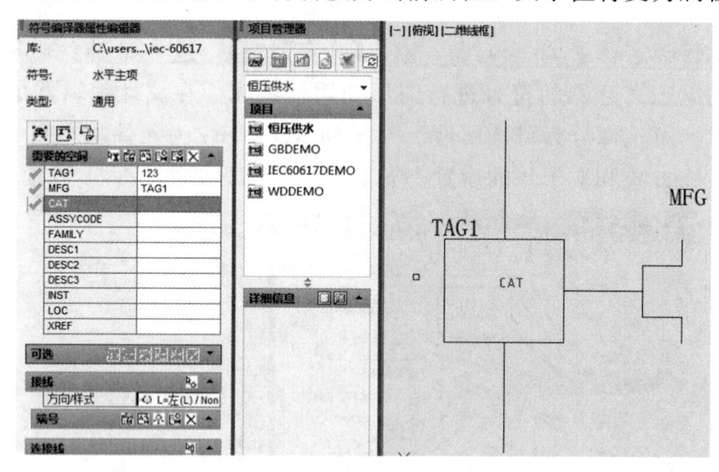

图 2-3-70

添加属性：选择添加属性，弹出如图 2-3-71(a)所示对话框。设定相关属性内容后，则在需要的空间最下方出现新添加的属性，如图 2-3-71(b)所示的 TAG2。

移除属性：选择属性 TAG2 后，选择移除属性，弹出如图 2-3-72 所示对话框，点击删除，TAG2 将在需要空间中移除，如图 2-3-73 所示。

删除属性：删除属性只能删除已插入的属性。选择已插入的属性后(TAG1)，点击删除属性，则图形中已插入的属性被删除，如图 2-3-74 所示，TAG1 前的对钩消失。

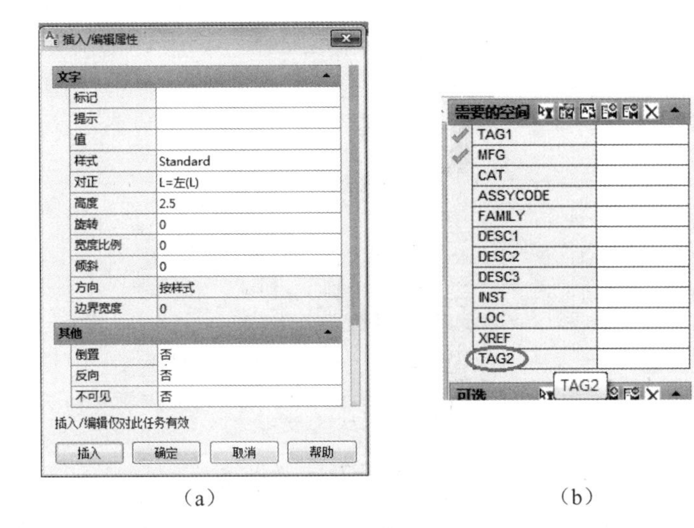

（a）　　　　　　　　（b）

图 2-3-71

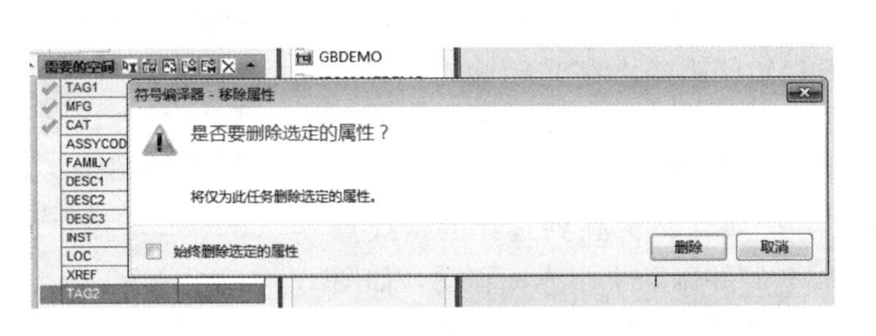

图 2-3-72

图 2-3-73

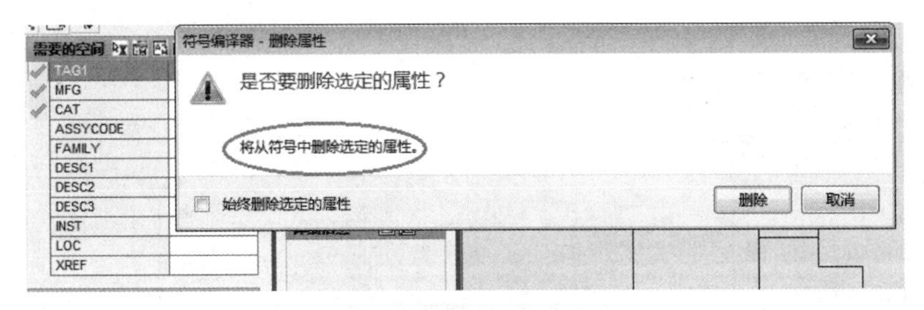

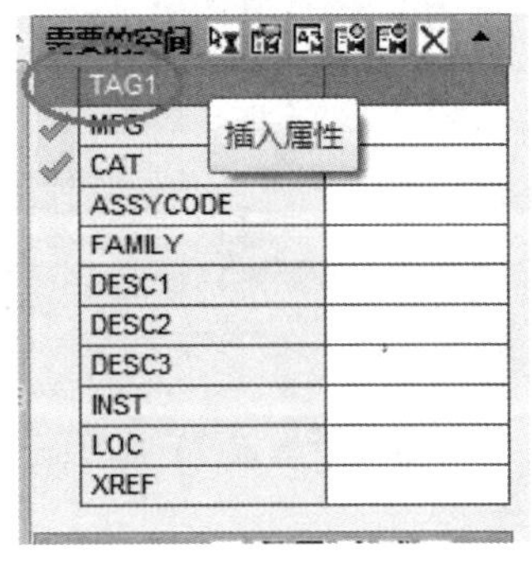

图 2-3-74

可选属性如图 2-3-75 所示，操作与需要空间的属性一致。

可选	
XREFNO	
XREFNC	
CONTACT	NO
STATE	
PINLIST	
PEER_PINLIST	
WDTAGALT	
WDTYPE	
WD_WEBLINK	
WD_JUMPERS	
CATDESC	
COMMON	02
POS	
POS1	
RATING	
RATING1	

图 2-3-75

接线属性设置如图 2-3-76 所示，设置接线的方式方向和端号，设置时将会同时插入“TERM??”和“X? TERM??”两个属性。接线“方向/样式”选择“T＝上”，如图 2-3-77 所示点击“插入接线”，绘图区将出现属性“TERM01”跟随十字光标移动，将十字光标的中心放到接线的点上，出现如图 2-3-77 所示绿色的方框时单击鼠标左键，属性“TERM01 和 X2TERM01”将被插入到绘图区的相应位置，“X2TERM01”属性将关联到选择的接线点上。同时会自动弹出属性“TERM02”并跟随十字光标移动，如图 2-3-78 所示。按同样的方式操作可继续插入“TERM??”属性，在插入时要注意选择合适的接线方式。

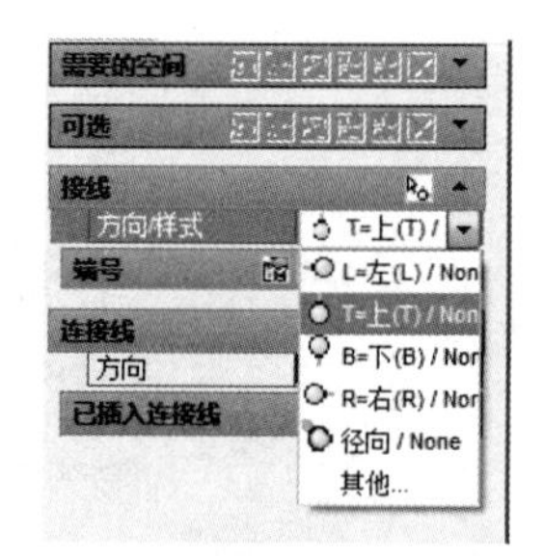

图 2-3-76

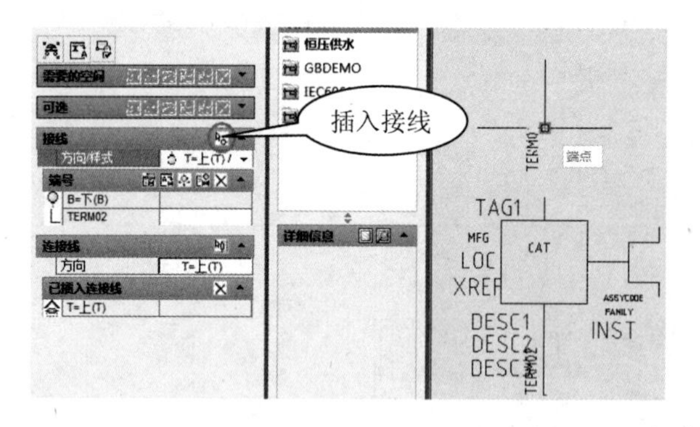

图 2-3-77

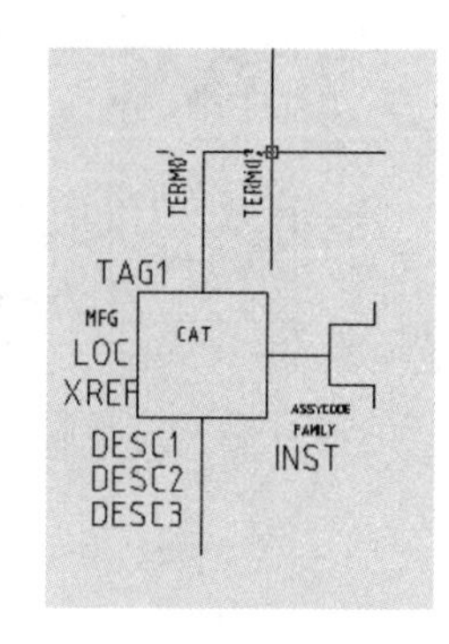

图 2-3-78

端号属性设置如图 2-3-79 所示。

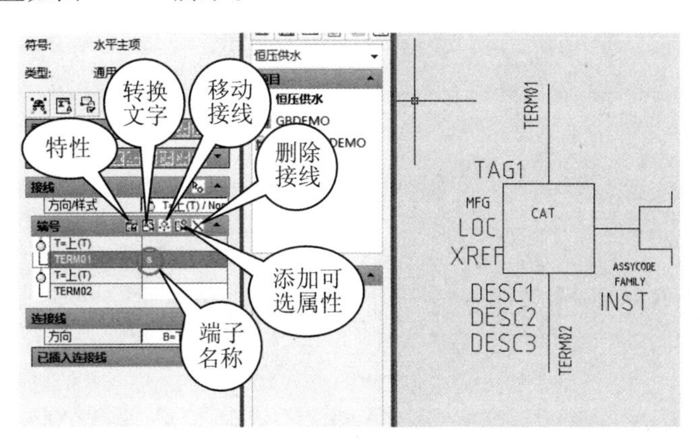

图 2-3-79

特性：选择端号 TERM01 后，点击特性，弹出如图 2-3-80 所示对话框，对 TERM01 的值、文字样式、文字对齐方式、文字高度等进行设置（如将值设为 s，样式设为 Standard）。

插入/编辑属性

文字	
标记	TERM01
提示	
值	s
样式	Standard
对正	Standard
高度	Annotative
旋转	WD_IEC
宽度比例	1
倾斜	0
方向	按样式
边界宽度	0
其他	
倒置	否
反向	否
不可见	否

插入/编辑仅对此任务有效

插入　确定　取消　帮助

图 2-3-80

转换文字：与需要空间中转换文字使用相同。

移动接线：完成绘图区域中端号的显示位置。选择 TERM01 后，点击移动接线，如图 2-3-81 所示，在绘图区左键点击鼠标，则将 TERM01 移动到新的位置显示。

添加可选属性：为接线添加对应的可选属性。

删除接线：用以删除已添加的端号，如图 2-3-82 所示。选择 TERM01 后，点击删除接线，则绘图区的 TREM01 将消失。

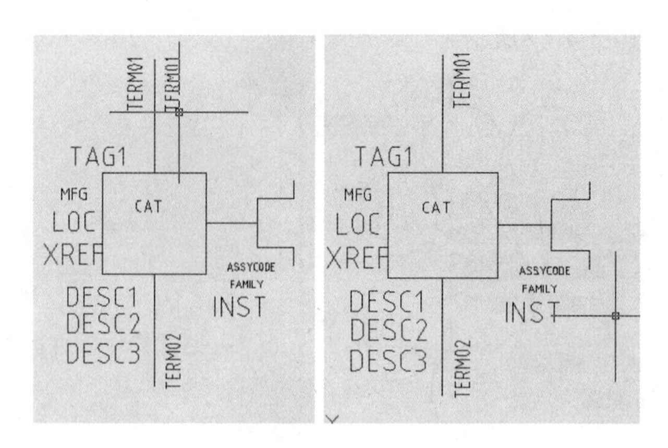

图 2-3-81

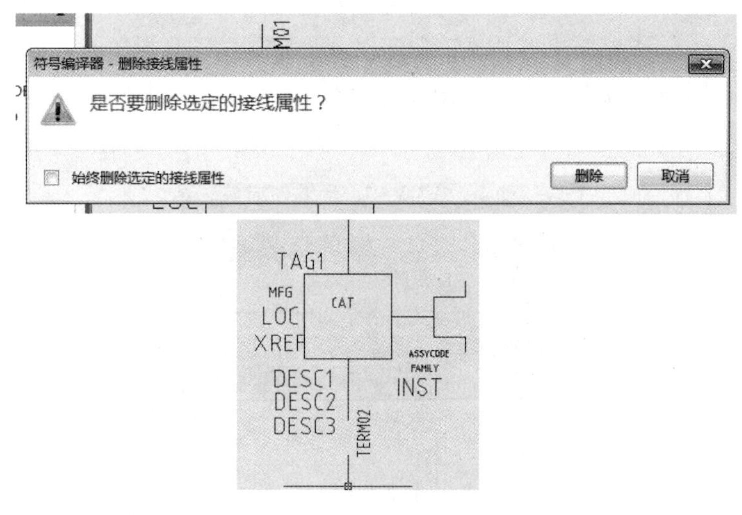

图 2-3-82

连接线设置如图 2-3-83(a)所示，主要设置图 2-3-83(b)所示元件之间虚线连接时的接点位置，根据需要进行设置。

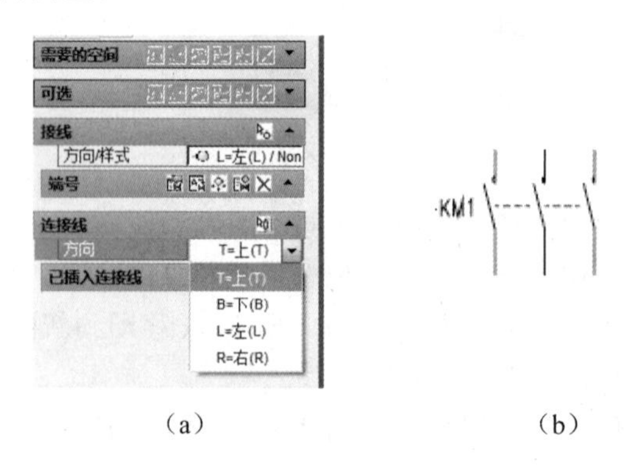

（a）　　　　（b）

图 2-3-83

如图 2-3-84 所示连接线“方向”选择“T＝上”，点击插入接线，绘图区将出现属性“X2LINK”跟随十字光标移动，将十字光标的中心放到连接线的接点上，出现绿色的方框时单击鼠标左键，“X2LINK”属性将关联到选择的接线点上。

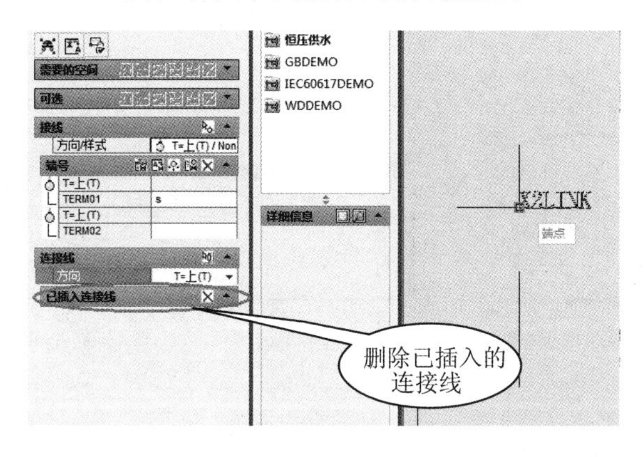

图 2-3-84

将所有属性全部设置完毕后，点击【编辑】/【完成】，弹出图 2-3-85 所示保存符号定义对话框。

关闭块编辑器: 保存符号
符号
块　写块
方向:　(H) 水平
目录查找
符号名称:　(DV) 通用
WD 块名:　HAM
类型:　(1) 主项
触点:　<不适用>
唯一标识符:　_003
符号名称:　HDV1_003
文件路径:
C:\users\public\documents\autodes
基点
在屏幕上指定
拾取点
X:　0.0000
Y:　0.0000
Z:　0.0000
图像
图标图像
名称 (.png)　HDV1_003
文件路径:
C:\Users\Administrator\AppData\Roamin
在符号中找到 2 个错误　详细信息...
确定　否　取消　帮助

图 2-3-85

点击图 2-3-85 中的【详细信息】按钮，弹出如图 2-3-86 所示“符号核查”对话框，按其提示信息进行相关内容的修改。

点击图 2-3-86 中【确定】按钮，弹出图 2-3-87 所示“关闭块编辑器”对话框。选择“是”，将新建符号保存到指定目录的同时，自动在绘图区插入符号；选择“否”，仅将新建的符号保持到指定目录。

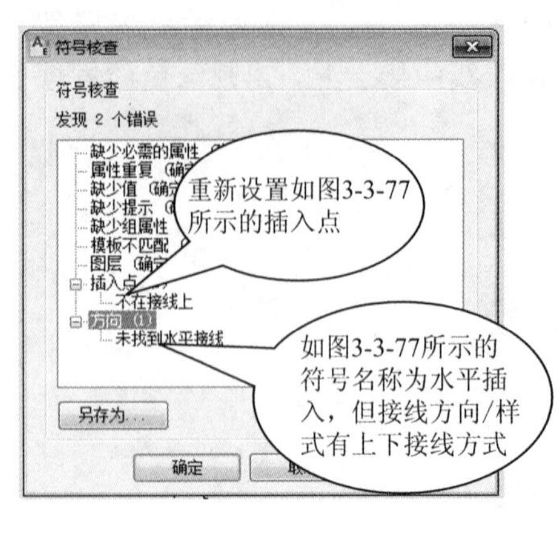

图 2-3-86

图 2-3-87

任务 2 绘制主回路

任务描述

笼型三相交流异步电动机的主电路中使用的是三相电源，如果在插入元件后逐根导线连接，绘图会相当麻烦。所以，本任务将学习多母线的使用及三相线号的插入。

实践操作

(1)插入分区和标题栏，将图样名称改为“主回路”，当前图样页码改为“2”，如图 2-3-88 所示。

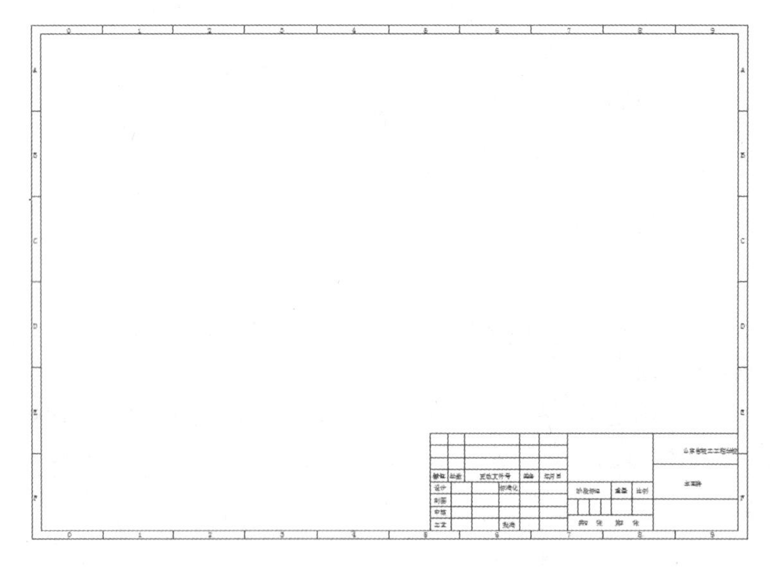

图 2-3-88

(2)在合适位置插入三相导线，如图 2-3-89 所示。

图 2-3-89

(3)选择【原理图】/【图标菜单】/【电动机控制】/【电动机启动】，插入交流接触器 KM1 的主触点，如图 2-3-90 所示。将元件标记的文字样式改为“Sdandard”，对齐改为“正中”，高度改为“3”，其他的根据需要自行更改。

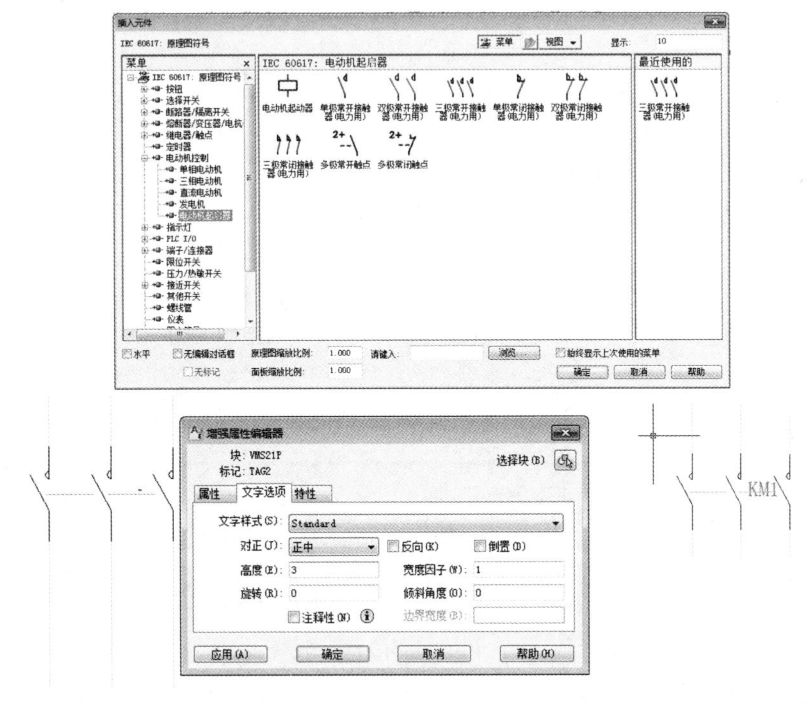

图 2-3-90

(4)在 KM1 的下方插入一个热继电器的三级过载热元件，如图 2-3-91 所示。注意：可以依【原理图】/【图标菜单】，来调出插入元件对话框，也可以按一下键盘上的空格键或回车键来调出插入元件对话框。因为 AutoCAD 可以用空格或回车键重复上一个命令。

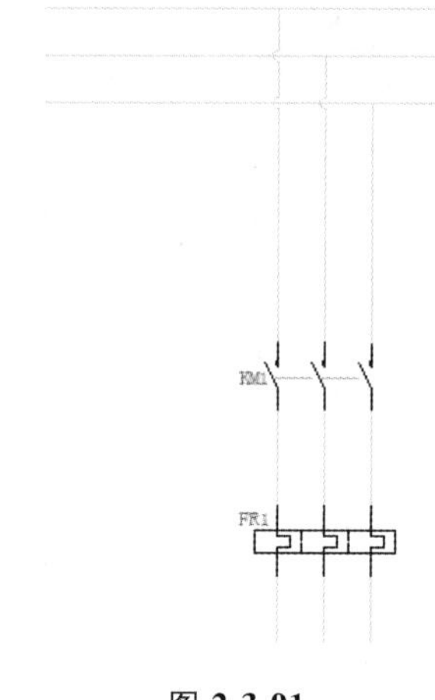

图 2-3-91

(5)在热继电器 FR1 下方插入一个电抗器和电流表，如图 2-3-92 所示。

(6)最后插入一台三相异步电动机，如图 2-3-93 所示。

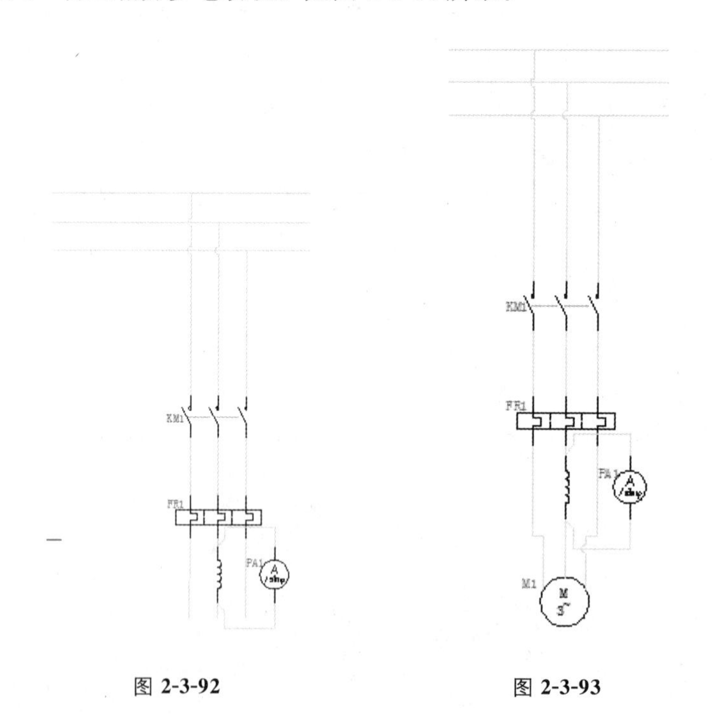

图 2-3-92　　　　图 2-3-93

(7)要设计的系统用的是两台泵，所以用两个主电路。按照画电动机 M1 主电路的方法，在图样右侧再加下一台电动机 M2 的主电路，或使用复制电路命令完成 M2 的主电路。

复制电路命令：【原理图】/【编辑元件】/【复制回路】，光标变成一个小正方形，将 M1 控制回路的有关元件及导线乃至垂直导线与水平母线的交点都框选进来，可以多次选择，直到全部选定后，单击鼠标右键，退出选择状态进入复制状态，此时要在选取的图形中，拾取一个点作为基点(鼠标左键单击该点)，然后往右拖动，保持水平(打开 AutoCAD 的极轴追踪)，到恰当位置后单击鼠标左键放下复制的电路，如图 2-3-94 所示。如需要，自行更改元件标注。

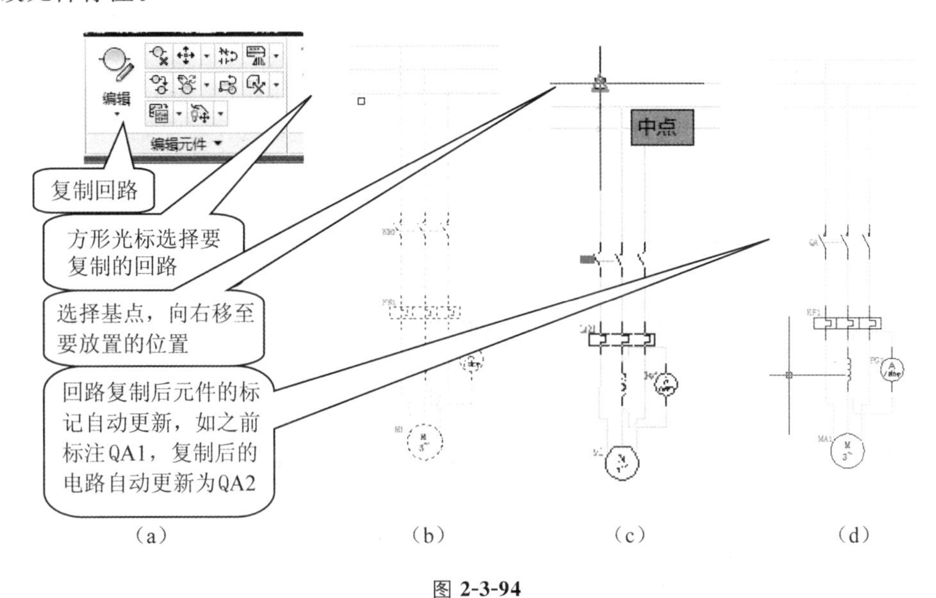

图 2-3-94

(8)在两个主电路中间插入两个交流接触器的主触点，插入后使用【原理图】/【编辑元件】/【对齐】命令将两个主触点水平对齐，如图 2-3-95 所示。

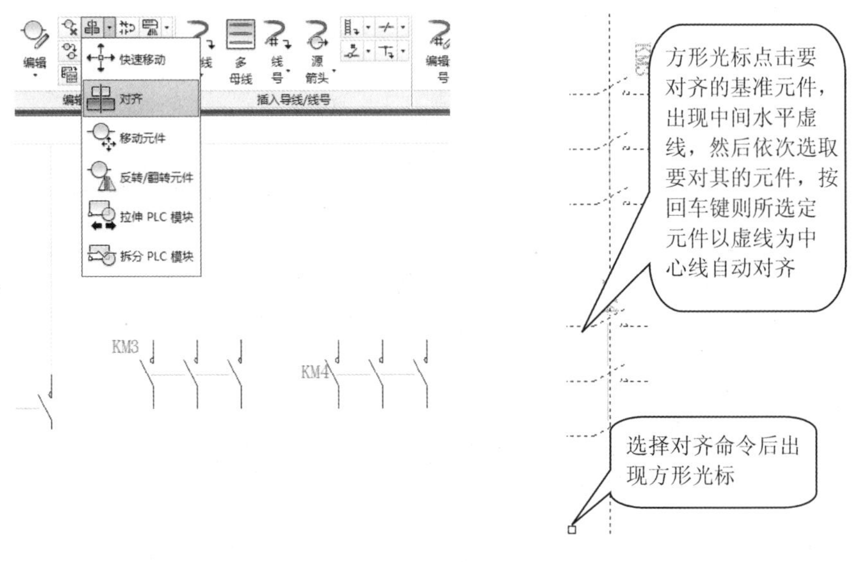

图 2-3-95

(9)在四个交流接触器主触头之间插入三线导线，如图 2-3-96 所示。

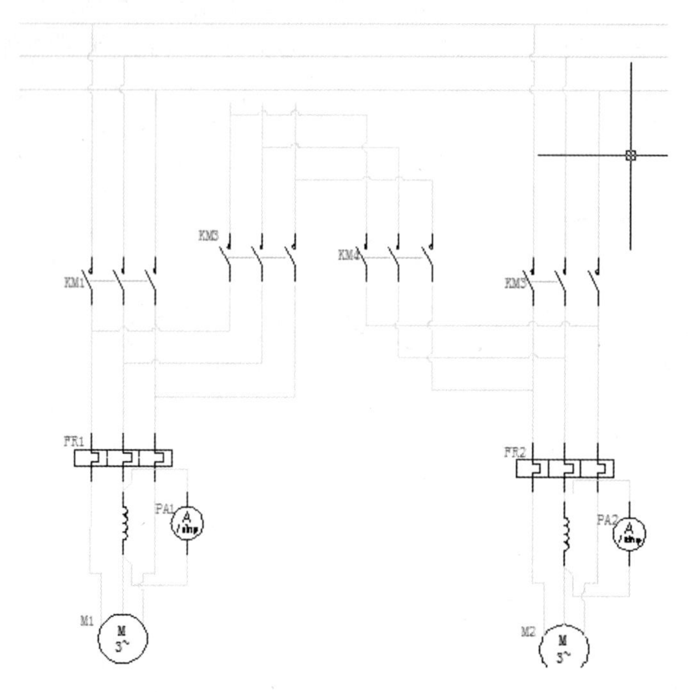

图 2-3-96

(10)如图 2-3-97 所示，插入变频器模块，主回路基本绘制完成。

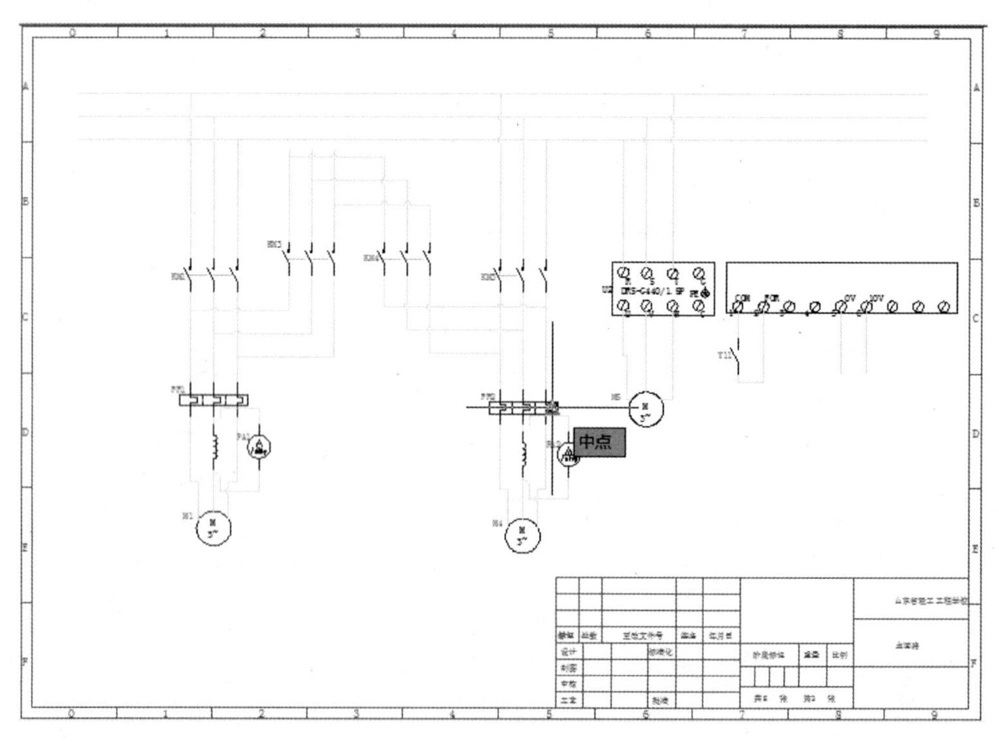

图 2-3-97

(11)添加相关端子号、线号及目标箭头。

①元件端子号的添加。双击要操作的元件，在“增强属性编辑器”中找到“TORM01”和“TORM02”，将这两个属性的值设置为要显示的端子号，如图 2-3-98 所示；元件端子号的添加也可在插入元件时在插入/编辑元件对话框中设置。

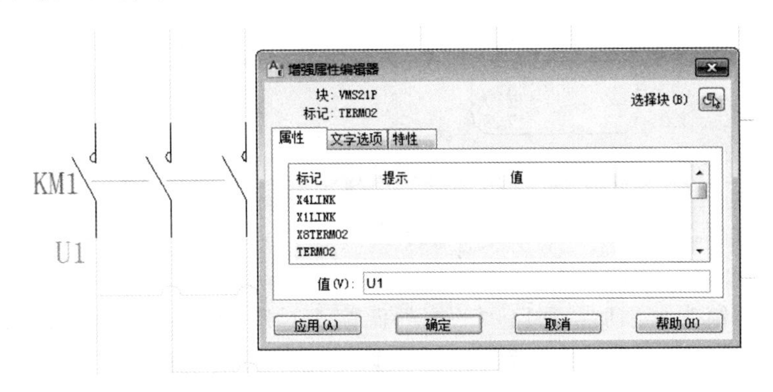

图 2-3-98

②连续线号的添加。如图 2-3-99 所示，选择【原理图】/【插入导线/线号】/【线号】，弹出“导线标记”对话框，在“导线标记模式”下设定线号的起始值后，点击“拾取各条导线”，出现方形光标。如图 2-3-100 所示，使用方形光标按线号的顺序依次拾取要标注的导线后，按回车键，AutoCAD Electrical 自动将所有线号设定完毕。如图 2-3-101 所示，可根据要求自行更改线号的属性。

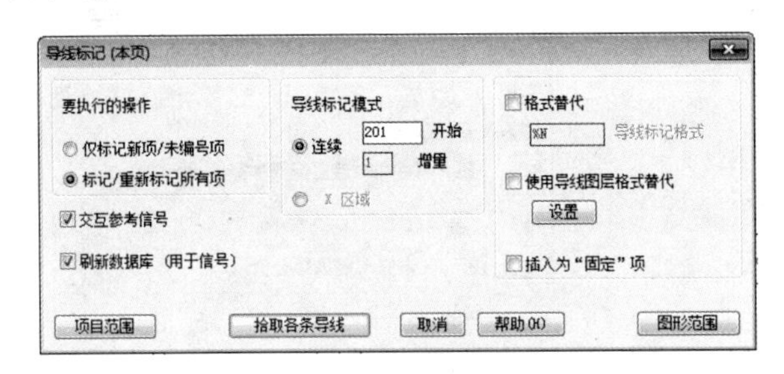

图 2-3-99

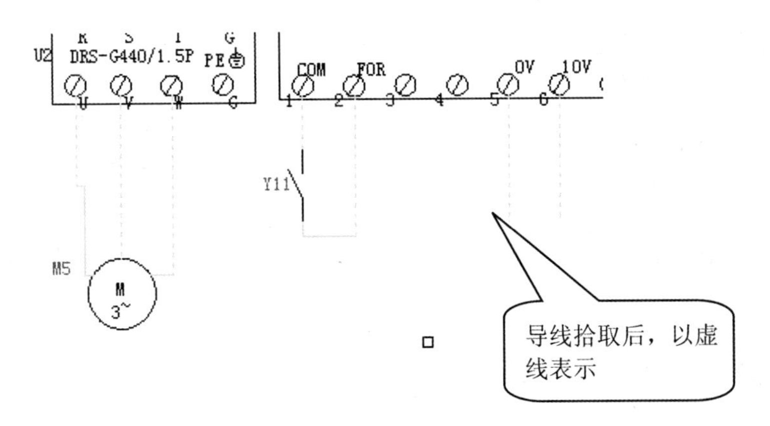

图 2-3-100

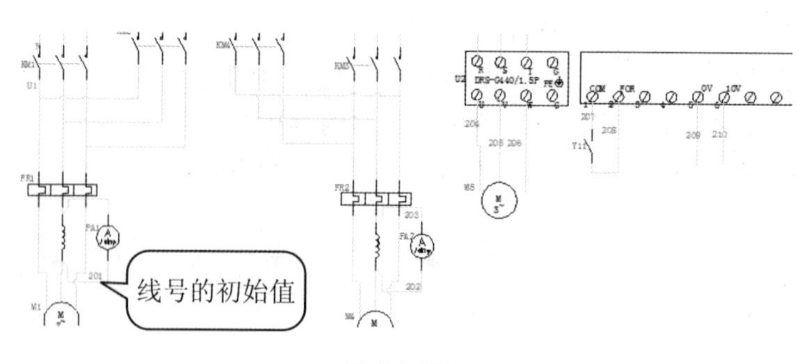

图 2-3-101

主回路线号标注可按同样的方式，选择单根导线逐一进行标注，也可使用三相线号标注。

③添加目标箭头。添加主回路中的多处源箭头对应的目标箭头，如图 2-3-102 所示，选择【原理图】/【插入导线/线号】/【目标箭头】，弹出“插入目标代号”对话框，填写代号(与源箭头代号一致)后单击【确定】按钮，光标变成一个小正方形，选择要插入目标箭头的导线末端插入目标箭头，如图 2-3-103 所示。双击目标箭头更改“XREF”和“WIRENO”属性，如图 2-3-104 所示。

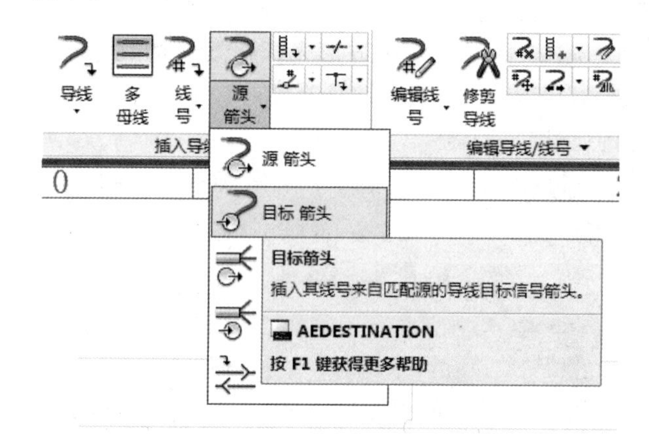

图 2-3-102

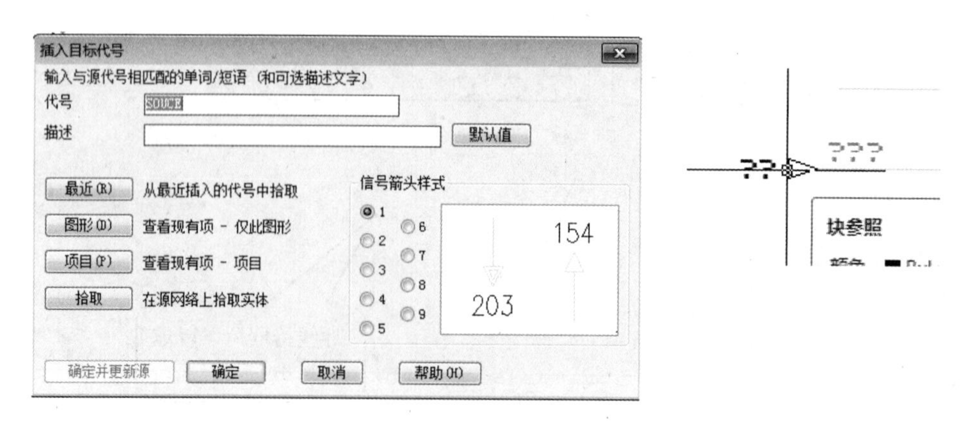

图 2-3-103

增强属性编辑器
块：HA1D3
标记：WIRENO
选择块(B)
属性　文字选项　特性

标记	提示	值
SIGCODE		SOUCE
XREF		1/2
DESC1		
WIRENO	Wire no.	S

值(V)：S
应用(A)　确定　取消　帮助(H)

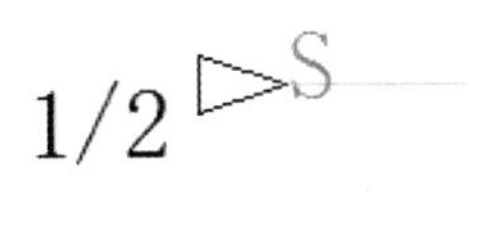

图 2-3-104

完整的电路如图 2-3-105 所示。

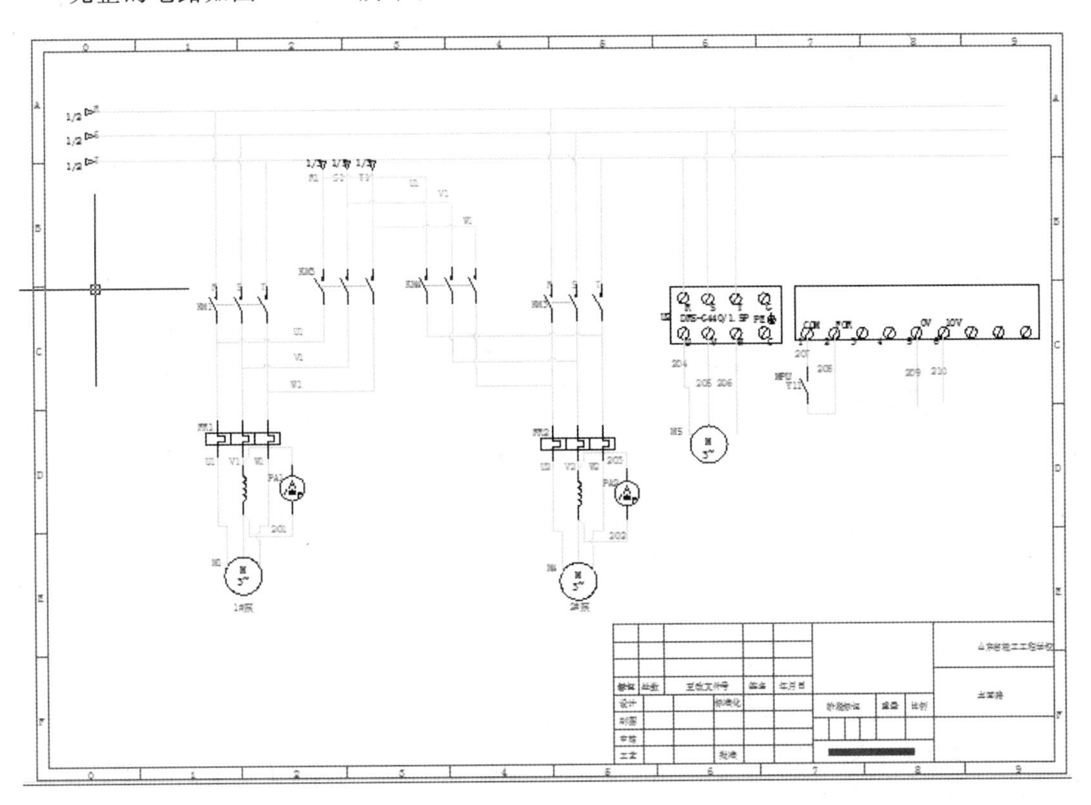

图 2-3-105

操作训练

(1)使用三相导线功能绘制主回路的三相电路部分。

(2)使用三相线号插入功能标注主回路线号。

相关知识

1. 三相导线插入

选择【原理图】/【插入导线/线号】/【多母线】，如果弹出图 2-3-106 所示“警告”对话框，点击【确定】按钮，则弹出图 2-3-107 所示“多导线母线”对话框。

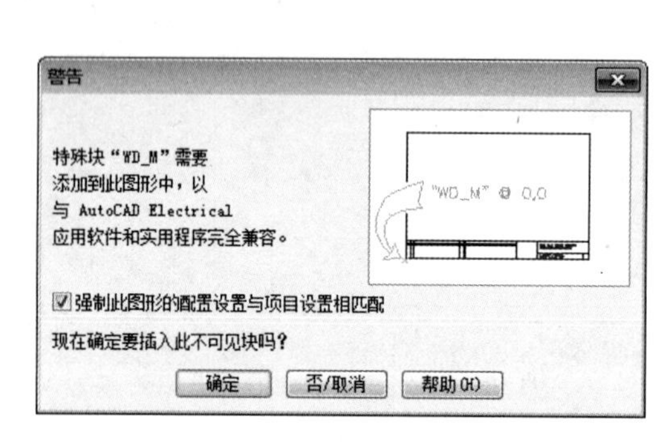

图 2-3-106

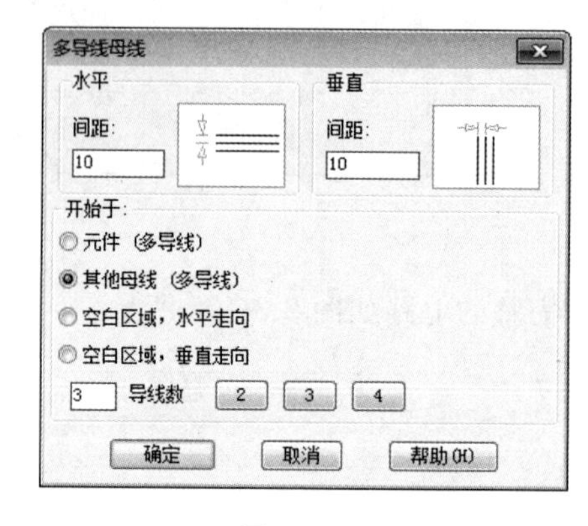

图 2-3-107

图 2-3-107 所示对话框：水平——用于设置多母线间的水平间距；垂直——用于设置多母线间的垂直间距；开始于——设置多母线的起始位置。

元件：从某元件的接线点开始绘制多母线，如表 2-3-1 所示。

表 2-3-1　多母线绘制

选择起始点	走线	三相元件连接
选择多母线起始点后，所选定的点由绿色“×”的标识变为红色菱形标识	选定起始点后，按回车键，出现三根虚线导线，按要求走线	在多母线终点位置单击鼠标左键确认，完成多母线绘制

空白区域，水平走向和空白区域，垂直走向：在空白区域绘制垂直或水平走向多母线，如图 2-3-108 所示水平多母线绘制步骤。

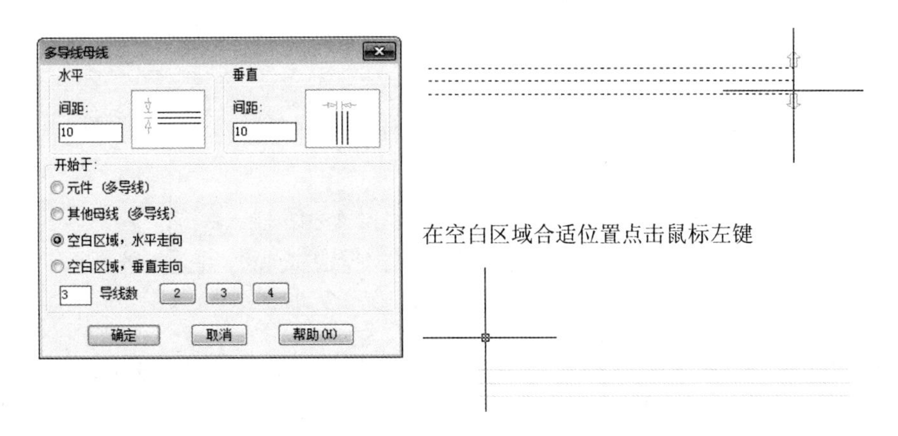

设置多母线　　　　在多母线终点位置点击鼠标左键完成多母线绘制

图 **2-3-108**

其他导线(多母线)：用于多母线与多母线之间的连接，如图 2-3-109 所示。

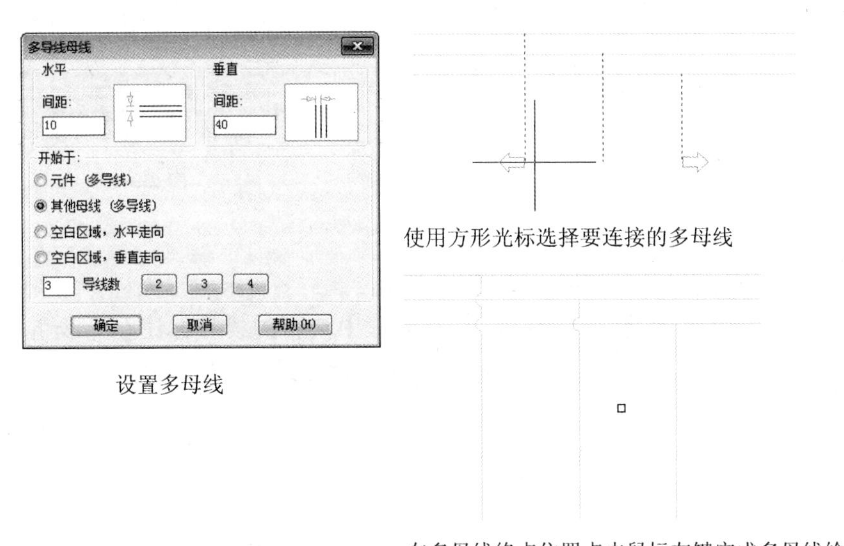

设置多母线

在多母线终点位置点击鼠标左键完成多母线绘制

图 **2-3-109**

导线数：选择多母线的数量(二相、三相和三相四线等方式)。

2. 插入三相线号

选择【原理图】/【插入导线/线号】/【线号】/【三相】，弹出如图 2-3-110 所示三相导线编号设置对话框。

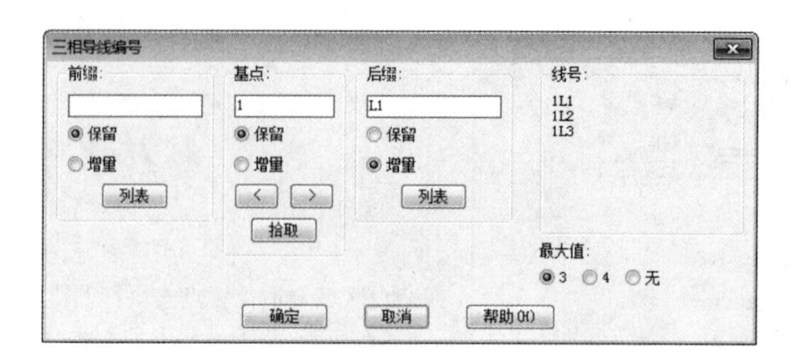

图 2-3-110

上图对话框中，前缀、基点和后缀用来设置线号的格式和内容。其中保留表示当前值在编辑三相导线编号时保持不变，如图 2-3-110 中基点的值“1”；增量表示当前值在编辑三相导线编号时会自动增加，来形成多个编号，如图 2-3-110 中后缀的值“L1”，选择增量，则会自动生成“L2”“L3”…列表将显示编辑三相导线编号时常用的标号，如图 2-3-111 所示。最大值将确定所要生成的连续线号的个数：设为 3 时，线号区显示“1L1”“1L2”和“1L3”三个连续线号；设为 4 时，则显示“1L1”“1L2”“1L3”和“1L4”四个连续线号；设为无时，将不限制线号个数。

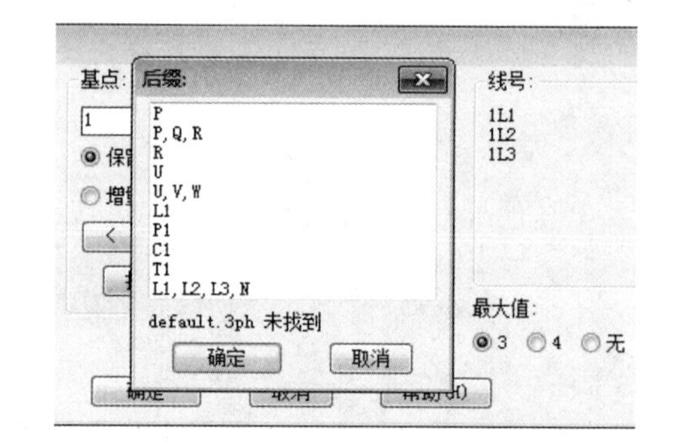

图 2-3-111

编辑结束后，单击【确定】按钮，绘图区出现图 2-3-112 所示方形光标。用鼠标点击需要标注线号的导线，软件会将三相导线编号对话框中编辑的线号标注在导线上，点击最后一根导线后重新弹出图 2-3-110 所示对话框，点击【确定】按钮完成线号标注，如图 2-3-113 所示。

图 2-3-112

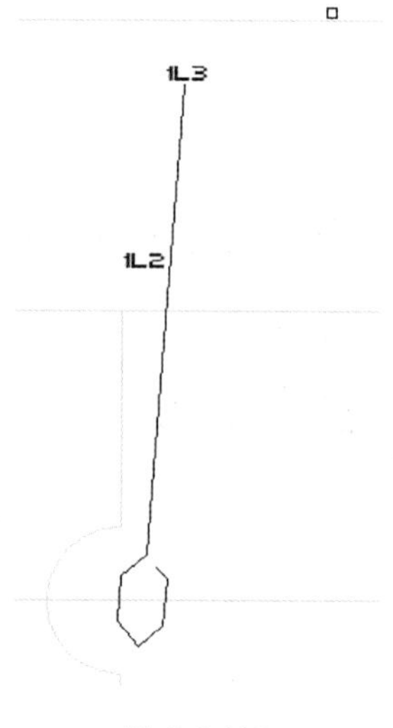

图 2-3-113

任务 3　绘制电源、报警回路

任务描述

在绘制控制回路时，为达到图形美观的目的，往往要求将插入的元件进行水平和垂直对齐。为了方便对齐，本任务将学习阶梯的使用。

实践操作

(1)插入分区和标题栏，将图样名称改为“电源报警”，当前图样页码改为“3”，如图 2-3-114所示。

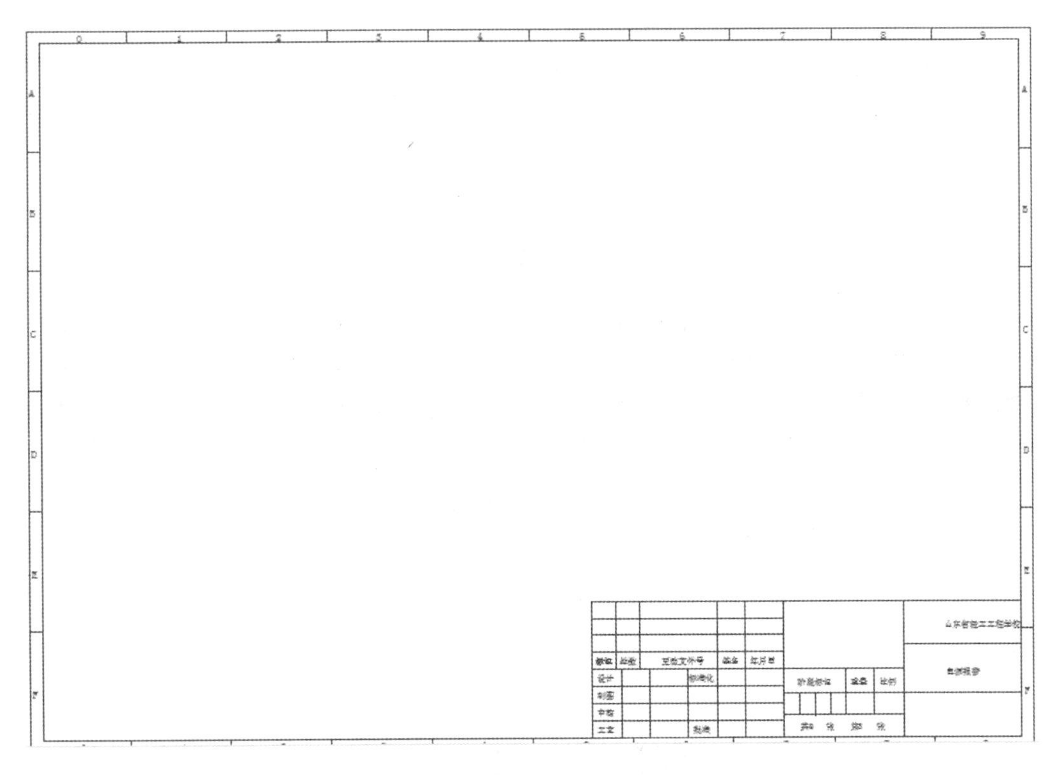

图 2-3-114

(2)如图 2-3-115 所示，选择【原理图】/【插入导线/线号】/【插入阶梯】，弹出“插入阶梯”对话框。

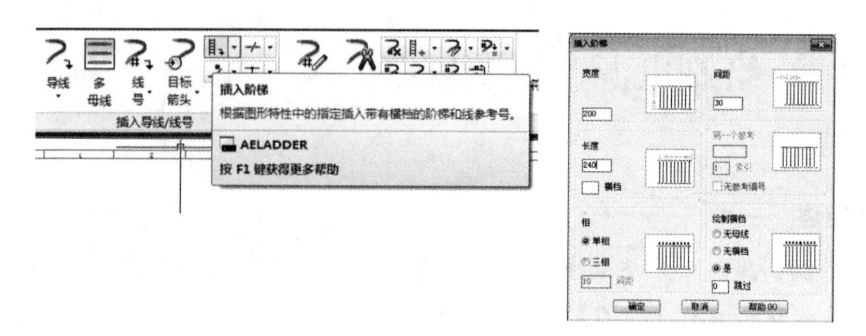

图 2-3-115

(3)在插入阶梯对话框中设置合理的宽度、间距及长度等，点击【确定】按钮在合适位置插入阶梯，如图 2-3-116 所示。

图 2-3-116

(4)如图 2-3-117 所示，在插入的阶梯上依次插入电阻中间继电器 KA1、KA2、KA3、KA4 的常开触点；KA1 和 KA3 的常闭触点；交流接触器 KM1、KM2、KM3、KM4 的线圈及 KM2、KM3 和 KM4 的常闭触点；最后插入断路器 QS3、电阻 P 和指示灯 EL。

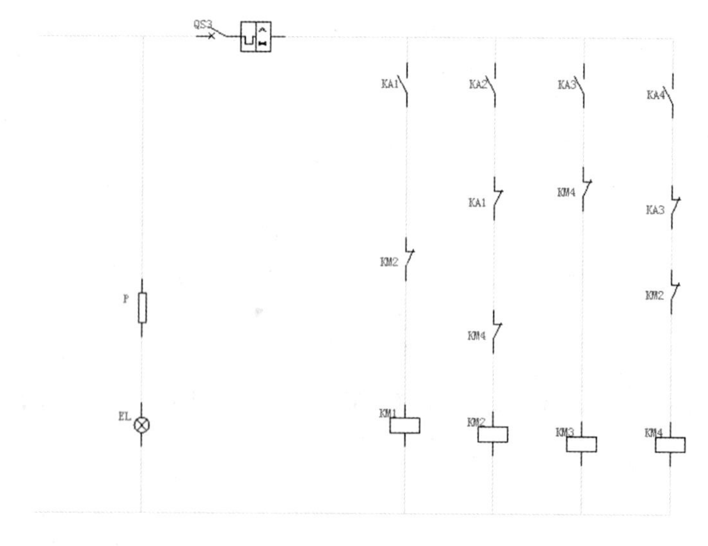

图 2-3-117

(5)如图 2-3-118 所示，使用对齐命令对插入的元件进行调整。

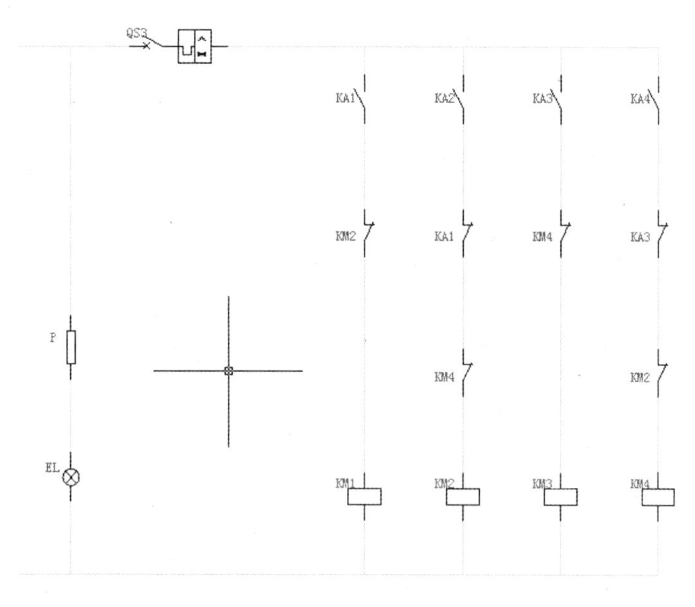

图 2-3-118

(6)插入开关电源及人机界面，如图 2-3-119 所示。

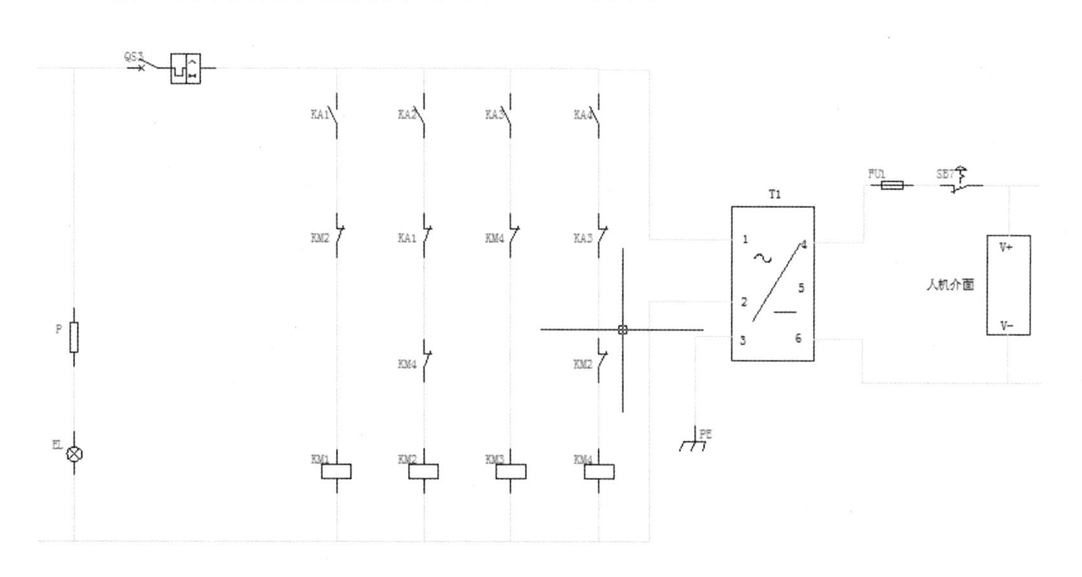

图 2-3-119

(7)添加线号、源箭头及元件的文字说明，线号和源箭头的添加和主回路中的一样。元件的文字说明用元件编辑功能(选择要编辑的元件后，右键选择编辑元件)给主元件的第一行描述录入文字或在增强属性编辑器(双击要操作的元件)中将 DESC1 改为要表示的文字说明，如图 2-3-120 所示。

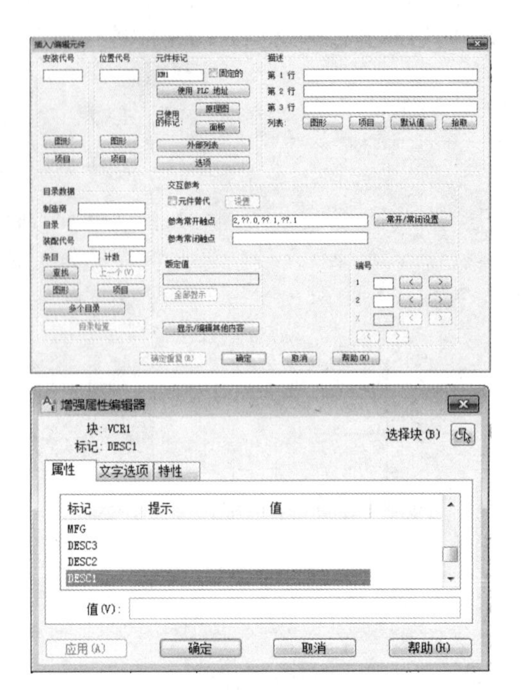

图 2-3-120

电源报警线路如图 2-3-121 所示。

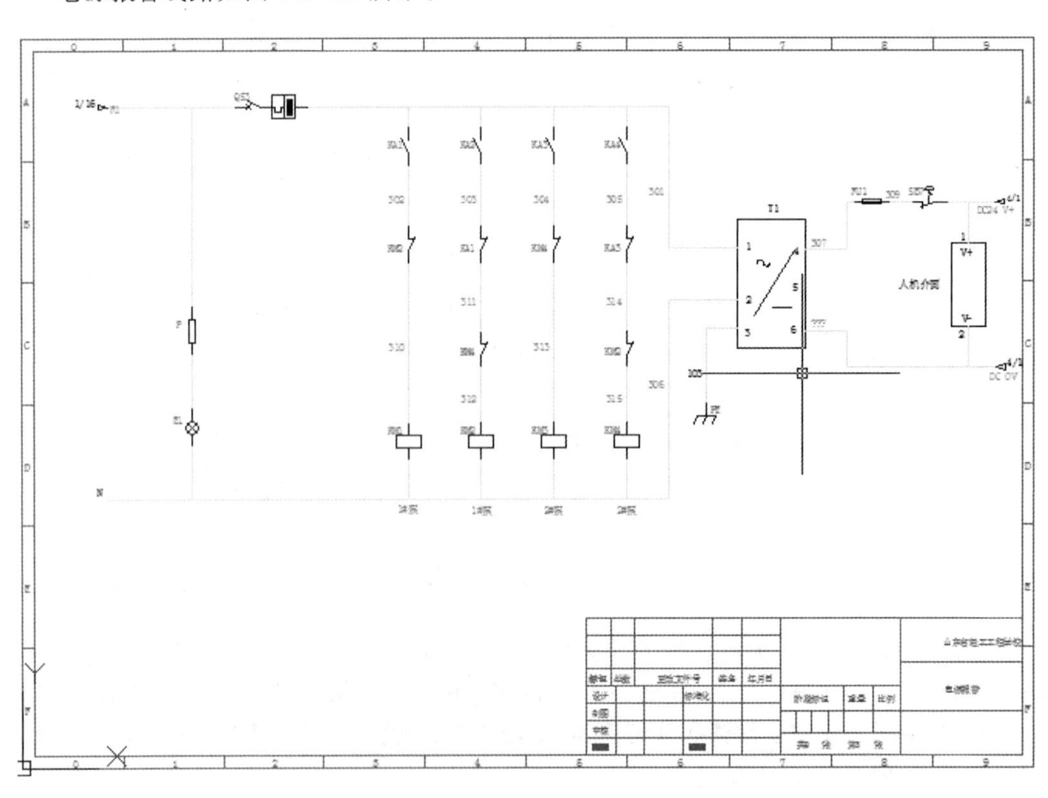

图 2-3-121

操作训练

使用插入阶梯的方式绘制电动机星三角降压启动控制线路，要求显示阶梯的编号。

相关知识

1. 显示阶梯编号

在前述的操作中，插入的阶梯没有显示阶梯的编号信息，可以通过设置如图 2-3-122 所示的“图形格式”来显示阶梯的编号信息。

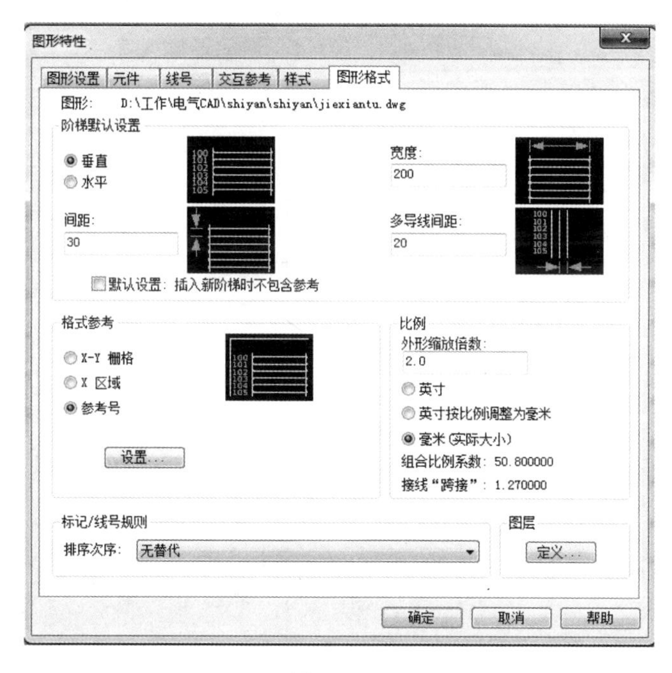

图 2-3-122

图中，“阶梯默认设置”设置插入阶梯的“方向”“宽度”及“间距”等信息；“格式参考”中，当选择“X-Y 栅格”或“X 区域”时，“默认设置”为灰色，不可选，不显示插入阶梯时编号信息，当选择“参考号”时“默认设置”可选，这时可以通过“默认设置”选项来设置是否显示插入阶梯的编号信息。

对“图形格式”如图 2-3-122 所示设定，单击【确定】按钮后，插入两个新阶梯，如图 2-3-123 和图 2-3-124 所示。

在图 2-3-123 中设置插入阶梯的相关信息，当图 2-3-122 中勾选“默认设置”时其中的“无参考编号”被自动勾选，插入的阶梯将不显示编号；当“绘制横档”工具区中“跳过”将设置插入阶梯时横档间隔显示数量，如“跳过”前的数字为“1”，则第二个阶梯的横档是隔一个显示一个，如图 2-3-124 所示。

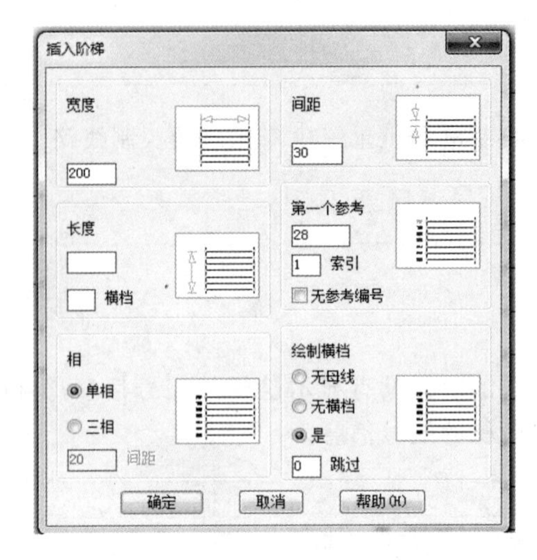

图 2-3-123

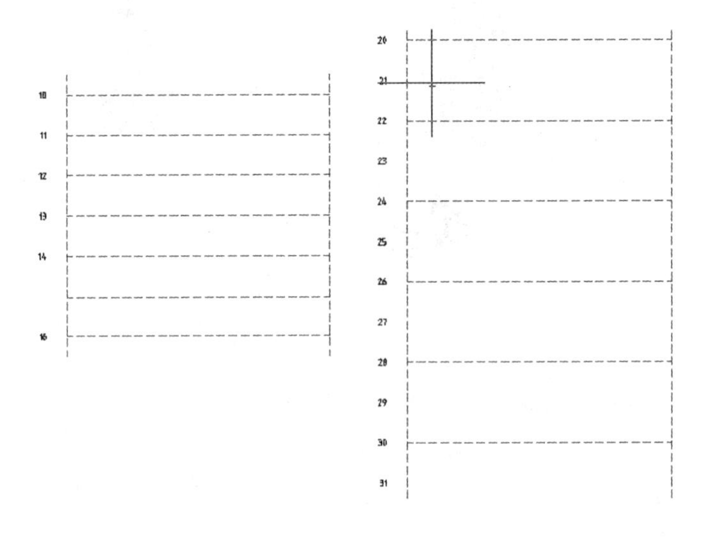

图 2-3-124

2. 编辑阶梯

如图 2-3-125 所示，在【原理图】/【编辑导线/线号】中给出了三个编辑阶梯的工具。

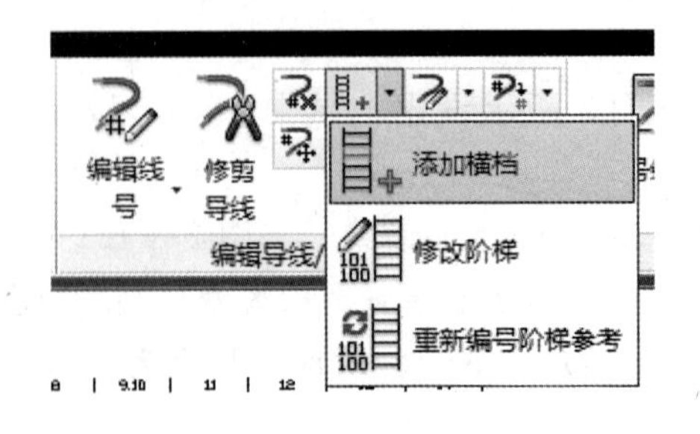

图 2-3-125

(1)添加横档。如图 2-3-126 所示，选择“添加横档”，出现十字光标。点击两母线的附近位置查找最近的线参考位置并在该参考位置放置一条阶梯横档(两条母线必须显示)。如果新横档在空白位置遇到了原理图符号，则打断导线以穿过该装置。

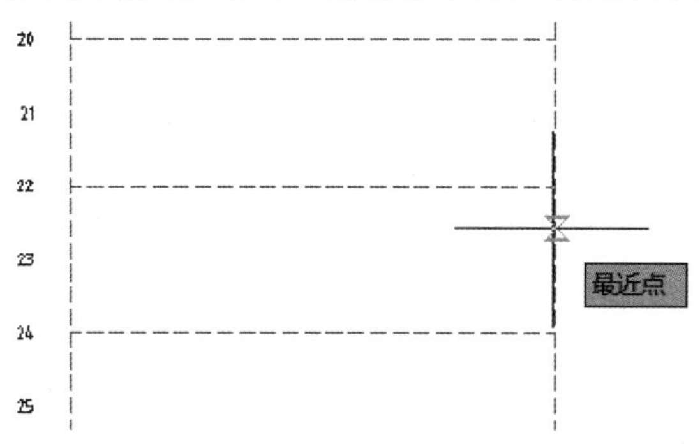

图 2-3-126

(2)修改阶梯。选择“修改阶梯”，弹出如图 2-3-127 所示对话框。

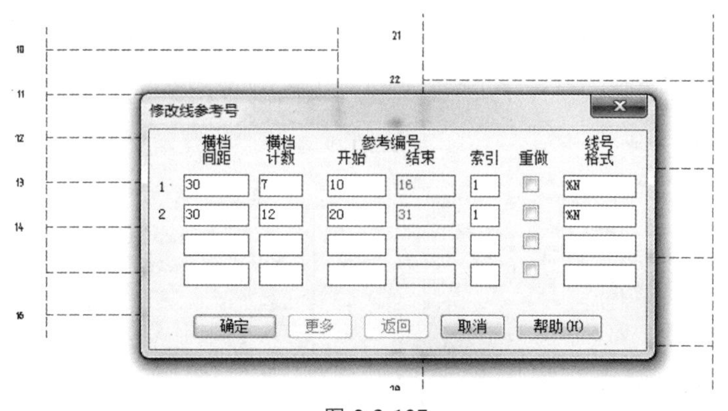

图 2-3-127

“修改线参考号”对话框中显示了图形中的所有阶梯的相关参数，如横档间距、横档数、参考编号(开始和结束)等基本信息，可以在该对话框中修改相关参数。

(3)重新编号阶梯参考。选择“重新编号阶梯参考”，弹出如图 2-3-128 所示“重新编号阶梯”对话框。设置第一个图形第一个阶梯的第一个线参考编号，将该值设为 200。

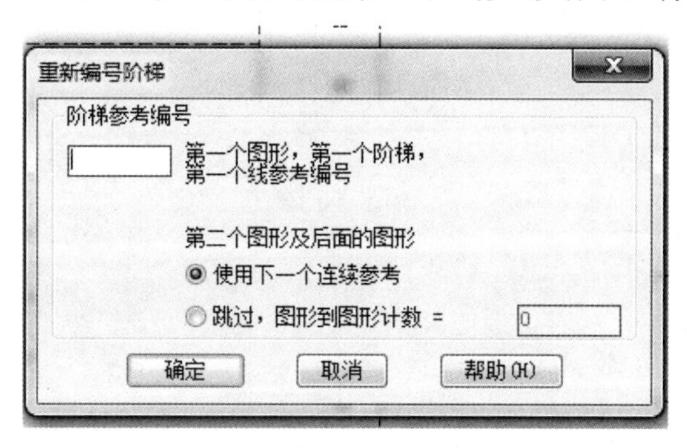

图 2-3-128

单击【确定】按钮，弹出图 2-3-129 所示对话框，选择“项目图纸清单”中的第三个图形，点击处理后，单击【确定】按钮，则 AutoCAD Electrical 将自动更新当前图形中所有阶梯的编号，如图 2-3-130 所示。

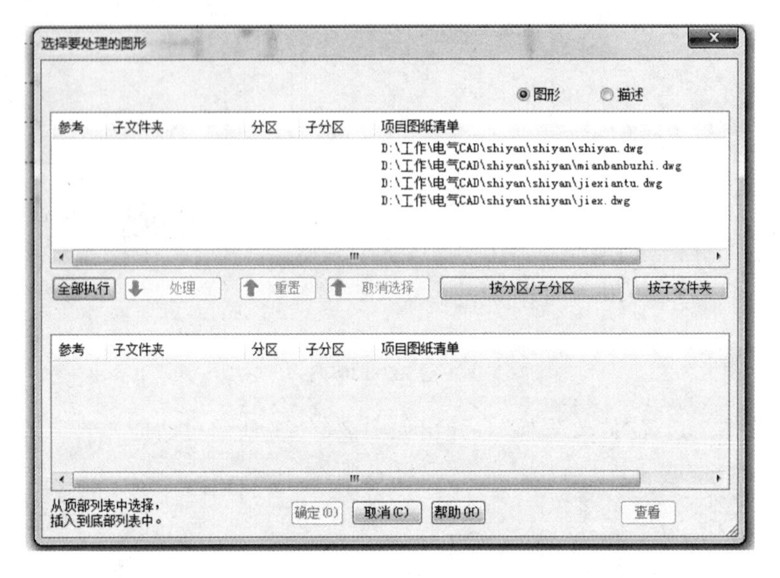

图 2-3-129

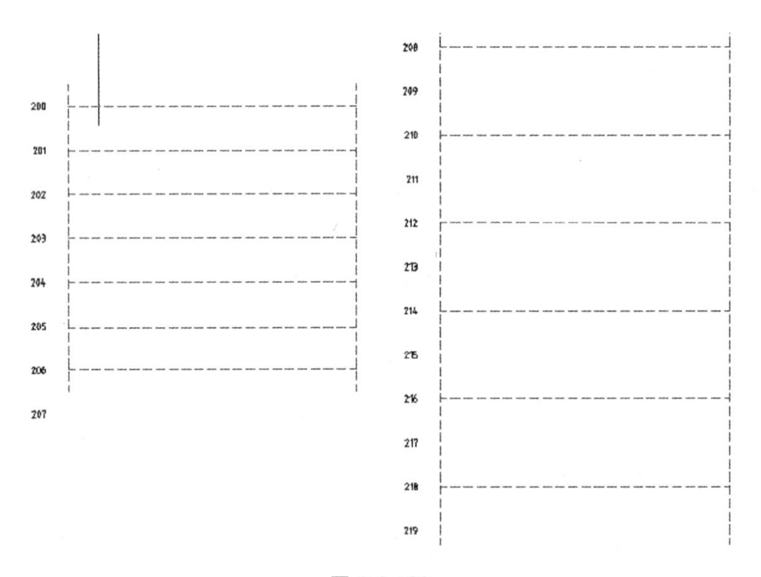

图 2-3-130

任务 4　绘制 PLC 控制电路

任务描述

AutoCAD Electrical 只提供了个别生产商的 PLC 模块，其对应的 PLC 模块元素达不到绘图的要求，本任务将学习 PLC 模块的创建、PLC 的插入。

实践操作

(1)Single Input 回路。

①新建图形 Single Input。

②新建图形中插入分区和标题栏，将标题栏的图样名称改为“Single Input”，图样页码改为“4”，如图 2-3-131 所示。

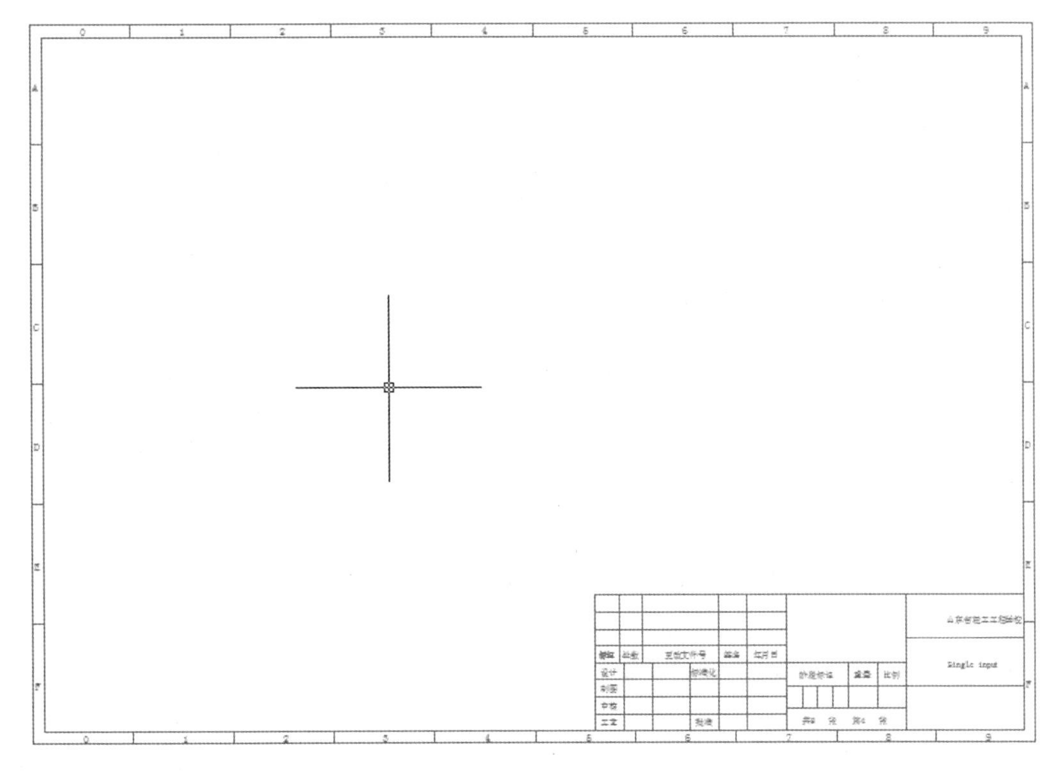

图 2-3-131

③AutoCAD Electrical 中没有要用到的 PLC 模块，所以可以先创建相应的 PLC 模块(DC24V 输出、输入)，创建的步骤和变频器模块的创建相同。

④插入 PLC 模块，如图 2-3-132 所示。

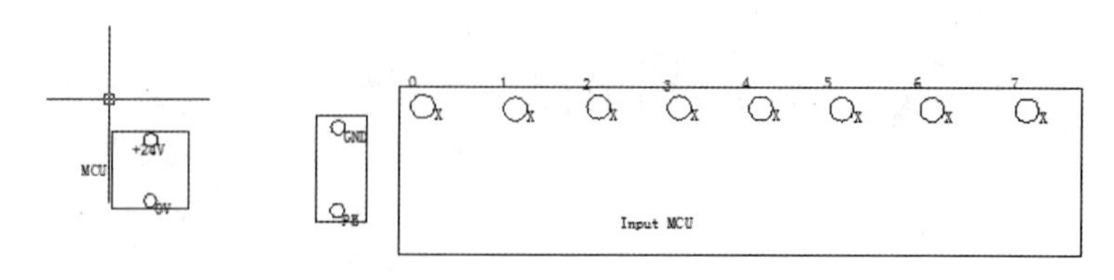

图 2-3-132

⑤插入 PLC 输入端的控制元件，如图 2-3-133 所示。

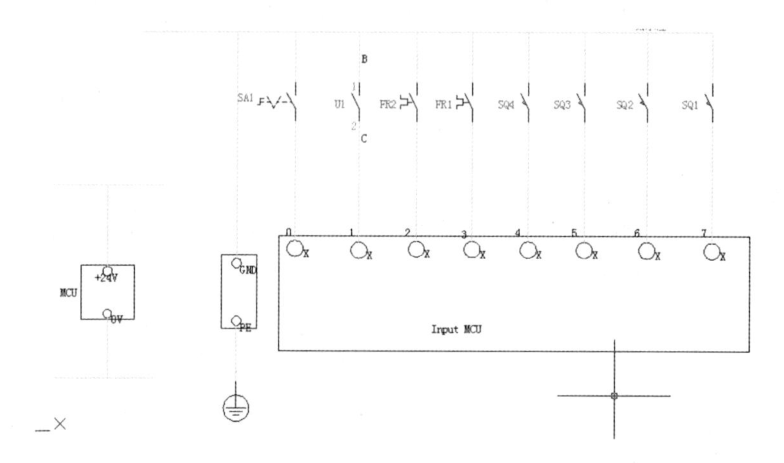

图 2-3-133

⑥添加线号、目标箭头及元件文字说明，如图 2-3-134 所示。

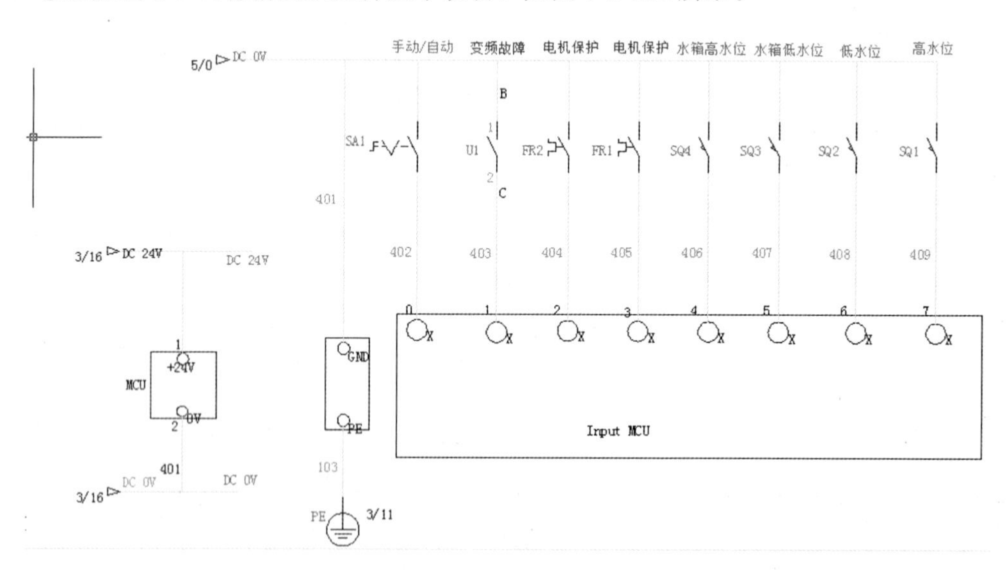

图 2-3-134

(2)Single Input2 回路。

①新建图形 Single Input2。

②新建图形中插入分区和标题栏，将标题栏的图样名称改为“Single Input2”，图样页码改为“5”，如图 2-3-135 所示。

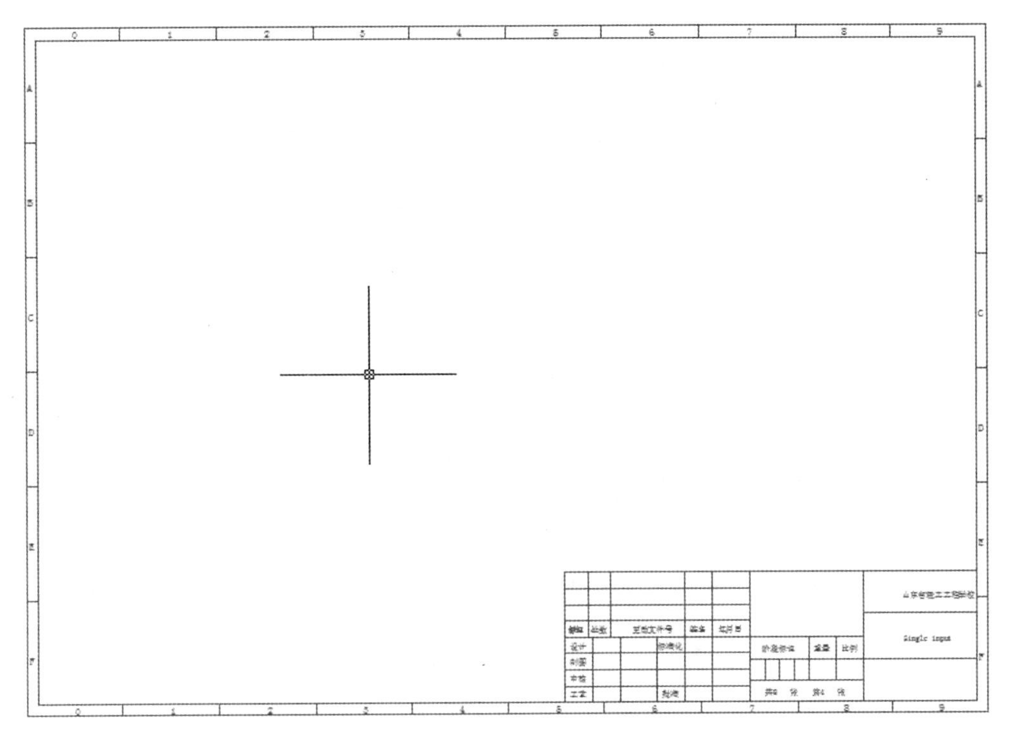

图 2-3-135

③插入 PLC 的输入模块，如图 2-3-136 所示。

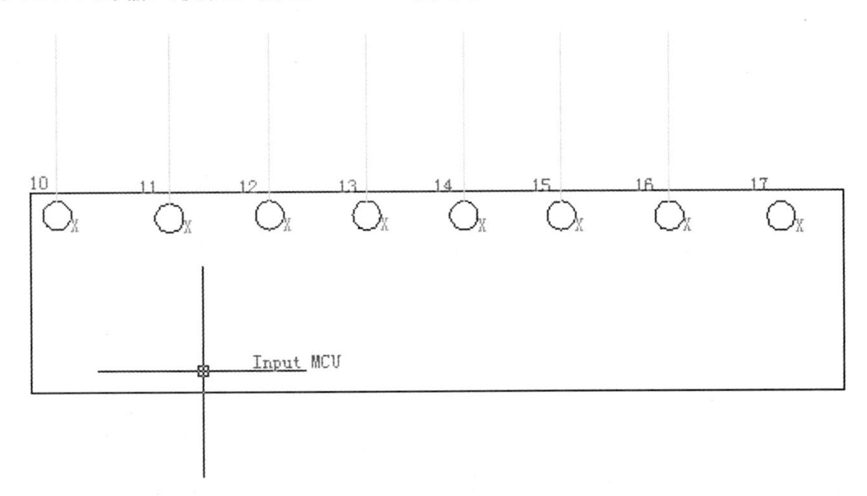

图 2-3-136

④插入 PLC 输入信号控制元件，如图 2-3-137 所示。

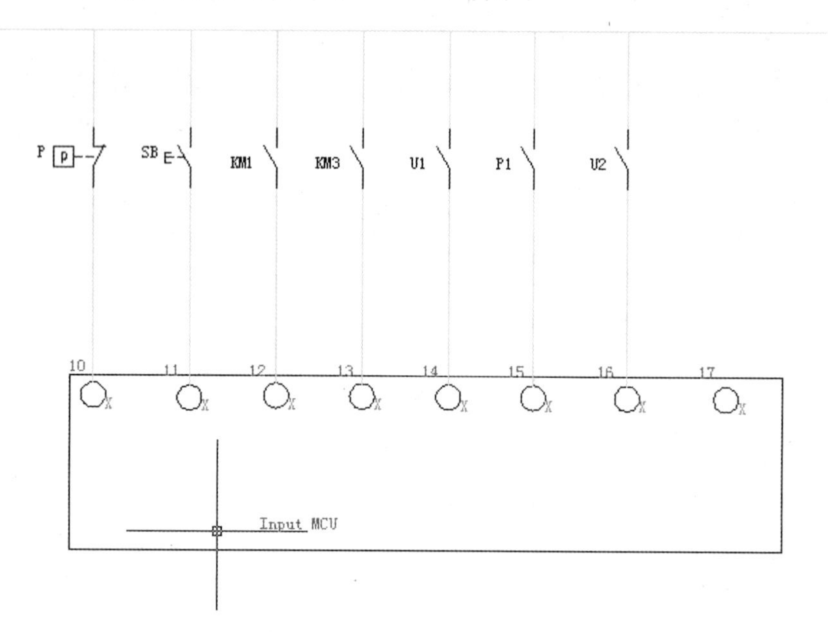

图 2-3-137

⑤添加线号、目标箭头及元件文字说明，如图 2-3-138 所示。

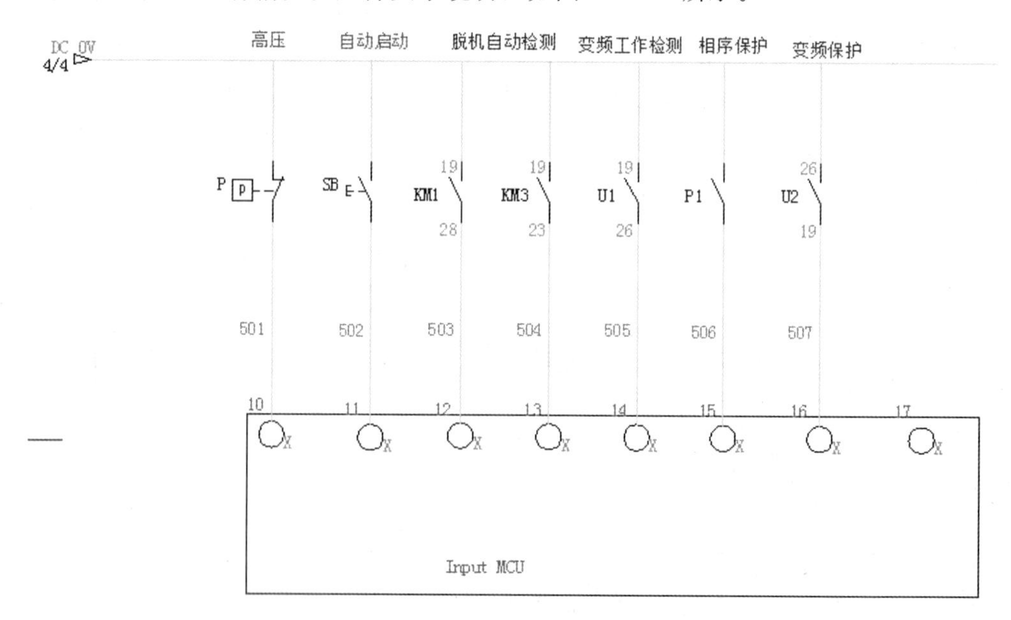

图 2-3-138

(3)Single Output 回路。

①新建图形 Single Output。

②新建图形中插入分区和标题栏，将标题栏的图样名称改为“Single Output”，图样

页码改为“6”，如图 2-3-139 所示。

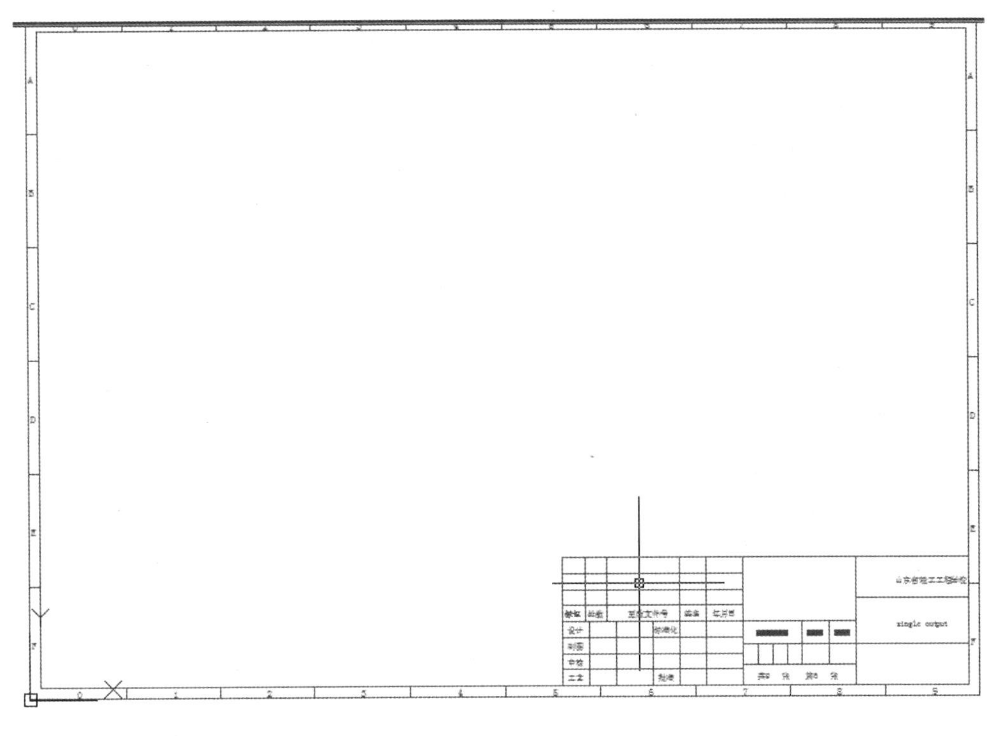

图 2-3-139

③AutoCAD Electrical 中没有要用到的 PLC 模块，所以可以先创建相应的 PLC 输出模块，创建的步骤和输入模块相同。

④插入 PLC 输出模块和元件，如图 2-3-140 所示。

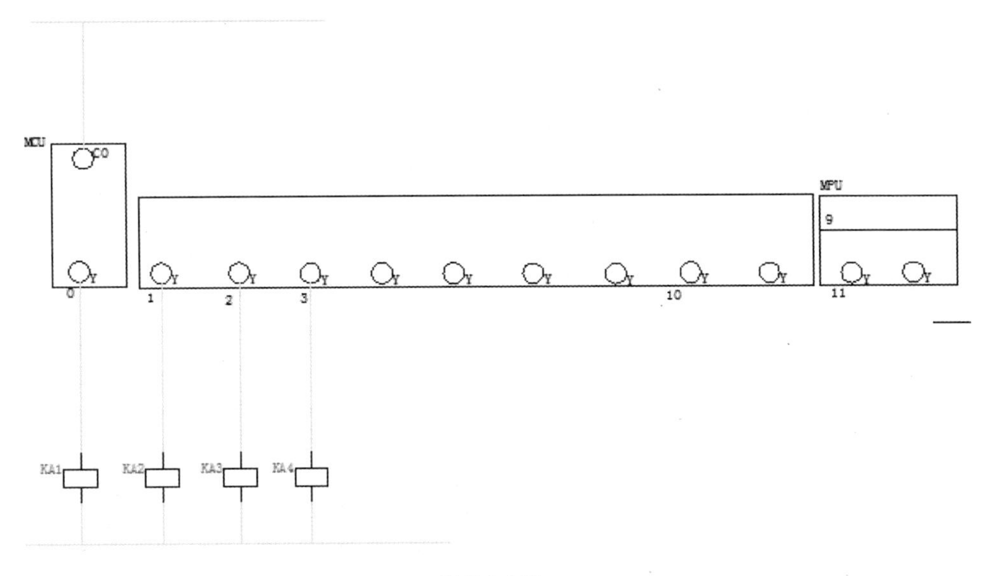

图 2-3-140

⑤添加线号、目标箭头及元件文字说明，如图 2-3-141 所示。

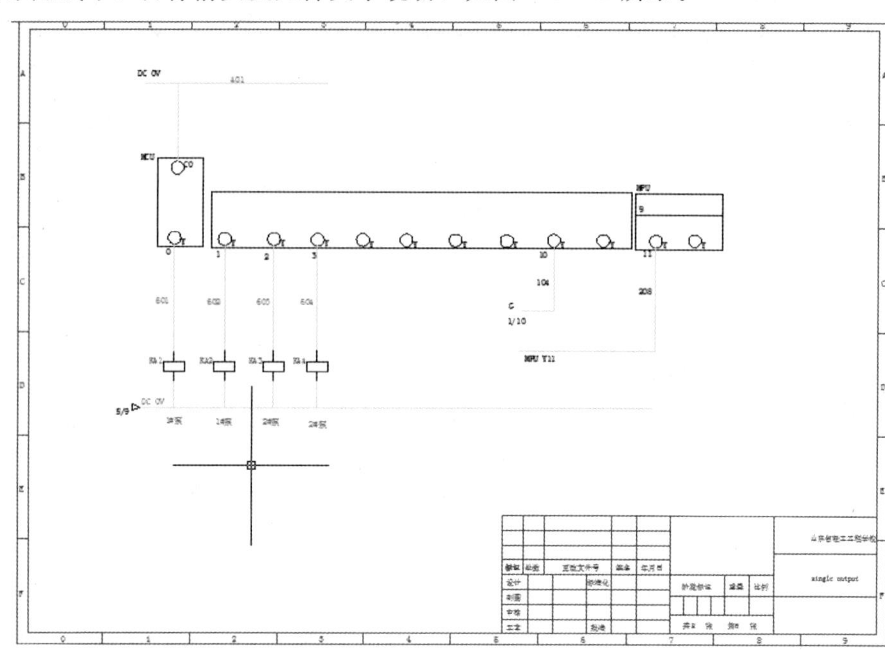

图 2-3-141

(4)模拟量控制回路。

①新建图形模拟量控制。

②新建图形中插入分区和标题栏，将标题栏的图样名称改为“模拟量控制”，图样页码改为“8”，如图 2-3-142 所示。

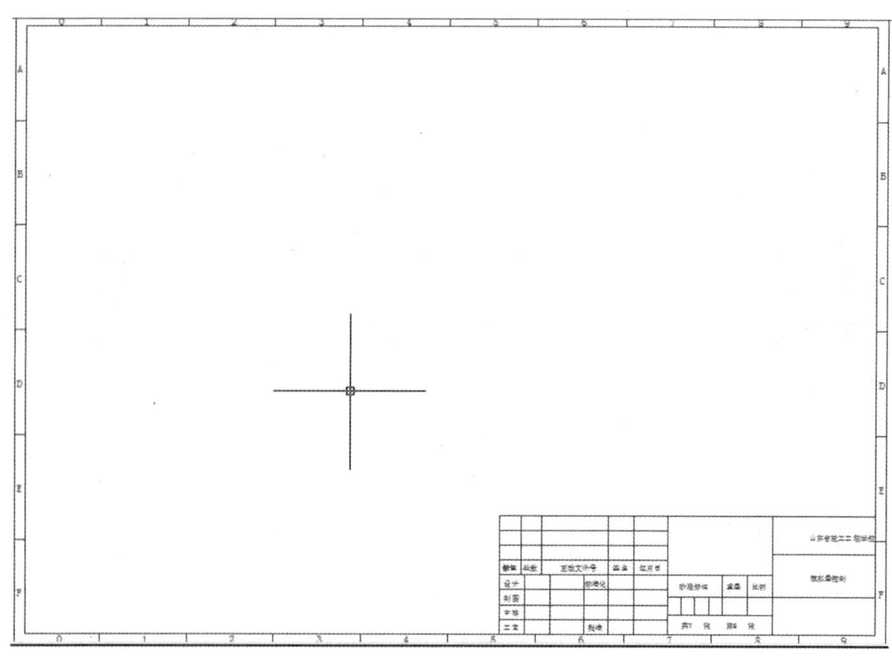

图 2-3-142

③AutoCAD Electrical 中没有要用到的 PLC 模块，所以可以先创建相应的 PLC 模拟量模块、语音板等，创建的步骤和输入模块相同。

④插入 PLC 输出模块和元件后，添加线号、目标箭头及元件文字说明，如图 2-3-143 所示。

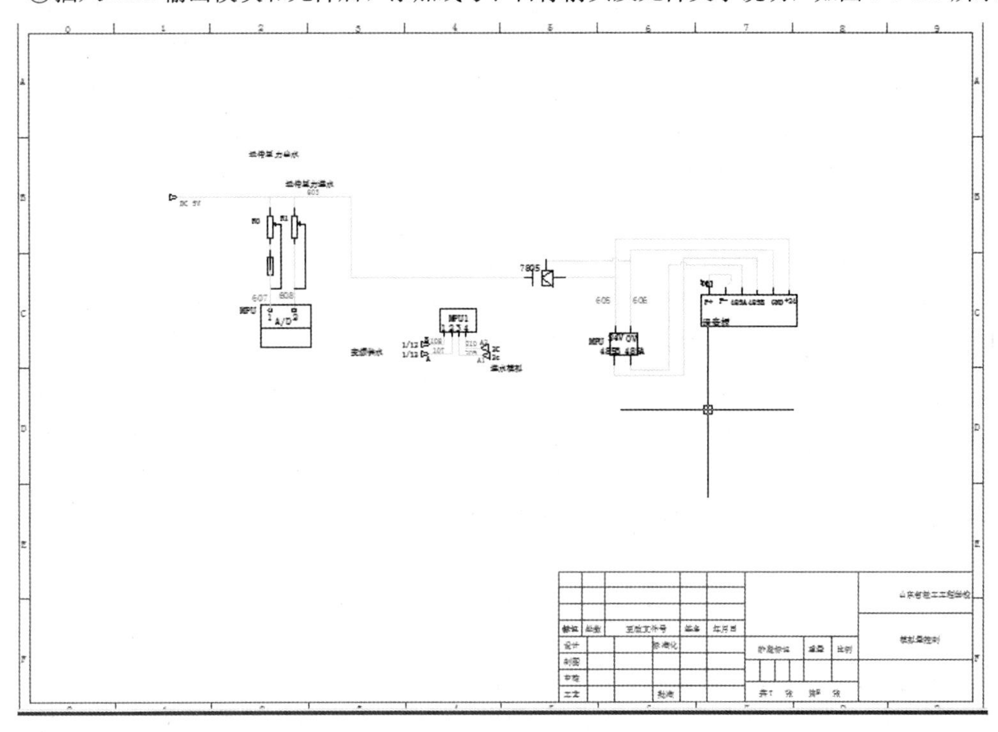

图 2-3-143

操作训练

根据外部信号与 PLC 地址编号对照表 2-3-2 绘制 PLC 控制电路。

表 2-3-2　输入信号

输　入　信　号			输　入　信　号		
名称	功能	编号	名称	功能	编号
SB1	启动	X000	SQ4	行车限位(后退)	X014
SB2	停止	X001	SQ5	吊钩限位(提升)	X015
SB3	吊钩提升	X002	SQ6	吊钩限位(下降)	X016
SB4	吊钩下降	X003	SB5	行车前进	X004
SB6	行车后退	X005	HL	原位指示灯	Y000
SA	选择开关(点动)	X006	KM1	吊钩提升电机正转接触器	Y001
SA	选择开关(自动)	X007	KM2	吊钩提升电机反转接触器	Y002
SQ1	行车限位(前进)	X011	KM3	行车电动机正转接触器	Y003
SQ2	行车限位(后退)	X012	KM4	行车电动机反转接触器	Y004
SQ3	行车限位(后退)	X013			

相关知识

AutoCAD Electrical 提供了 5 种预定义的 PLC 样式，编号为 1 到 5。每种样式大约有 36 种关联的符号。这些符号位于库文件夹中。它们的文件名为“HP? *.dwg”，其中“?”是指样式号。AutoCAD Electrical 可以根据需要，采用多种不同的图形样式生成数百种不同的 PLC I/O 模块，这些模块在系统中都没有单一、完整的 I/O 模块库符号。模块会自动适应任何基本阶梯横档间距，并且可以在插入时进行拉伸或打断成两部分或更多部分。

在 AutoCAD Electrical 中，PLC 插入工程图样中主要有以下几种方式。第一种是 PLC 完整单元，这种方法主要针对小型 PLC，它们是一个单独的元件，将电源、输入、输出等画成一个整体，和普通的电气元件一样；第二种是 PLC 模块，将一个完整的 PLC 按模块(电源模块、输入模块、输出模块、CPU 模块等)来画；第三种是单一独立的 I/O 点，将 PLC 的每个 I/O 点单独画在图纸上；最后，AutoCAD Electrical 不能提供我们需要的 PLC 模块时，我们除了创建新的 PLC 模块外，还可以通过“PLC 数据库文件编辑器”对现有 PLC 模块进行修改以得到我们需要的模块。

1. PLC 完整单元插入

PLC 完整单元一般是小型 PLC，它是一个完整的功能元件，包括了电源、CPU、IO 点等，因此在 AutoCAD Electrical 中它们与通常的电气元件在原理上是一致的，只是端子多了一些而已，通常这些端子排列成上下两行。在小型控制系统中，小型 PLC 的应用还是比较多的，AutoCAD Electrical 自带了几种 Rockwell 公司的小型 PLC。

在工程图样中插入小型 PLC 完整单元时，可以通过以下两种操作方式选择 PLC 完整单元。第一种如图 2-3-144 所示，选择【原理图】/【插入元件】的工具条中的，弹出如图 2-3-145所示对话框选择要插入的 PLC 完整单元。

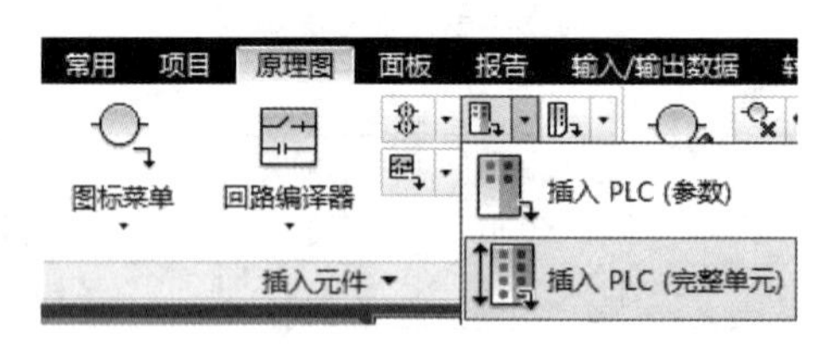

图 2-3-144

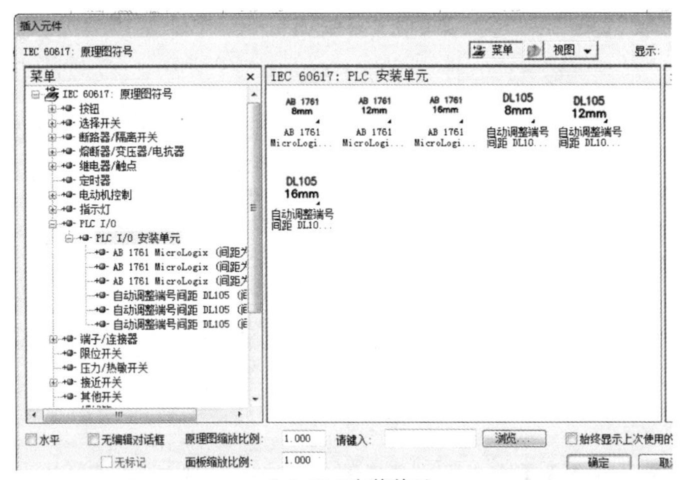

（a）PLC安装单元

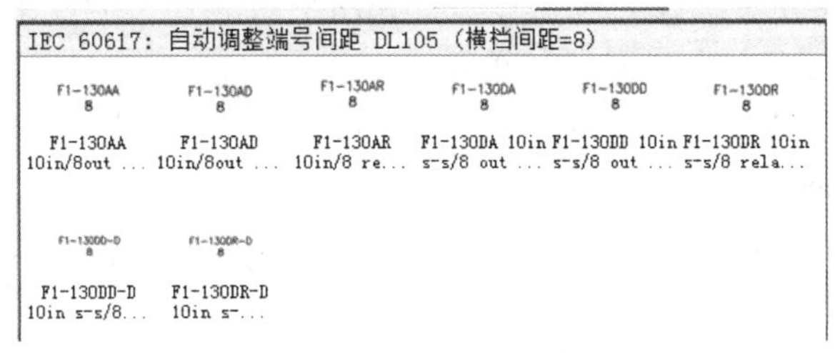

（b）自动调整端号间距DL105的PLC完整单元

图 **2-3-145**

选择图 2-3-145(b)中第一排第一个整体单元，弹出如图 2-3-146 所示整体单元。

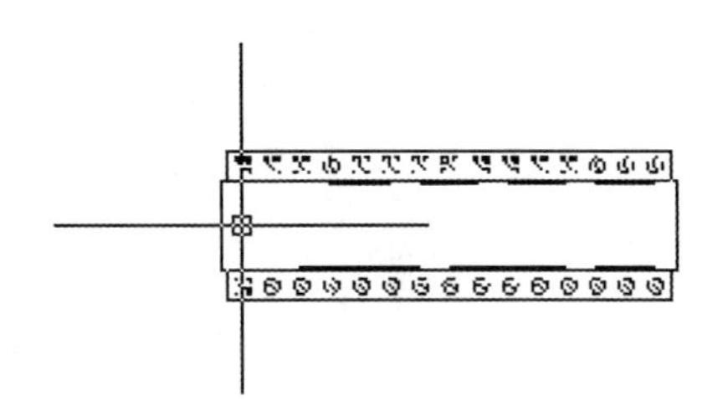
图 **2-3-146**

在绘图区合适的位置单击鼠标弹出如图 2-3-147所示对话框，在对话框中可依次设置 PLC 的地址、I/O 点描述及 PLC 的型号、品牌等信息。

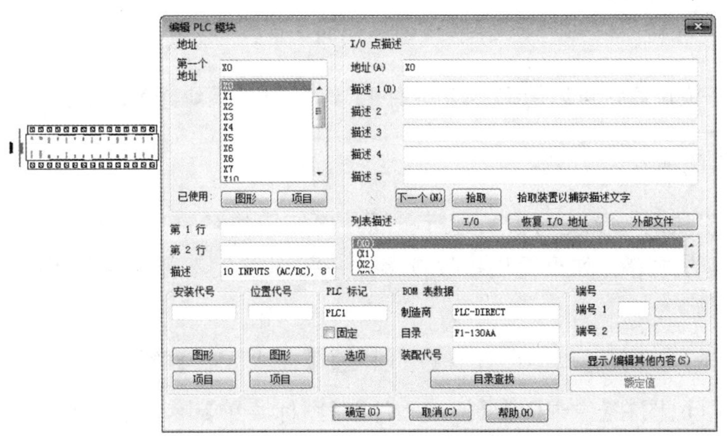

图 **2-3-147**

PLC 相关信息设置完毕后，点击【确定】按钮完成 PLC 整体单元插入，如图 2-3-148 所示。

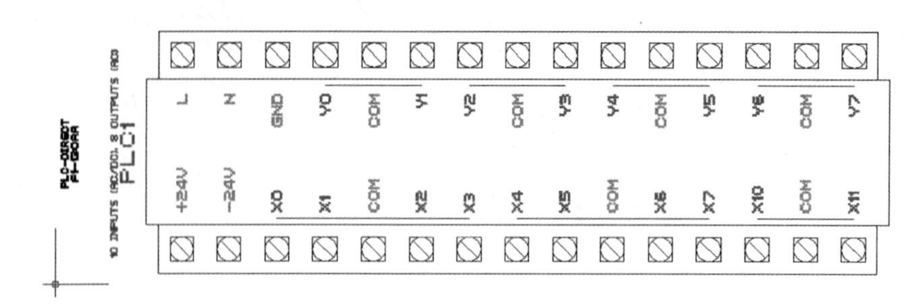

图 2-3-148

第二种是选择【原理图】/【插入元件】/【图标菜单】，选择 PLC I/O，如图 2-3-149 所示。在【插入元件】的菜单中选择 PLC I/O 或在视图中双击 PLC I/O 图标后选择 PLC 安装单元，按上述方法插入相应的 PLC 整体单元。

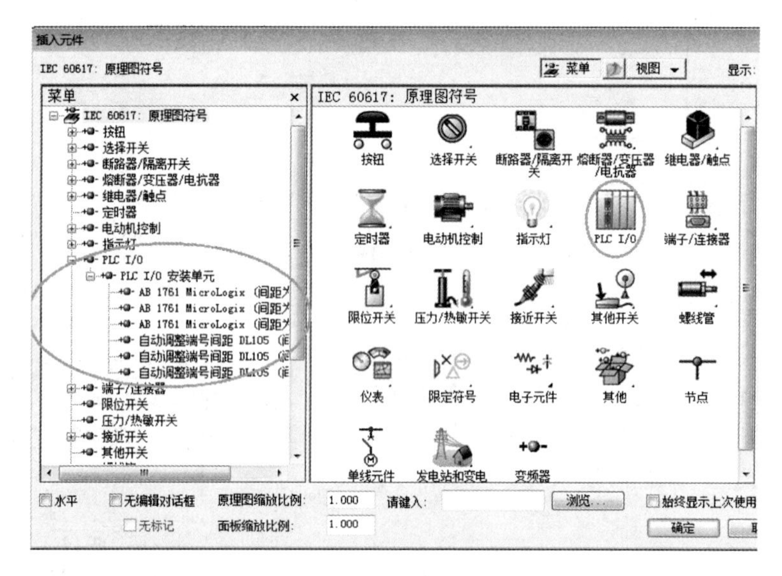

图 2-3-149

在插入 PLC 模块后，可以使用“编辑元件”工具为 PLC 模块修改或添加描述文字。

2. PLC 模块插入

插入 PLC 模块时，要先对模块进行布局，确定模块各点之间的间距、插入时采用水平方式还是垂直方式等。如果模块点数较多，一张图纸放不开可以将 PLC 模块打断放到多张图纸中。

(1)如图 2-3-150 所示，(a)图选择【原理图】/【插入元件】的工具条中的 ，选择“插入 PLC 参数”；(b)图在【原理图】/【插入元件】/【图标菜单】中，选择 PLC I/O。

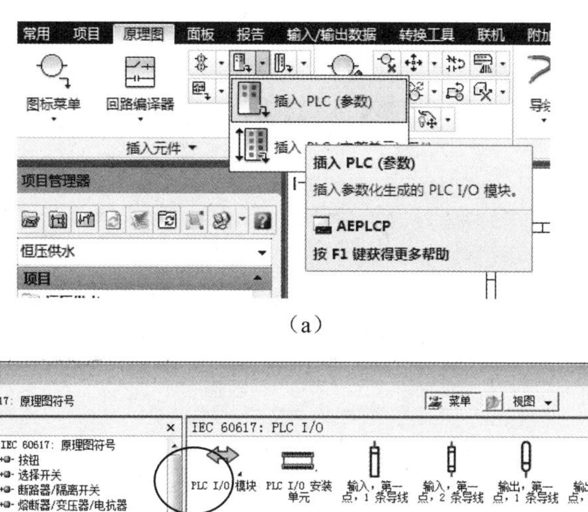

(a)

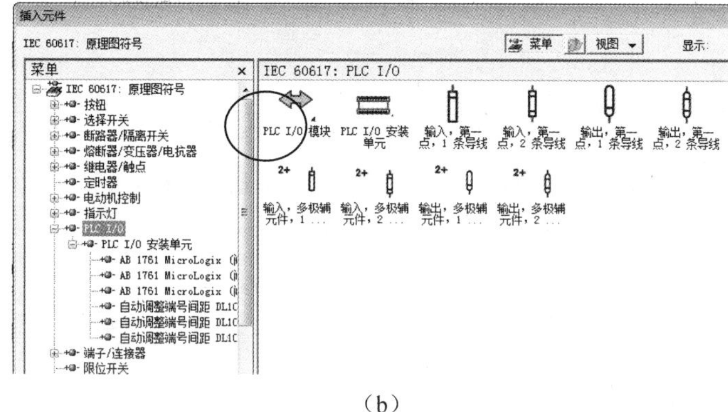

(b)

图 2-3-150

(2)在图 2-3-151 所示对话框中选择要插入的 PLC 模块，并在图形样式中选择接点(AutoCAD Electrical 提供了 5 种接点样式)和模块的插入方式。

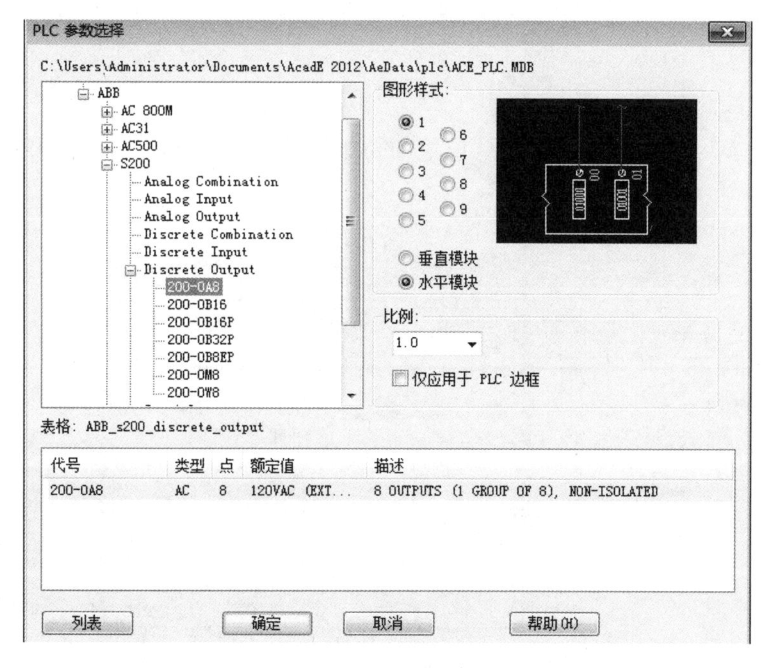

图 2-3-151

(3)如图 2-3-151 所示，双击选择 200-OAB 输出模块，在下方会出现所选模块的信息描述。在绘图区适当的位置点击鼠标左键，弹出图 2-3-152 所示对话框，设置模块插入点间的间距及插入时是否选择打断，单击【确定】按钮。

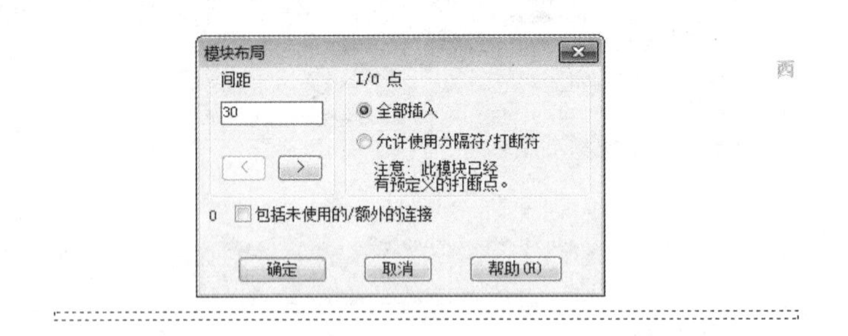

图 2-3-152

(4)如图 2-3-153 所示，设置 PLC 模块编号，单击【确定】按钮。

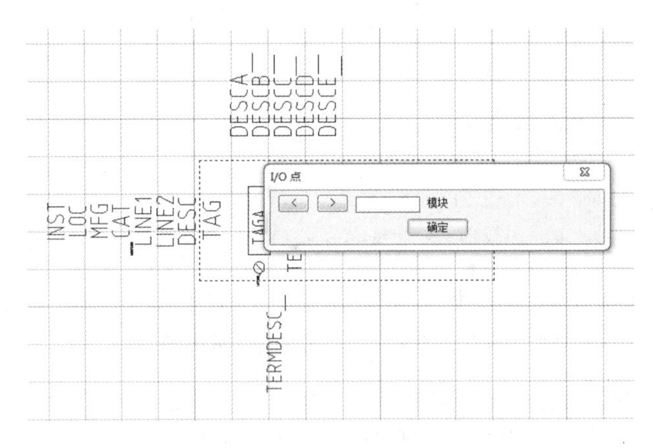

图 2-3-153

(5)如图 2-3-154 所示，设置 PLC 模块的初始地址，可直接输入，可快速拾取，也可在列表中选取，单击【确定】按钮。

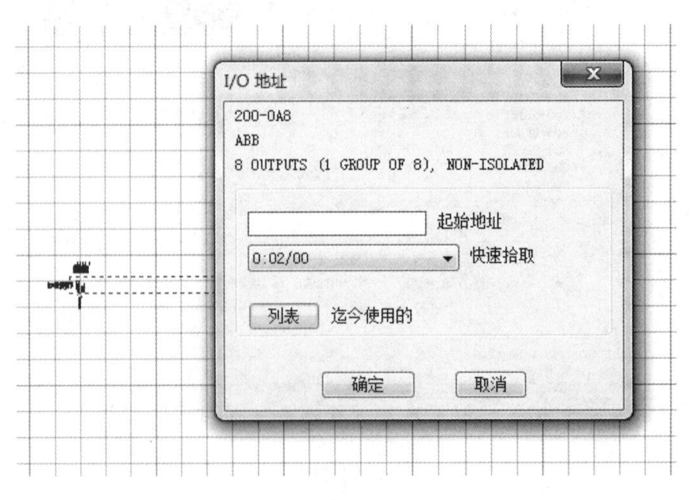

图 2-3-154

(6)可以在插入 PLC 模块时根据需要将其打断成多个部分。如图 2-3-155 所示，如选择“立即打断”则 PLC 模块分成若干部分分别插入；如选择“继续，不打断”则将 PLC 作为模块整体插入。

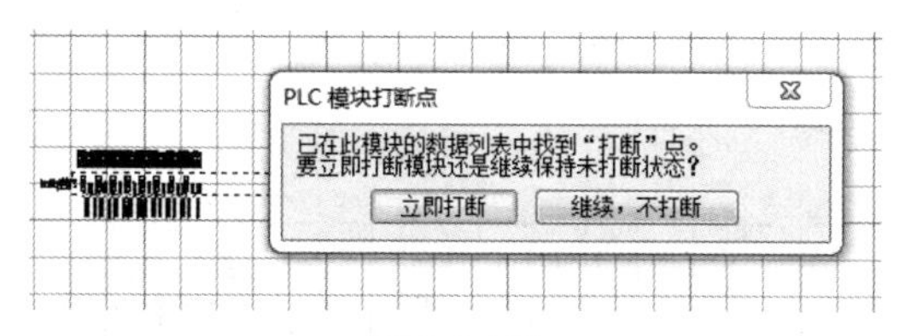

图 2-3-155

(7)如图 2-3-156 所示，在“I/O 寻址”对话框中选择 PLC 地址表示的数制。

选择后 PLC 模块将自动插入图形中。如图 2-3-157(a)所示为未打断插入；(b)为打断后插入。

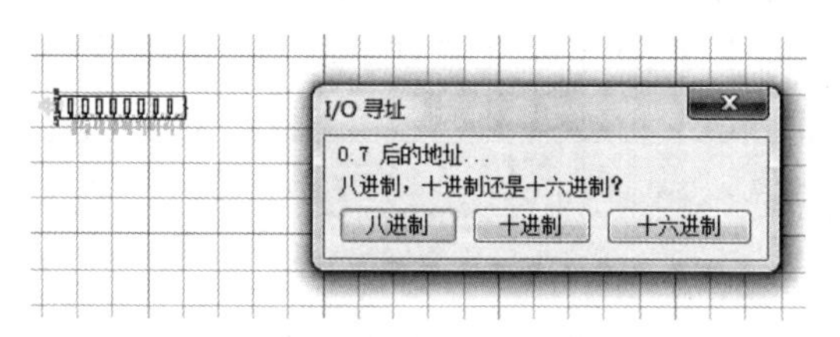

图 2-3-156

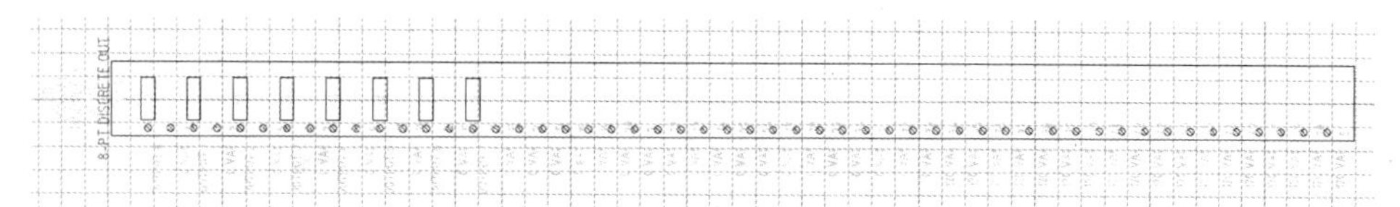

(a) PLC模块未打断插入

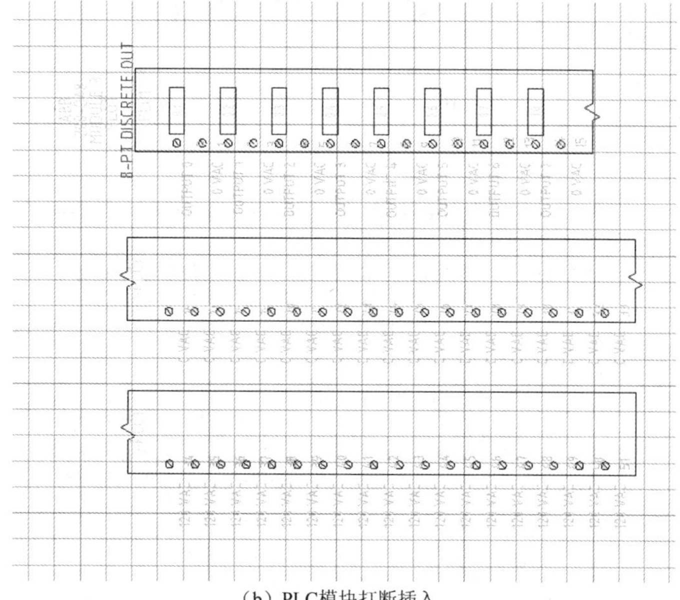

(b) PLC模块打断插入

图 2-3-157

3. PLC 模块外部连接

在插入 PLC 模块时，可以选择将 PLC 模块直接插入阶梯上，完成 PLC 外部线路的自动连接；然后再选择插入所要使用的 PLC 的外部元器件。图 2-3-158 为插入一个 PLC 的完整单元。

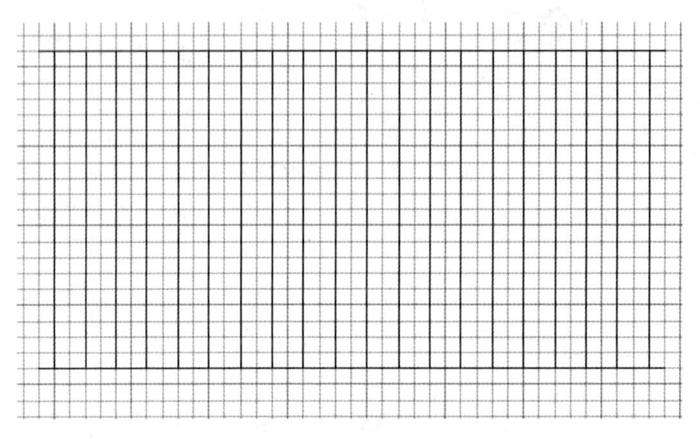

（a）插入阶梯作为基础导线

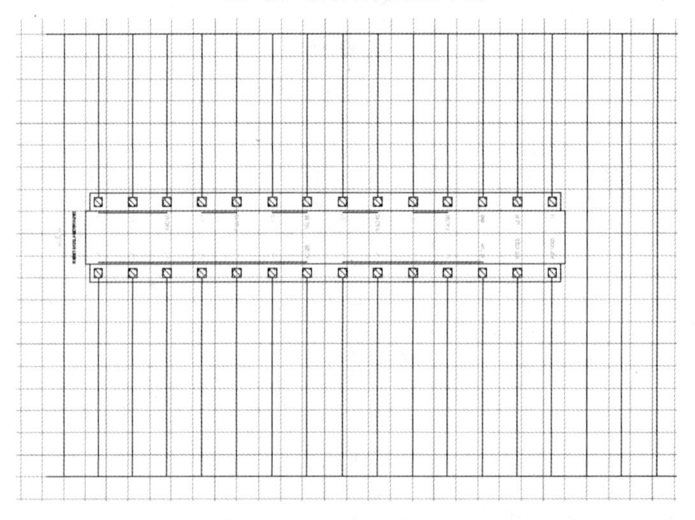

（b）插入PLC模块，模块将打断并与基础导线重新连接

图 2-3-158

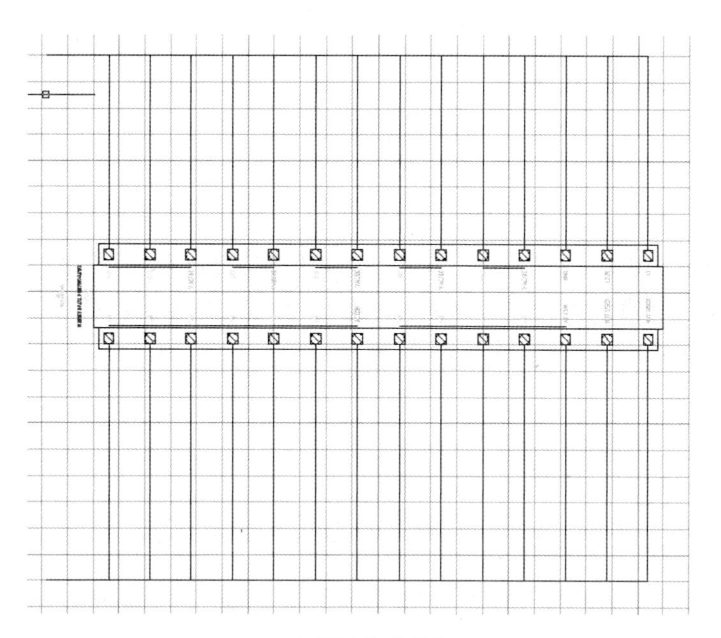

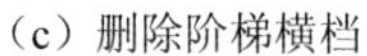

（c）删除阶梯横档

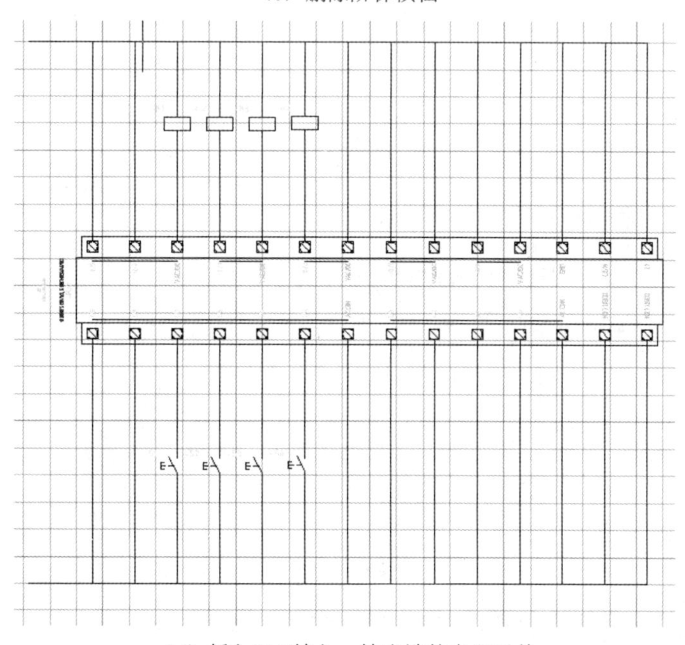

（d）插入PLC输入、输出端的电器元件

图 2-3-158(续)

任务 5 父子元件定义

任务描述

在绘制电气控制原理图时，为了方便读图，经常会使用图形符号位置索引的方式来表示同一元件不同结构在图形中的位置。本次任务将学习通过父子元件交互参考的操作来生产图形符号位置索引。

实践操作

(1)设置项目特性。

①“项目特性”—“交互参考”的选项的设置如图 2-3-159 所示。

图 2-3-159

②“项目特性”—“图形格式”中的“格式参考”完成如下设置。

a. 如图 2-3-160 所示，“格式参考”选择“X-Y 栅格”。

b. 鼠标左键单击【设置】按钮，弹出如图 2-3-161 所示对话框，根据图幅分区的规则设置相关选项。

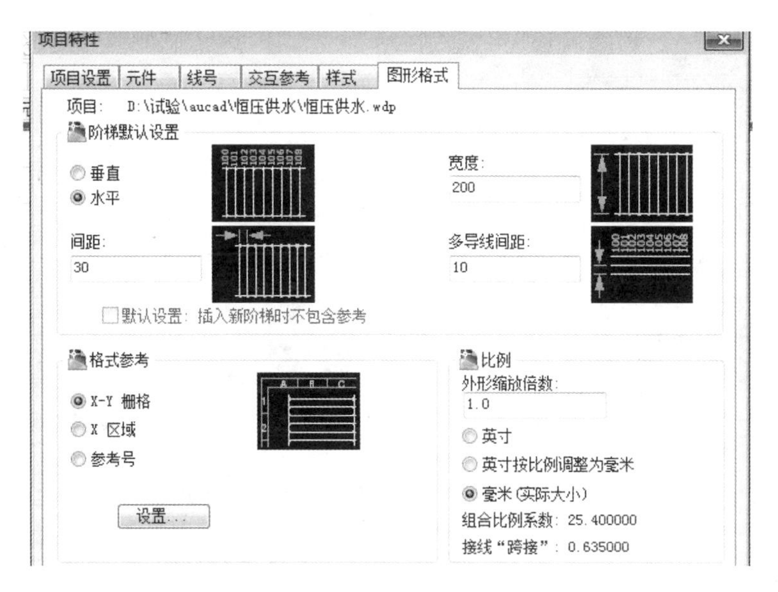

图 **2-3-160**

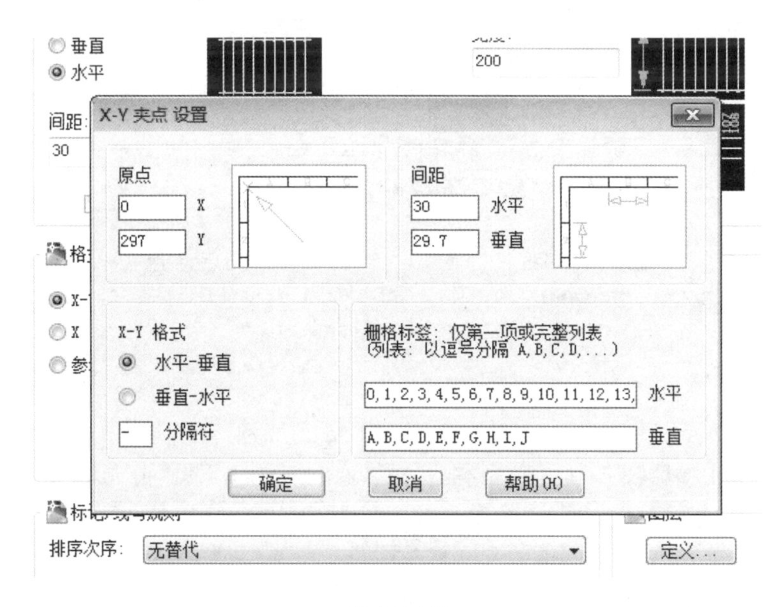

图 **2-3-161**

(2)图形特性设置。“图形特性”设置的方法和内容与项目特性的基本相同。

(3)交互参考。如图 2-3-162 所示，运行元件交互参考，出现图 2-3-163 所示“元件交互参考”对话框，选择“项目”后，点击【确定】按钮。

在“元件交互参考”的对话框中，“激活图形(全部)”表示仅在当前激活图形中执行元件交互参考；“激活图形(拾取)”表示仅在当前激活图形中拾取要执行交互参考操作的元件进行交互参考。

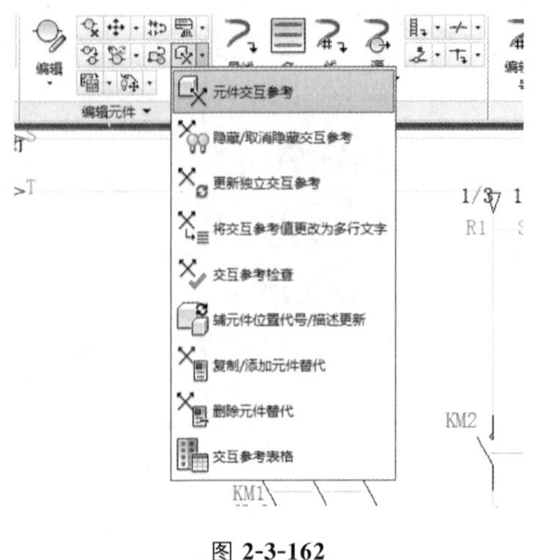

图 2-3-162

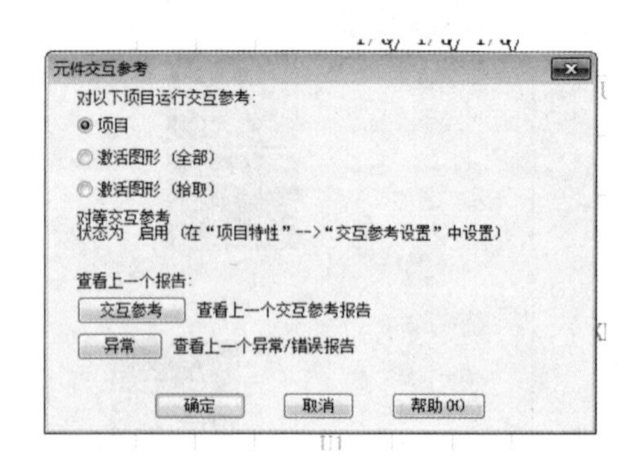

图 2-3-163

(4)如图 2-3-164 所示，选择“全部执行”后单击【确定】按钮，项目中图样上的参考关系将自动显示出来。

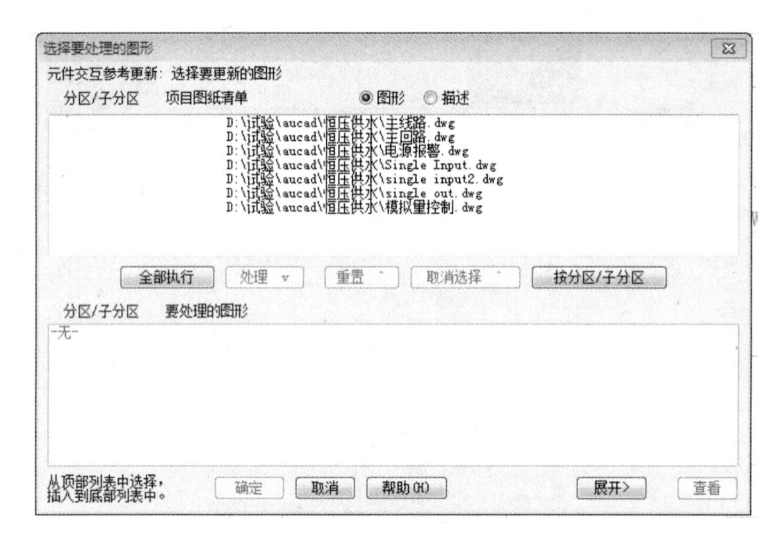

图 2-3-164

操作训练

(1)修改图幅分区后，重新对图形进行元件交互参考设置。

(2)将特性设置中“图形格式”的“格式参考”选择为“X 区域”，观察交互参考格式的变化。

相关知识

在电气原理图中，常用符号位置索引来表示接触器或继电器的线圈及相对应的触头在图形中的位置，即在原理图中相应线圈的下方，给出触头的图形符号，并在其下面注明相应触头的索引代号，对未使用的触头用“×”表明，有时也可采用上述省去触头的表示法。

符号位置的索引用图号、页次和图区编号的组合索引法，索引代号的组成如图 2-3-165 所示。

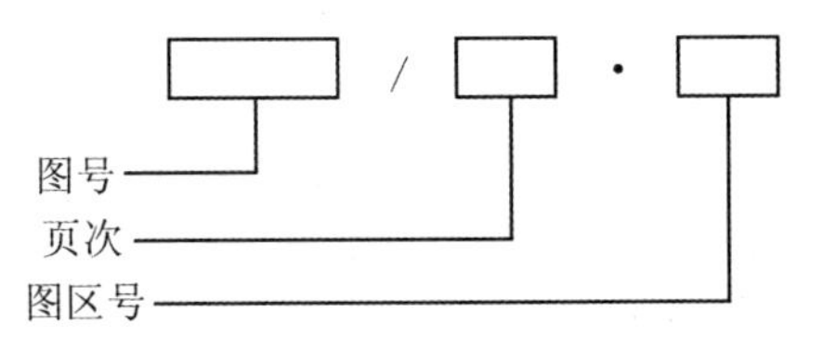

图 2-3-165

对接触器，上述表示法中各栏的含义如图 2-3-166 所示。

左栏	中栏	右栏
主触头所在图区号	常开辅助触头所在图区号	常闭辅助触头所在图区号

图 2-3-166

对继电器，上述表示法中各栏的含义如图 2-3-167 所示。

左栏	右栏
常开触头所在图区号	常闭触头所在图区号

图 2-3-167

符号位置索引中的图区编号由图幅分区的代号组成。如图 2-3-168 所示，在使用时，

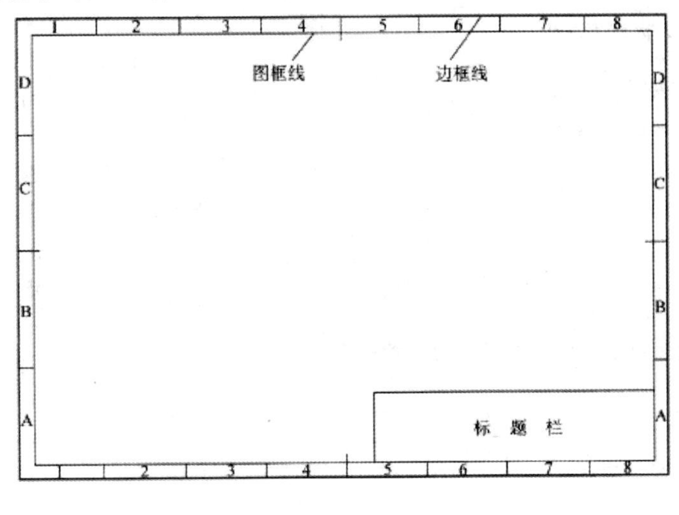

图 2-3-168

对于一般简单电路，如果是水平布置的电路，一般只需标明水平方向的标记，即对应的阿拉伯数字；如果是垂直布置的电路，一般只需标明垂直方向的标记，即对应的英文字母；如果电路结构比较复杂则需标明组合标记，即索引代号为字母和数字的组合，且字母在右、数字在左。

图幅分区以后，相当于在图上建立了一个坐标系，AutoCAD Electrical 将会根据元件插入的坐标自动计算要标注位置索引的元件所在的区域。

任务 6 元器件选择

任务描述

为了方便生成元器件的清单列表，AutoCAD Electrical 要求对插入的元器件要进行型号的选择。元器件可在插入元件时选择，也可在完成原理图绘制后统一选择。本任务将学习元器件的选择及编辑 AutoCAD Electrical 数据库列表。

实践操作

(1)选择【原理图】/【编辑元件】的工具条中的“编辑”，选择要编辑的元器件(以 KM2 为例)，弹出“插入/编辑元件”对话框，如图 2-3-169 所示。

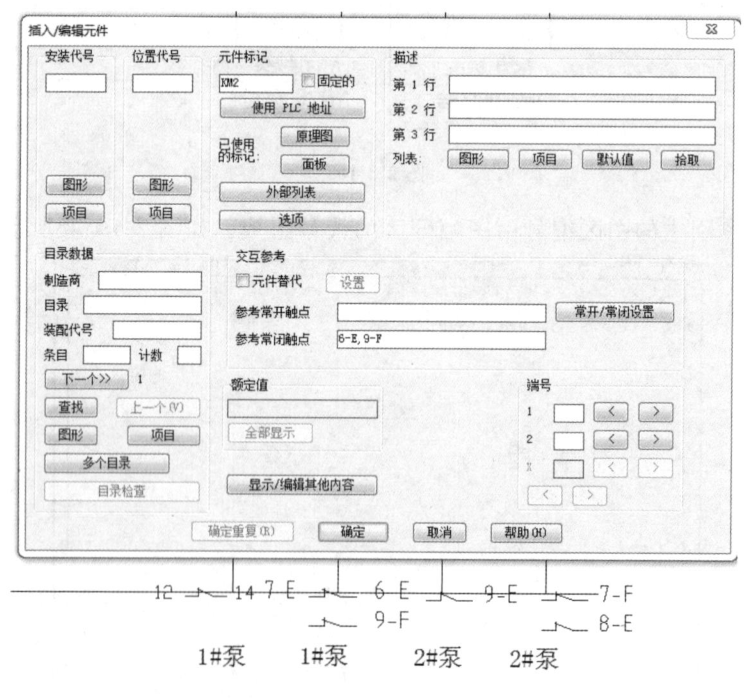

图 2-3-169

(2)单击“查找”，弹出“零件目录”对话框，如图 2-3-170 所示。

零件目录 C:\Users\ZJQ\Documents\AcadE 2013\AeData\catalogs\default_cat.mdb

数据库：默认数据库　表格：MS　目录 - 搜索数据库

目录	制造	描述	类型	额定值	其他1	其他2
在此处输入文字	SIEMENS	在此处输入文字	NON-REVERSING	在此处输入文字	在此处输入文字	在此处输入文字
3RA1110-0DA15-1BB4	SIEMENS	IEC COMBINATION STARTER - SIRIUS 3RA11	NON-REVERSING	0.22-0.32 AMPS, 24VDC	3-POLE, FRAME 101, 24 DC COIL	WITHOUT AUXII
3RA1120-0DA23-0BB4	SIEMENS	IEC COMBINATION STARTER - SIRIUS 3RA11	NON-REVERSING	0.22-0.32 AMPS, 24VDC	3-POLE, FRAME 102, 24 DC COIL	WITHOUT AUXII
3RA1110-0DA15-1BW4	SIEMENS	IEC COMBINATION STARTER - SIRIUS 3RA11	NON-REVERSING	0.22-0.32 AMPS, 48VDC	3-POLE, FRAME 101, 48 DC COIL	WITHOUT AUXII
3RA1120-0DA23-0BW4	SIEMENS	IEC COMBINATION STARTER - SIRIUS 3RA11	NON-REVERSING	0.22-0.32 AMPS, 48VDC	3-POLE, FRAME 102, 48 DC COIL	WITHOUT AUXII
3RA1110-0DA15-1BF4	SIEMENS	IEC COMBINATION STARTER - SIRIUS 3RA11	NON-REVERSING	0.22-0.32 AMPS, 110VDC	3-POLE, FRAME 101, 110 DC COIL	WITHOUT AUXII
3RA1120-0DA23-0BF4	SIEMENS	IEC COMBINATION STARTER - SIRIUS 3RA11	NON-REVERSING	0.22-0.32 AMPS, 110VDC	3-POLE, FRAME 102, 110 DC COIL	WITHOUT AUXII
3RA1110-0DA15-1BP4	SIEMENS	IEC COMBINATION STARTER - SIRIUS 3RA11	NON-REVERSING	0.22-0.32 AMPS, 230VDC	3-POLE, FRAME 101, 230 DC COIL	WITHOUT AUXII
3RA1120-0DA23-0BP4	SIEMENS	IEC COMBINATION STARTER - SIRIUS 3RA11	NON-REVERSING	0.22-0.32 AMPS, 230VDC	3-POLE, FRAME 102, 230 DC COIL	WITHOUT AUXII
3RA1110-0DA15-1AC2	SIEMENS	IEC COMBINATION STARTER - SIRIUS 3RA11	NON-REVERSING	0.22-0.32 AMPS, 24VAC	3-POLE, FRAME 101, 24 AC, 50/60HZ COIL	WITHOUT AUXII
3RA1120-0DA23-0AC2	SIEMENS	IEC COMBINATION STARTER - SIRIUS 3RA11	NON-REVERSING	0.22-0.32 AMPS, 24VAC	3-POLE, FRAME 102, 24 AC, 50/60HZ COIL	WITHOUT AUXII
3RA1110-0DA15-1AK6	SIEMENS	IEC COMBINATION STARTER - SIRIUS 3RA11	NON-REVERSING	0.22-0.32 AMPS, 110/120VAC	3-POLE, FRAME 101, 110/120 AC, 50/60HZ COIL	WITHOUT AUXII
3RA1120-0DA23-0AK6	SIEMENS	IEC COMBINATION STARTER - SIRIUS 3RA11	NON-REVERSING	0.22-0.32 AMPS, 110/120VAC	3-POLE, FRAME 102, 110/120 AC, 50/60HZ COIL	WITHOUT AUXII
3RA1110-0DA15-1AM2	SIEMENS	IEC COMBINATION STARTER - SIRIUS 3RA11	NON-REVERSING	0.22-0.32 AMPS, 208VAC	3-POLE, FRAME 101, 208 AC, 60HZ COIL	WITHOUT AUXII
3RA1120-0DA23-0AM2	SIEMENS	IEC COMBINATION STARTER - SIRIUS 3RA11	NON-REVERSING	0.22-0.32 AMPS, 208VAC	3-POLE, FRAME 102, 208 AC, 60HZ COIL	WITHOUT AUXII

显示 BOM 表详细信息
按 WDBLKNAM 值过滤：MS1
使用 MISC_CAT 表格
仅显示子装配条目以进行编辑

确定(O)　取消(C)　帮助

图 2-3-170

(3)在“零件目录”中选择要使用的交流接触器线圈，单击【确定】按钮。如图 2-3-171 所示，“插入/编辑元件”对话框中“目录数据”中将显示所选定元件的制造商及代号等信息；“端号”中将自动显示所选线圈的端子编号；“常开/常闭设置”用来设置与线圈相对应的常开或常闭触头的端子编号，如图 2-3-172 所示。

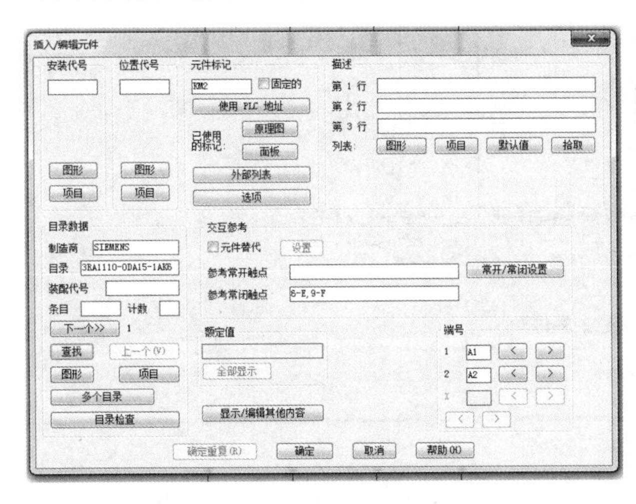

图 2-3-171

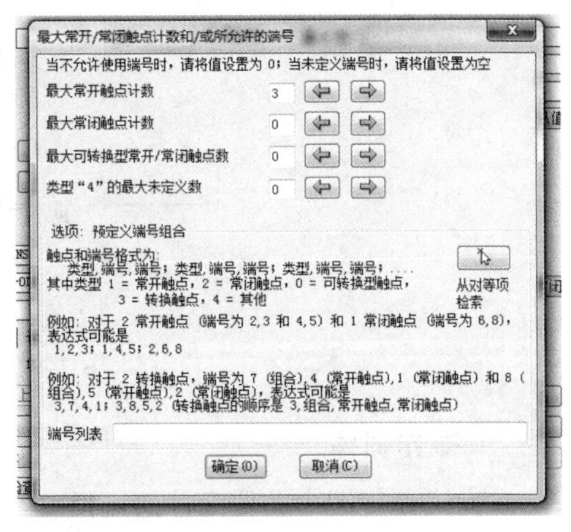

图 2-3-172

(4)单击【确定】按钮，弹出如图 2-3-173 所示“是否更新相关元件?”对话框，单击【确定】按钮完成元件选择，如图 2-3-174 所示。

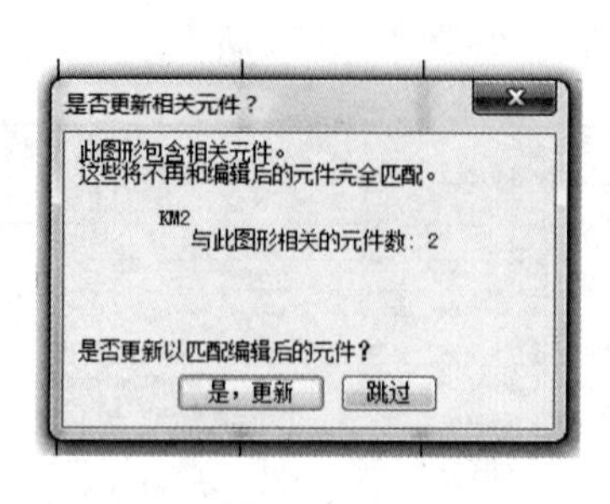

图 2-3-173

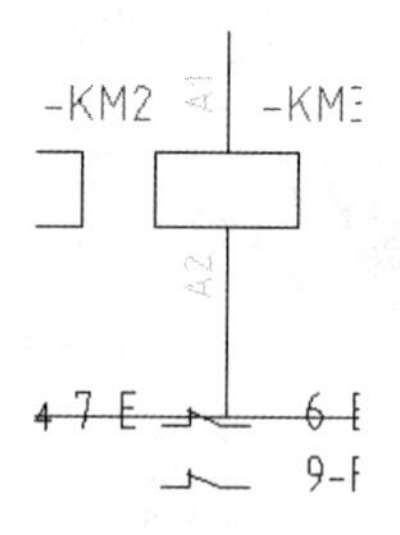

图 2-3-174

(5)如图 2-3-175 所示，KM1、KM3、KM4 与 KM2 选择同一型号的交流接触器线圈时，可重复 KM2 的操作过程，也可在"插入/编辑元件"对话框中的"目录数据"中单击"上一个"，则 AutoCAD Electrical 将自动把上一个元件的选择自动关联到当前元件中。

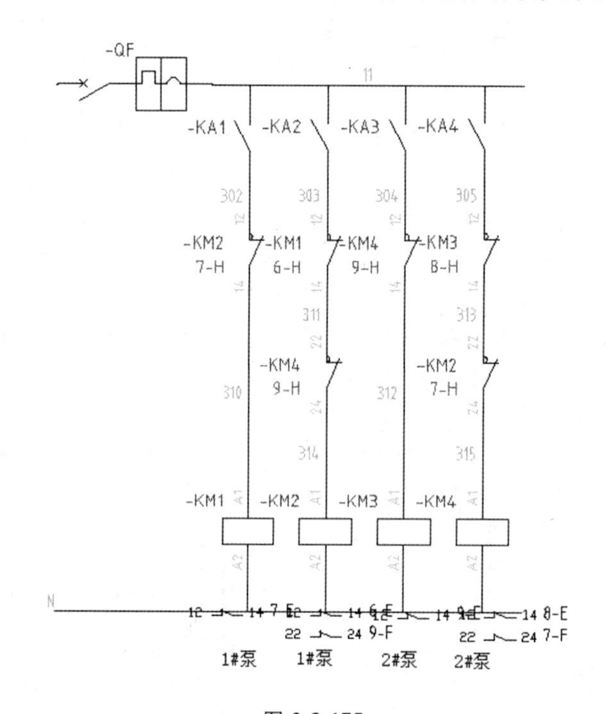

图 2-3-175

操作训练

完成原理图中其他元件的选择。

相关知识

1. 复制目录指定

“复制目录指定”是 AutoCAD Electrical 提供的一个目录数据拷贝的工具，可以更快地赋值。

(1)在“编辑元件”工具中选择“复制目录指定”，如图 2-3-176(a)所示。

(2)然后在图中单击 KM1，弹出如图 2-3-176(b)所示对话框，单击【确定】按钮。

(3)点选要编辑的元件后，按鼠标右键或回车键，则选中的元件与 KM1 有一样的产品型号，如图 2-3-177 所示。

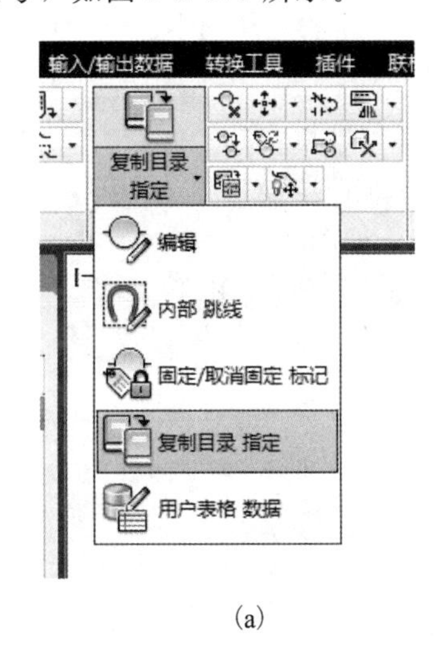

(a)

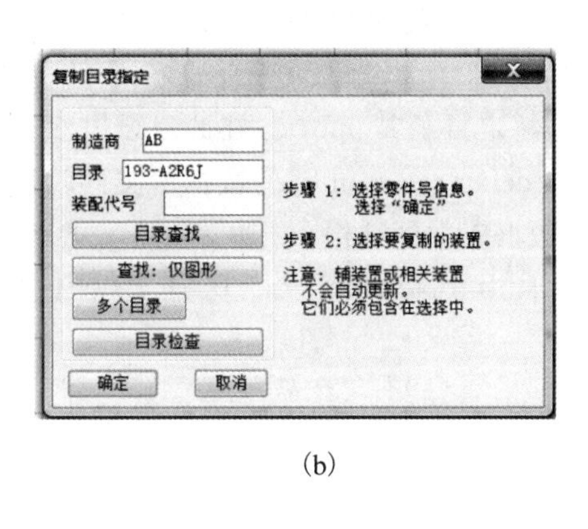

(b)

图 2-3-176

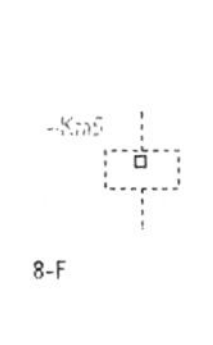

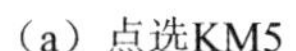

(a) 点选KM5

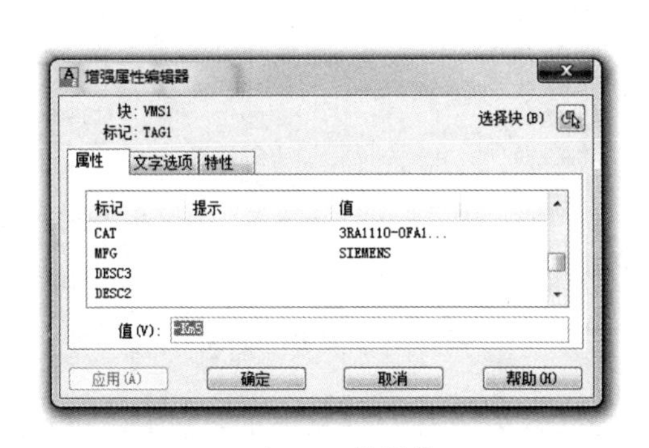

(b) KM5的型号

图 2-3-177

2. 元件目录数据库

绘制原理图时，要将元件的厂家、型号等信息录入 AutoCAD Electrical 以供生成明细表。为了省去手工录入的烦琐程序，避免前后不一致和经常出错，AutoCAD Electrical 使用 Access 数据库来保存产品目录信息。AutoCAD Electrical 选取元件后，元件的制造商、目录及端号等信息都是从元件数据库文件中拾取的，这个数据库文件是 C:\Users\xxx\AppData\Roaming\Autodesk\AutoCAD Electrical 2012\R19.0\chs\Support\AeData\Catalogs，目录下的 default_cat.mdb，这就是 AutoCAD Electrical 所用到的默认元件目录数据库文件。

由于这个目录下存放了 AutoCAD Electrical 所用的一些重要文件，所以 AutoCAD Electrical 在安装时给出了一个快速进入此目录的方法：在开始—所有程序—Autodesk-AutoCAD Electrical 2012 中有一项“ 我的文档 AutoCAD Electrical 2012”，选中此项即可快速进入特定目录 support。在此目录内双击 AeData 子目录再进入 Catalogs 子目录，其中有一个 default_cat.mdb 的数据库文件就是用来存放电气元件产品目录数据的。

(1)数据库文件结构。打开 default_cat.mdb 数据库文件，如图 2-3-178 所示，default_cat 数据库文件中有许多数据表，比如_PINLIST、CB、CR、MS、PB、OL 等。

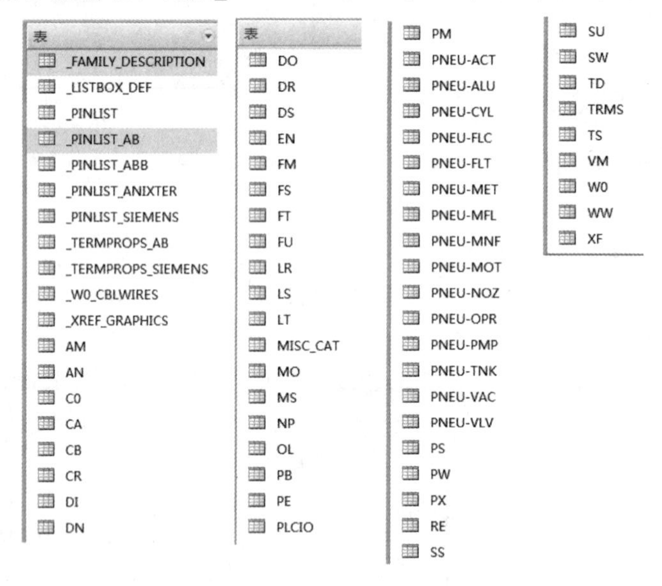

图 2-3-178

这些数据表的取名都是有一定映射的，_PINLIST 为存放元件端子号的数据表，CB 表示的是空气开关，CR 表示控制继电器，MS 表示电动机启动器/接触器，PB 表示按钮，OL 表示热继电器。数据库中数据表的取名大多是与原理图符号的块名关联，只是去掉了第一个字母 H 或 V(它们表示水平或垂直放置的两个版本的符号)，所有数据表的对应的映射可在_FAMILY_DESCRIPTION 列表中查询。

存放产品目录数据的各数据表的字段定义是基本相同的。我们任选一个数据表来查看它的字段定义，用鼠标右键单击 SS 数据表，弹出的快捷菜单中选择“设计视图”，则可看到字段定义如图 2-3-179 所示。

字段名称	数据类型
目录	文本
制造商	文本
DESCRIPTION	文本
类型	文本
样式	文本
触点	文本
其他 1	文本
ASSEMBLYCODE	文本
装配列表	文本
装配数量	文本
用户 1	文本
用户 2	文本
用户 3	文本
文字值	文本
WEBLINK	文本
WDBLKNAM	文本
RECNUM	自动编号

字段名称	数据类型
CATALOG	文本
MANUFACTURER	文本
DESCRIPTION	文本
TYPE	文本
STYLE	文本
CONTACTS	文本
MISCELLANEOUS1	文本
ASSEMBLYCODE	文本
ASSEMBLYLIST	文本
ASSEMBLYQUANTITY	文本
USER1	文本
USER2	文本
USER3	文本
TEXTVALUE	文本
WEBLINK	文本
WDBLKNAM	文本
RECNUM	自动编号

图 **2-3-179**

在图 2-3-179 中：

目录(CATALOG)：指产品的目录编号，存放的是不同生产厂家的各种电气元件的编号，最长 60 个字符。

制造商(MANUFACTURER)：第一个查询字段，存放的是元件的生产厂家的名称，最长 24 个字符。

描述(DESCRIPTION)：存放的是元件的描述信息，最长 60 个字符。

类型(TYPE)：第二个查询字段，最长 60 个字符，存放的是元件的关键参数。

样式(STYLE)：第三个查询字段，存放的是元件的额定值，用来进一步细分元件种类。最长 60 个字符，在 MS 数据表中用 RATING 表示 。

触点(CONTACTS)：这是一个辅助描述字段，最长 60 个字符，名称是可变的，在其他表中可能取别的名字，如在 MS 数据表中常将触头信息填写在 MISCELLANEOUS1 字段中。

其他 1：可变名称的字段，最长 60 个字符，描述性字段。

子装配件(ASSEMBLYCODE)：这个字段表示该元件有附件，AutoCAD Electrical 用这个值在当前表中查找元件的子装配件。最长 60 个字符。

装配列表(ASSEMBLYLIST)：如果数据表中的某元件此字段有值，表示该为某个元件的子装配件。最长 24 个字符。

装配数量(ASSEMBLYQUANTITY)：表示子装配件在元件中的数量。注意，此字段为空值时表示数量为 1。

用户 1(USER1)、用户 2(USER2)、用户 3(USER3)：这 3 个字段是 AutoCAD Electrical 特意留给用户自定义的，比如可存放用户单位的一种特殊编码或者库存代号等。

WEBLINK：这一字段存放元件的有关文档的超链接。如描述该元件的 PDF 文档所在目录或公司网址等。在 AutoCAD Electrical 中可以跳转到此处打开 PDF 文档或登录网站。

WDBLKNAM：可选属性，用于定义，要用于元件的目录数据块符号名称。

以上字段中制造商、类型、样式 3 个查询字段是关键字段，它与 AutoCAD Electrical 的元件编辑对话框中目录区的查询选项对应。

(2)编辑数据库文件。

①直接编辑数据库文件。在 AutoCAD Electrical 绘图中，系统默认的数据库中的元件信息有时不能满足我们的要求，这时就需要来编辑数据库文件，将需要的元件信息录入到数据库中。使用 Access 来编辑数据库文件可实现批量建库。下面将直接在 Access 中把几个正泰 NP2 系列的按钮录入数据库中，按钮信息如下：

NP2-BA3311	绿	1 常开
NP2-BA2365	黑	1 常开+1 常闭
NP2-BA4322	红	1 常闭
NP2-BA2351	黑	1 常开
NP2-BA1345	白	1 常开+1 常闭

a. 打开 AutoCAD Electrical 的数据库文件 default_cat. mdb，双击 PB 表编辑状态，如图 2-3-180 所示。在目录列中找不到我们要使用的 NP2 系列的按钮。

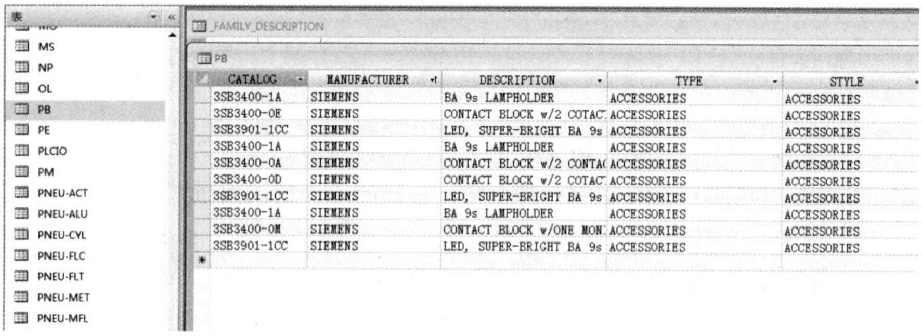

表

MS
NP
OL
PB
PE
PLCIO
PM
PNEU-ACT
PNEU-ALU
PNEU-CYL
PNEU-FLC
PNEU-FLT
PNEU-MET
PNEU-MFL

_FAMILY_DESCRIPTION

PB

CATALOG	MANUFACTURER	DESCRIPTION	TYPE	STYLE
3SB3400-1A	SIEMENS	BA 9s LAMPHOLDER	ACCESSORIES	ACCESSORIES
3SB3400-0E	SIEMENS	CONTACT BLOCK w/2 COTAC	ACCESSORIES	ACCESSORIES
3SB3901-1CC	SIEMENS	LED, SUPER-BRIGHT BA 9s	ACCESSORIES	ACCESSORIES
3SB3400-1A	SIEMENS	BA 9s LAMPHOLDER	ACCESSORIES	ACCESSORIES
3SB3400-0A	SIEMENS	CONTACT BLOCK w/2 CONTA	ACCESSORIES	ACCESSORIES
3SB3400-0D	SIEMENS	CONTACT BLOCK w/2 COTAC	ACCESSORIES	ACCESSORIES
3SB3901-1CC	SIEMENS	LED, SUPER-BRIGHT BA 9s	ACCESSORIES	ACCESSORIES
3SB3400-1A	SIEMENS	BA 9s LAMPHOLDER	ACCESSORIES	ACCESSORIES
3SB3400-0M	SIEMENS	CONTACT BLOCK w/ONE MON	ACCESSORIES	ACCESSORIES
3SB3901-1CC	SIEMENS	LED, SUPER-BRIGHT BA 9s	ACCESSORIES	ACCESSORIES

图 2-3-180

b. 将 NP2 系列按钮的信息录入到 PB 表中，如图 2-3-181 所示。

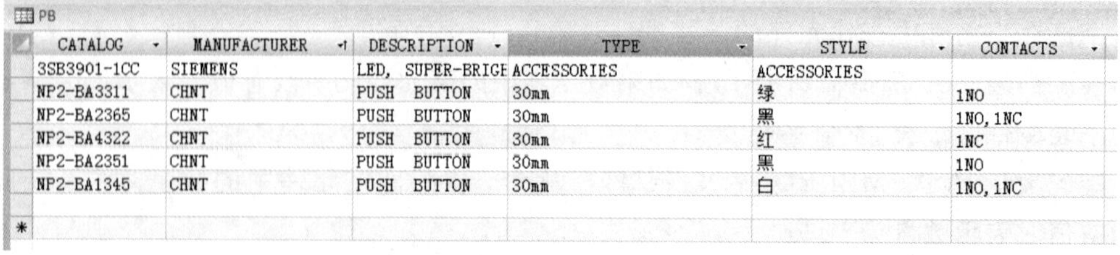

PB

CATALOG	MANUFACTURER	DESCRIPTION	TYPE	STYLE	CONTACTS
3SB3901-1CC	SIEMENS	LED, SUPER-BRIGH	ACCESSORIES	ACCESSORIES	
NP2-BA3311	CHNT	PUSH BUTTON	30mm	绿	1NO
NP2-BA2365	CHNT	PUSH BUTTON	30mm	黑	1NO,1NC
NP2-BA4322	CHNT	PUSH BUTTON	30mm	红	1NC
NP2-BA2351	CHNT	PUSH BUTTON	30mm	黑	1NO
NP2-BA1345	CHNT	PUSH BUTTON	30mm	白	1NO,1NC

图 2-3-181

c. 如图 2-3-182 所示，在插入按钮元件时，点击“目录数据”区的“查找”即可在数据库中提取相关按钮的信息。

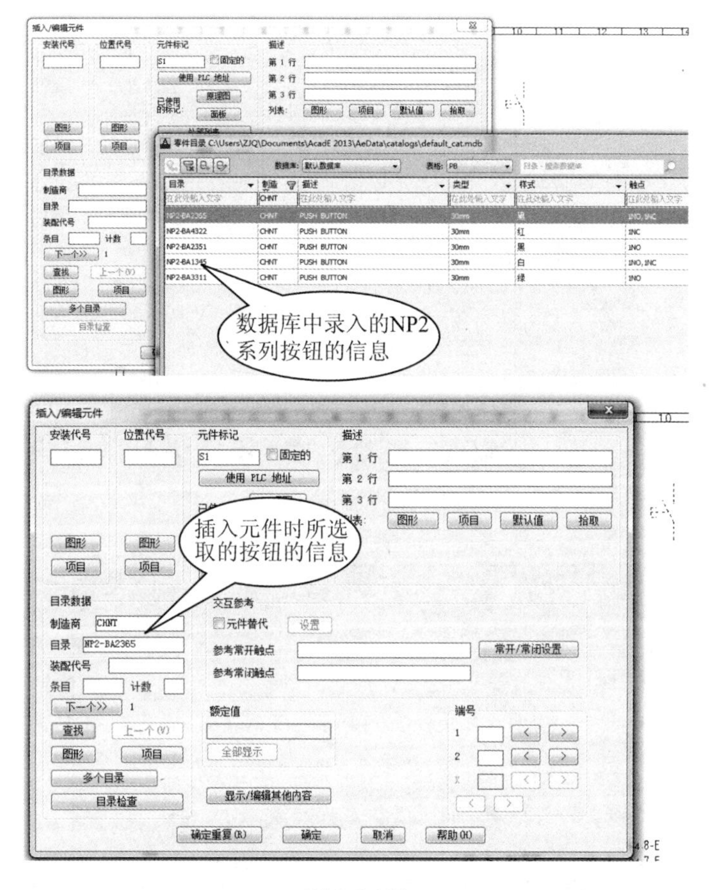

图 2-3-182

②添加产品目录。以正泰 CJX1 系列交流接触器为例说明在 AutoCAD Electrical 中添加产品目录的过程。要录入的交流接触器目录信息见表 2-3-2。

表 2-3-2 交流接触器目录信息

型号	额定电流	线圈	辅助触点
CJX1—0910	9 A	AC220V	1 常开

a. 单击【编辑元件】工具条上的【编辑】按钮，然后在激活图形中单击 KM1，在弹出“插入/编辑元件”对话框，在“目录数据”中单击【查找】按钮，弹出零件目录对话框，如图 2-3-183 所示。

b. 在图 2-3-183 中单击【添加目录记录】按钮，弹出“添加目录记录(表格)”对话框。如图 2-3-184 所示，在“目录”“制造商”“描述”“类型”和“额定值”中录入 CJX1-0910 的相关信息，单击【确定】按钮添加目录记录过程结束。

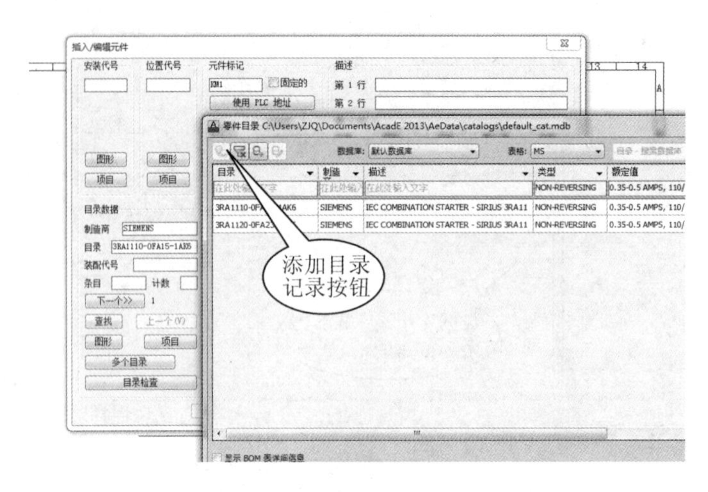

图 2-3-183

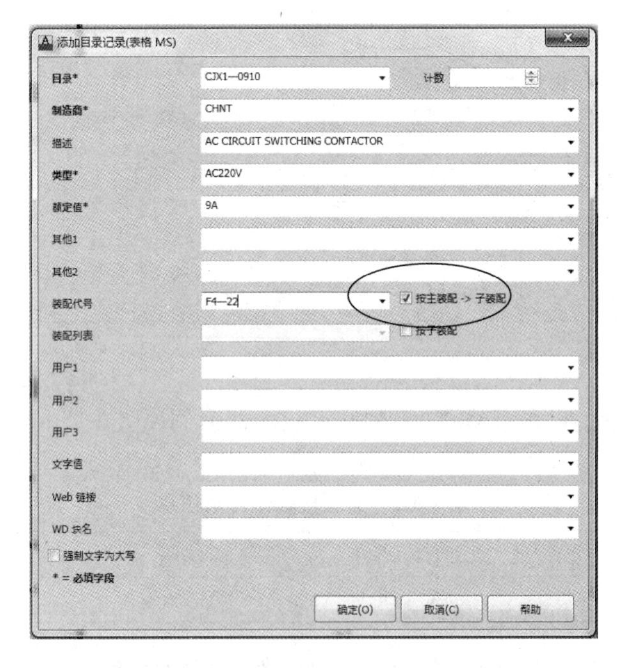

图 2-3-184

但是，由于 CJX1-0910 只有一组常开辅助触头，而在图 2-3-185 中用到的是交流接触器的常闭辅助触头，所以为满足实际需求，要选择一个辅助触头组作为交流接触器的子装配件。在图 2-3-184 中先勾选“按主装配→子装配”项，然后在“装配代号”中写 F4-22，单击【确定】按钮，完成添加目录记录过程。

零件目录 C:\Users\ZJQ\Documents\AcadE 2013\AeData\catalogs\default_cat.mdb
数据库: 默认数据库
表格: MS
目录 - 搜索数据库
目录
制造
描述
类型
额定值
其他2
装配代号
在此处输入文字
CHNT
AC220V
9A
CJX1—0910
CHNT
AC CIRCUIT SWI...
AC220V
9A
F4—22

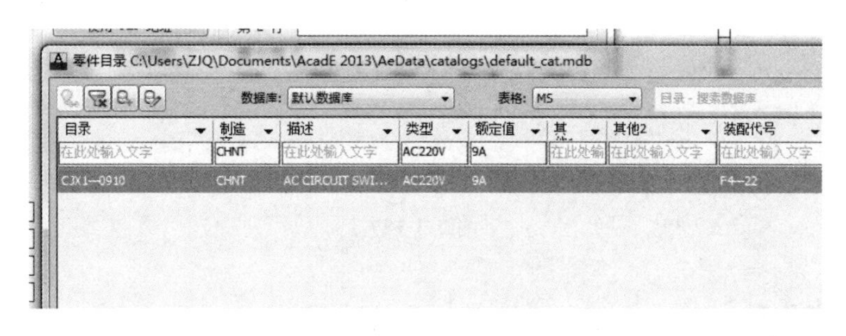

图 2-3-185

c. 为了完成子装配的设置，还要再添加一条关于辅助触头组的记录，在图 2-3-185 中单击“添加目录记录”按钮。如图 2-3-186 所示，将触头组的相关信息录入到“添加目录记录(表格)”中。需要注意的是，装配列表中的值 F4-22 必须与上次输入的装配代号一样，因为 AutoCAD Electrical 会根据装配代号的值到装配列表中查找相同项，找到的项就是子装配件。

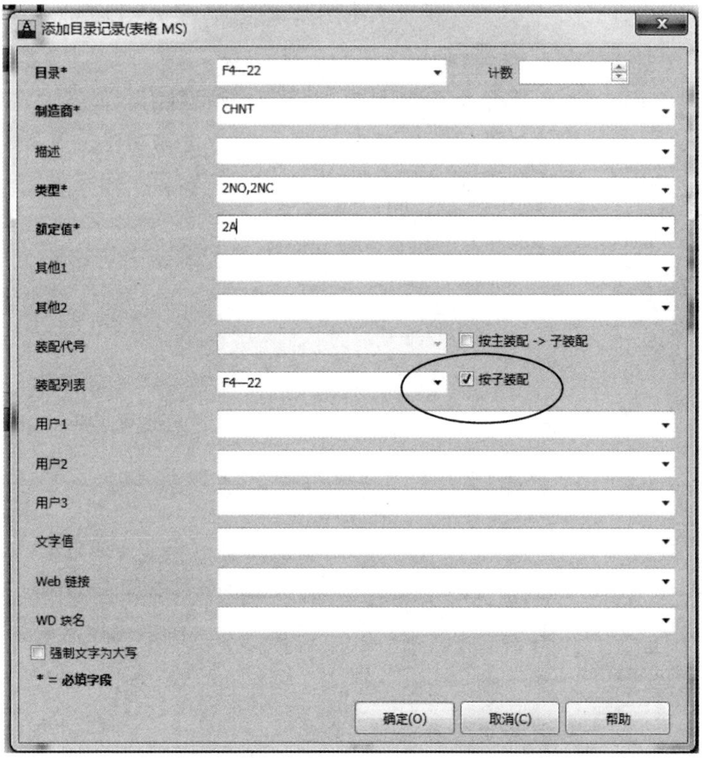

添加目录记录(表格 MS)
目录*
F4—22
计数
制造商*
CHNT
描述
类型*
2NO,2NC
额定值*
2A
其他1
其他2
装配代号
按主装配 -> 子装配
装配列表
F4—22
按子装配
用户1
用户2
用户3
文字值
Web 链接
WD 块名
强制文字为大写
* = 必填字段
确定(O)
取消(C)
帮助

图 2-3-186

d. 单击【确定】按钮，完成添加目录记录，打开数据库文件 default_cat.mdb，双击 MS 表，如图 2-3-187 所示，添加的目录记录在数据表中显示。

MS

CATALOG	MANUFACTURE	DESCRIPTION	TYPE	RATING	MISCELLANEOUS1	MISCELLANEOU	ASSEMBLYCODE	ASSEMBLYLIS
F4—22	CHNT		2NO, 2NC	2A				F4—22
CJX1—0910	CHNT	AC CIRCUIT SWIT	AC220V	9A			F4—22	
PSR45-MS450	ABB	CONNECTION KIT	ACCESSORY	ACCESSORY				
PSCT-75	ABB	CURRENT TRANSFO	ACCESSORY	ACCESSORY	TRANSFORMER RATI			
PSCT-100	ABB	CURRENT TRANSFO	ACCESSORY	ACCESSORY	TRANSFORMER RATI			
PSCT-125	ABB	CURRENT TRANSFO	ACCESSORY	ACCESSORY	TRANSFORMER RATI			

图 2-3-187

3. 元件引脚列表

如图 2-3-188 所示，在 AutoCAD Electrical 中插入接触器等元件时，需要设置元件的端号，如果在数据库中已经存放了元件的引脚列表，则 AutoCAD Electrical 可以调出来供用户使用。数据表_PINLIST 就是用来存放引脚列表数据的（_PINLIST_AB、_PINLIST_ABB、_PINLIST_SIEMENS）。双击打开数据表_PINLIST_SIEMENS，如图 2-3-189 所示，数据表中显示的为西门子接触器的引脚信息。其中的 MANUFACTURER 和 CATALOG 字段的含义与元件目录数据表中一致；COILPINS 字段指线圈的引脚编号，一般为 A1、A2；PINLIST 字段则存放元件的引脚列表，录入引脚列表时应注意：

（1）各引脚编号之间用“;”隔开。

（2）每对引脚的第一个数字表示触点类型：0 表示可变触点；1 表示常开触点；2 表示常闭触点；3 表示 C 类触点；4 表示其他触点。

（3）对引脚的各数字之间用“,”隔开。

如常开触点，端号为 2，4；常闭触点，端号为 3，5。

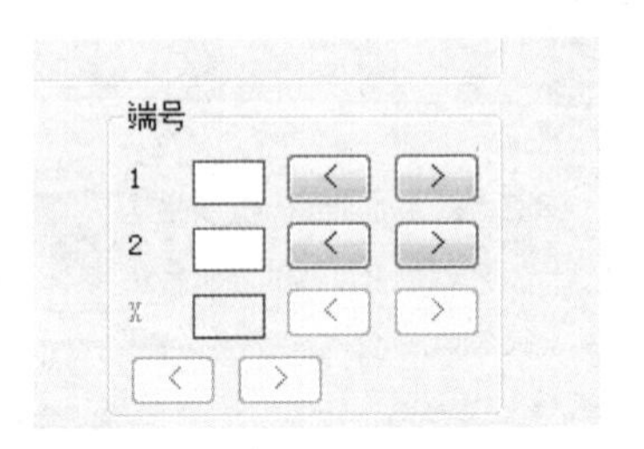

图 2-3-188

_PINLIST_SIEMENS

RECNUM	MANUFACTU	CATALOG	ASSEMBLYC	COILPINS	PINLIST
1	SIEMENS	3TH2040*		A1, A2	1, 13, 14; 1, 23, 24; 1, 33, 34; 1, 43, 44
2	SIEMENS	3TH2031*		A1, A2	1, 13, 14; 2, 21, 22; 1, 33, 34; 1, 43, 44
3	SIEMENS	3TH2022*		A1, A2	1, 13, 14; 2, 21, 22; 2, 31, 32; 1, 43, 44
4	SIEMENS	3TH2040*	3TX4 440-0A	A1, A2	1, 13, 14; 1, 23, 24; 1, 33, 34; 1, 43, 44; 1, 53, 54; 1, 63, 64; 1, 73, 74; 1, 83, 84
5	SIEMENS	3TH2040*	3TX4 431-0A	A1, A2	1, 13, 14; 1, 23, 24; 1, 33, 34; 1, 43, 44; 1, 53, 54; 2, 61, 62; 1, 73, 74; 1, 83, 84
6	SIEMENS	3TH2040*	3TX4 422-0A	A1, A2	1, 13, 14; 1, 23, 24; 1, 33, 34; 1, 43, 44; 1, 53, 54; 2, 61, 62; 2, 71, 72; 1, 83, 84
7	SIEMENS	3TH2040*	3TX4 413-0A	A1, A2	1, 13, 14; 1, 23, 24; 1, 33, 34; 1, 43, 44; 1, 53, 54; 2, 61, 62; 2, 71, 72; 2, 81, 82
8	SIEMENS	3TH2040*	3TX4 404-0A	A1, A2	1, 13, 14; 1, 23, 24; 1, 33, 34; 1, 43, 44; 2, 51, 52; 2, 61, 62; 2, 71, 72; 2, 81, 82
9	SIEMENS	3TX4 440-0A			1, 53, 54; 1, 63, 64; 1, 73, 74; 1, 83, 84
10	SIEMENS	3TX4 413-0A			1, 53, 54; 2, 61, 62; 2, 71, 72; 2, 81, 82
11	SIEMENS	3TX4 422-0A			1, 53, 54; 2, 61, 62; 2, 71, 72; 1, 83, 84
12	SIEMENS	3TX4 431-0A			1, 53, 54; 2, 61, 62; 1, 73, 74; 1, 83, 84
13	SIEMENS	3TX4 404-0A			2, 51, 52; 2, 61, 62; 2, 71, 72; 2, 81, 82

图 2-3-189

如果需要添加自己的元件引脚列表，则使用 Access 来编辑相关的数据库文件即可。

任务 7　面板布局

 任务描述

在完成电气原理图的设计及电器元件的选择之后，即可以进行电器元件布置图及电气安装接线图的设计。电器元件布置图主要是用来详细表明电气原理图中所有电器元件的实际安装位置，为生产机械电气设备的制造、安装提供必要的资料。下面以绘制电器元件布置图为例：绘制一个长×宽×深为 450 mm×300 mm×210 mm 的控制箱，箱内安装板上安装断路器和接触器。

 实践操作

(1)在项目中新建一个图形，用来绘制电器元件布置图。

(2)画一个 450 mm×300 mm 的矩形。

(3)如图 2-3-190 所示，选择【面板】/【图标菜单】，下拉菜单中给出了 6 种插入元件示意图块方式。

(4)单击“原理图列表”，弹出“警告”对话框，提示要插入画屏柜图时所要的特殊块 WD-PNLM，这与画原理图时一样，AutoCAD Electrical 通过特殊块来保存所要的一些设定，单击【确定】确定，弹出如图 2-3-191 所示对话框。

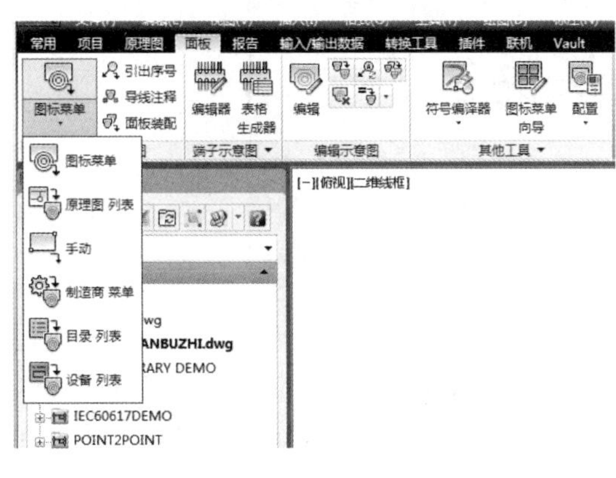

图 2-3-190

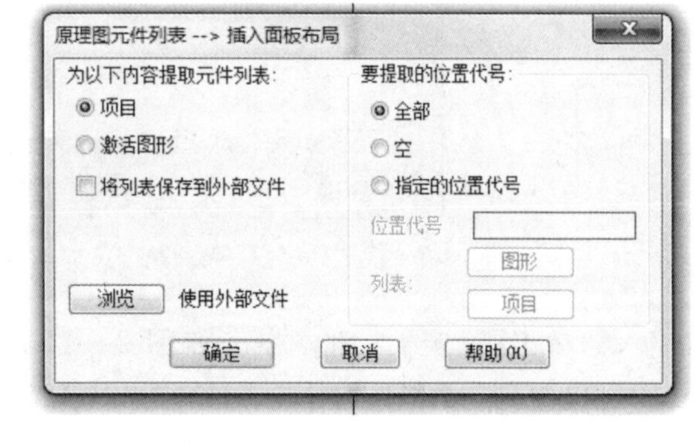

图 2-3-191

这个对话框是用来提取原理图元件清单的，对话框左边的“项目”和“激活图形”指元件清单从整个项目中获取还是仅从当前图样中获取；右边的“要提取的位置代号”区则指要获取的元件清单仅是与设定的位置代号相同的元件。这里分别选择了“项目”和“全部”。

(5)单击【确定】按钮，弹出如图 2-3-192 所示“选择要处理的图形”对话框，用以选择要提取元件清单的图形。这里选择“全部执行”，如图 2-3-193 所示，顶部所有图形全部在

底部显示。

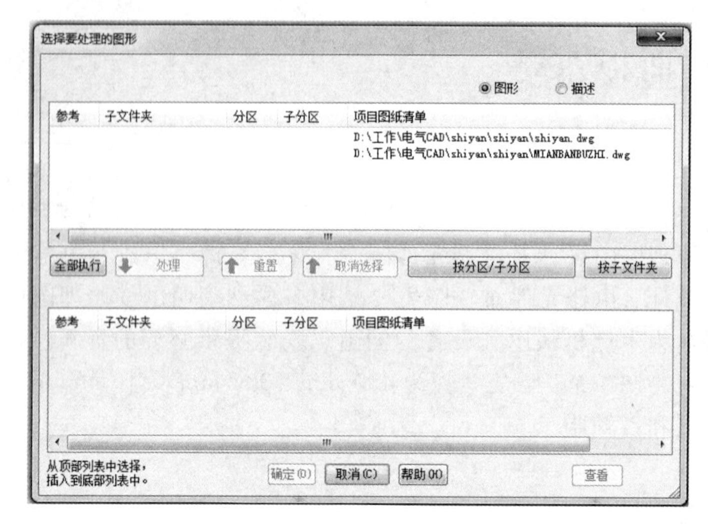

图 2-3-192

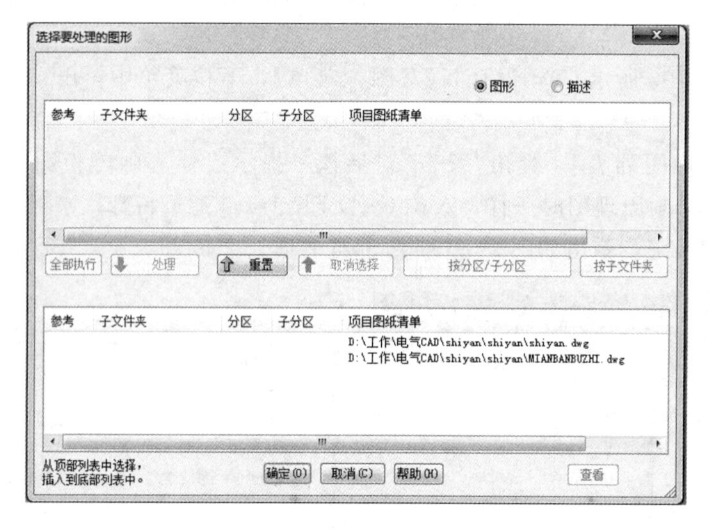

图 2-3-193

(6)单击【确定】按钮，弹出如图 2-3-196 所示“原理图元件”对话框。在元件清单中，我们可以看到，KM1、KM2、KM3 和 KM4 我们都进行了选择，显示制造商及目录信息；而 QF 没有进行元件的选择，其制造商及目录信息为空。

在图 2-3-194 中，“排序列表”选项是对清单排序，选择后弹出如图 2-3-195 所示排序字段对话框，设置后将改变原理图列表中元件的显示顺序，如选择“字母数字排序”、将主排序定义为“标记名”，则单击“确认”后，QF 将显示到 KM 的下方；“重新加载”选项是重新获取一份元件清单，选择后，重新回到图 2-3-191 所示对话框；“标记现有项”是将图

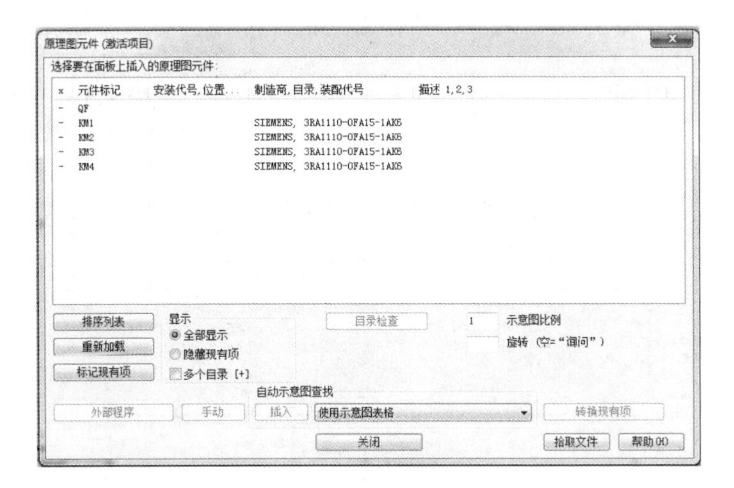

图 **2-3-194**

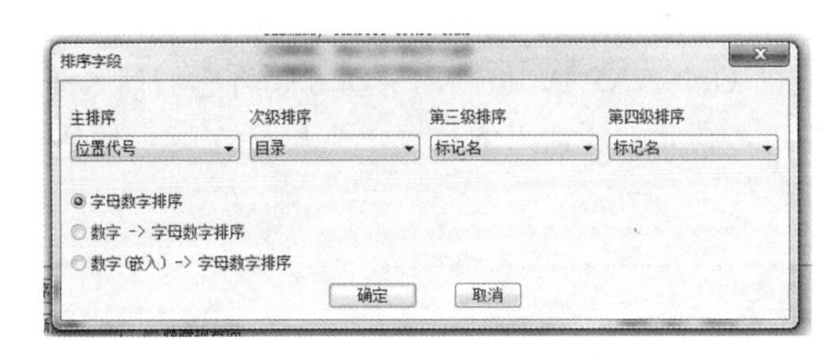

图 **2-3-195**

中已插入的元件在清单中做一个标记，即在清单中“元件标记”前用一个“×”号表示此元件在图样上已插入；“显示区”中的“隐藏现有项”将已插入的元件隐藏，图 2-3-196 所示清单中将不再显示。

(7)在图 2-3-194 所示元件清单中先点选 KM1，然后按住 Ctrl 键再点选 KM2、KM3 和 KM4，则如图 2-3-196 所示，“手动”和“插入”变为有效。

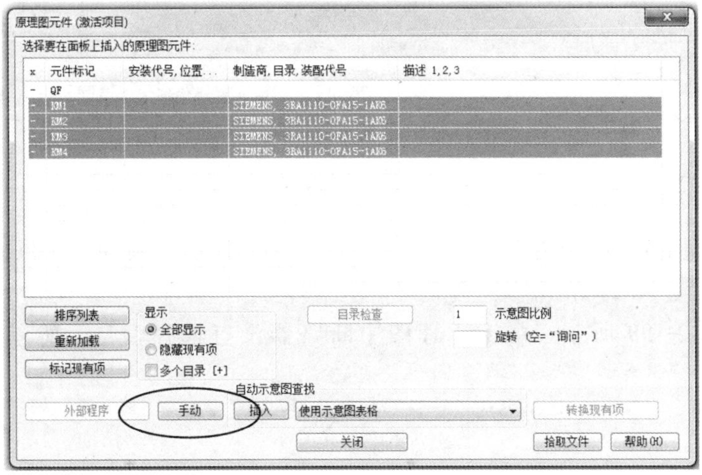

图 **2-3-196**

(8)单击“插入”，弹出如图 2-3-197 所示对话框。

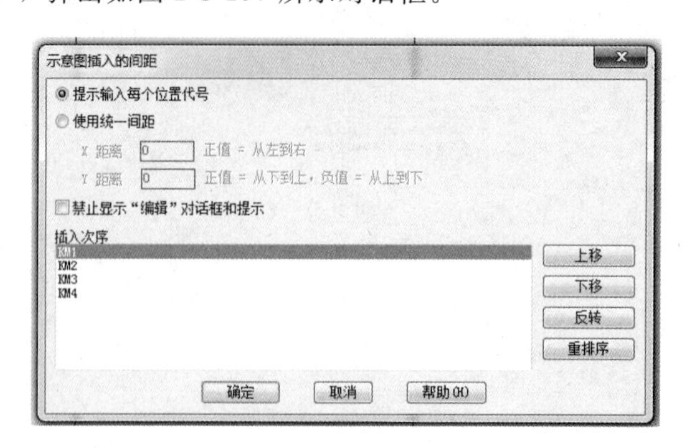

图 2-3-197

其中，“提示输入每个位置代号”选项，表示一个一个手动插入元件，每个元件的插入位置都由用户指定；“使用统一间距”选项，表示指定元件间的间距批量插入元件(此时要注意关掉 AutoCAD 的 ONSNAP 选项)。用手动方式将它们插入图样中。

(9)单击【确定】按钮，在元件要插入的位置单击鼠标左键，然后再按回车键，弹出图 2-3-198 所示对话框。

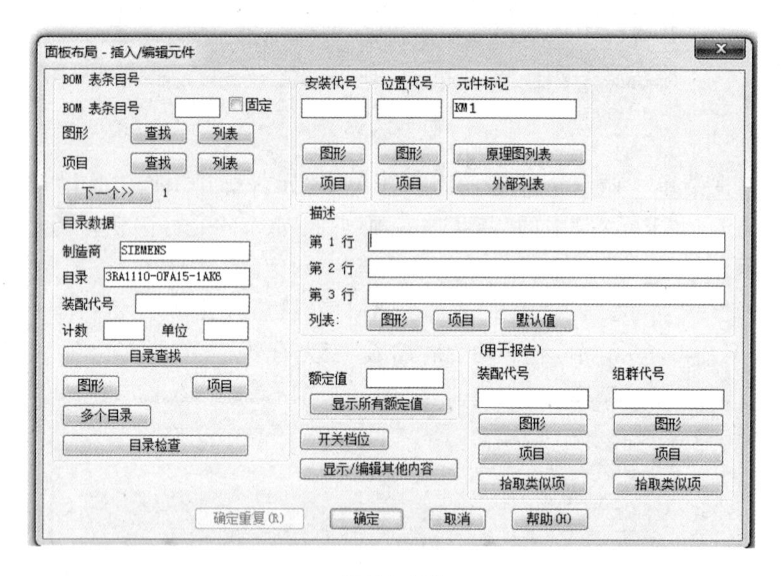

图 2-3-198

(10)单击【确定】按钮，插入 KM1 的示意图。按同样的方式和图 2-3-197 中的插入次序依次插入 KM2、KM3 和 KM4 示意图。

(11)如图 2-3-199 所示，由于原理图中断路器没有选择型号，所以只能选择手动插入。

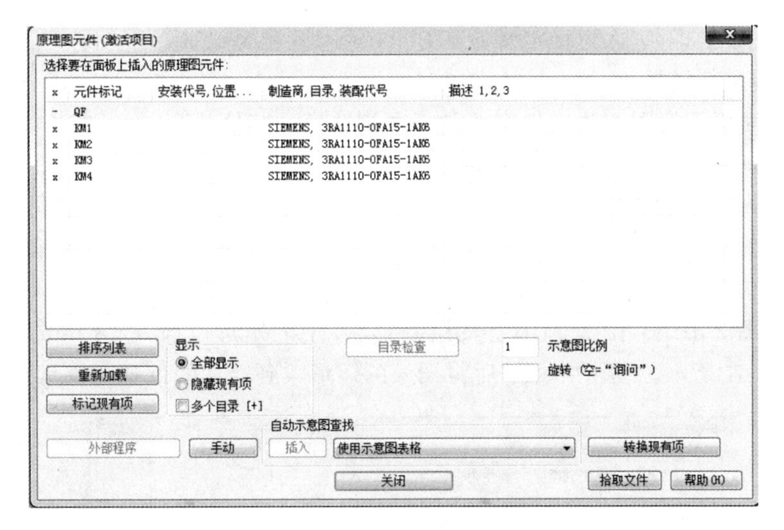

图 2-3-199

(12)单击【手动】按钮，弹出图 2-3-200 所示对话框。以施耐德 C65N 1P 小型断路器演示手动插入元件示意图的过程，C65N 1P 小型断路器不管电流大小，尺寸均为 18 mm×81 mm。

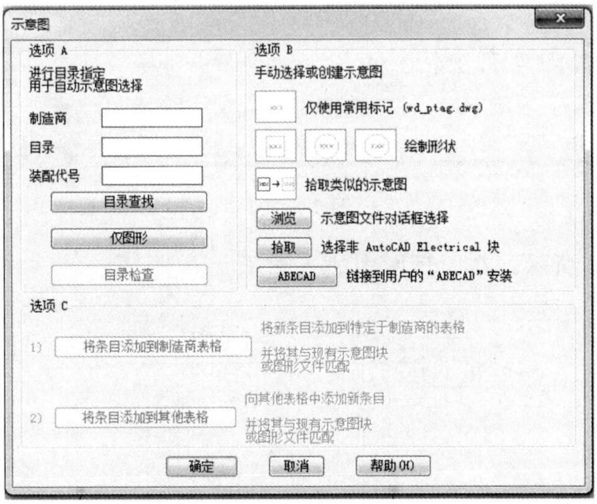

图 2-3-200

选项 A：可以选择输入目录信息；如果没有目录指定，则使用目录查找，选择目录信息。

选项 B：手动选择或创建示意图，跳过目录指定，从可用的选项中选择要插入的示意图。

其中，仅适用常用标记表示插入带有元件标记、描述文字等的块；绘制形状表示绘制一个矩形、圆或者八边形来表示元件，文字和隐藏信息在绘制时插入；拾取类似的示意图表示从图形中选择块。

浏览表示从磁盘上的 dwg 文件列表中拾取块；拾取表示在图形中拾取非 AutoCAD

Electrical 块，并立即转换为 AutoCAD Electrical 智能块。ABECAD 表示拾取自己的 ABECAD 安装进行链接。

选项 C：面板示意图查找文件有两种——制造商和其他。

将条目添加到制造商表格：将新的条目添加到与制造商相关的示意图查找表格，然后将该条目与现有示意图块或图形文件相匹配。其名称与元件制造商的名称相同。

将条目添加到其他表格：将新的条目添加到名为“_PNLMISC”包含所有信息的其他示意图查找表格中。

(13)选择图 2-3-200 中“选项 B”—“绘制形状”中的矩形，插入 18 mm×81 mm 的矩形，如图 2-3-201 所示。单击“关闭”后将插入的矩形放到合适的位置完成示意图插入。

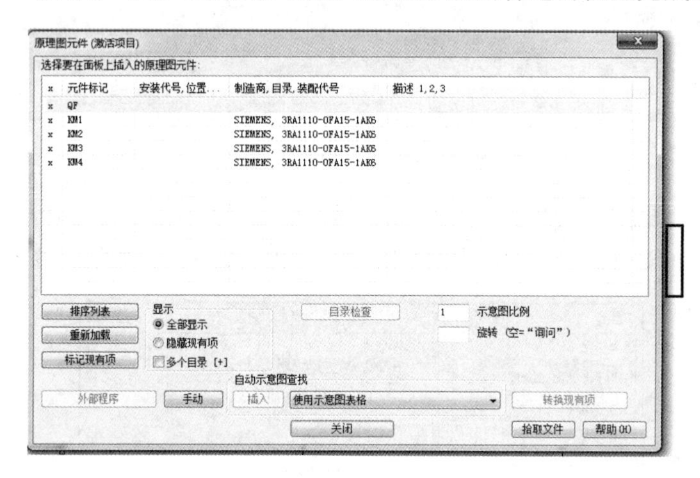

图 2-3-201

(14)如图 2-3-202 所示，在原理图中插入端子。

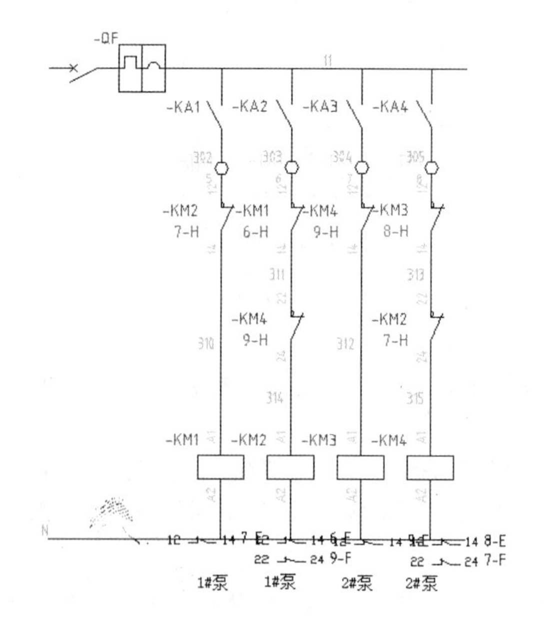

图 2-3-202

(15)如图 2-3-203 所示，选择【面板】/【端子示意图】/【插入端子】，来插入端子排。

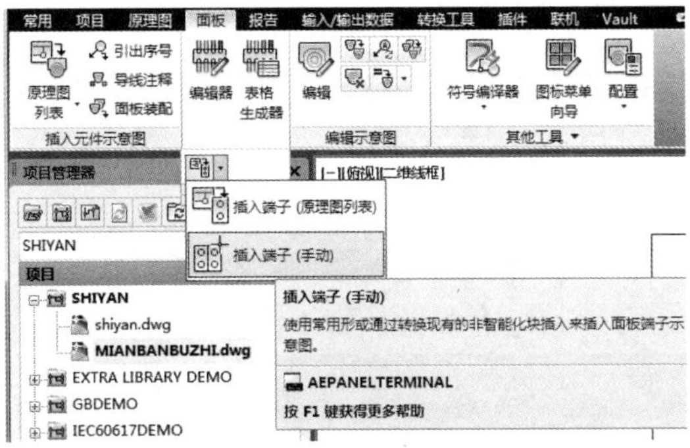

图 2-3-203

(16)选择“插入端子(原理图列表)”(和插入元件的步骤一样)，直至弹出图 2-3-204 所示对话框。

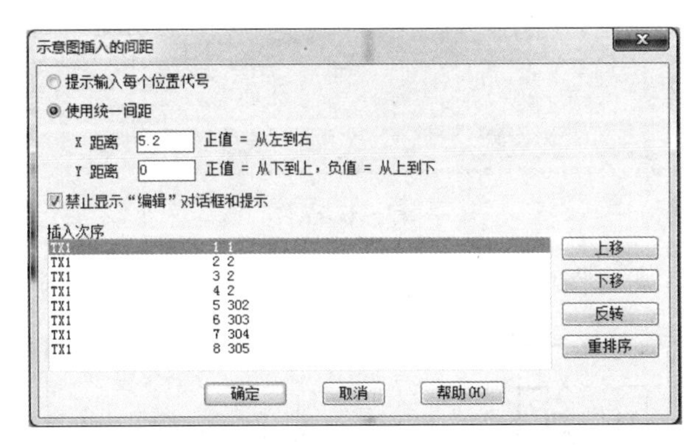

图 2-3-204

选择“使用统一间距”项，并在“X 间距”中输入 5.2，同时勾选“禁止显示‘编辑’对话框和提示”项，然后单击【确定】按钮，“禁止显示‘编辑’对话框和提示”就可以依次将所有端子插入图上。最后绘制布线槽。

(17)画好布置图后，所有元件都只是用一个框表示，元件名等数据均没有显示。AutoCAD Electrical 已将原理图中元件的数据关联到图样中。下面来看一下怎样将它们显示出来。

如图 2-3-205 所示，选择【面板】/【其他工具】/【配置】下拉菜单中的“使扩展数据可见”。

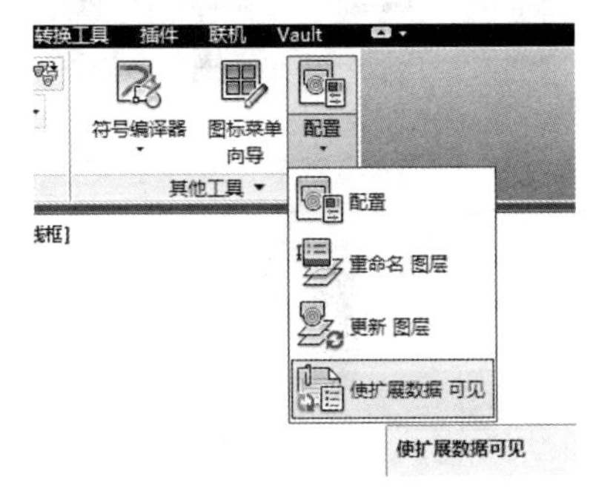

图 2-3-205

选择要显示数据的元件，如果选择端子排，弹出如图 2-3-206 所示对话框。如果选取“标记排”，将高度改为 10，样式根据要求设定。

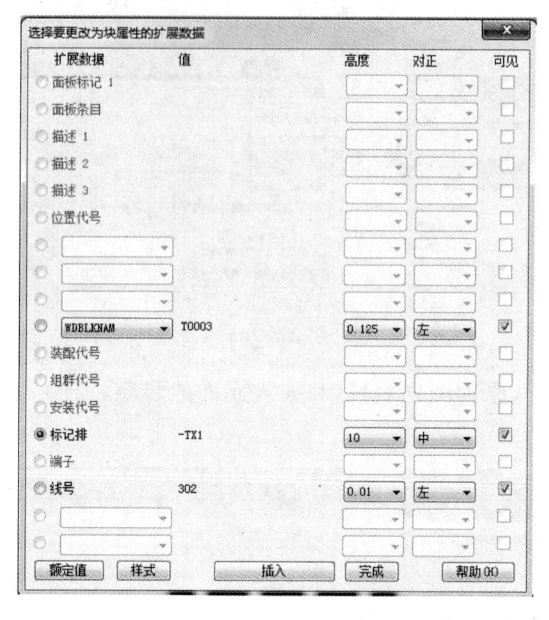

图 2-3-206

单击【插入】按钮，布置图中将显示元件信息，如图 2-3-207 所示。

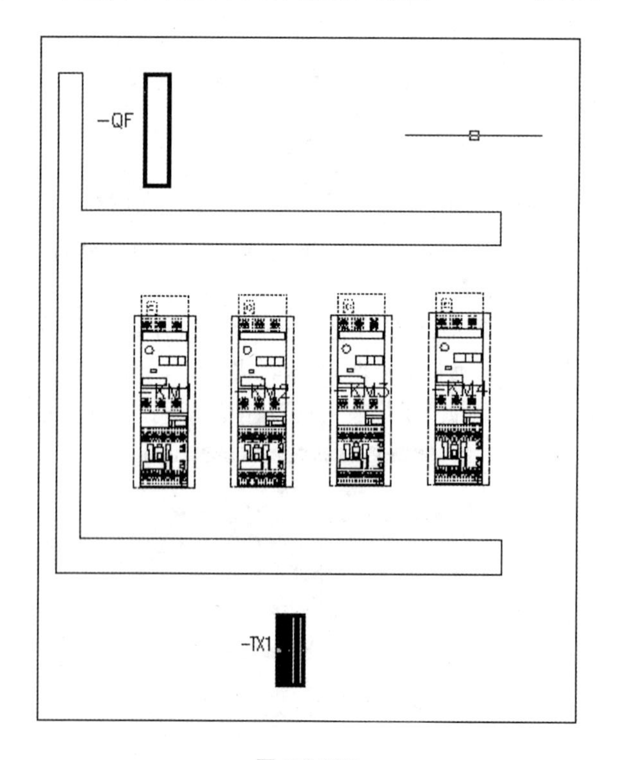

图 2-3-207

最后，将 1：1 绘制好的面板布置图缩小到合适的大小后移动到 A3 图框中。

操作训练

绘制安装开关、按钮和指示灯的面板布置图。

相关知识

AutoCAD Electrical 在选取要插入布置图的元件时，是根据元件的目录和制造商信息，从 footprint_lookup 数据库中寻找代表这个元件的外形尺寸的数据描述或 dwg 文件名，找到后在图中生成元件外形，如果数据库中没有，则用户可现场制作。

1. 插入元件示意图

AutoCAD Electrical 给出了 6 种插入元件示意图块的方式。

(1)图标菜单。从常用图标菜单中拾取常规元件类别(如指示灯)。选择某元件后，可用在“手动或创建”和“目录指定”选项中选择以插入示意图。

(2)原理图列表。原理图将有助于驱动面板布局。原理图中每个元件都包含制造商数据和带有目录号信息的目录数据，示意图将通过查找文件中匹配的制造商和目录号组合来确定要插入的正确示意图块。

(3)手动。选择“仅使用常用标记”“绘制形状”“拾取类似示意图”“示意图文件对话框中选择”或者“选择非 AutoCAD Electrical 块”等方式完成示意图的插入。

(4)制造商菜单。制造商菜单是使用特定目录号数据和示意图块名进行预设置的菜单，通过此菜单系统提供制造商和目录信息以及示意图块名。

(5)目录列表。通过从用户自定义的拾取列表中的目录号或元件描述，插入面板符号。此拾取列表中显示的数据通用的 Access 格式存储到数据库中，文件名为 wd_picklist. mdb，可以使用 Access 来编辑，也可以通过拾取列表的对话框底部的“添加/编辑/删除”来编辑。

(6)设备列表。此工具先列出从设备列表中提取的数据，通过查询“footprint_lookup. mdb”文件来查找适当的面板符号，并在拾取点处插入面板示意图。设备列表中的每行或每条记录均代表用于原理图元件选择的“{文件名}中的面板设备”对话框内的单个条目。不支持选定目录号的数量。

2. footprint_lookup 数据库文件结构

在 C:\Users\xxx\AppData\Roaming\Autodesk\AutoCAD Electrical 2012\R19. 0\chs\SupportAeData\Catalogs 路径下打开 footprint_lookup 文件。如图 2-3-208 所示，每个制造商在这个数据库文件中都有一个对应的数据表，我们在原理图中给元件的 MANUFACTURER 属性所赋的值，被用来从这个数据库中寻找对应的数据表，打开名为 SIEMENS 的数据表。

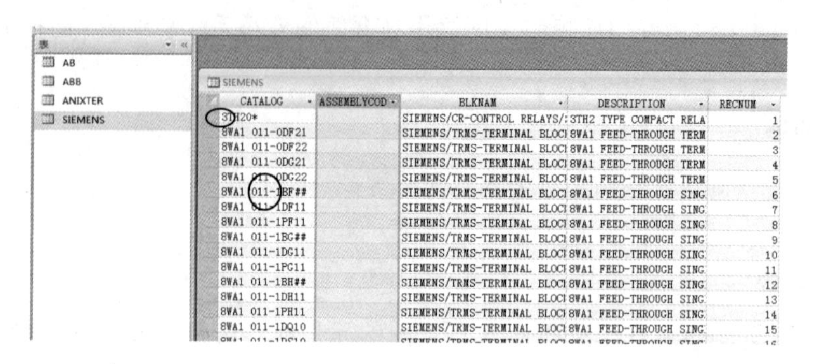

图 2-3-208

在打开的 SIEMENS 的数据表中，我们发现 CATALOG 列中，有的值含有 * 号和 # 号。这时由于同一制造商、同一系列、不同型号的电器元件中，很多都具有相同的外观和尺寸(如正泰 NP2 系列的按钮中 NP2-BA3311、NP2-BA2365、NP2-BA4322、NP2-BA2351、NP2-BA1345 的安装尺寸都是 30 mm×40 mm)，所以 AutoCAD Electrical 使用这种通配符来让多个型号的元件对应到同一外形尺寸，避免数据大量重复。AutoCAD Electrical 中常用通配符及其含义如表 2-3-3 所示。

表 2-3-3 常用通配符及其含义

符号	含义
*	任意一串字符
#	任意一个数字
?	任意单个字符
@	任意单个字母

BLKNAM 列中，存放的是描述电器元件外观尺寸的 dwg 文件所在的位置，dwg 文件可以安插自己所需的块属性，而且可以画得看起来与实物相像，并且许多公司都提供它们产品的 dwg 文件，如有需要可以从网站上下载。但是，如果外形尺寸可以用一个矩形或圆这种简单图形来描述的话，则 AutoCAD Electrical 可以在 BLKNAM 列中存放矩形的长、宽或圆的直径代替元件对应的 dwg 文件。

ASSEMBLYCODE 这一列中存放的是原理图中给元件的 ASSY 值，即元件的附件，它们有时会改变元件的外形尺寸。

3. 添加元件

我们以正泰 NP2 系列按钮的 NP2-BA3311、NP2-BA2365、NP2-BA4322、NP2-BA2351、NP2-BA1345 为例，看如何将元件尺寸添加到数据库中，NP2-BA 系列按钮外径均为 30 mm，开孔尺寸为 30.5 mm。

(1)如图 2-3-209 所示，选择【面板】/【其他工具】/【示意图数据库编辑器】，弹出如图 2-3-210 所示“面板示意图查找数据库文件编辑器”。

图 2-3-209

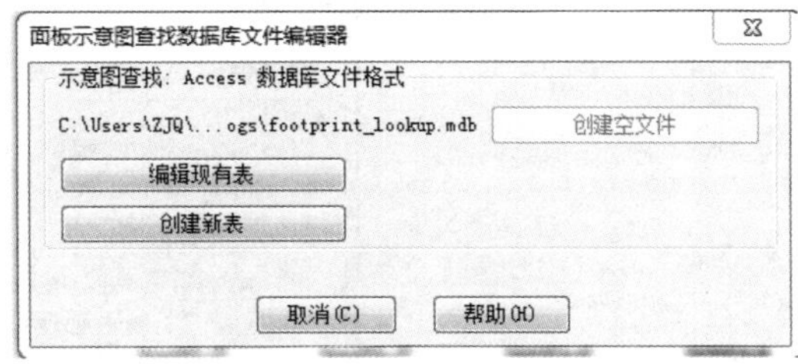

图 2-3-210

（2）在图 2-3-210 中单击【创建新表】按钮，弹出如图 2-3-211 所示“输入要创建的新报告名”对话框，在表格字段输入“CHNT”，在 footprint_lookup 数据库文件中创建一个“CHNT”的表格。

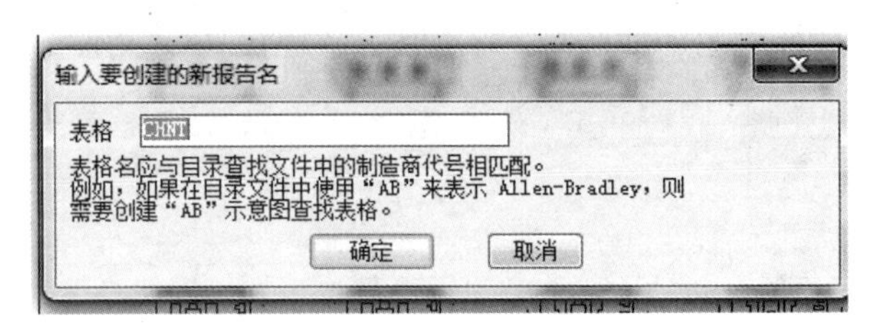

图 2-3-211

（3）单击【确定】按钮，弹出如图 2-3-212 所示“示意图查找”对话框，表格 CHNT 中没有任何元件的示意图。

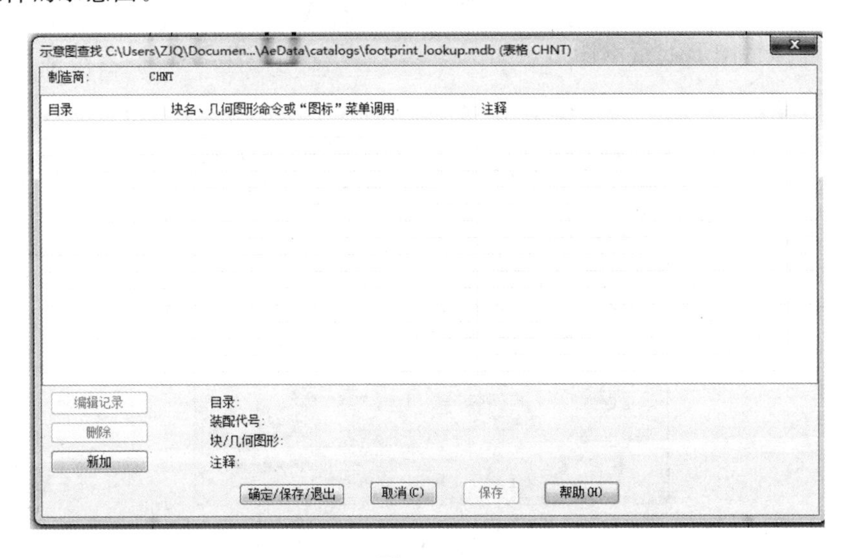

图 2-3-212

（4）单击【新加】按钮，弹出如图 2-3-213 所示“添加示意图记录（表格：CHNT）”对话框。

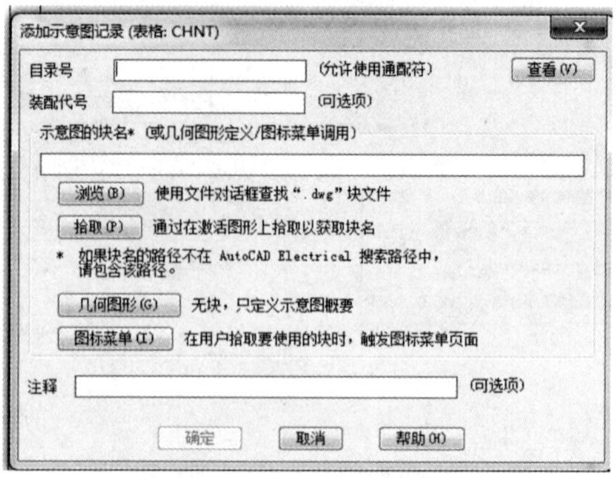

图 2-3-213

浏览：为元件寻找 dwg 文件，并将其名称和路径存储到数据库中，dwg 文件可到厂家官网上下载，也可自行绘制。如图 2-3-214 所示，查找 dwg 文件的存放路径。

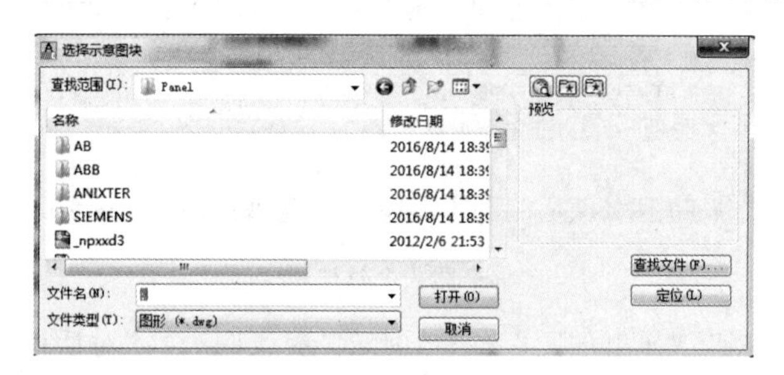

图 2-3-214

拾取：在激活图形上拾取图形。如图 2-3-215 所示，PNL23E5 即为拾取的示意图的块名。

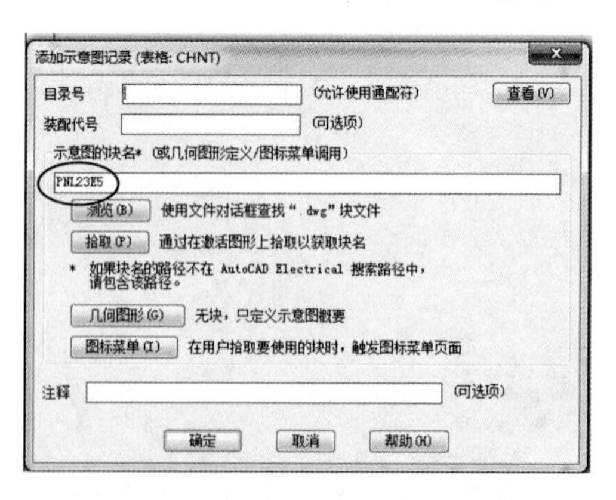

图 2-3-215

几何图形：绘制圆、矩形、多边形等简单图形表示元件的外形图作为面板示意图。

如图 2-3-216 所示，选择要绘制的图形。

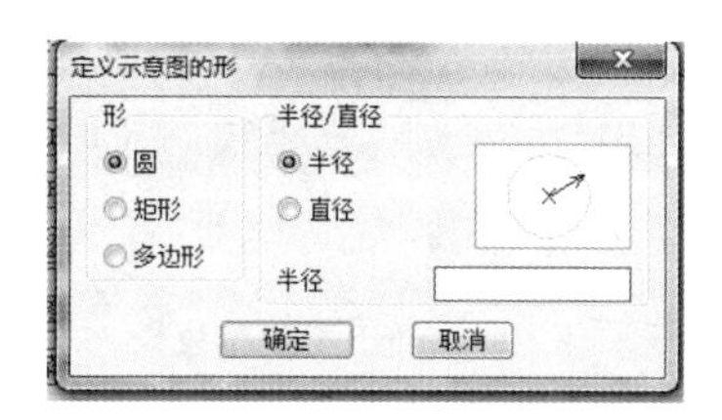

图 2-3-216

图标菜单：选取在图标菜单文件中的文件名作为示意图。如图 2-3-217 所示，点击“浏览”，在图标菜单中选择文件名。

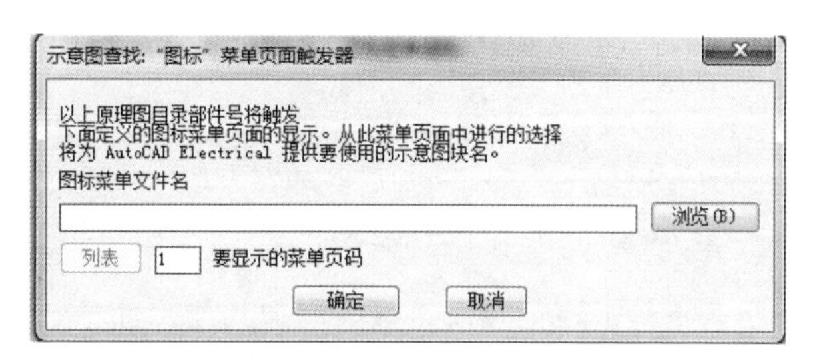

图 2-3-217

(5)选择“几何图形”，点选“圆”。在绘制时，由于 NP2-BA 按钮开孔尺寸为 φ30.5，所以可选择输入半径 15.25 mm 或直径 30.5 mm，单击【确定】按钮后返回“添加示意图记录(表格：CHNT)”对话框。

(6)在“添加示意图记录(表格：CHNT)”对话框的“目录号”中输入 NP2-BA *，由于型号为 NP2-BA3311、NP2-BA2365、NP2-BA4322、NP2-BA2351、NP2-BA1345 按钮的尺寸都一样，所以我们将型号后边的数字串用“ * ”作为通配符来代替，如图 2-3-218 所示。

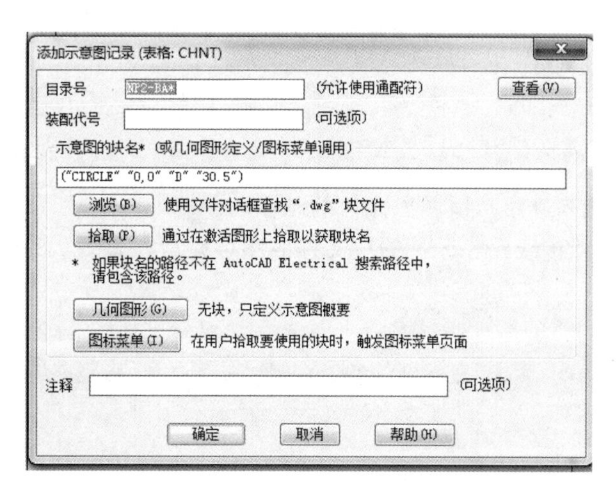

图 2-3-218

(7)单击【确定】按钮，在数据库中将显示目录为 NP2-BA * 的元件示意图信息，如图 2-3-219 所示。

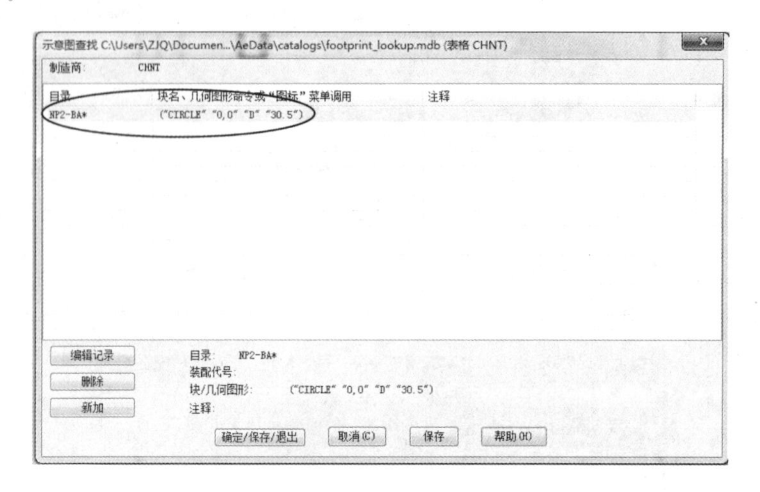

图 **2-3-219**

(8)单击【保存】按钮，再单击【新加】按钮继续添加其他元件示意图。如果所有示意图添加完毕，则单击【确定/保存/退出】按钮结束对示意图数据库的编辑。

任务 8 绘制接线图

任务描述

AutoCAD Electrical 能将原理图中的接线信息提取出来，并导入屏柜图中形成接线图。但 AutoCAD Electrical 没有提供接线图所用的库元件，所以需要自己制作。接线图所用的库元件与原理图符号库一样，只是其中的属性名和取值不同。下面以图 2-3-220 所示的原理图为例绘制接线图。

实践操作

(1)以接触器为例来介绍接线图库元件的制作。

①选择构成接触器接线图库元件的块文件的图形元素，如图 2-3-220 所示。

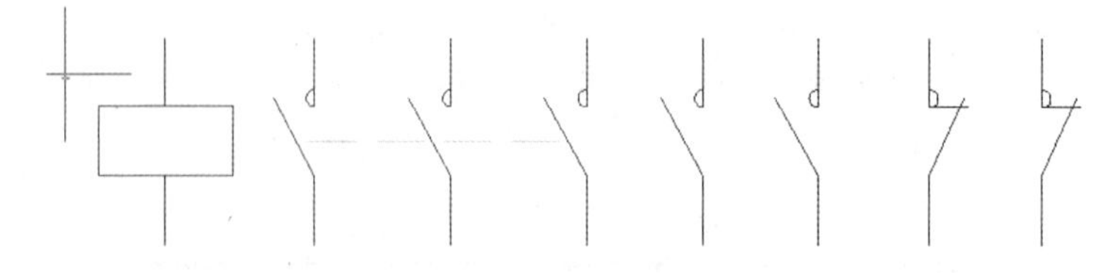

图 **2-3-220**

②选择【面板】/【其他工具】/【符号编辑器】，编辑块文件属性，如图 2-3-221 所示。

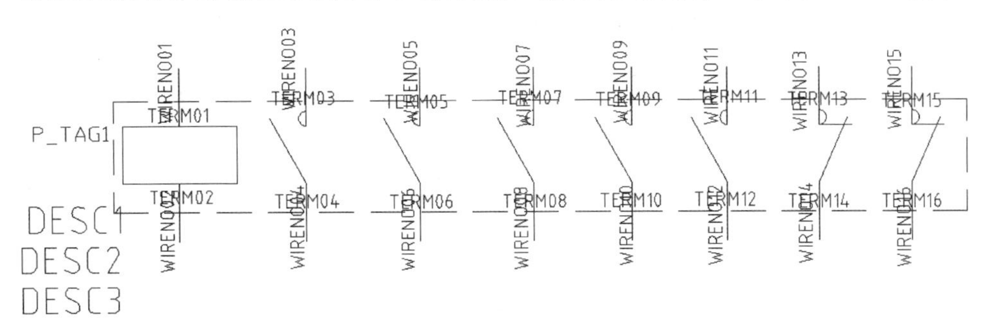

图 2-3-221

从图 2-3-218 所示块属性中可以看到，接线图库元件属性主要为 P_TAG1 属性、TERMxx 属性、WIRENOxx 属性和 DESC1 属性。其中 P_TAG1 属性（原理图符号中 TAG1）用来存放元件名；TERMxx 和 WIRENOxx 属性成对使用，用来描述元件端子，其中 xx 为两位数字序号，用 01，02，…，16 表示。注意：TERMxx 和 WIRENOxx 通过相同的 xx 值组成一对。其中，TERMxx 属性的值在块文件中就要设成和原理图中的端子号一致，比如本模块中 TERM01＝A1，TERM02＝A2，…；WIRENOxx 则用来存放原理图中生成的对应端子的线号信息；DESC1 属性则与原理图符号中 DESC1 对应，存放元件描述。

③保存文件，并将其添加到图标菜单。

（2）插入新建的接线图元件块，可选择“图标菜单”“手动”或“原理图列表”等方式。下面以“原理图列表”为例介绍接线图的绘制，其绘制过程与面板布置图的过程相似。

①选择【面板】/【插入元件示意图】/【插入示意图】中的“原理图列表”，生成原理图元件清单，如图 2-3-222 所示，在“原理图元件”对话框的自动示意图查找区选择“使用接线图表格”。

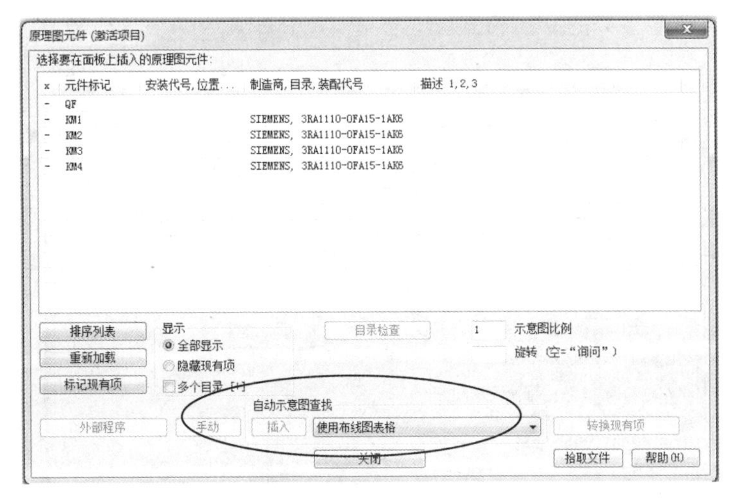

图 2-3-222

②选择要插入的元件，单击“插入”，在弹出的“示意图”对话框中选择“选项 B”中的“浏览”，弹出如图 2-3-223 所示“拾取”对话框。

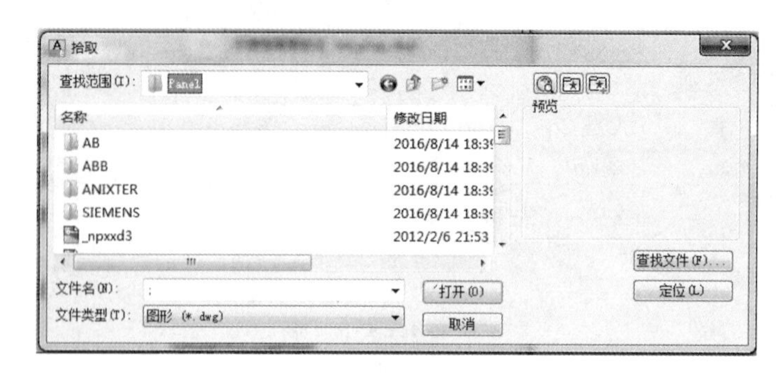

图 2-3-223

在保存路径下选择新建的交流接触器接线图元件块。

③插入元件后，选择【面板】/【插入元件示意图】/【导线注释】，弹出如图 2-3-224 所示“原理图线号→面板布线图”对话框。

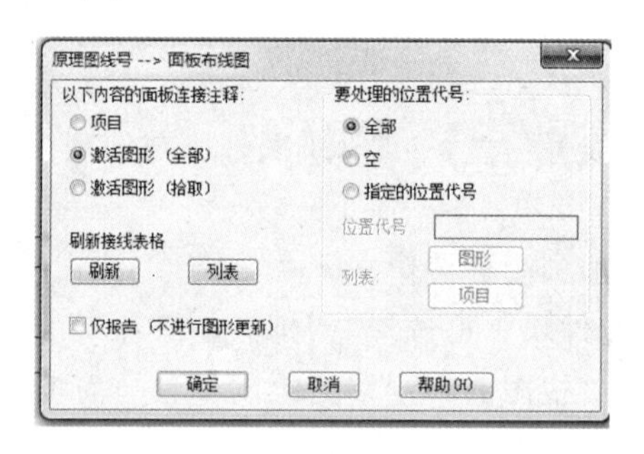

图 2-3-224

④选择“激活图形(全部)”，单击【确定】按钮，弹出如图 2-3-225 所示“原理图线号→布局接线注释”，设置注释的显示格式。

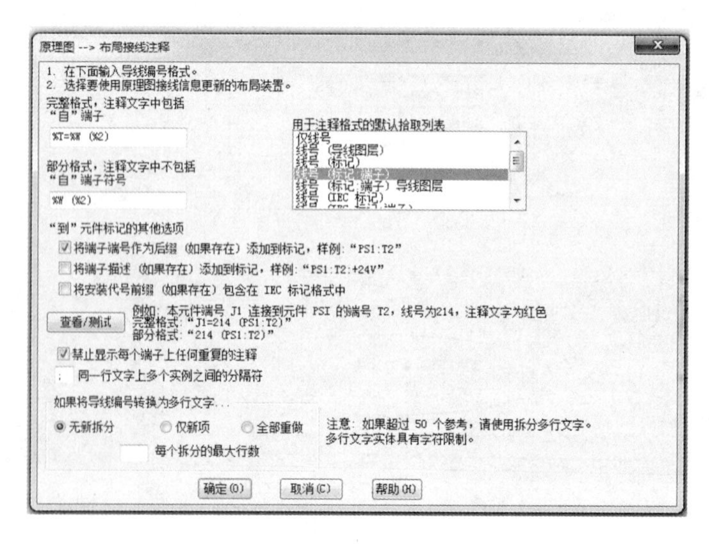

图 2-3-225

⑤单击【确定】按钮完成接线图导线注释，如图 2-3-226 所示。

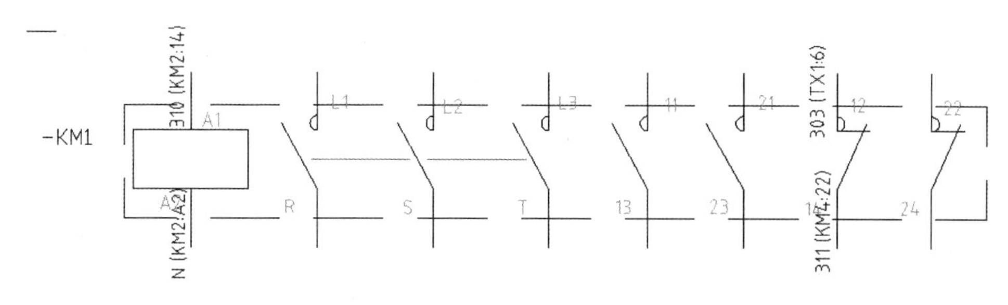

图 2-3-226

(3)端子排。

①选择【面板】/【端子排示意图】/【编辑器】，弹出如图 2-3-227 所示"端子排选择"对话框。

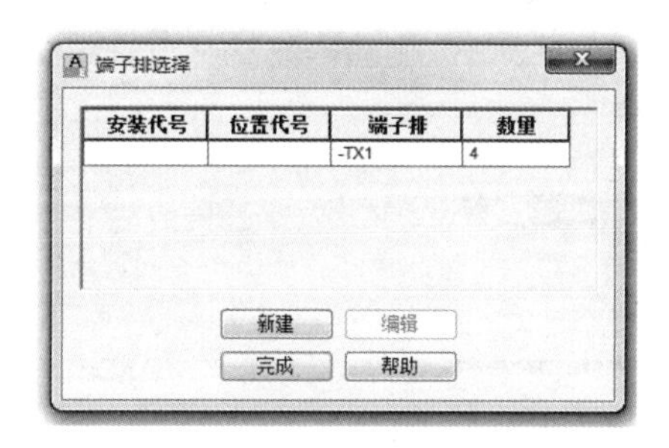

图 2-3-227

②点击选择 TX1 后，单击【编辑】按钮，弹出如图 2-3-228 所示"端子排编辑器"对话框。

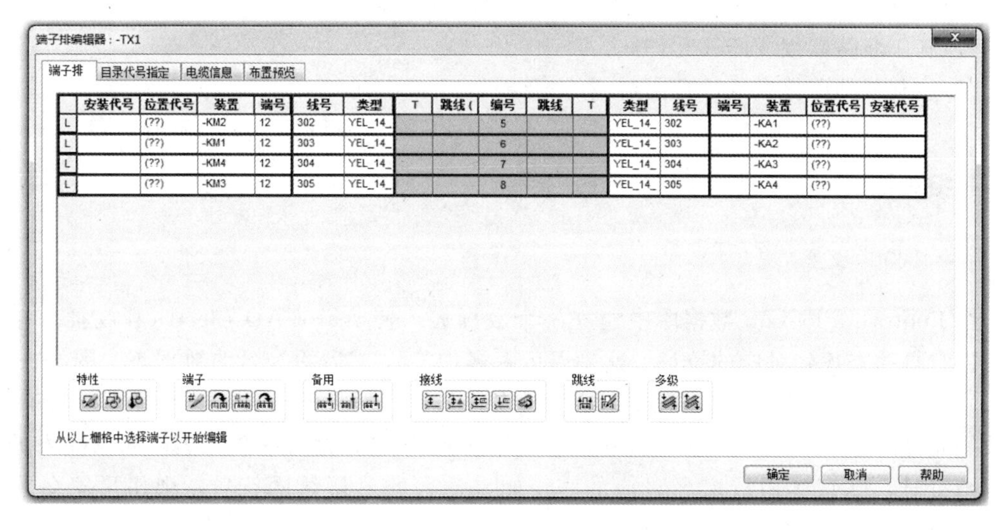

图 2-3-228

鼠标单击图中编号列，可让端子排按端子号的升序或降序排列。编号列的左、右两边有相同名称的列，用来表示端子两边的接线属性，如线号、型号等；我们一般将端子排所在控制柜内的元件在编号列左边列出，控制柜屏外的元件在右边列出，如果要交换编号列左右两边的元件，可以选择下方的“接线”工具进行操作。

③单击“布置预览”，如图 2-3-229 所示，将显示端子排的端子信息(左边)及端子显示方式(右边)。

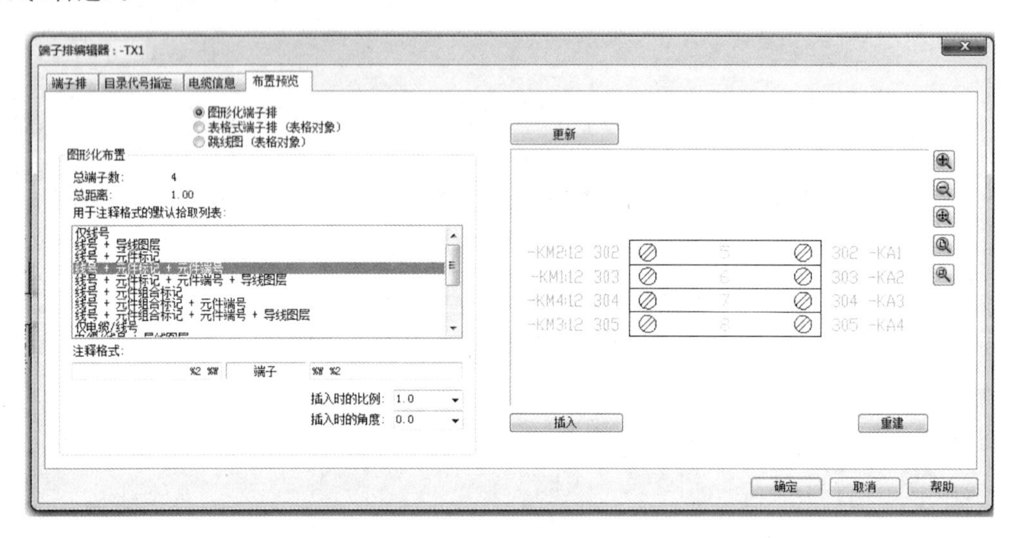

图 2-3-229

④单击【插入】和【确定】按钮，在合适位置放置端子排。

操作训练

(1)制作断路器接线图库元件块。

(2)绘制教师所提供的原理图对应的接线图。

相关知识

1. 数据库设置

在 Footprint_lookup 数据库中建立一个数据表，使 AutoCAD Electrical 在插入接线图元件时自动查找到对应的符号。这是以厂家名加“_WD”后缀为名的数据表。图 2-3-230 为表中“CHNT_WD”“块名”字段中对应的块文件名。当插入元件时，AutoCAD Electrical 会根据元件的生产厂家名称在 Footprint_lookup. mdb 中寻找对应数据表，如果插入的是布置图符号，则直接用厂家名对应的表；如果插入的是接线图符号，则用厂家名加“_WD”的数据表。如厂家名为 CHNT，插入布置图符号时从 CHNT 表中寻找；插入接线图符号时则从 CHNT_WD 表中寻找。

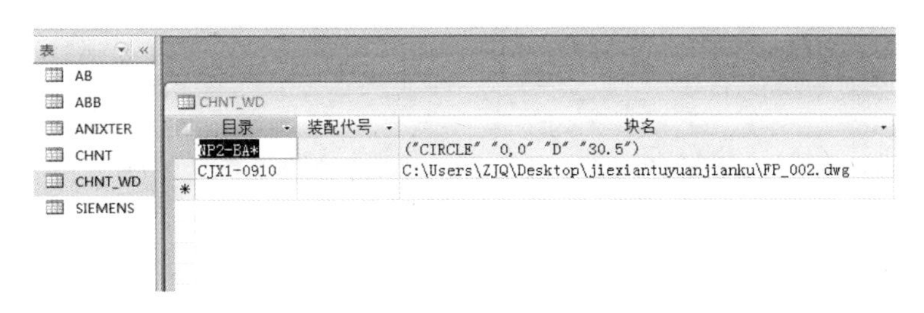

图 2-3-230

2. 创建新元件问题

如图 2-3-231 所示，在 KM1 接线图符号中间有“12＝303(TX1：6)”的标注。这是由于在创建时 KM1 的常闭触点的端号 13、14 与原理图中标的 12、14 不一致。由于在接线图符号中没有端子号 12，AutoCAD Electrical 无法将原理图中 12 端子号的接线信息导入，所以就将 12 端子号的接线信息用文字方式标注。如果出现这种情况，我们可以直接修改图中符号的属性值，将 13 改成 12，然后重新选择操作“导线注释”导入接线信息。可以修改库符号后再重做。

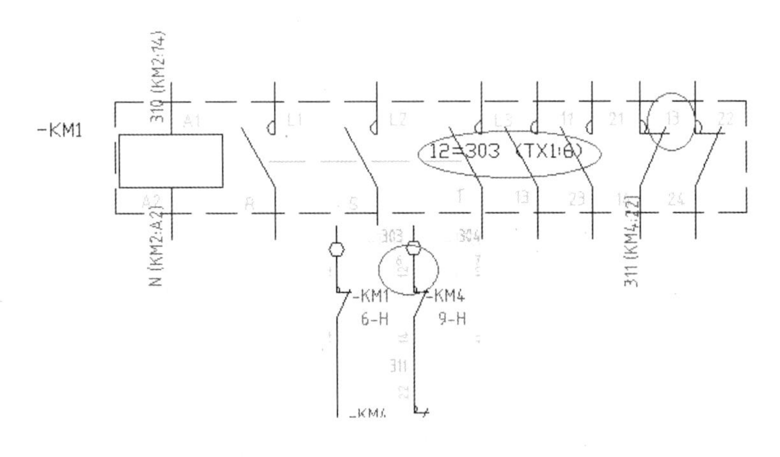

图 2-3-231

模 块 3

P&ID和液压回路控制系统设计

项目1 P&ID 回路设计

项目目标

(1)了解 P&ID 的结构。
(2)了解 P&ID 的图面布置和制图要求。
(3)掌握 P&ID 的制图方法和设计过程。
(4)能使用 AutoCAD Electrical 绘制 P&ID。

项目要求

(1)能使用 AutoCAD Electrical 绘制 P&ID。
(2)熟悉 P&ID 元件库中各符号代表的元件。
(3)能看懂一般的工艺流程图。

项目描述

在化工工程的设计中，从工艺包、基础设计到详细设计中的大部分阶段，P&ID 都是化工工艺及工艺系统专业的设计中心，其他专业(设备、机泵、仪表、电气、管道、土建、安全等)都在为实现 P&ID 里的设计要求而工作。本项目我们将学习如何使用 AutoCAD Electrical 绘制 P&ID。

任务 绘制脱乙烷塔的工艺管道及控制流程图

任务描述

使用 AutoCAD Electrical 完成图 3-1-1 所示“脱乙烷塔的工艺管道及控制流程图”的绘制。本任务只是一个抄图的过程，并不涉及 P&ID 设计的内容。

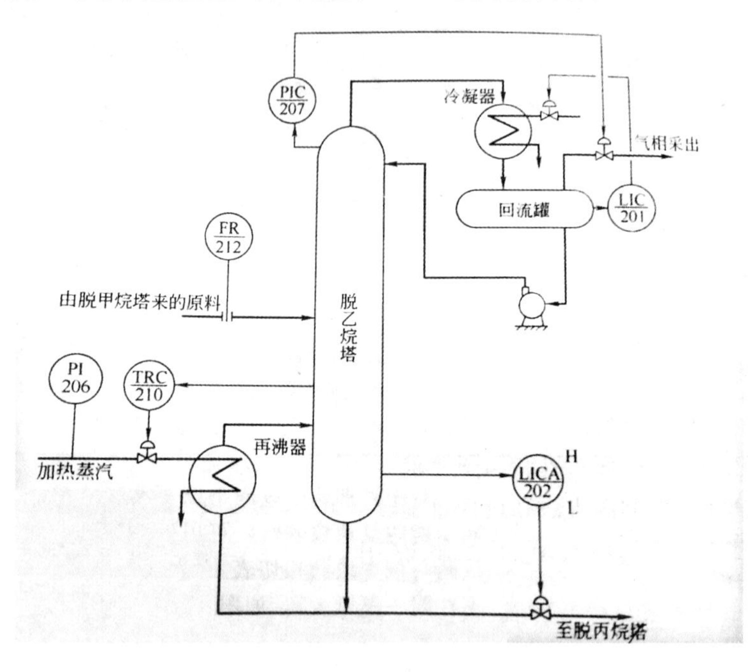

图 3-1-1

实践操作

(1)新建一个名称为“PID”的项目，并新建一个名称为“PID”的图形，如图 3-1-2 所示。

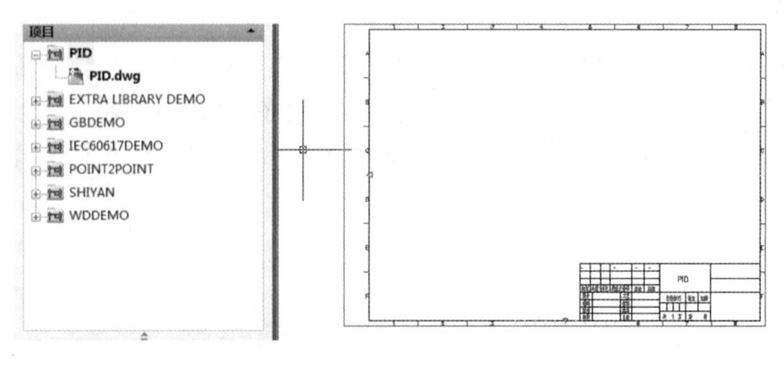

图 3-1-2

(2)如图 3-1-3 所示，单击【原理图】/【插入元件】/【插入 P&ID 元件】。

图 3-1-3

(3)单击【插入 P&ID 元件】，弹出如图 3-1-4 所示“插入元件”对话框，并修改元件插入方式及原理图缩放比例。

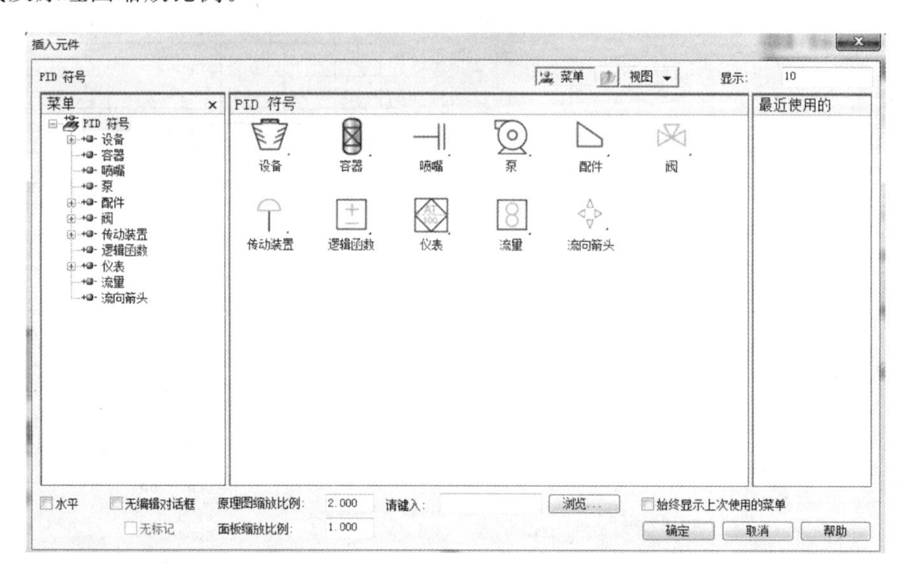

图 3-1-4

(4)根据“脱乙烷塔的工艺管道及控制流程图”，在图 3-1-4 所示对话框中选择并插入相关元件，如图 3-1-5 所示。

(5)将导线作为管插入，如图 3-1-6 所示。黑色箭头表示液体流向，在图 3-1-4 所示的“流向箭头”中选择插入。

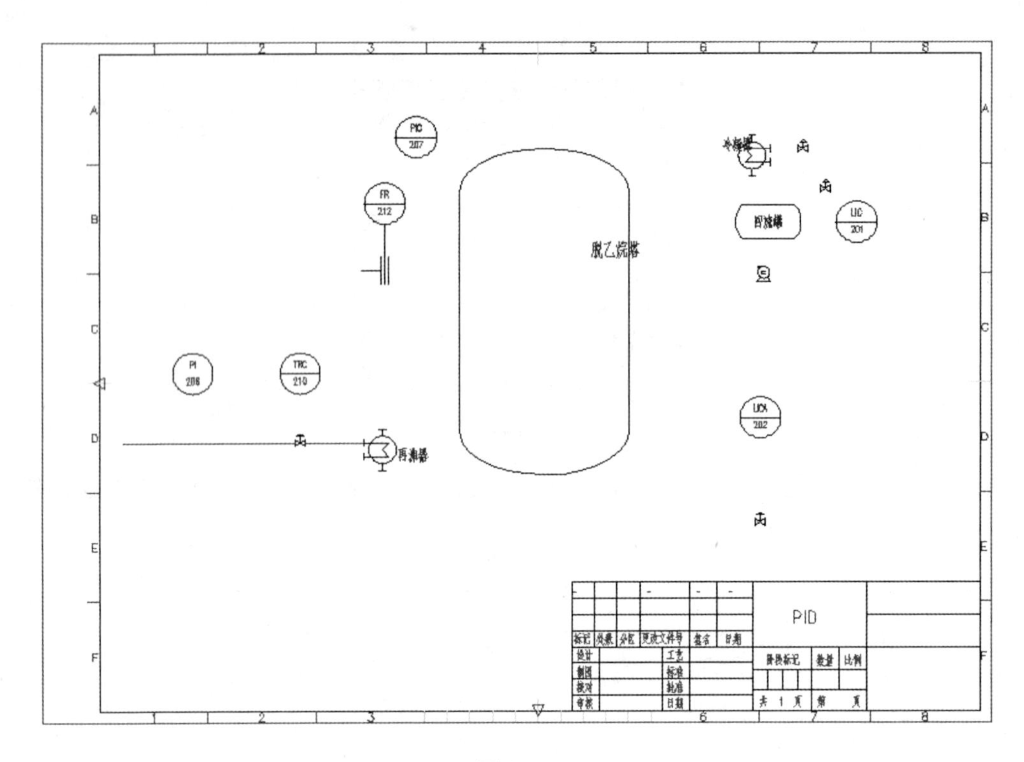
PIC
207
FR
212
冷凝器
回流罐
LIC
201
脱乙烷塔
PI
206
TRC
210
LICA
202
再沸器
PID
标记
处数
分区
更改文件号
签名
日期
设计
工艺
制图
标准
校对
批准
审核
日期
数量
比例
共 1 页
页

图 3-1-5

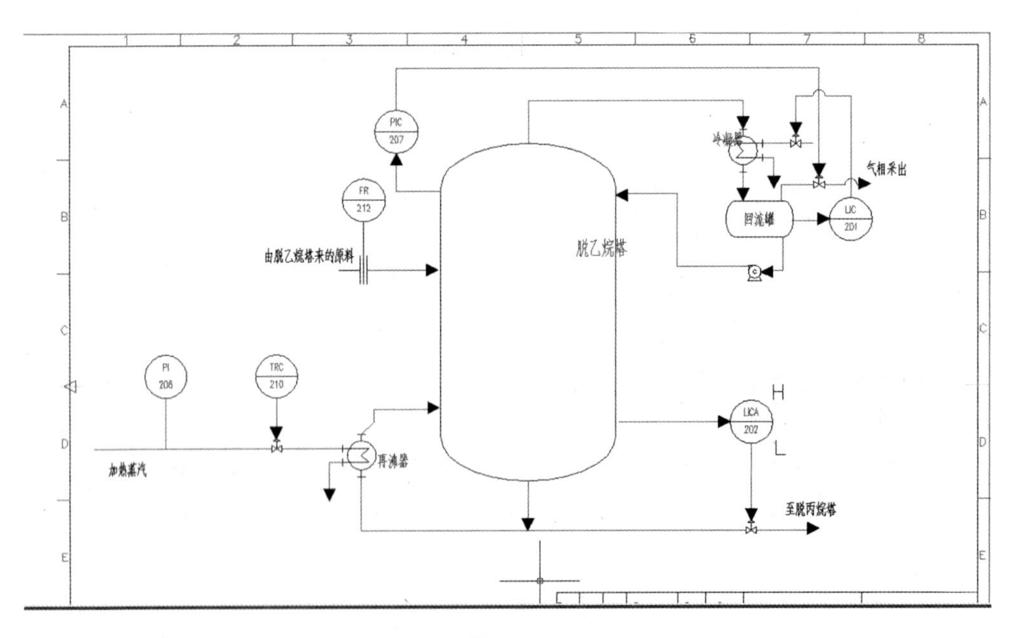
PIC
207
FR
212
冷凝器
气相采出
回流罐
LIC
201
由脱乙烷塔来的原料
脱乙烷塔
PI
206
TRC
210
LICA
202
H
L
加热蒸汽
再沸器
至脱丙烷塔

图 3-1-6

操作训练

绘制图 3-1-7 所示 P&ID 的图形。

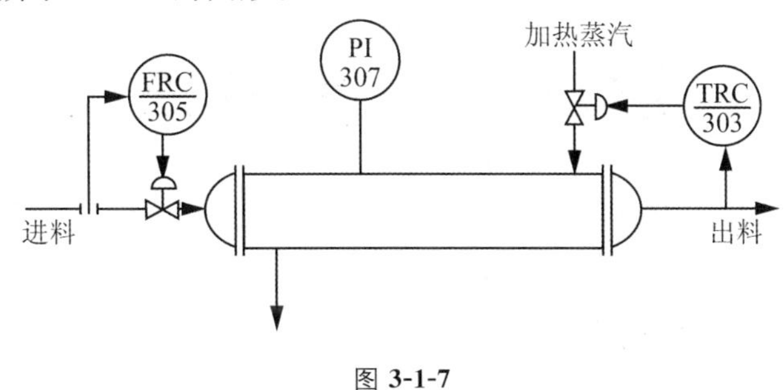

图 3-1-7

相关知识

管道和仪表流程图又称为 P&ID，是 Piping and Instrumentation Diagram 的缩写。它是化工工程设计中的重要工序，是工厂安装设计的依据。广义的 P&ID 可分为工艺管道和仪表流程图(即通常意义的 P&ID)和公用工程管道和仪表流程图(即 UID)两大类。

P&ID 图纸规格一般采用 1＃或 0＃图纸，以便图面布置。具体要求如下。

(1)设备在图面上布置时，流程流向一般是从左至右的。

(2)塔、反应器、储罐、换热器、加热炉等若放在地面上，一般布置在图面水平中线往上位置。

(3)压缩机、泵布置在图面下部 1/4 线以下。

(4)中线以下 1/4 高度，走管道使用。

(5)其他设备要布置在工艺流程要求的位置，如高位冷凝器布置在回流罐的上面，再沸器靠塔放置。

(6)对于无高度要求的设备，在图面上的位置要符合流程流向，以便管道连接。

(7)围堰范围也可以在 P&ID 上表示出来。

(8)一般工艺管线由图的左右两侧方向出入，与其他图上的管道连接。

(9)放空或去泄压系统的管道，在图上方或左、右方离开图。

(10)公用工程物料管道有两种表示方法。一种表示方法同工艺管道，从左右或底部出入图，或者就近标出公用工程物料代号及相接图号。另一种表示方法是在相关设备附近注上公用工程物料代号，如 CW、PO 表示这台设备需要用冷却水及冲洗油；然后在公用工程流程图上(UID)详细标出与该设备相接的管道尺寸、压力等级、管道号及阀门配置等。这种表示方法常用于标示泵及压缩机等设备的水冷、轴封油以及冲洗油等公用工程物料管道。

(11)所有出入图的管道，除可用介质代号表示公用工程物料管道的图连接外，都要带箭头，并注出连接图号、管道号、介质名称和相接的设备位号等有关内容。

项目 2　液压回路控制系统设计

项目目标

(1)了解液压控制系统的结构。

(2)了解液压控制系统的制图要求。

(3)能使用 AutoCAD Electrical 绘制液压控制系统原理图。

项目要求

(1)能使用 AutoCAD Electrical 绘制液压控制系统原理图。

(2)熟悉液压系统元件库中各符号代表的元件。

(3)能看懂一般的液压控制系统原理图。

项目描述

现代机械一般多是机械、电气、液压三者紧密联系和结合的综合体。在现代机械中，液压传动、机械传动、电气传动并列为三大传动形式。液压传动系统的设计在现代机械设计工作中占有重要的地位。因此，液压系统作为现代机械的一个组成部分，着手设计时，必须从实际情况出发，有机地结合各种传动形式，充分发挥液压传动的优点，力求设计出结构简单、工作可靠、成本低、效率高、操作简单、维修方便的液压传动系统。

任务　绘制液压控制系统原理图

任务描述

本项目将根据图 3-2-1 所示原理图，为大家介绍在 AutoCAD Electrical 中如何绘制液压控制系统原理图。这里只是一个抄图的过程，并不涉及液压设计的内容。

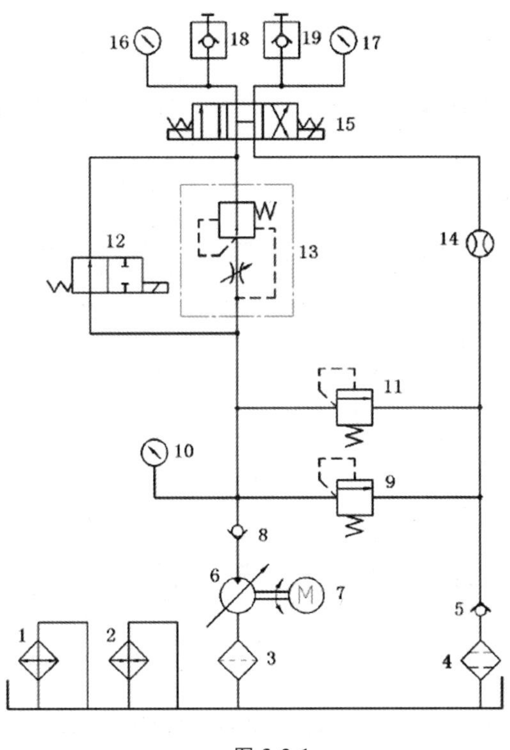

图 3-2-1

实践操作

(1)新建一个名称为“液压”的项目，并新建一个名称为“液压原理图”的图形，如图 3-2-2 所示

(2)如图 3-2-3 所示，单击【原理图】/【插入元件】/【插入液压元件】。

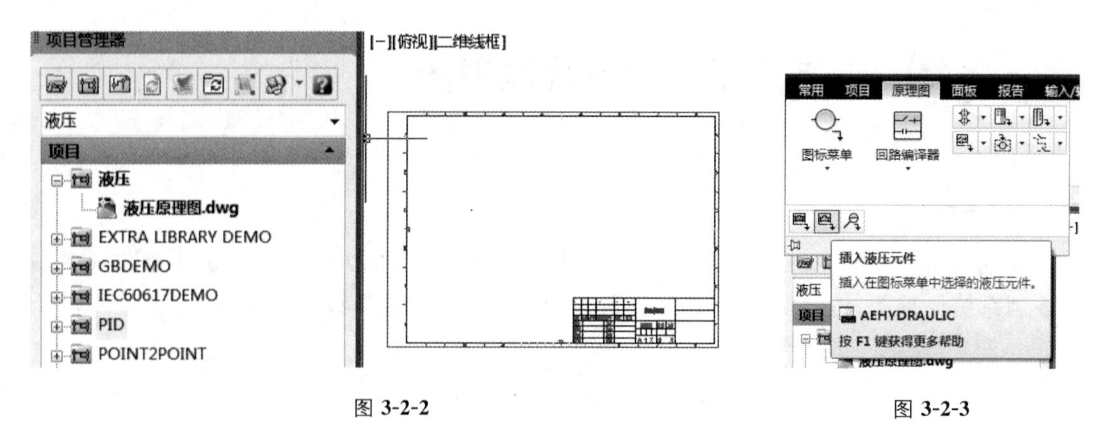

图 3-2-2　　　　图 3-2-3

(3)单击【插入液压元件】，弹出如图 3-2-4 所示“插入元件”对话框，并修改元件插入方式及原理图缩放比例。

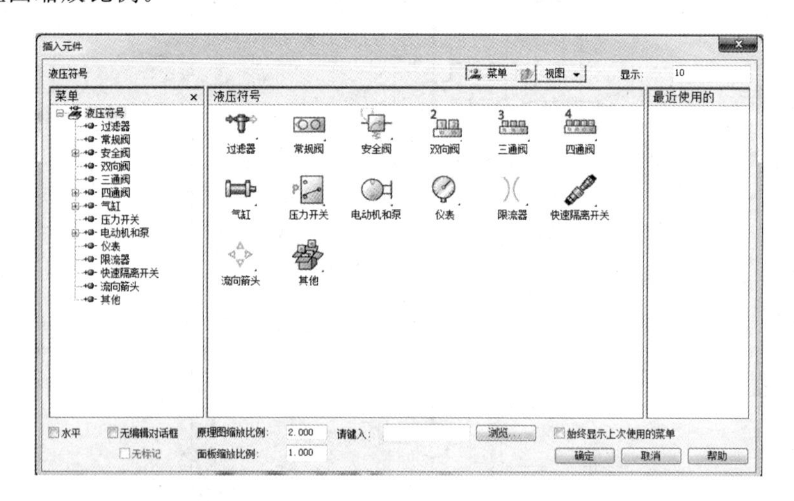

图 3-2-4

(4)根据图 3-2-1 所示原理图中的元件，在图 3-2-4 所示对话框中选择并插入相关元件，如图 3-2-5 所示。

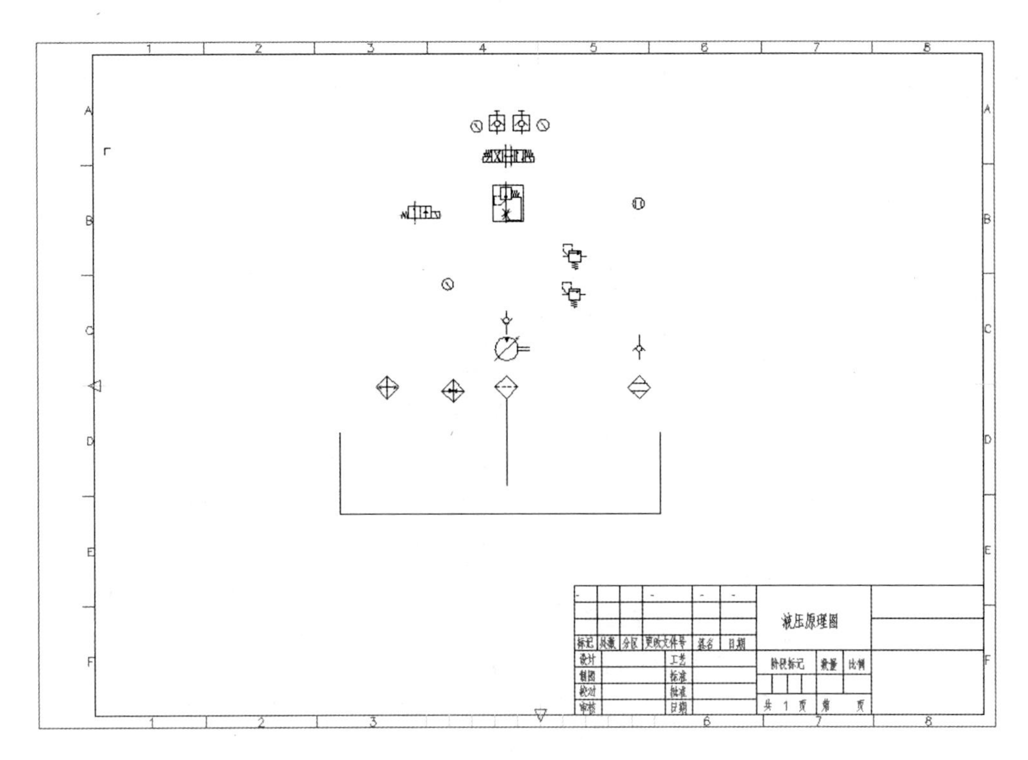

图 3-2-5

(5)将导线作为管插入，完成液压原理图的连接，如图 3-2-6 所示。

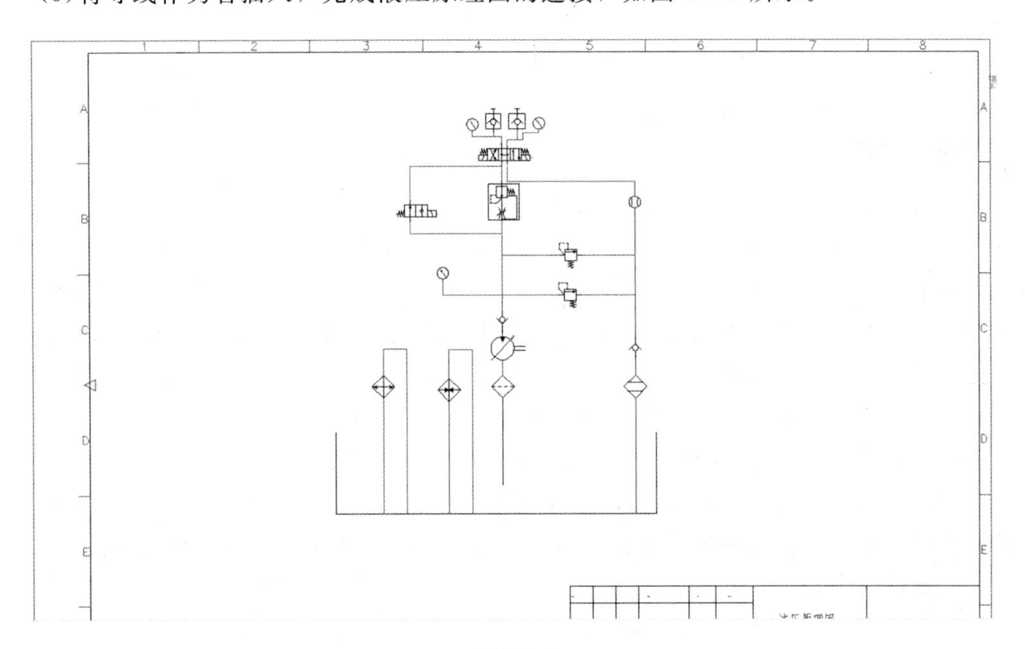

图 3-2-6

操作训练

绘制图 3-2-7 所示 P&ID 的图形。

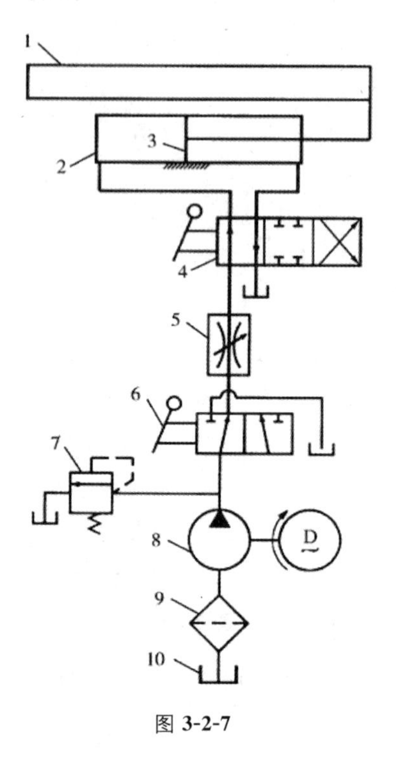

图 3-2-7

相关知识

在现代机械中，液压传动、机械传动和电气传动并列为三大传动形式，液压传动系统的设计在现代机械的设计工作中占有重要的地位。液压传动的主要工作原理是，利用有压力的油液作为传递动力的工作介质，将机械能转换为油液的压力能，压力油通过油管输送到液压执行元件，比如液压缸，其压力能又转换为机械能，从而实现传动。当前，液压技术正朝着迅速、高压、大功率、高效的方向发展，在液压传动系统设计中，计算机辅助设计(CAD)也是一个主要的发展方向。

液压控制系统设计时要绘制的工作图包括：

(1)液压系统原理图。图上除按国标规定的符号绘制整个系统的回路外，还应注明各元件的规格、型号、压力调整值；给出各执行元件的工作循环图；列出各电磁铁及压力继电器的动作顺序表。

(2)集成油路装配图。当选用油路板时，应将各元件画在油路板上，便于装配；当采用集成块或叠加阀时，因为是通用件，所以设计者只需选用，最后将选用的产品组合起来绘制成装配图。

(3)泵站装配图。将集成油路装置、泵、电动机与油箱组合在一起绘制成装配图，用来表示它们各自之间的相互位置、安装尺寸及总体外形。

(4)画出非标准专用件的装配图及零件图。

(5)管路装配图。用来表示油管的走向，注明管道的直径及长度，各种管接头的规格、管夹的安装位置和装配技术要求等。

(6)电气线路图。表示出电动机的控制线路、电磁阀的控制线路、压力继电器和行程开关等。

参考文献

1. 邵守立. AutoCAD 机械制图与计算机绘图[M]. 北京：北京师范大学出版社，2012.

2. 王素珍. 电气工程 CAD 实用教程[M]. 北京：人民邮电出版社，2010.

3. 黄玮. 电气 CAD 实用教程[M]. 北京：人民邮电出版社，2013.

4. 王传艳. 低压电器控制线路安装[M]. 北京：北京师范大学出版社，2012.

5. 厉玉鸣. 化工仪表及自动化[M]. 5 版. 北京：化学工业出版社，2011.

6. 俞金寿. 过程自动化及仪表[M]. 北京：化学工业出版社，2003.

7. 刘建明，何伟利. 液压与气压传动[M]. 北京：机械工业出版社，2011.